水泥窑协同处置固体废物实用技术丛书

水泥窑协同处置
污染土壤实用技术

李春萍　编著

中国建材工业出版社

图书在版编目（CIP）数据

水泥窑协同处置污染土壤实用技术/李春萍编著
. --北京：中国建材工业出版社，2021.1
（水泥窑协同处置固体废物实用技术丛书）
ISBN 978-7-5160-3119-3

Ⅰ.①水… Ⅱ.①李… Ⅲ.①水泥工业—固体废物处理—污染土壤—修复 Ⅳ.①X53

中国版本图书馆 CIP 数据核字（2020）第 233631 号

水泥窑协同处置污染土壤实用技术
Shuiniyao Xietong Chuzhi Wuran Turang Shiyong Jishu
李春萍 编著

出版发行：中国建材工业出版社
地 址：北京市海淀区三里河路 1 号
邮 编：100044
经 销：全国各地新华书店
印 刷：北京雁林吉兆印刷有限公司
开 本：787mm×1092mm 1/16
印 张：18.5
字 数：380 千字
版 次：2021 年 1 月第 1 版
印 次：2021 年 1 月第 1 次
定 价：108.00 元

本社网址：www.jccbs.com，微信公众号：zgjcgycbs

前　言

水泥生产需要的原材料主要成分为钙、硅、铝、铁。污染土壤除了含有一定的污染物之外，本身就是水泥生产需要的主要原料之一。水泥窑协同处置污染土壤，既实现了全面无害化处置，又降低了天然原材料的消耗，烟气排放和热能利用方面又具有得天独厚的优势，应该大力推广。

污染土壤有重金属污染土壤和有机污染土壤之分，本书全面系统地介绍了其挥发特性及水泥窑协同处置的工艺技术要点，并列举了国内的典型案例，旨在通过对不同类别污染土壤的分析阐述，为水泥窑协同处置企业提供一些理论知识和指导意见，使其达到规范管理，降低污染土壤的填埋量，减少其对整体生态环境的不良影响。

本书共分六章。第一章为污染土壤及其修复技术概述；第二章、第三章分别介绍了铅锌镉污染土壤固化稳定化和土壤有机污染物热挥发特性；在第四章水泥生产工艺的基础上，第五章阐述了水泥窑协同处置污染土壤的工艺；第六章列举了国内主要水泥窑处置污染土壤案例。

在本书编著的过程中，得益于国家863“冶金企业场地高风险污染土壤的固化稳定化工艺技术研究与示范”课题（课题编号：2013AA06A206）的支持，参考了大量相关文献资料，并汲取了近年来同行研究者们成果的精华，承蒙众多企业和学者们给予的大力支持和各位读者的赐教，在此表示一并感谢。

限于编者的经验与水平，书中难免存在不妥之处，敬请广大读者和有关专家批评指正。

作　者
2020年10月

目 录

第一章 土壤污染及其修复技术概述 …… 001

第一节 土壤污染及危害 …… 001
第二节 污染土壤修复行业概述 …… 012
第三节 污染土壤修复技术概述 …… 019

第二章 铅锌镉污染土壤固化和稳定化 …… 034

第一节 试验方案 …… 034
第二节 水溶液体系稳定化材料筛选 …… 040
第三节 稳定化材料土壤体系验证 …… 078
第四节 修复后土壤耐久性分析 …… 088
第五节 重金属污染场地原位固化稳定化修复工艺体系 …… 093

第三章 土壤有机污染物热挥发特性 …… 108

第一节 试验方案 …… 108
第二节 有机物挥发特性 …… 110

第四章 水泥生产工艺 …… 143

第一节 水泥起源与发展 …… 143
第二节 新型干法水泥生产工艺 …… 151

第五章 水泥窑协同处置污染土壤 …… 190

第一节 水泥窑协同处置发展 …… 190
第二节 水泥窑协同处置污染土壤工艺 …… 200
第三节 重金属挥发特性模拟实验 …… 204
第四节 水泥生料对有机物挥发的抑制 …… 242

第六章　水泥窑处置污染土壤案例分析 ······ 256

第一节　重金属污染土壤处置 ······ 256
第二节　多环芳烃-重金属复合污染土壤处置 ······ 263
第三节　氰化物污染土壤处置 ······ 275

参考文献 ······ 286

第一章　土壤污染及其修复技术概述

第一节　土壤污染及危害

一、土壤污染定义

土壤是指陆地表面具有肥力、能够生长植物的疏松表层，其厚度一般在 2m 左右。土壤不但为植物生长提供机械支撑能力，并能为植物提供所需要的水、肥、气、热等生长发育要素。

人为活动产生的污染物进入土壤并积累到一定程度，引起土壤质量恶化，并进而造成农作物中某些指标超过国家标准的现象，称为土壤污染。凡是妨碍土壤正常功能，降低作物产量和质量，还通过粮食、蔬菜、水果等间接影响人体健康的物质，都叫作土壤污染物。

二、土壤污染物

（一）土壤污染物类型

土壤污染物的种类繁多，既有化学污染物也有物理污染物，既有病原菌生物污染物也有放射污染物等。按污染物的性质，通常可分为四类：有机污染物、重金属污染物、病原微生物污染物和放射性元素污染物。

1. 有机污染物

土壤有机污染物首要是化学农药。当前使用的化学农药有 50 多种，包括有机磷农药、有机氯农药、氨基甲酸酶类、苯氧羧酸类、苯酚、胺类。此外，石油、多环芳烃、多氯联苯等，也是土壤中常见的有机污染物。

我国农药生产量居国际第二位，但商品结构不合理，质量较低，商品中杀虫剂占 70%，杀虫剂中有机磷农药占 70%，有机磷农药中高毒种类占 70%，致使很多农药残留，带来严重的土壤污染。

2. 重金属污染物

重金属是指密度在 $4.5g/cm^3$ 以上的金属。原子序数从 23（V）至 92（U）的天然金属元素有 60 种，除其中的 6 种外，其余 54 种的密度都大于 $4.5g/cm^3$，因此从密度的意义上讲，这54种金属都是重金属。因为重金属不能被微生物分化，并且可为微生物富集，土壤一旦被重金属污染，对人类有较大的潜在损害。对人类毒性最大的重金属主要有汞、砷、铬、镉、铊、铅、铍、锑、镍、钴、铜、锌等。

将富含重金属的废水进行灌溉，是重金属进入土壤的一条重要路径。重金属进入土壤的另一条路径是随大气沉降落入土壤。

3. 病原微生物污染物

病原微生物污染物主要指带有各种病菌的城市垃圾和由卫生设施（包括医院）排出的废水、废物以及厩肥等。

来自人畜的粪便及未经处理的污水，特别是医院污水，用于灌溉，造成土壤病原微生物污染。

4. 放射性元素污染物

放射性元素污染物主要存在于核原料开采和大气层核爆炸地区，以锶和铯等在土壤中生存期长的放射性元素为主。

（二）土壤污染物来源

土壤中的污染物来源主要有“三废”、施用化肥、喷洒农药及固体废物堆放等四个主要方面。

1. “三废”对土壤的污染

大气中的二氧化硫、氮氧化合物等随着雨水降落到地面上，引起土壤的酸化；生活污水或工业废水灌溉，使土壤受到重金属、无机物和病原体的污染；固体废物的堆放，除占用土地外，还恶化周围环境，污染地面水和地下水，传染疾病。据统计，我国因工业“三废”污染的农田近700万hm^2，使粮食每年减产100亿kg。

2. 化肥对土壤的污染

施用化肥是农业增产的重要措施，但不合理的施用，也会引起土壤污染。长期大量施用氮肥，会破坏土壤结构，造成土壤板结，生物学性质恶化，影响农作物的产量和质量。过量地施用硝态氮肥，会使饲料作物含有过多的硝酸盐，妨碍牲畜体内氧的输送，使其患病，严重的导致死亡。

人们已注意到过量施用化肥带来的环境问题，特别是硝酸盐的累积问题。20世纪90年代，全世界氮肥使用量为8000万t（纯氮），其中我国用量达1726t（纯氮），占世界用量的21.6%，我国耕地平均施用化肥氮量为224.8kg/hm^2，其中有17个省的平均施用量超过了国际公认的上限225kg/hm^2，有四个省达到了400kg/hm^2。

3. 农药对土壤的影响

农药能防治病、虫、草害，如果使用得当，可保证作物的增产，但它是一类危害性很大的土壤污染物，施用不当，会引起土壤污染。

喷施于作物体上的农药（粉剂、水剂、乳液等），除部分被植物吸收或逸出大气外，约有一半散落于农田，这一部分农药与直接施用于田间的农药（如拌种消毒剂、地下害虫熏蒸剂和杀虫剂等）构成农田土壤中农药的基本来源。农作物从土壤中吸收农药，在根、茎、叶、果实和种子中积累，通过食物、饲料危害人体和牲畜的健康。此外，农药在杀虫、防病的同时，也使有益于农业的微生物、昆虫、鸟类遭到伤害，破坏了生态系统，使农作物遭受间接损失。

我国农药总施用量达 131.2 万 t，平均施用量比发达国家高出 1 倍，特别是随着种植结构的改制，蔬菜和瓜果的播种面积大幅度增长，这些作物的农药用量可超过 $100kg/hm^2$，甚至高达 $219kg/hm^2$，较粮食作物高出 1～2 倍。农药施用后在土壤中的残留量为 50%～60%，已经长期停用的“六六六”“滴滴涕”目前在土壤中的可检出率仍然很高。

4. 固体废物对土壤的污染

污泥、城市垃圾堆放场所造成大面积的土壤污染。污泥中含有丰富的氮、磷、钾等植物营养元素，常被用作肥料。但由于污泥的来源不同，一些工业废水的污水中，常含有某些有害物质，如大量使用或利用不当，会造成土壤污染，使作物中的有害成分增加，影响其食用安全。各种农用塑料薄膜作为大棚、地膜覆盖物被广泛使用，如果管理、回收不善，大量残膜碎片散落田间，会造成农田“白色污染”。这样的固体污染物既不易蒸发、挥发，也不易被土壤微生物分解，是一种长期滞留土壤的污染物。不合格的畜禽类粪便肥料也成为造成土壤污染的罪魁祸首。由于畜禽饲料中添加铜、铅等微量元素和动物生长激素，使得许多未被畜禽吸收的微量元素和有机污染物随粪便排出体外，污染土壤环境。弃漏的化学药品，如硝酸盐、硫酸盐、氧化物，还有多环芳烃、多氯联苯、酚等也是常见的污染物。这些污染物很难降解，多数是致癌物质，易造成长期潜在的危险。含有重金属的工业废弃物，在酸雨的淋溶下进入土壤。重金属污染物以可溶性与不溶性颗粒存在，如镉、汞、铬、铜、锌、铅、镍、砷等，土壤中的铬可被植物吸收而得到富集。我国重金属污染的土壤面积达 2000 万 hm^2，占总耕地面积的 1/60。

（三）土壤污染过程

进入土壤的污染物，因其类型和性质的不同而主要有固定、挥发、降解、流散和淋溶等不同去向。重金属离子，主要是能使土壤无机和有机胶体发生稳定吸附的离子，包括与氧化物专性吸附和与胡敏素紧密结合的离子，以及土壤溶液化学平衡中产生的难溶性金属氢氧化物、碳酸盐和硫化物等，将大部分被固定在土壤中而难以排除；虽然一些化学反应能缓和其毒害，但仍是对土壤环境的潜在威胁。化学农药的归宿，主要是通过气态挥发、化学降解、光化学降解和生物降解而最终从土壤中消失，其挥发作用的强弱主要取决于自身的溶解度和蒸气压，以及土壤的温度、湿度和结构状况。例如，大部分除草剂均能发生光化学降解，一部分农药（有机磷等）能在土壤中产生化学降解；使用的农药多为有机化合物，故也可产生生物降解。即土壤微生物在以农药中的碳素作能源的同时，就已破坏了农药的化学结构，导致脱烃、脱卤、水解和芳环烃基化等化学反应的发生而使农药降解。土壤中的重金属和农药都可随地面径流或土壤侵蚀而部分流失，引起污染物的扩散；作物收获物中的重金属和农药残留物也会向外环境转移，即通过食物链进入家畜和人体等。施入土壤中过剩的氮肥，在土壤的氧化还原反应中分别形成氮氧化物和氨气。前者易于淋溶而污染地下水，后者易于挥发而造成氮素损失并污染大气。

土壤污染发生的基本过程包括接触阶段、反应阶段、污染中毒阶段和恢复阶段四个阶段。

（1）接触阶段：污染物进入土壤的初始阶段，主要的接触形式有三种：

① 气型接触的污染：工业活动中的烟尘和废气排放物，首先污染大气，然后沉降到地表和土壤，以及汽车尾气的排放、农业农药的使用等。

② 水型接触的污染：工业污水、生活污水排出以后，通过灌溉农田而污染土壤，以及随着雨水、农药液相进入土壤后造成的污染。

③ 固体型接触的污染：工业废弃物、污泥、垃圾和放射性污染物等进入土壤后，均可造成土壤的接触污染。

（2）反应阶段：以不同途径进入土壤中的污染物经过吸附-解吸、沉淀-溶解、氧化-还原、络合-解离、降解和积累放大等一系列的化学过程，参与土壤系统功能的表达，影响土壤的原始平衡，污染物作用过程在改变土壤物理化学性质的同时，本身的形态、毒性、浓度等性质也发生相应的变化，污染物与土壤有机质及其他组分之间的相互作用，在影响各个子系统的正常代谢过程中改变了土壤生态系统整体平衡发展的趋势。

（3）污染中毒阶段：污染物进入土壤并参与到土壤各个组分之间的物理化学反应当中，使土壤及其中的生命组分发生急性中毒或慢性中毒。土壤的急性中毒可以通过生长于其中的动植物和微生物的代谢能力、种群数量和生物量等不同指标直接予以反应。急性中毒的土壤往往可以造成土壤中的动植物和微生物数量急剧下降，使农业产品的生物学质量不断恶化。大多数土壤污染都是慢性中毒的生物过程。鉴于土壤特殊的理化性状和自净能力，使土壤污染具有隐蔽性、长期性和难恢复性的特点。不同时间尺度内，污染物都在或大或小地影响着土壤系统功能的表达。长期慢性中毒给农产品的品质造成了很大危害。

（4）恢复阶段：急性中毒土壤一般很难通过自身作用恢复其初始的健康功能，只有借助人为的力量才能恢复正常的功能表达。慢性中毒的土壤，依据污染物的不同性质，其自身的恢复有不同的结果。对于一些容易降解的污染物，其毒性将随着时间的延长而逐渐降低甚至消失，受到污染的土壤通过一定时间后将恢复其原有的功能。而对于一些难降解的污染物，如重金属污染的土壤，由于重金属在土壤中不易降解，长期污染容易造成重金属的累积和放大，危害土壤健康，造成土壤产出下降。

三、土壤污染特点和危害

（一）土壤污染特点

1. 隐蔽性和滞后性

大气污染、水污染和废弃物污染等问题一般都比较直观，通过感官就能发现。而土壤污染则不同，它往往要通过对土壤样品进行分析化验和农作物的残留检测，甚至通过研究对人畜健康状况的影响才能确定。因此，土壤污染从产生污染到出现问题通常会滞后较长的时间。如日本的“骨痛病”经过了10～20年之后才被人们所认识。

2. 累积性

污染物质在大气和水体中，一般都比在土壤中更容易迁移。这使得污染物质在土壤中并不像在大气和水体中那样容易扩散和稀释，因此容易在土壤中不断积累而超标，同时也使土壤污染具有很强的地域性。

3. 不可逆转性

重金属对土壤的污染基本上是一个不可逆转的过程，许多有机化学物质的污染也需要较长的时间才能降解。例如：被某些重金属污染的土壤可能要100～200年时间才能够恢复。

4. 难恢复

如果大气和水体受到污染，切断污染源之后通过稀释作用和自净化作用也有可能使污染问题不断逆转，但是积累在污染土壤中的难降解污染物则很难靠稀释作用和自净化作用来消除。

土壤污染一旦发生，仅仅依靠切断污染源的方法则往往很难恢复，积累在污染土壤中的难降解污染物很难靠稀释作用和自净化作用来消除，有时要靠换土、淋洗土壤等方法才能解决问题，其他治理技术可能见效较慢。因此，治理污染土壤通常成本较高，治理周期较长。

（二）土壤污染危害

土壤污染的危害集中表现在以下几个方面：

1. 导致经济损失

土壤污染的加剧会使农作物被污染，生长受到抑制，降低其产量和可食用性。例如一些土壤污染事故严重威胁着粮食生产，三氯乙醛的污染即是一个比较典型的事例，它是由施用含三氯乙醛的废硫酸生产的普通过磷酸钙肥料所引起的。其中，万亩以上的污染事故在山东、河南、河北、辽宁、江苏、安徽等地曾多次发生，轻则减产，重则绝收，损失十分惨重。1966年冬至1977年春，沈阳—抚顺污水灌区发生的石油、酚类以及后来张土灌区的镉污染，造成大面积的土壤毒化、水稻矮化、稻米异味、含镉量超过食品卫生标准。对于各种土壤污染造成的经济损失，目前尚缺乏系统的调查资料，仅以土壤重金属污染为例，全国每年因重金属污染而减产粮食就有1000多万吨，被重金属污染的粮食每年也多达 1200 万 t，合计经济损失至少达到 200 亿元。对于农药和有机物污染、放射性污染、病原菌污染等其他类型土壤污染所导致的经济损失，目前尚难以估计。但是，这些类型的污染问题在国内确实存在，也很严重。

2. 威胁食品安全

我国大多数城市近郊土壤都受到了不同程度的污染，许多地方的粮食、蔬菜和水果等食物中镉、铬、砷、铅等重金属含量超标和接近临界值。当这些污染物浓度增加到超过一定浓度时，农作物就会产生一定的反应：即使未出现明显的受害症状，但农作物的各种代谢过程已发生紊乱，生理功能受到影响，因而影响到光合、呼吸、水分吸收、营养代谢等作用，导致生长发育受阻，品质下降。据报道，南京市的市售蔬菜几乎都受到一定程度的硝酸盐污染。其中，大白菜和青菜所受的硝酸盐污染最重，其次为菠菜，萝卜所受的污染相对较轻。北京、上海等大中城市蔬菜的硝酸盐含量超标现象也十分普遍。土壤污染除影响食物的卫生品质外，也明显地影响到农作物的其他品质。有些地区污灌已经使蔬菜的味道变差，易烂，甚至出现难闻的异味，农产品的储藏品质和加工品质也不能满足深加工的要求。

3. 危害人体健康

一些对人体需要量极少或不需要的元素如 Pb、Cd、As、Au、Sn、Hg、Be 等，摄取量达到一定数量时就会发生毒害作用，特别是 Hg、Pb、Cd、As 等毒性较强的重金属元素。这些有害元素进入土壤后，通过食物链的不断摄取，会在人体内积累，当达到一定剂量后逐渐产生毒害症状。例如，20 世纪 60 年代发生于日本富山县神通川流域的公害病“骨痛病”，主要就是由于当地居民长期食用含有镉污染的废水灌溉农田生产的镉米造成的。镉在人体中累积中毒，会增加钙质排出，形成骨质软化、骨骼变形，也容易引起骨折。到 1979 年为止，这一公害事件先后导致 80 多人死亡，直接受害人数则更多。至今，还有人不断提出起诉和索赔的要求。

土壤中的有机污染物也会通过植物和动物进入食物链，发生传递和迁移，使人类自身遭受到威胁。在有机污染物沿食物链传递和迁移的过程中，含量逐级增加，其富集系数在较高营养级中能达到惊人的程度。另一方面，有机污染物在人体内积累后有可能引起癌症、畸形和神经系统疾病等多种疾病，严重威胁人类的生存和健康。研究表明，土壤和粮食污染与我国的一些地区居民肝大之间有明显的剂量-反应关系，污水灌溉引起的污染越严重，人群的肝大率越高。

4. 导致次生环境问题

土地受到污染后，含重金属浓度较高的污染表土容易在风力和水力作用下分别进入大气和水体中，导致大气污染、地表水污染、地下水污染和生态系统退化等其他次生生态环境问题。北京市大气扬尘中，有一半来源于地表。表土污染物质可能在风作用下，作为扬尘进入大气中，并进一步通过呼吸作用进入人体。由于城市人口密度大，城市土地污染问题又比较普遍，因此，国际上对城市土地污染问题开始予以高度重视。

美国、澳大利亚、奥地利等地科学家就已经发现，城市的土地污染对人体健康有直接影响。上海川沙污灌区的地下水检测出氟、汞、镉和砷等污染物，成都市郊的农村水井也因土壤污染而导致井水中汞、铬、酚、氰等污染物超标。

四、我国土壤污染概况

随着我国经济和社会的发展，我国土壤污染日益严重。中国土壤污染已对土地资源可持续利用与农产品生态安全构成威胁。全国受有机污染物污染的农田已达 3600 万 hm^2，污染物类型包括石油类、多环芳烃、农药、有机氯等；因油田开采造成的严重石油污染土地面积达 1 万 hm^2，石油炼化业也使大面积土地受到污染。例如，在沈抚石油污水灌区，表层和底层土壤多环芳烃含量均超过 600mg/kg，造成农作物和地下水的严重污染。全国受重金属污染土地达 2000 万 hm^2，其中严重污染土地超过 70 万 hm^2，其中 13 万 hm^2 土地因镉含量超标而被迫弃耕。

2005—2013 年，我国进行了首次全国土壤污染状况调查，在调查了 630 万 km^3 的土地后，初步摸清了我国土壤污染的情况。根据环境保护部和国土资源部联合发布的《全国土壤污染状况调查公报》，我国土壤环境的状况可概括为：总体不容乐观，部分地区土壤污染较重，耕地土壤环境质量堪忧，工矿业废弃地土壤环境问题突出。

（一）全国土壤环境状况总体不容乐观

根据《全国土壤污染状况调查公报》中公布的数据，我国土壤无机污染物和有机污染物的超标情况见表 1-1。

表 1-1　我国土壤无机污染物和有机污染物的超标情况

污染物类型		点位超标率（%）	不同程度污染点位比率（%）			
			轻微	轻度	中度	重度
无机污染物	镉	7.00	5.20	0.80	0.50	0.50
	汞	1.60	1.20	0.20	0.10	0.10
	砷	2.70	2.00	0.40	0.20	0.10
	铜	2.10	1.60	0.30	0.15	0.05
	铅	1.50	1.10	0.20	0.10	0.10
	铬	1.10	0.90	0.15	0.04	0.01
	锌	0.90	0.75	0.08	0.05	0.02
	镍	4.80	3.90	0.50	0.30	0.10
有机污染物	六六六	0.50	0.30	0.10	0.06	0.04
	滴滴涕	1.90	1.10	0.30	0.25	0.25
	多环芳烃	1.40	0.80	0.20	0.20	0.20

全国土壤总的点位超标率为16.1%，其中轻微、轻度、中度和重度污染点位比率分别为11.2%、2.3%、1.5%和1.1%。污染类型以无机型为主，有机型次之，复合型污染比重较小。无机污染物超标点位数占全部超标点位的82.8%。从污染分布情况看，南方土壤污染重于北方；长江三角洲、珠江三角洲、东北老工业基地等部分区域土壤污染问题较为突出，西南、中南地区土壤重金属超标范围较大；镉、汞、砷、铅4种无机污染物含量分布呈现从西北到东南、从东北到西南方向逐渐升高的态势。镉、汞、砷、铜、铅、铬、锌、镍8种无机污染物点位超标率分别为7.0%、1.6%、2.7%、2.1%、1.5%、1.1%、0.9%、4.8%。六六六、滴滴涕、多环芳烃3类有机污染物点位超标率分别为0.5%、1.9%、1.4%。

（二）耕地土壤环境质量堪忧

（1）《全国土壤污染状况调查公报》

根据《全国土壤污染状况调查公报》中公布的数据，耕地土壤点位超标率为19.4%，其中轻微、轻度、中度和重度污染点位比率分别为13.7%、2.8%、1.8%和1.1%，主要污染物为镉、镍、铜、砷、汞、铅、滴滴涕和多环芳烃。林地土壤点位超标率为10.0%，其中轻微、轻度、中度和重度污染点位比率分别为5.9%、1.6%、1.2%和1.3%，主要污染物为砷、镉、六六六和滴滴涕。草地土壤点位超标率为10.4%，其中轻微、轻度、中度和重度污染点位比率分别为7.6%、1.2%、0.9%和0.7%，主要污染物为镍、镉和砷。未利用地土壤点位超标率为11.4%，其中轻微、轻度、中度和重度污染点位比率分别为8.4%、1.1%、0.9%和1.0%，主要污染物为镍和镉。

（2）《关于全国耕地质量等级情况的公报》

2014年，原农业部首次发布《关于全国耕地质量等级情况的公报》。自2017年起，农业农村部启动开展本轮全国耕地质量等级调查评价工作，于2019年完成了全国耕地质量等级划分。

农业农村部发布的《2019年全国耕地质量等级情况公报》（以下简称《公报》），公布了全国及不同区域耕地质量现状，并针对耕地土壤障碍因素，提出耕地质量建设的对策建议，指导各地因地制宜加强耕地质量建设。《公报》将全国20.23亿亩耕地质量等级由高到低依次划分为一至十等，平均等级为4.76等，较2014年提升了0.35个等级。

《公报》显示，评价为一至三等的耕地面积为6.32亿亩，占耕地总面积的31.24%；评价为四至六等的耕地面积为9.47亿亩，占耕地总面积的46.81%；评价为七至十等的耕地面积为4.44亿亩，占耕地总面积的21.95%。

《公报》分析了东北、内蒙古及长城沿线、黄淮海、黄土高原、长江中下游、西南、华南、甘新、青藏等九个区域的耕地质量等级情况及影响农业生产的主要障碍因素，提出加强农田建设、培肥改良土壤、提升地力的措施建议。

（三）工矿业废弃地土壤环境问题突出

重污染企业用地和工业废弃地是超标“重灾区”。当前我国场地污染主要集中于重污染企业用地、工业废弃地、工业园区、固体废物集中处理处置场地、采油区、采矿区、污水灌溉区和干线公路两侧等几类地区。其中，重污染企业用地和工业废弃地超标率超过 1/3。重污染企业用地、工业废弃地、工业园区、固体废物集中处理处置场地、采油区、采矿区、污水灌溉区和干线公路两侧等典型地块及其周边土壤污染状况的调查结果见表 1-2。

表 1-2　典型地块及其周边土壤污染状况

典型地块名称	调查地点数（个）	调查点位数（个）	超标点位占比（%）
重污染企业用地	690	5846	36.30
工业废弃地	81	775	34.90
工业园区	146	2523	29.40
固体废物集中处理处置场地	188	1351	21.30
采油区	13	494	23.60
采矿区	70	1672	33.40
污水灌溉区	55	1378	26.40
干线公路两侧	267	1578	20.30

在调查的 690 家重污染企业用地及周边的 5846 个土壤点位中，超标点位占 36.3%，主要涉及黑色金属、有色金属、皮革制品、造纸、石油煤炭、化工医药、化纤橡塑、矿物制品、金属制品和电力等行业。在调查的 81 块工业废弃地的 775 个土壤点位中，超标点位占 34.9%，主要污染物为锌、汞、铅、铬、砷和多环芳烃，主要涉及化工业、矿业、冶金业等行业。在调查的 146 家工业园区的 2523 个土壤点位中，超标点位占 29.4%。其中，金属冶炼类工业园区及其周边土壤主要污染物为镉、铅、铜、砷和锌，化工类园区及周边土壤的主要污染物为多环芳烃。在调查的 188 处固体废物处理处置场地的 1351 个土壤点位中，超标点位占 21.3%，以无机污染为主，垃圾焚烧和填埋场有机污染严重。在调查的 13 个采油区的 494 个土壤点位中，超标点位占 23.6%，主要污染物为石油烃和多环芳烃。在调查的 70 个矿区的 1672 个土壤点位中，超标点位占 33.4%，主要污染物为镉、铅、砷和多环芳烃。有色金属矿区周边土壤镉、砷、铅等污染较为严重。在调查的 55 个污水灌溉区中，有 39 个存在土壤污染。在 1378 个土壤点位中，超标点位占 26.4%，主要污染物为镉、砷和多环芳烃。在调查的 267 条干线公路两侧的 1578 个土壤点位中，超标点位占 20.3%，主要污染物为铅、锌、砷和多环芳烃，一般集中在公路两侧 150m 范围内。

五、污染场地

（一）污染场地定义

污染场地，指因堆积、储存、处理、处置或其他方式（如迁移）承载了有害物质的，对人体健康和环境产生危害或具有潜在风险的空间区域。具体来说，污染场地是该空间区域中有害物质的承载体。

污染场地的环境要素包括场地土壤、场地地下水、场地地表水、场地环境空气、场地残余废弃污染物，如生产设备和建筑物等。

污染场地概念模型见图 1-1。

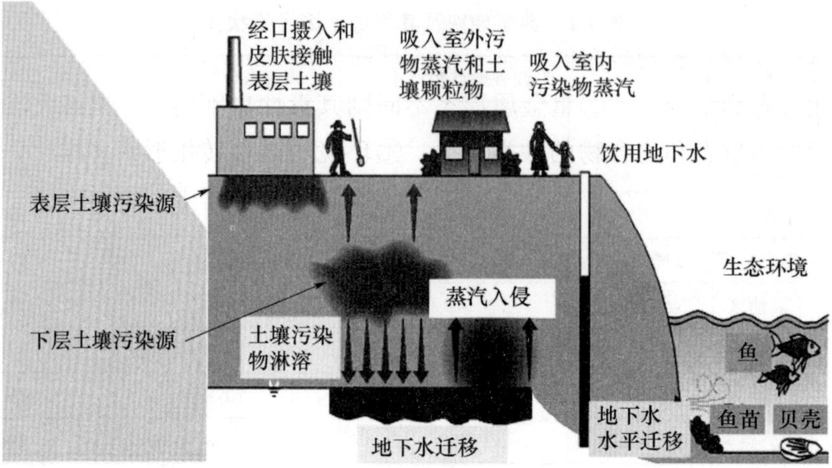

图 1-1　污染场地概念模型

（二）污染场地起因

我国的污染场地主要由历史上一批老工业企业产生。由于历史上缺乏必要的城市规划，我国很多工业企业位于城市中心区内。20 世纪 90 年代以来，中国社会经济发展迅速，城市化进程加快，产业结构调整深化，导致土地资源紧缺，许多城市开始将主城区的工业企业迁移出城，即所谓的“退二进三”，由此产生大量存在环境风险的场地（国外又称为“棕地”）。这些污染场地的存在带来了双重问题：一方面是环境和健康风险，另一方面是阻碍了城市建设和经济发展。

（三）污染场地类型

按照主要污染物的类型来划分，我国污染场地大致可分为以下几类：

（1）重金属污染场地。主要来自钢铁冶炼企业、尾矿，以及化工行业固体废弃物的堆存场，代表性的污染物包括砷、铅、镉、铬等。

土壤重金属污染是指人类在生活活动中将重金属带入到土壤中，致使土壤中重金属累积到一定程度，含量明显高于背景值，并可造成土壤质量的退化、生态与环境的恶化现象。土壤本身含有一定量的重金属元素，如植物生长所必需的 Mn、Cu、Zn 等。因此，只有当叠加进入土壤的重金属元素累积的浓度超过了作物需要和忍受程度，作物才表现出受毒害症状，或作物生长并未受害但产品中某种金属的含量超过标准、造成对人畜的危害时，才能认为土壤已被重金属污染。过量的重金属会引起动植物生理功能紊乱、营养失调、发生病变，重金属不易被土壤微生物降解，可在土壤中累积，也可通过食物链在人体内积累，危害人体健康。土壤一旦遭受重金属污染，就很难彻底消除。污染物还会向地下水和地表水中迁移，从而扩大其污染，因此重金属对土壤的污染是一类后果非常严重的环境问题。由于土壤、污染物及地域的复杂性，其治理不仅见效慢、费用高，而且受到多种因素的制约。

在土壤环境中重金属污染特点可分为两部分：一是土壤环境中重金属自身的特点，二是重金属元素在不同介质中所表现的特点。具体特点如下：①形态变换较为复杂，金属多为过渡元素，有着较多的价态变化，且随环境 Eh、pH 配位体的不同呈现不同的价态、化合态和结合态；②重金属形态不同则其毒性也不同，有机态比无机态的毒性大；③毒性与价态和化合物的种类有关；④环境的迁移转化形式多样化；⑤生物毒性效应的浓度较低；⑥在生物体内积累和富集；⑦土壤环境中不易被察觉；⑧在环境中不会降解和消除；⑨在人体内呈慢性毒性过程；⑩土壤环境分布呈区域性。

重金属污染土壤来源：工业“三废”排放、采矿和冶炼、家庭燃煤、生活垃圾渗出、汽车尾气排放等是我国重金属污染的主要来源。矿产冶炼加工、电镀、塑料、电池、化工等行业是排放重金属的主要工业源，它们以“三废”形式不断向城乡土壤排放重金属。此外，化肥、农药和地膜是重要的农用物资，对农业生产的发展起着重要的推动作用，但长期不合理使用，也会导致土壤重金属污染。近年来，随着地膜的大面积推广使用，大量的地膜残片滞留地中，造成土壤的白色污染，同时由于地膜生产过程中加入含有 Cd、Pb 的热稳定剂，也加重了土壤重金属污染。

（2）持久性有机污染物（persistent organic pollutants，POPs）污染场地。我国曾经生产和广泛使用过的杀虫剂类 POPs 主要有滴滴涕、六氯苯、氯丹及灭蚁灵等，有些农药尽管已经禁用多年，但土壤中仍有残留。我国农药类 POPs 场地较多。此外，还有其他 POPs 污染场地，如含多氯联苯（PCBs）的电力设备的封存和拆解场地等。

（3）以有机污染为主的石油、化工、焦化等污染场地。污染物以有机溶剂类，如苯系物、卤代烃为代表。有机污染场地也常复合含有其他污染物，如重金属等。

土壤有机污染物种类复杂，结构、形态、性质各异。土壤有机污染物种类繁多，但是基本上都属于憎水性化合物，具有较强的亲脂性。有机污染物在土壤环境中通过复杂的环境行为进行吸附解析、降解代谢，可以通过挥发、淋滤、地表径流携带等方式进入其他环境体系中在土壤中残留，或被作物和土壤生物吸收后，通过食物链积累、放大，对人体健康十分有害。有毒的有机污染物主要包括苯及衍生物、多环芳烃和有机农药；无毒的有机污染物主要包括容易分解的有机物，如糖、蛋白质和脂肪等；持久性有机污染物指具有毒性、生物蓄积性和半挥发性，在环境中持久存在，且能在大气环境中长距离迁移并沉积回地球的偏远的极地地区，对人类健康和环境造成严重危害的有机化学污染物。1997 年联合国环境规划署提出了需要采取国际行动的首批 12 种持久性有机污染物物质，包括艾氏剂、狄氏剂、异狄氏剂、滴滴涕、氯丹、六氯苯、灭蚁灵、毒杀芬、七氯、多氯联苯、二噁英和苯并呋喃。

土壤中的有机污染物来源：工业污染、交通运输污染源、农业污染源、生活污染源等。土壤中的有机污染物主要包括人为生产加工使用造成的污染以及自然界产生从而形成的污染。我国土壤有机污染目前呈现如下特点：①污染面积增加明显，一些土壤由局部开始呈连续分布；②污染物种类增加，复合污染特点日益突出；③污染物含量呈增加趋势；④土壤有机污染程度与区域经济发达程度具有一定相关性。

（4）电子废弃物污染场地等。粗放式的电子废弃物处置会对人群健康构成威胁。这类场地污染物以重金属和 POPs（主要是溴代阻燃剂和二噁英类剧毒物质）为主要污染特征。

城市场地污染影响重大，治理需求急迫。当前我国土壤污染相关的环境事件中，城市场地污染成为推动行业发展的主要领域，城市场地污染一般由于污染企业搬迁形成"毒地"，污染量大、污染物种类多，并往往出现在人口密集区，公众影响恶劣，无论是开启行业治理先河的宋家庄地铁站中毒事件，还是引发广泛关注的常州外国语学校污染事件，均属于城市场地修复领域。

第二节　污染土壤修复行业概述

一、土壤修复起源

（一）国外土壤修复起源

20 世纪 30～40 年代的美国，原胡克化学公司将大量用铁桶盛装的农药废物随意填埋在废弃的拉夫运河河谷中，因废物泄漏造成地下水和土壤严重污染，结果在 20 世纪 50～60 年代，发现在拉夫运河附近地区癌症发病率和死亡率很高，而迫使当地 2000 多户居民迁离，使该地区成为无人居住的"禁区"。这就是著名的"拉夫运河事件"。"拉夫运河事件"引爆了民众对土壤污染问题的广泛关注，人们发现美国境内有成千上万个类似于拉夫运河的危险废物简易填埋场，严重威胁公众健康和环境安全。舆论压力下，美国国会于 1980 年通过了《环境应对、赔偿和责任综合法》（也被称为《超级基金法》），批准设立"污染场地管理与修复基金"即"超级基金"。该法律填补了美国土壤污染防治的法律空白，并推动了美国土壤修复市场的发展。

荷兰于 1970 年就着手起草了《土壤保护法》，是欧盟成员国中最早就土壤保护进行立法的国家之一。从 20 世纪 80 年代中期开始，建立了土壤可持续环境管理框架体系，完善了土壤环境管理的法律及相关标准，完成全国土壤污染调查并向社会公众开放土壤污染场地数据管理系统和土壤修复决策工具箱，为企业修复土壤提供技术支持。

1877 年，日本枥木县发生了足尾铜矿山公害事件，采矿废水、废气、废渣大量倾入环境，使河流污染，山林荒秃，农田毁坏。1968 年，日本又发生了由慢性镉中毒引起的“骨痛病”事件，农业用地的污染问题引起了社会各方的广泛重视。1970 年，日本国会将“土壤污染”追加为《公害对策基本法》中的典型公害之一，并制定《农用地土壤污染防治法》对农用地土壤污染问题进行管理。2002 年日本制定了主要规范城市用地土壤污染的《土壤污染对策法》。相关法规明确了污染土壤修复的责任，规定了明确污染调查与修复流程。

（二）我国土壤修复起源

纵观发达国家土壤污染防治的发展，无不与立法的推动有关，而立法体系的建立健全，又主要来自土壤污染事件形成的巨大社会压力。

我国土壤污染问题可以追溯到“大跃进”时期，由于环保意识的匮乏，粗犷的发展模式造成全国范围的大面积土壤受到污染。但是与发达国家相比，我国的污染土壤修复启动较晚，直至 21 世纪初，在城市化发展进程中，由于一些严重的土壤污染事件，土壤污染问题开始引起相关部门的重视并着手法律法规和技术标准等支撑体系的建设，并于近几年加大了用于场地调查、风险评估、技术研发及修复工程的资金投入。

2004 年，北京市迎接奥运会的地铁五号线施工导致的“宋家庄事件”，可以说是开启我国污染土壤调查与修复的钥匙，并推动了立法的脚步。这一事件发生后，原国家环保总局发出通知，要求各地环保部门切实做好企业搬迁过程中的环境污染防治工作，一旦发现土壤污染问题，要及时报告总局并尽快制订污染控制实施方案。

同样在 2004 年，上海开始筹备 2010 年世博会，并为此专门成立了土壤修复中心，对世博会规划区域内的原工业用地污染土壤进行调查、评估和处理处置，吹响了我国土壤污染修复的前奏曲。

在过去的很长一段时间里，土壤污染问题在我国并没有得到足够重视，直到近年来“镉大米”“毒生姜”“癌症村”“砷中毒”等严重土壤污染事件的发生和突发性环境公共事件的曝光，才使得土壤污染防治真正引起社会公众的重视。

污染土壤修复产业“十一五”刚刚开始，“十二五”是预热阶段，“十三五”以后有了大的发展。尽管市场潜力巨大，但因资金、政策、标准、技术等因素困扰，目前仍然在发展之中。

（三）我国土壤市场发展

随着我国城市进程的加快，土地的增值也刺激了土壤修复市场的发展。2016 年 5 月 28 日，我国颁布《土壤污染防治行动计划》，又被称为“土十条”；2017 年颁布了《污染地块土壤环境管理办法》《农用地土壤环境管理办法》；2018 年发布《工矿用地土壤环境管理办法》；2018 年 8 月，《土壤污染防治法》出台，从 2019 年 1 月 1 日起正式实施。在政策的推动和我国环保监管加强的压力下，土壤污染防治与修复拉开大幕。

据中国环境产业协会土壤与地下水修复专业委员会数据显示，2007—2018 年的十余年时间中，我国工业污染场地修复项目得到了快速发展，我国工业污染场地修复项目的数量从 2008 年的 4 个提升至 2018 年的 200 个，项目资金额从 0.4 亿元提升至

60.6亿元。“十三五”期间，土壤修复产业在1200亿元至6000亿元的区间；远期而言，整个土壤治理产业的市场规模将超过7.5万亿元。

根据国土资源部土地整治中心提供的数据显示，我国土壤污染修复产业产值尚不及环保产业总产值的1%，而在发达国家，这一比重达30%以上。

我国的土壤修复产业正被国内外看好，尽管这一产业目前面临商业模式不成熟、法规标准缺失等困扰，但仍然成为投资者和研究机构最感兴趣的话题之一。

（四）我国土壤市场存在问题

我国污染土壤修复治理资金缺乏有效保障。当前我国污染土壤调查评估与治理修复工作的资金一般来自政府相关部门和土地开发商，资金来源有限且没有保障，修复治理工作难以开展，资金问题成为很多污染地块再开发的主要障碍。出于历史原因，我国土壤污染主体大多是各类国有工厂，经过多轮的改制重组，很多工厂产权归属关系已经多次变化，即便产权明晰，也很难有能力再去支付高额的土壤修复费用。因此，“谁污染，谁治理”这一环保行业的通行准则，在土壤修复行业根本行不通。目前少数比较成熟的商业化项目，主要依托于土地开发商，由土地开发商买单。除此之外，绝大多数土壤修复项目主要依靠财政拨款或者银行贷款的方式进行，但今后面对大量的类似项目，完全依靠政府支付显然并不现实。鉴于此，目前的土壤修复多是场地的修复，耕地的修复因为难以找到买单人，修复的很少。

国内的土壤修复多是以工程的形式体现，国内土壤修复的产业链也正在逐步完善发展。国内的一些科研机构开始研究土壤修复项目。国外的一些土壤修复咨询机构纷纷进入国内，带动了国内土壤修复产业的意识、技术和市场的发展。土壤修复正在逐步形成上中下游的产业链，从土壤污染项目的检测到风险评估，再到修复工程的实施，进而还有相应的修复设备商等，土壤修复的产业链正在逐步实现有序化和细分化。

(1) 行业规范、技术标准、技术导则及政策法规不健全，一系列暂行管理标准和技术指导方针还在试用或起草过程中。

我国污染场地的修复究竟应该参照何种标准进行，发达国家从20世纪40年代开始已经在探讨污染土壤的修复方法和标准，目前我们参照的大多是国外的标准，这些标准不能完全适合我国国情。总之，目前我国的土壤污染状况缺乏比较全面系统的数据，相关标准体系也不完善，在土壤污染监测监控、环境风险评价及土壤修复技术等方面还未建立完备的技术指南及标准。

(2) 国内各部委的职责和权责划分界限交叉，管理缺位。城市工业污染土地管理涉及国土资源部、生态环境部、住房城乡建设部、发展改革委等多个部委。在污染土地的管理上，缺乏相关法律法规，管理程序尚未步入正轨，现阶段主要是采取针对具体场地进行具体处理，项目管理在摸索中前进。

(3) 重金属污染治理“十二五”规划启动了千亿市场。重金属污染治理及土壤修复在国内的起步较晚，在技术储备和工程施工管理方面缺少成功案例可供参考，大部分企业都是在摸索中前进。国内重金属污染属于多种重金属复合型、重金属/有机污染物复合型污染，量大面广，在国内外也很难找到相似案例，即使进行技术引进，也需要进行大幅度的本土化转化。

（五）土壤修复行业需求

2011 年 3 月出台的《“十二五”规划纲要》将节能环保列为七大战略性新兴产业之首。其中，土壤修复位于环保产业的重点发展之列并明确提出要强化土壤污染防治监督管理。此外，作为“十二五”首个专项规划——《重金属污染综合防治“十二五”规划》也已获国务院批复，这也是土壤修复首次在国家战略级规划中“正名”。随着《土壤污染防治行动计划》（又称“土十条”）的颁布，国内土壤修复产业兴起有了新的契机，并将作为环保产业的分支独立发展，我国土壤污染修复产业的兴起指日可待。

（六）土壤修复行业标准

（1）亟待针对不同类型的土壤类型、不同的土壤用途制定相对应的场地或土壤修复标准。农田土壤修复后再用作农田（酸性/碱性土壤）；农田土壤修复后作园林/景观用地（酸性/碱性土壤）；农田土壤修复后作工业用地、住宅用地（酸性/碱性土壤）；工业场地修复后用作住宅用地（沙质/粉质/黏性土壤）；工业场地修复后用作商业用地（沙质/粉质/黏性土壤）；工业场地修复后用作园林/景观用地（沙质/粉质/黏性土壤），针对有机污染和重金属污染制定相应标准。

（2）亟待制定土壤环境管理的法律法规、技术规范和标准体系。建立健全土壤污染监测防治体系、污染举报制度，对土壤污染过程进行管理和监督；同时，从污染源头控制出发，减少重金属对土壤的污染。此外，还要针对我国不同地区的土壤污染特点、过程和规律，研发和建立有效的防治土壤污染技术体系，开展污染土壤修复与综合治理试点示范。建立土壤污染安全保障专项资金，用于土壤污染修复技术研发和综合防治工程示范；最后，还要加强土壤污染防治的宣传、教育，提高公众保护土壤环境的意识。

（3）亟待进一步储备土壤修复技术。目前土壤修复大概有物理修复、化学修复和生物修复等几种技术途径，但各种技术都有特定的应用范围和局限性，修复技术面临各种技术难题。此外，我国土壤修复的设备等大部分依赖进口，缺乏自主技术。

（4）亟待整合行业资源。在上述标准制定和规范编制过程中，形成我国重金属污染防治与土壤修复技术创新联盟，整合行业资源，促进我国重金属治理和土壤修复行业的规范化，引导本行业的健康发展。

二、土壤修复行业发展概况

1. 污染场地数量

自 2007 年国内首例污染场地土壤修复项目——北京化工三厂土壤修复项目实施以

来，土壤修复工作得以被重视，并在全国范围内逐步开展与示范。2011 年之前，每年工业污染场地修复项目数不足 10 个，资金总量不足 10 亿元；2012 年以后数量和资金量均大幅提升，2016 年公开招标修复项目数已达 39 个，项目金额超过了 29 亿元。

2008—2019 年我国工业污染场地项目数量如图 1-2 所示。

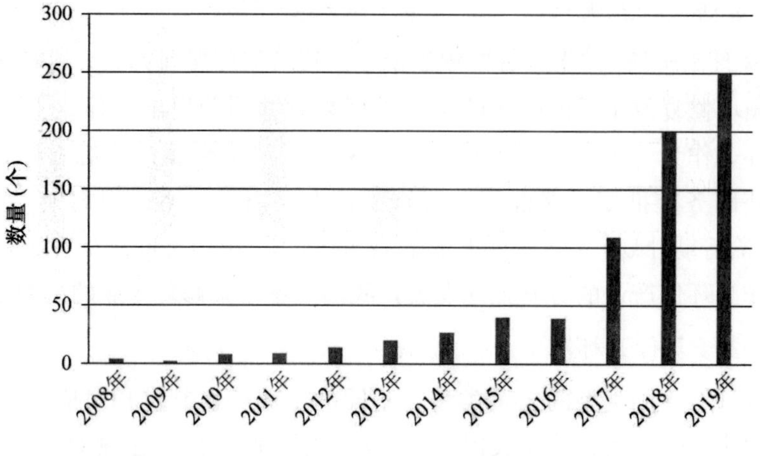

图 1-2　2008—2019 年我国工业污染场地项目数量

2. 修复金额

2016 年我国土壤修复行业资金总额为 62.9 亿元，2017 年我国土壤修复产业资金总额激增至 240 亿元。

2008—2019 年我国工业污染场地项目修复金额见图 1-3。

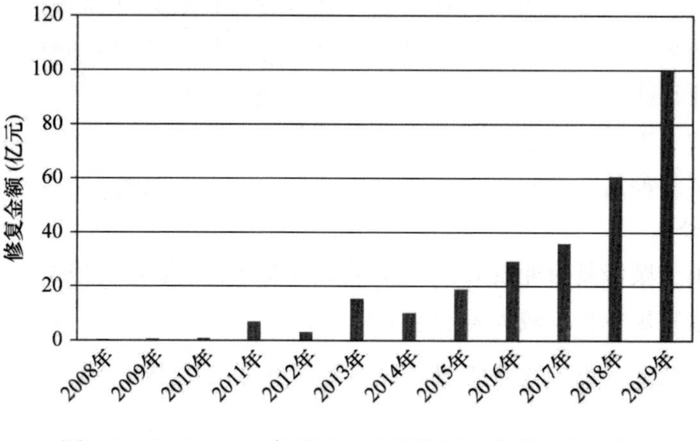

图 1-3　2008—2019 年我国工业污染场地修复金额走势

3. 企业数量

基于我国土壤污染的严峻性以及土壤修复行业广阔的发展前景，从事土壤修复产业的企业数量逐年增加，2016 年，我国土壤修复相关产业的企业数量达到了 2000 家，而 2017 年，这一数目增加至 2800 家，预计未来几年，从事土壤修复的企业数量及规模还将进一步增加和扩大。

2013—2018 年，我国土壤修复行业内企业数量统计见图 1-4。

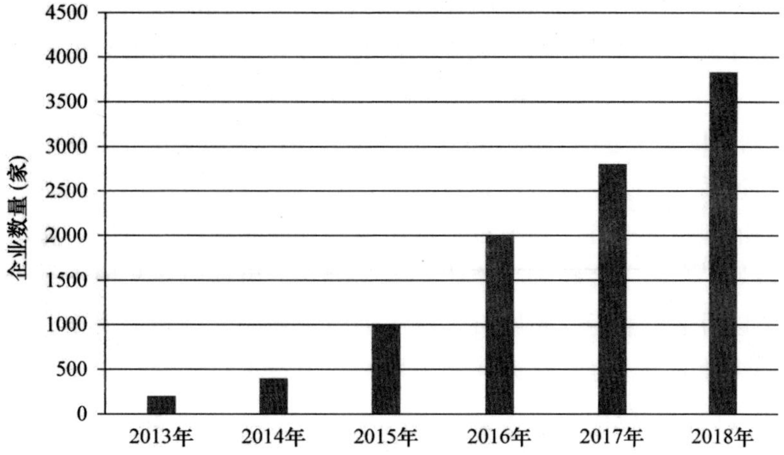

图 1-4　我国土壤修复行业内企业数量

4. 场地修复项目集中地区和行业

我国的工业污染场地修复项目分布具有明显的地域性特点，主要分布在沿海、沿江大城市周边，区域上以京三角、长三角、珠三角最为集中，具体省份以京津冀、沪苏浙、两湖两广及重庆地区居多，其中江苏、北京、浙江、上海修复工程数排名靠前。

西南、中南地区以重金属修复项目为主，有机物修复项目相对较少；有机物修复项目主要分布在东部较为发达的京津冀及沪苏浙区域，这与我国工业类型的区域分布密切相关。西南、中南地区矿产资源丰富，钢铁及有色金属等重工业相对发达；而东部沿海区域多分布化工医药、化纤橡塑、皮革制品等行业，不同行业由于其工艺过程的差异，遗留场地中污染物的性质、影响污染物存在的因素、污染物迁移的影响以及潜在的污染区域等都有所不同。

5. 发展趋势

未来，我国土壤修复行业发展的主要驱动力来源于以下几个方面：

(1) 土壤修复规模具有较大发展空间

我国土壤修复行业目前在生命周期中所处的位置仍是起步成长阶段。当前我国土壤修复产业的产值尚不及环保产业总产值的 1%～2%，而这一指标在发达国家的土壤修复产业中已经达到 30%以上。预期随着国家宏观和行业政策对土壤修复重视度提高，以及相对完善的土壤修复管理体系构建，未来将会产生更多的土壤修复项目，市场需求将扩张，土壤修复规模将迎来巨大的提升空间。

2017 年我国土壤修复行业市场规模达 151.45 亿元，同比增速超 200%。随着各城市工业场地土壤污染的详查和建档的完毕，土壤实际修复的市场仍具有高爆发的潜力，预计到 2024 年，我国土壤修复行业市场规模将达到 860 亿元。

（2）环保政策助推土壤修复行业发展

从 2005 年开始展开全国土壤污染状况调查之后，我国陆续出台了多项与土壤污染相关的政策文件。2008 年出台的《关于加强土壤污染防治工作的意见》仅仅提出了到 2010 年以及 2015 年建立土壤污染管理体系的初步意见。随后在《重金属污染综合防治“十二五”规划》以及《近期土壤环境保护和综合治理工作安排》中进一步提出了详细的规划指标，包括重点防控省份及企业的确定，污染防控指标的确定等。相比水污染和空气污染的治理政策支持，我国对土壤污染治理问题关注起步晚。除了相关政策发布相对滞后以外，我国土壤修复政策体系尚不健全。根据前述我国土壤污染的分类类型，我国目前以耕地土壤污染和城市工业场地土壤污染问题最为严重，然而目前还没有制定具有系统性的土壤修复政策和相关标准。国家正在抓紧制定有关土壤污染治理的细则及管理办法，有望在未来几年内陆续出台。其中，《土壤污染防治行动计划》已经出台并实施，《污染地块土壤环境管理办法（试行）》已于 2017 年 7 月 1 日起施行。《湖北省土壤污染防治条例》《福建省土壤污染防治办法》等地方性政策文件业已相继出台或实施。这些导则、办法和规划将为土壤修复企业开展业务提供详细的指导，有关内容也是预测未来市场前景的重要参考。

（3）技术创新和产业化是土壤修复企业未来发展的核心竞争力

目前在行业内崭露头角的多数为具备集成技术与工程经验的综合型公司，在行业起步成长阶段，这些公司更容易获利。但成熟的土壤修复产业涉及检测、评估、技术设备研发及工程设计施工等环节，随着市场规模快速扩大，产业链上下游各个环节都将迎来市场需求。从短期来看，股东背景、过往业绩等仍将是企业获取项目的主要因素，从长期看，技术的成熟度、适应性及产业化将是企业竞争力的核心。我国土壤修复技术与国际先进水平相比仍有很大差距，主要体现为市场主流土壤修复技术构成的不同，随着土壤修复市场深化，新技术成本逐步下降，在土壤修复更加关注其生态和社会效应的情况下，新的前沿的土壤修复技术将更受欢迎。

（4）多种商业模式将成为未来发展的重要方向

资金问题是土壤修复行业面临的一大难题。目前土壤修复资金主要来自政府，其次是污染企业和土地开发商，包括产业农业化开发商和房地产开发商。然而，依靠政府主导的资金投入无疑使得行业发展受到财政政策特别是财政负担影响，因此，探索土壤修复行业商业模式的过程中需要着重考虑资金来源的解决办法。从成熟国家来看，土壤修复企业可以选择多种商业模式：BOT/BT 模式、EPC 模式、PPP 模式。其中我国目前比较多见的是 EPC 模式。从我国土壤修复行业的发展前景来看，BOT 模式具有更加灵活的资金融通方法，同时对土壤修复企业的激励作用更为明显；而随着国内 PPP 模式的来临，修复产业的 PPP 模式为行业发展带来更多的创新思路，以“特许经营、购买服务和股权投资”三种方式的政企合作能有效缓解政府财政压力，并通过财政资金杠杆作用撬动社会资本的投入，让社会资本融合到修复产业中，是未来我国积极探索的盈利模式。

（5）《土壤污染防治行动计划》的重要影响

《土壤污染防治行动计划》于2016年5月28日颁布实施，其作为未来土壤修复的指导计划，将对土壤修复行业产生重要影响。《土壤污染防治行动计划》指出，当前我国土壤环境总体状况堪忧，部分地区污染较为严重，已成为全面建成小康社会的突出短板之一，我国应以改善土壤环境质量为核心，以保障农产品质量和人居环境安全为出发点，坚持预防为主、保护优先、风险管控，突出重点区域、行业和污染物，实施分类别、分用途、分阶段治理，严控新增污染、逐步减少存量，形成政府主导、企业担责、公众参与、社会监督的土壤污染防治体系，促进土壤资源永续利用；到2020年，全国土壤污染加重趋势得到初步遏制，土壤环境质量总体保持稳定，农用地和建设用地土壤环境安全得到基本保障，土壤环境风险得到基本管控。到2030年，全国土壤环境质量稳中向好，农用地和建设用地土壤环境安全得到有效保障，土壤环境风险得到全面管控。到21世纪中叶，土壤环境质量全面改善，生态系统实现良性循环。

第三节　污染土壤修复技术概述

按照污染物的性质，土壤修复技术可以分为有机物污染土壤修复技术、重金属污染土壤修复技术以及有机物、重金属复合污染土壤修复技术。

一、有机物污染土壤修复技术

有机物污染土壤修复技术可以分为：微生物降解/还原法、化学氧化/还原法、植物修复法、电动力修复法、生物通风法、热脱附法、填埋法及水泥窑协同处置法等。

（一）微生物降解/还原法

该方法利用生物的生命代谢活动减少环境中有毒有害物质的浓度或使其完全无害化，从而使污染的土壤环境能部分地或完全地恢复到原始状态。目前，应用微生物法修复有机物污染的土壤具有潜在的优势，不仅经济、安全，而且所能处理的污染阈值低、残留少，其应用前景看好。微生物可降解的污染物种类大致分为多环芳烃、有机染料和颜料、表面活性剂、农药、酚类和卤代烃等。

微生物降解/还原法的工程案例见图1-5。

（二）化学氧化/还原法

该方法利用加入到土壤中的化学修复剂与污染物发生一定的化学氧化/还原反应，使污染物被降解和毒性被去除或降低。注入的化学物质可以是氧化剂、还原剂/沉淀剂或解吸剂/增溶剂。针对低浓度有机物污染的土壤，可以采用化学法进行氧化还原处理。优势：适用于各种类型的有机污染物，处理速度快。问题：对污染物氧化还原的选择性差，甚至氧化土壤有机质，使得化学药剂的消耗量大；受土壤酸碱性和氧化还原电位的影响较大，使其对污染物的氧化/还原效率较低。

图 1-5　微生物降解/还原法工程案例

化学氧化/还原法的工程案例见图 1-6。

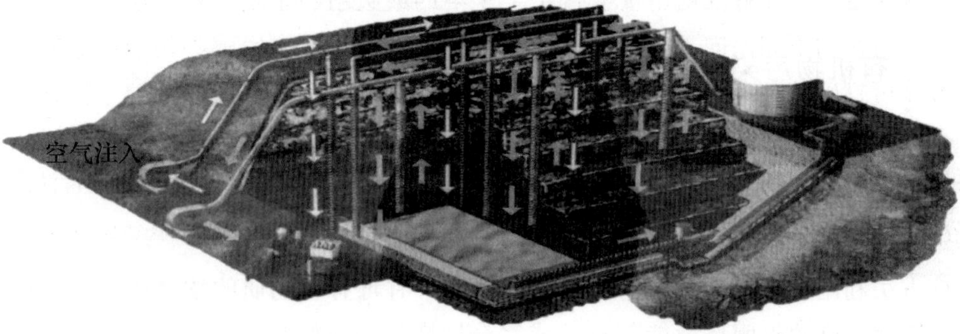

图 1-6　化学氧化/还原法工程案例

（三）植物修复法

植物修复技术是利用植物的生长吸收、转化、转移污染物而修复土壤的一种方式。植物对有机污染物的去除机制有三方面：一是植物对有机污染物的直接吸收；二是植物释放的分泌物和酶刺激微生物的活性，加强其生物转化作用，此外有些酶也能直接分解有机污染物；三是植物根区及其与之共生的菌群增强根区有机物的矿化作用。优势：绿色技术，不改变土壤性质。问题：根系或地上部分生长缓慢，清除污染物所需时间太长。

植物修复法示意图见图 1-7。

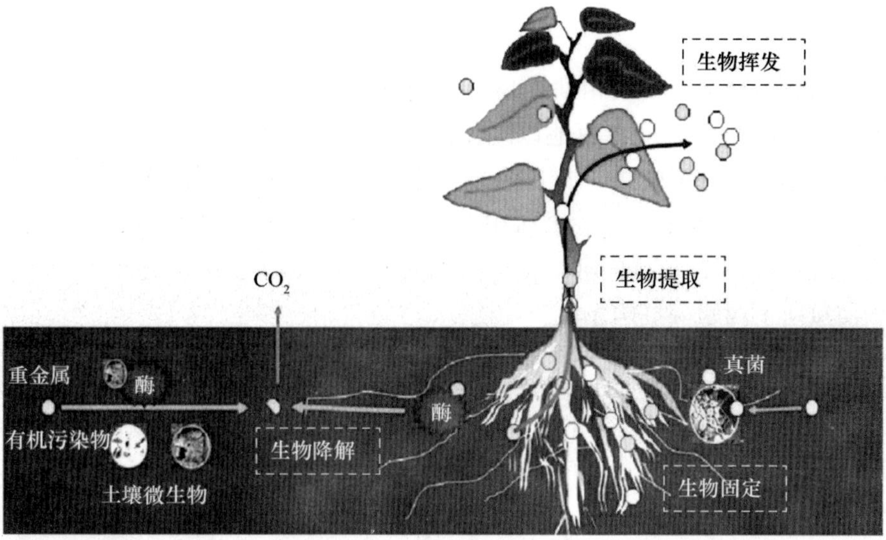

图 1-7　植物修复法示意图

（四）电动力修复法

电动力修复技术原理类似于电解池，利用插入土壤的两个电极在污染土壤两端加上低压直流电场，在低强度电流作用下，水溶的或吸附在土壤颗粒表层的污染物根据各自所带电荷的不同而向不同电极方向运动。对于土壤结合紧致的污染物电解所致的阳极酸化可打破其与土壤的结合键，此时，大量的水以电渗方式在土壤中流动，土壤毛细孔中的液体被带到阳极附近，这样溶解于土壤溶液中的污染物迁移至土壤表层得以去除。优势：适用于所有类型的有机物污染的土壤，包括石油烃、BETX、六六六、DDT、二噁英等。问题：阴极酸性化和阳极碱性化问题严重，使得降解效率降低；土壤、地下水文条件复杂，在场地修复前要进行详细的水文地质勘探和污染现状调查；现阶段的修复成本较高。

电动力修复法工程案例见图 1-8。

图 1-8　电动力修复法工程案例

（五）生物通风法

生物通风技术是在土壤气相抽提技术基础上发展起来的，主要用于非饱和土壤有机污染。生物通风技术通过在原地以气流的形式提供氧气，促进好氧微生物的活性，增强土壤中污染物的降解效果，其目的是优化氧气的传送和氧的使用效率，创造好的氧条件以促进原位生物降解。技术适用条件：非黏性土壤；土层厚度＞1m；异氧菌＞1000CFU/g土壤；土壤 pH＝6～8；土壤湿度 40％～85％；土层温度 10～45℃。

生物通风法工程案例见图 1-9。

图 1-9　生物通风法示意图

（六）热脱附法

热脱附技术是指通过直接或间接的热量交换方式，使污染土壤中的有机污染物和金属汞等受热挥发而与之分离，并对挥发出的污染物进行有效收集并处理的过程。热脱附系统包括前处理及进料单元、热脱附室、排气冷凝、分离及处理系统。

污染土壤进入热脱附室后被加热，使水分、有机物及部分金属挥发，借着气流或真空系统将挥发后的水分及污染物送入废气处理系统。根据操作温度，热脱附可分为高温热脱附及低温热脱附两类：

（1）高温热脱附：将受污染土壤加热至 320～560℃；

（2）低温热脱附：将受污染土壤加热至 90～320℃。

热脱附法工程案例见图 1-10。

（七）填埋法

将受污染的土壤用人工挖掘的办法将其运走，送到指定地点填埋，以达到清除污染物的目的，然后将未受污染的土壤回填，以便能重新对土地进行利用。优势：适用于各种类型的污染土壤。问题：永久性占用土地；需要按照卫生填埋甚至危险废物填埋场模式建设防渗系统，有时需要建设渗滤液收集和处理系统。

图 1-10　热脱附法工程案例

我国污染土壤填埋场设计类似卫生填埋场，防渗材料以 HDPE 膜为主，技术成熟。国际上先进的黏土复合阻隔材料和吸附反应材料几乎没有在我国得到应用。国外更注重填埋场的再利用，一般在填埋场上建货场、公园娱乐设施或进行景观绿化，而我国填埋场封场后土地再利用基本没有考虑在前期填埋场设计中。

污染土壤的填埋场工程案例见图 1-11。

图 1-11　污染土壤填埋场工程案例

（八）水泥窑协同处置（高温热解析技术）

水泥窑协同处置技术也即水泥窑高温热解析技术，是利用水泥窑分解系统，将水泥厂设备进行改进，使之成为高效可行的高温热解析技术，具体过程见图 1-12。

水泥窑的分解炉、篦冷机及窑尾烟室均可改造为有机物污染土壤的处置装置或热解析装置。根据处置物受污染程度，选择热解析的取风部位，将有机物污染土壤经过均化、筛分、破碎后，喂入水泥窑的分解炉或窑尾烟室。废气可进入篦冷机，利用余热燃烧去除废气中有机物污染物后排入大气。

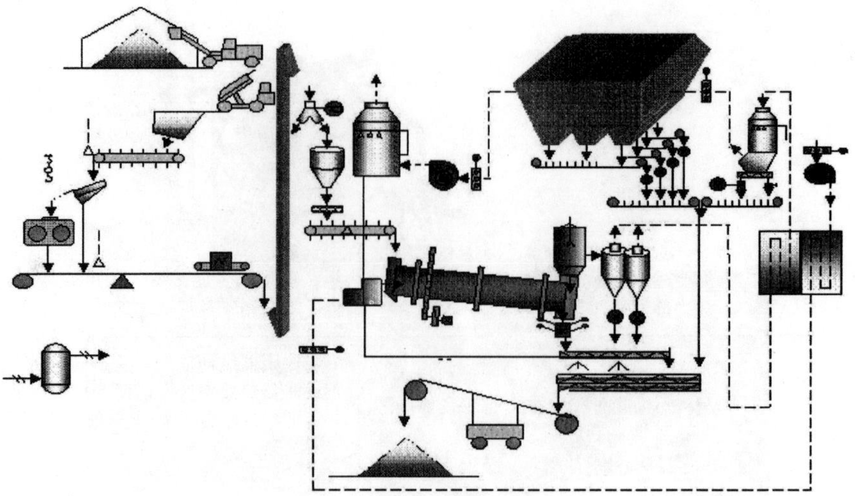

图 1-12　水泥窑高温热解析技术

该技术可处理各种有机污染土壤，包括 DDT、六六六、PCB、二噁英等难挥发性污染物，PAHs 等半挥发性污染物以及氯代烃类、石油类等挥发性有机污染物。

与其他热解析技术相比，现有的水泥窑技术对热解析所产生的废气进行处理具有明显的优势：

（1）相对于水泥窑焚烧，处理量大。

（2）可适用于细颗粒较高污染土壤修复。

存在的问题：

（1）开挖的土方量大，工程期长，运输成本高。

（2）大量污染土壤集中处置，需要严格控制水泥工艺，避免对尾气产生影响。

（九）有机物污染的土壤修复技术比较

国内有机物污染的土壤主要修复技术比较见表 1-3。

表 1-3　国内有机污染的土壤主要修复技术比较

技术名称	优　点	缺　点
微生物降解/还原法	不破坏土壤环境；处理效果好，污染物残留量可以达到很低水平；对环境的影响小，无二次污染，处理最终产物为 CO_2、水和脂肪酸，对人无害；可以就地处理，避免了集输过程的二次污染，节约了处理费用	修复周期长，效率低，由于微生物的专一性受土壤环境影响太大，其活性与温度、水分、氧气、pH 值等土壤环境紧密相关
化学氧化/还原法	适用于各种类型的有机污染物，处理速度快	对污染物氧化还原的选择性差，甚至氧化土壤有机质，使得化学药剂的消耗量大；受土壤酸碱性和氧化还原电位的影响较大，使其对污染物的氧化/还原效率较低
植物修复法	绿色技术，不改变土壤性质	根系或地上部分生长缓慢，处理速度较慢

续表

技术名称	优　点	缺　点
电动力修复法	适用于所有类型的有机污染土壤，包括石油烃、BETX、六六六、DDT、二噁英等	阴极酸性化和阳极碱性化问题严重，使得降解效率降低；土壤、地下水文条件复杂，在场地修复前要进行详细的水文地质勘探和污染现状调查；现阶段的修复成本较高
生物通风法	装置简单，易于安装，花费的时间和费用相对较少。主要适用目标污染物为挥发性污染物（VOCs）和半挥发性污染物（SVOCs）等	要求条件高，例如非黏性土壤、土层厚度较小、异养菌、土壤 pH 值、湿度、温度等条件。不适用于处理低渗透率、高黏度的土壤
热脱附法	对不同有机污染物种类及浓度有着良好的适应性，修复速度快，周期短	热脱附器结构复杂，建造成本高，操作运行不便；传热效率低，能源利用效率低；对多种热源适应性不佳，不能充分利用低品位能源。对不同质地的土壤适应性差，热脱附过程中易发生土壤黏结现象。产生的废气仍然需要处理
填埋法	适用于各种类型的污染土壤	永久性占用土地；需要按照卫生填埋甚至危险废物填埋场模式建设防渗系统，有时需要建设渗滤液收集和处理系统
高温热解析技术	将水泥窑进行改进，使之成为高效可行的高温热解析技术，是水泥企业绿色转型的好路径，该技术相对于水泥窑焚烧，处理量大；可适用于细颗粒较高污染土壤修复。从经济上和我国现有装备情况上看，适合我国国情，能在全国大规模推广	开挖的土方量大，工程期长，运输成本高；大量污染土壤集中处置，需要严格控制水泥工艺，避免对尾气产生影响

整体而言，对于有机物污染的土壤，经过污染场地勘测、风险评估，应综合以上八种方法。但是，对高风险污染土壤，进入水泥窑进行高温协同处置是比较经济快捷的选择；对低风险的污染土壤可采用多种修复方式。

二、重金属污染土壤修复技术

重金属污染土壤的修复技术主要有：物理修复技术、化学修复技术、生物修复技术、新型组合技术、水泥窑协同处置技术以及新型修复技术等。

（一）物理修复技术

物理修复技术主要分为电热修复、电动力修复等。其针对面积小且污染重的土壤进行修复，适应广，也是一种治本的措施，但在操作中可能发生二次污染、破坏土壤结构并导致肥力下降。

（1）电热修复

电热修复指通过高频电压产生热能和电磁波，加热土壤，将土壤颗粒中的污染物解析出来，并从土壤内分离出易挥发的重金属，达到修复的效果。主要针对修复土壤被 Se 或 Hg 等重金属污染的情况。此外，也可以将土壤置于高温高压中，使之变成玻璃态物质，最终从根本上修复土壤中重金属的污染。

电热修复技术工程案例见图 1-13。

图 1-13　电热修复技术工程案例

(2) 电动力修复

电动力修复指在电场的作用下，用电迁移、电泳或电渗透的方式，将污染物从土壤中带至电极的两端，通过工程化的收集系统对其进行集中清理。目前该技术因其良好的修复效果已被发展进入商业化的阶段。

(二) 化学修复技术

化学修复技术指天然矿物、有机质、固化剂以及化学试剂等物质加入土壤，改变其 Eh、pH 值等物理性质，并通过氧化还原、吸附、沉淀、抑制、络合螯合及拮抗等作用降低重金属本身的生物有效性。

1. 原位化学固化稳定化修复

该技术是目前应用最广的一项修复技术，将来也必然成为一种主流技术。该技术在国外的应用比较成熟，可有效减少土壤挖掘，节省运输、处理和回填费用，成本低于其他技术，而且原位处理可减少处理过程中废物的产生及气体的散逸，对环境更为友好。

该技术主要通过在土壤中施加改性药剂，经氧化还原反应、矿化作用和沉淀反应将不稳定重金属形态转化为重金属的单质、硅铝酸盐、硅酸盐和磷矿石等，将其稳定在自然环境中，不再被雨水浸出和治污根系所吸收，重金属被固定在土壤中。

原位化学固化稳定化修复工程案例见图 1-14。

2. 土壤淋洗

土壤淋洗指借助于淋洗剂，通过水力压头推动清洗液，将其注入到污染土层中，然后将含重金属的液体从土层中抽提出来，进行分离和污水处理的技术。其原理是通过清洗液中淋洗剂与土壤中的金属反应，增加金属在土壤溶液中的溶解度，促进其在土壤中迁移。清洗液通常是水，可以循环再生。淋洗剂种类较多，如无机盐、有机酸、碱性试剂、螯合剂等。

图 1-14　原位化学固化稳定化修复工程案例

此法不适用于黏性土壤，而且在其他土壤中应用时，尤其要注意地下水的污染。

土壤淋洗工程案例见图 1-15。

图 1-15　土壤淋洗工程案例

3. 萃取分离法

萃取分离法包括一级萃取、二级萃取和离心分离等，此方法萃取剂的选择、分离和土壤特性的保护非常重要。污染土壤经过萃取和离心分离后，重金属通过沉淀得到去除，干净土壤可进行原位回填。该技术能够快速修复重金属污染的土壤，但关键在于找到环境友好的萃取剂，既移除土壤中重金属，又不污染土壤。其可以应用于工业场地和农田土壤的修复。

萃取分离法工程案例见图 1-16。

图 1-16　萃取分离法工程案例

（三）生物修复技术

生物修复技术主要利用生物去消减、净化重金属或降低其毒性。此法既效果好又易于操作，因而越来越受到人们的青睐，成为近几年来污染土壤修复研究的热点。

（1）植物修复技术。它是一种通过自然和遗传作用来培育植物对受重金属污染的土壤进行修复的技术。根据机理和作用过程的不同，该技术又可分为植物提取、植物稳定和植物挥发三种类型。

植物提取，是种植重金属超积累植物，把植物从土壤中吸收到的重金属污染物转移到地上的根茎叶等部分，再收割地上部分并对其进行集中处理，从而降低土壤中的重金属含量，并达到可以接受的水平。植物稳定，是种植超累积植物或耐重金属植物，使重金属的活性降低，减少了重金属通过空气扩散而污染环境或是被淋洗入地下水中的可能性。植物的不同部位有着不同的修复作用，例如根部为稳定作用，茎叶有提取作用等。植物挥发是利用植物的叶面，起到重金属挥发作用，主要挥发汞、砷和硒等。

（2）微生物修复技术。通过土壤中存在的某些微生物氧化、沉淀、吸收或还原金属物质，从而降低了土壤中重金属的毒性。此外，存在微生物细胞中的金属硫蛋白对Cu、Hg、Cd、Zn等重金属有强烈的亲和性，而且它对重金属也有富集作用，最终能抑制毒性的扩散。但微生物只能对小范围的土壤进行修复，因此其能力有限。微生物修复法包含两种技术：生物固定技术和生物氧化还原技术。

生物固定是重金属被微生物体吸附固定的过程。某些微生物如蓝细菌、硫酸还原菌以及某些藻类能够产生具有大量阳离子基团的胞外聚合物如多糖、糖蛋白等，并与重金属形成络合物，使重金属固定在土壤中。

生物氧化还原技术：利用微生物的活动可对重金属离子进行氧化、还原、甲基化和脱甲基化作用，改变重金属离子的氧化还原状态，降低土壤环境中重金属离子的生物有效性。

（四）新型组合技术

在以上几种技术的基础上衍生出了一系列新的方法，如化学改性增溶—植物提取法、微生物改性增溶—植物提取法、化学氧化—萃取法等。

（1）化学改性增溶—植物提取法。通过在土壤中加入化学药剂，如 EDTA、MDGA. 3Na 等使土壤中重金属络合进入水相，加快植物对重金属的富集速度，缩短植物修复时间。

（2）微生物改性增溶—植物提取法。通过在土壤中加入特种微生物，提高重金属生物有效性，加快植物对重金属的富集速度，缩短植物修复时间。

（3）化学氧化—萃取法。通过在土壤中加入氧化剂，改变重金属的存在形态，增强萃取剂对重金属的萃取效率。

（五）水泥窑协同处置技术

针对半挥发或者不挥发的重金属，如：铜、锌、锰、铅、镉、砷等污染土壤，将水泥窑设备进行改进，结合水泥窑工艺特点，采用生料配料的方式，利用水泥厂生料磨系统及收尘系统等，确保产品质量、尾气排放符合相关标准。

（六）新型修复技术

如新型微/纳结构材料修复法、螯合离子交换树脂修复法、利用有机物吸收土壤中的重金属离子等。

（1）新型微/纳结构材料修复土壤重金属污染。纳米材料已成为现在研究的热点，纳米材料具有巨大的表面积而且具有磁性，可以吸附多种分子，因此可以运用纳米材料吸附土壤中重金属。

（2）螯合离子交换树脂处理土壤重金属污染。用螯合离子交换树脂来提取，把螯合树脂埋入土壤中，通过树脂来吸收土壤中的重金属，就像植物吸收重金属一样，因此不破坏土壤的性质，这样测得的重金属含量被认为是土壤重金属生物有效性含量。

（3）利用有机物吸收土壤中的重金属离子。利用有机物如秸秆、动物粪便、堆肥产物修复土壤中的重金属离子。这些有机物可以与土壤中的重金属离子发生络合反应、螯合反应，减少重金属的生物有效性，降低重金属的危害。有机物获取容易，而且大多是废弃物，有利于废物的循环利用，可以减少土壤中重金属的生物有效性，减少重金属对生物体的危害，但对于有机物对重金属的解析过程还有待于进一步研究。

（七）几种修复技术比较

国内几种重金属污染土壤主要修复技术比较见表 1-4。

表 1-4　国内重金属污染土壤主要修复技术比较

技术名称	优　　点	缺　　点
原位化学固化稳定化修复法	可有效减少土壤挖掘，节省运输、处理和回填费用，成本低于其他技术，而且原位处理可减少处理过程中废物的产生及气体的散逸，对环境更为友好。该技术是目前应用最为广泛的技术	容易破坏土壤性状、处理成本高、存在二次污染的风险

续表

技术名称	优　点	缺　点
电动力修复法	该法是原位修复技术，不搅动土层，并可以缩短修复时间，是一种经济可行的修复技术，因其良好的修复效果已被发展进入商业化的阶段。该法特别适用于低渗透性黏土和淤泥土	由于技术复杂，受土壤环境的影响较大，大规模工程应用需要克服的技术难点较多
淋洗法	该法简便、成本低、处理量大、见效快，适用于大面积、重度污染的治理，尤其是轻质土和沙质土	该法在去除重金属的同时，也使土壤营养元素流失、土壤结构破坏，导致肥力下降，而且会污染水体，造成二次污染，淋洗效果受土壤性质、污染物种类和存在形态、淋洗剂种类和性质等因素影响
植物修复技术	该技术是一种绿色技术，具有成本低，可提高土壤肥力，避免二次污染以及对环境扰动小，修复效果好又易于操作等优点	由于修复时间太长，且不适合于复合重金属污染的治理，一般很少单一地应用于农田土壤修复，已经发现的重金属超富集植物多属于野生植物，异地引种将对当地的生物多样性构成潜在威胁
微生物修复技术	不破坏土壤环境；处理效果好，对环境的影响小	由于微生物的专一性受土壤环境影响太大，其活性与温度、水分、氧气、pH 值等土壤环境紧密相关，因此很难同时修复多种复合重金属污染土壤。此外，该技术距离实际应用还有很大的差距，目前尚停留在实验室研究阶段
水泥窑协同处置技术	将水泥窑进行改进，结合水泥窑工艺，成为水泥企业转型的好路径，并且处置后的土壤可作为水泥厂原料。从经济上和我国现有装备情况上看，适合中国国情，能在全国大规模推广	开挖的土方量大，工程期长，运输成本高；大量污染土壤集中处置将对水泥质量产生一定影响

整体而言：原位化学固化稳定化在国内外已有许多成功的应用案例，修复速度快，可大规模采用。电动力修复法可以有效降低土壤重金属浓度，具有非常好的应用前景。为克服单一方法的缺点，重点研发综合修复污染土壤的技术，组合修复技术可以取长补短，达到高效、低耗的双重效果，如化学改性增溶—植物提取法以及微生物改性增溶—植物提取法可以降低土壤微生物浓度，关键在于如何大幅缩减修复时间以及增强植物对多种重金属的同时富集能力。

三、有机物—重金属复合污染土壤修复技术

随着经济的发展，有机物—重金属复合污染是当今土壤污染中最普遍的一种，利用传统单一的物理、化学、生物修复技术等都难以对有机物—重金属复合污染土壤进行彻底治理修复。而采用化学—生物联合修复法和水泥窑协同处置法既能修复土壤中有毒有机物污染，又能去除土壤中的重金属，并使两类污染物的浓度大幅度降低到标准值。

（一）化学—生物联合修复法

化学—生物联合修复技术是 21 世纪以来才发展起来的一种全新的修复有机物—重金属复合污染土壤的方法。主要采用传统的化学修复法与现阶段比较新兴的超积累植

物富集、微生物降解等生物修复法进行了技术联合及工艺上的改进，取长补短，效率更佳。因为单一的修复法都有其技术上的缺陷，如化学修复虽速度快、应用面积广，但耗资大，在实际应用中难以调控，化学修复因子容易受土壤中 pH 值以及原有无机物、有机物的影响，且容易形成毒性更大的副产物，造成二次污染，并降低土壤有机质的水平；微生物修复相对比较经济且不会使土壤产生二次污染，但容易对土壤结构产生不良影响，导致土壤机体的损伤。即使利用堆腐法，在处理过程中也会产生气态污染物，造成对大气环境的污染；植物修复尽管具有极大的潜在益处，但它的修复周期相对较长，与其他修复法相比具有较大的局限性，必须有其他技术与之相配合。化学—生物联合修复法主要是把传统的化学修复法与现代各种生物修复技术进行了参数优化、改造后进行最佳组合，通过优势互补和技术综合进行对复合污染土壤的修复。其主要的修复机理是通过化学氧化、土壤催化氧化、化学聚合、化学还原、化学脱氯与生物修复中植物的超积累富集吸收、微生物的分解与固定综合利用去除污染土壤中的重金属和有毒有机物，与单一的修复法相比，化学—生物联合修复有机物污染效率也更高一些。

1. 原位化学氧化—微生物降解联合修复技术

原位化学氧化—微生物降解联合修复土壤主要是通过化学氧化（修复中常用的氧化剂有 Fenton 试剂、$KMnO_4$、O_3 等）、化学聚合与微生物（细菌、真菌、酵母、藻类等）的氧化—还原作用、脱羧和脱氨作用、脱水作用、水解作用等降解技术综合利用，进行对有机物—重金属复合污染土壤的修复，特别是那些以有毒有机物污染为主的复合污染土壤，例如受医用药品污染的农业耕地、菜园等，其中含有农药、油类、有机洗涤剂、多环烃、重金属等，以有毒有机物污染为主。

对于这类污染的修复先要进行实地勘察和预备试验，确定污染物的类型及具体成分，控制好土壤的温度、湿度、pH 值，以提高土壤中微生物的活性。因为大部分的有机物可以通过光分解、热分解、化学分解、生物降解被去除，而生物降解又是最彻底的一步，所以可以先采取微生物降解修复，特别是根际圈生物降解修复，加入表面活性剂或螯合剂，通过微生物的氨化、硝化、氮及纤维素分解作用等生化过程去除污染土壤中可降解的农药、石油和其他有机污染物；而对于污染土壤中的重金属（它能引起微生物生物量的下降，微生物一般不能直接把它降解）和一些微生物难以降解的物质如油类、有机溶剂、多芳烃（如萘）、PCP、一些农药以及非水溶态氯化物（如 TCE 等污染物），可以采用原位氧化修复，通过添加一些化学氧化剂与污染物所产生的氧化反应，达到使污染物浓度降低或转化为低毒、低移动性产物，从而降低土壤中污染物的浓度。

原位氧化修复技术不但可以对这些污染物起到降解脱毒的效果，而且反应产生的热量能够使土壤中的一些污染物和反应产物挥发或变成气态逸出地表，对于有毒的气体（NO、NO_2、CO、SO_2、SO_3、H_2S、HCl、HBr 等），可以通过地表气体收集系统进行集中处理。同时通过化学氧化还原和生物吸附富集以及溶解作用，改变重金属在土壤中的存在形态，促进重金属的微生物降解，有利于重金属在土壤中的生物吸附固定以及重金属毒性的降低。当然，化学修复由于氧化剂的加入，不仅会降低土壤中污染物的毒性或降低土壤中污染物的含量，而且也可能形成毒性更大的副产物，并降低土壤中有机质的水平。而对于这些副产物和先前那些不能被微生物所降解的难溶于水的有机污染物，经化学氧化之后得到的产物一般能溶于水，这样两者都可以借助于微生物来彻底降解，从而有效降低有毒污染物在土壤中的浓度。

2. 原位化学还原—超积累植物富集联合修复技术

该技术主要是通过化学、还原脱氯（修复中常用的还原剂有 SO_2、FeO 胶体、气态 H_2S、有机碳等）与超积累植物的提取、挥发、稳定、降解、根际圈生物降解等作用综合利用，对有机物—重金属复合污染土壤进行修复，特别适应于以重金属占主导地位的酸性复合污染土壤。其中，天蓝芥蓝对 Zn、Cd 的富集吸收效果好，高山干薯对 Cu 的富集吸收效果好，圆叶芥蓝对 Pb 的富集吸收效果好，粗脉叶澳洲坚果对 Mn 的富集吸收效果好，九节木属对 Ni 的富集吸收效果好等。在修复过程中将几种植物搭配种植，并适当加入一些化学改良剂，利用化学改良剂—植物修复技术来去除污染土壤中的重金属，如加入赤泥、城市污泥和熟石灰等调节土壤营养及物理化学条件，以改良植物及微生物的生长环境，促进二者对重金属的吸收。

3. 化学—生物联合修复法存在的问题

（1）在原位化学氧化—微生物降解联合修复时，添加的氧化剂及进行氧化反应所生成的中间产物可能会抑制微生物酶的活性，不利于微生物的降解。

（2）微生物修复过程中厌氧修复动力学过程及其中间产物的毒性可能会影响到化学修复中的氧化还原反应，反过来氧化还原反应液可能会影响到微生物在缺氧与厌氧条件下降解有机物的电子受体及其碳源。

（3）在原位化学还原—超积累植物富集联合修复时，所添加的还原剂可能会对修复植物产生伤害，抑制植物本身的修复时，所添加的还原剂可能会对修复植物产生伤害，抑制植物本身的修复能，反应所需要的最适 pH 值、温度、湿度也可能与植物能正常生长的条件不太一致。

（4）土壤的渗透性、均质性及其地下水位可能不太适合化学药剂的添加及其相关的化学反应、植物的正常生长和微生物的共代谢等。针对上述存在的诸多问题，在利用化学—生物联合技术修复有机物—重金属复合污染土壤时，首先应该进行地理勘探、实验室内的平衡试验以及小规模的现场应用试验等，确定土壤中污染物浓度及其种类、地下水、土壤渗透性、土壤均质性、pH 值、碱度、拟选修复植物的生理特性、相关条件下微生物的代谢情况及其酶的活性等，尽可能地兼顾化学修复与生物修复两者都能满足有关条件的要求，从而有效地、经济地、安全地对复合土壤进行治理修复。

我国对污染土壤联合修复这一领域涉及得较晚，大部分的修复技术都处于试验研究阶段，若要推广到大规模的工程应用，还需要解决较多的实际问题。

（二）水泥窑协同处置法

针对有机物—重金属复合污染土壤，可以采用热解析与配料相结合的方式，将水泥窑设备进行改进，结合水泥窑工艺特点，利用水泥窑一次性处置完成。

四、污染土壤修复技术的应用概况

（一）美国污染土壤修复技术应用情况

据美国超级基金统计，美国污染土壤修复技术的应用比率见图 1-17。

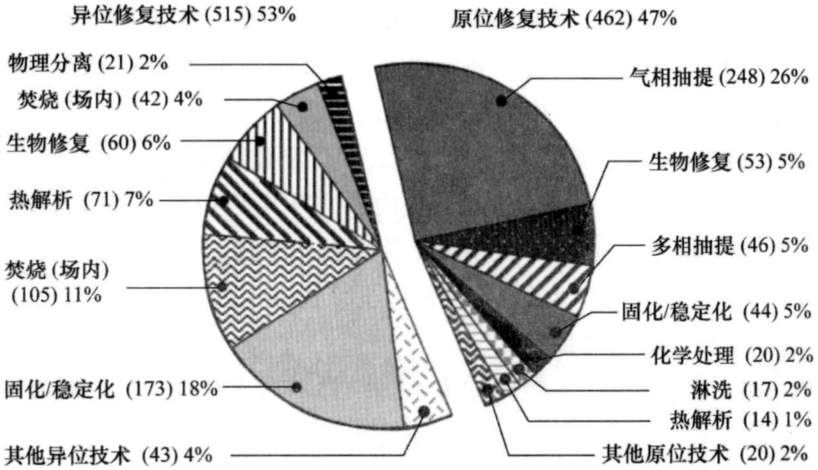

图 1-17　美国污染土壤修复技术的应用比率

（二）我国污染土壤修复技术应用情况

2016 年前，我国的污染土壤修复主要集中于污染农田修复、矿山修复、盐碱地修复等。修复技术以原位修复为主，原位修复技术应用比率分别为 88%、79%与 100%。从具体技术占比来看，填埋/阻控（32%）、固化/稳定化（23%）、矿山生态恢复（14%）成为土壤修复应用最广泛的技术，而水泥窑协同处置（5%）、氧化还原（5%）、微生物修复（4%）、植物修复（4%）与农业生态修复（4%）技术也是主要应用的技术。相比之下，抽提处理（3%）、土壤淋洗（1%）、化学改良（1%）、热解析（1%）、气相抽提（0.5%）与高温焚烧（0.5%）技术市场应用占比较低。

2016 年后，原位修复技术和水泥窑协同处置技术在场地修复中得到快速发展。

第二章　铅锌镉污染土壤固化和稳定化

根据美国环境保护署（EPA）的定义，固化和稳定化的含义不同。固化技术是指将污染物包裹在惰性材料中，或者在污染源的外表面加上渗透性较低的材料，以减少污染物的暴露面积，从而达到限制污染物迁移转化的目的。稳定化技术是从污染物的有效态出发，通过重金属形态转化，将污染物转化为溶解性低、迁移能力和毒性更小的形态来实现无害化，以降低污染物对生态系统的危害。

在重金属污染土壤修复技术中，土壤固化/稳定化技术（solidification/stabilization，S/S）具有周期短、效果好、投入低等优势，美国环保局（USEPA）将其评为处理有毒有害固体废物的最佳技术。美国场地修复技术年度报告统计结果显示，超级基金修复的 977 个场地中有 217 个场地修复使用了该技术（1982—2005 年）。S/S 也是我国重金属污染土壤修复的主要技术之一。

镉、砷、铅、锌等是我国土壤中的主要污染物。本章以铅、锌、镉为主要研究对象，探索重金属污染土壤的固化、稳定化药剂和工程技术。

第一节　试验方案

一、试验方法

（一）双体系试验方法

1. 水溶液体系

由于土壤体系较为复杂，而且均匀度较低，容易对试验结果产生不利的误差，因此，本试验首先采用人工配制的水溶液体系进行药剂研发，以便最大程度降低土壤中的有机物、微生物、杂质和不均质性对试验结果的影响。

水溶液体系重金属稳定化特性试验流程见图 2-1。

将药剂采用振动磨粉碎至 80 目以下，再过 1mm 筛。设定药剂与重金属离子的摩尔比为 0、0.3、0.6、1，分别计算并称量药剂的用量，将药剂添加到重金属溶液中并用玻璃棒搅拌，然后用去离子水定容至 50mL，静置 24h，取上层清液，过 0.45μm 微孔滤膜后，收集滤液及药剂与重金属反应形成的沉淀物。

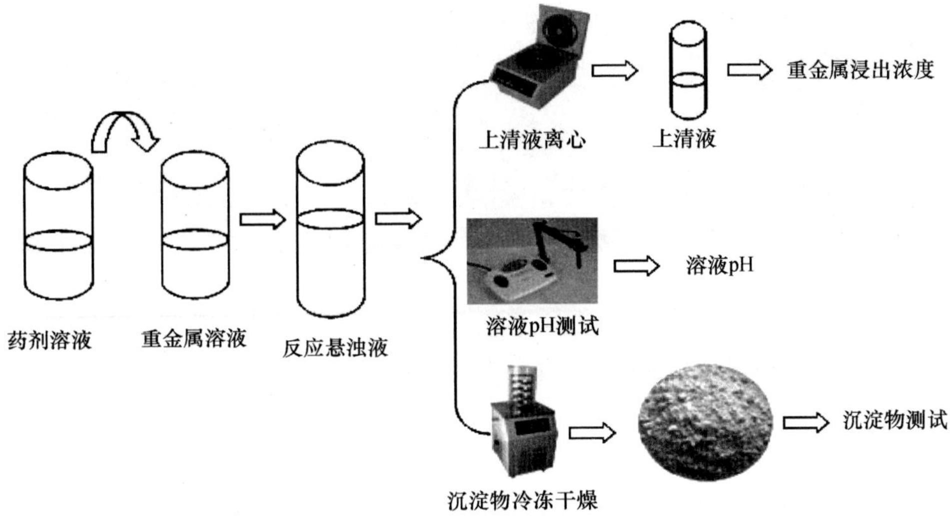

图 2-1　水溶液体系重金属稳定化特性试验流程示意图

2. 人工配置土壤体系

为增加药剂的适用性，满足我国极端的高风险土壤的要求，采用人工配置高风险污染土壤为试验样品。

土壤体系的试验流程见图 2-2。

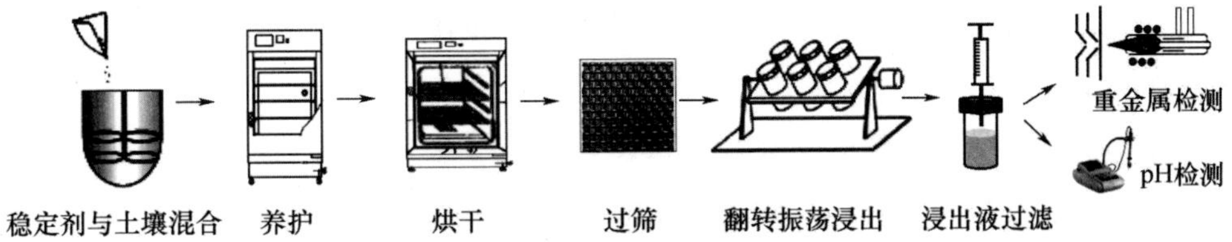

图 2-2　土壤体系实验流程示意图

称取土壤样品 100g，按土壤质量的 1%、5%、10%和 20%添加稳定剂。将稳定剂与土样用水泥净浆搅拌机搅拌混合 5min，然后以喷洒方式加入与干粉质量比为 30%的蒸馏水，再次搅拌 5min 后，将混匀的土样放入聚丙烯塑料盒（10cm×10cm×8cm）中，加盖后放入温度为（20±2)℃，湿度为 95%的养护箱中进行养护。养护 7d 后，将土壤样品自然风干，过 2mm 筛，对稳定化后土壤做毒性浸出分析，进而对稳定剂的效果做出评估。每个样品处理做 3 个重复。

将药剂与污染土壤混合（药剂添加量为 20%），研究不同药剂对重金属的固化稳定化效果。将不同药剂与试验土样均匀混合后加入总质量 30%的蒸馏水，再次混匀后装入塑料密封盒中，放入温度 20℃、湿度为 95%的养护箱中进行养护，药剂与土壤搅拌均匀后的养护过程见图 2-3。

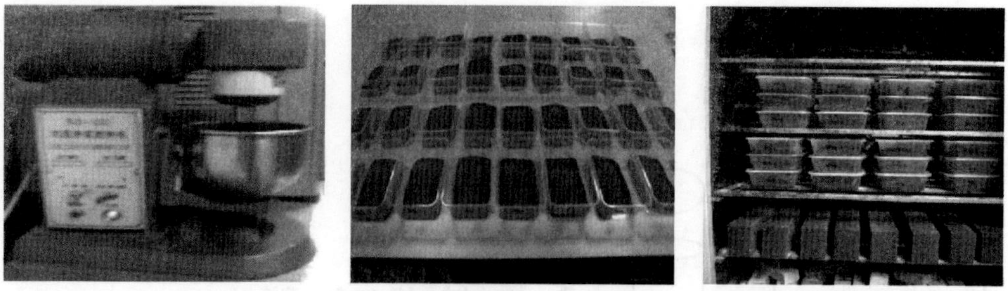

(a)　　(b)　　(c)

图 2-3　药剂与土壤搅拌均匀后的养护

(a) 污染土壤与试剂搅拌；(b) 药剂与土壤搅拌均匀放入塑料盒；(c) 养护箱

（二）试验材料

1. 水溶液体系试验材料

采用 Zn $(NO_3)_2$、Pb $(NO_3)_2$ 和 Cd $(NO_3)_2$ 溶液作为重金属目标溶液，按照土壤修复目标配置单一的铅、锌、镉溶液 100mL，然后量取 15mL 用作试验。

按照土壤环境质量三级标准（Zn≤500mg/kg、Pb≤500mg/kg、Cd≤1mg/kg、As≤30mg/kg）的不同倍数分别配置重金属溶液，例如：需要配置出的复合重金属污染土中，Zn、Pb、As 和 Cd 的污染浓度应该分别为 8750mg/kg、3825mg/kg、333mg/kg 和 100mg/kg，则取 1kg 污染土中所含的重金属的量作为配制重金属溶液的依据，将 39.81g 的 Zn $(NO_3)_2 \cdot 6H_2O$、6.12g 的 Pb $(NO_3)_2$ 和 0.55g 的 Cd $(NO_3)_2 \cdot 4H_2O$ 分别倒入盛有 50mL 去离子水的烧杯中，用玻璃棒搅拌至完全溶解。

配置的不同重金属溶液浓度及编号见表 2-1。

表 2-1　配置的不同重金属溶液浓度及编号

编号	浓度（mg/L）	编号	浓度（mg/L）	编号	浓度（mg/L）
Pb（1）	1032	Zn（1）	1021	Cd（1）	26
Pb（2）	4998	Zn（2）	5110	Cd（2）	62
Pb（3）	10097	Zn（3）	10188	Cd（3）	146
Pb（4）	49000	Zn（4）	25400	Cd（4）	1143

2. 人工配置土壤体系试验材料

选取具有八达岭废弃砖窑厂的普通黏土作为人工配制污染土的背景土。将采集的土壤风干，过 2mm 筛，向土壤中添加化学试剂 Pb $(NO_3)_2$、Zn $(NO_3)_2 \cdot 6H_2O$、Cd $(NO_3)_2 \cdot 4H_2O$，与土壤充分混匀，保持 20%的含水率，老化 3 周后，将配制的重金属复合污染土壤（Zn、As、Cd 和 Pb）风干后过 2mm 筛，备用。

配制的土壤基本性质见表 2-2。

表 2-2 配制土壤的基本性质

成分	pH 值	W (OM) (%)	CEC (cmol/kg)	总量 (mg/kg)			TCLP 浸出浓度 (mg/L)		
				Pb	Zn	Cd	Pb	Zn	Cd
黄壤	6.39	3.91	8.66	712	10017	91	3.61	281.87	1.99

二、测试指标和测试方法

(一) 水溶液体系

滤液用来测定重金属浸出浓度。收集药剂与重金属反应形成的沉淀物，将沉淀物用去离子水清洗 3～5 次，将沉淀物放入培养皿中，在冷冻机中冷冻干燥后，测定沉淀物的化学组分、矿物组成以及微观特性等。

(二) 人工配置土壤体系

1. 测试方法比较

国外对于重金属污染土壤稳定化后的评估方法多参照固体废物毒性浸出法。固体废物浸出毒性测试，国际上尚无统一标准。美国、荷兰、日本、英国、欧盟等国家和地区的浸出测试方法中，浸提剂、pH 值和震荡方式均存在不同的差异性。在所有的浸出评估方法中，美国环保局（USEPA）发布的浸出标准最多，应用也最为广泛，其次是欧盟的浸出方法。

在 USEPA 公布的浸出方法中，模拟填埋场渗滤液的 TCLP 毒性浸出测试方法、模拟酸雨淋溶的 SPLP 浸出测试方法及模拟填埋场经多级酸雨冲蚀 MEP 多级浸出测试方法是现有稳定化效果评价体系中典型的浸出测试方法。

TCLP 是为了执行对危险废物的管理，美国在 1984 年制定了浸出方法。该方法是美国资源保护和再生法中指定的危险废物鉴别方法，也是 USEPA 指定的评价重金属释放效应的方法，在污染土壤稳定化处理效果评价中应用最为广泛。该方法选用生活垃圾填埋场产生的渗滤液中普遍存在的醋酸作为浸提剂，如果浸提液中任何一种重金属元素的含量等于或者大于美国 40CFR261.24 规定的浓度限值，则为危险废弃物，并可能对地下水造成影响。

SPLP 方法由 USEPA 于 1988 年发布，模拟酸沉降对固体废物的影响。SPLP 是以 HNO_3/H_2SO_4 为浸提剂，模拟酸雨条件下对固体废物中重金属释放的影响。

MEP 方法是模拟填埋场经过酸雨多次侵蚀后，固体废物的浸出浓度。该方法需要长达 7d 的连续 10 次浸提，算出的固体废物浸出毒性的最高浓度可以一定程度上模拟固体废物的长期浸出毒性。

1979 年由 Tessier 等提出的基于沉积物中重金属形态分析的五步顺序浸提法已广泛应用于土壤样品的重金属形态分析及其毒性、生物可利用性等研究。该法将金属元素分为可交换态、碳酸盐结合态、铁锰水合氧化物结合态、有机物和硫化物结合态以及残余态。分析过程如下：

可交换态：指交换吸附在沉积物上的黏土矿物及其他成分，如氢氧化铁、氢氧化锰、腐殖质上的重金属。由于水溶态的金属浓度常低于仪器的检出限值，普遍将水溶态和可交换态合起来计算，也叫水溶态和可交换态。

碳酸盐结合态：指碳酸盐沉淀结合一些进入水体的重金属。

铁锰水合氧化物结合态：指水体中重金属与水合氧化铁、氧化锰生成结核这一部分。

有机物和硫化物结合态：指颗粒物中的重金属以不同形式进入或包裹在有机质颗粒上同有机质螯合等或生成硫化物。

残渣态：指石英、黏土矿物等晶格里的部分。

但是，由于测定重金属的含量很大程度上取决于所使用的提取方法，因此提取方法的差异导致获得的结果没有可比较性。1987 年，欧共体标准局在 Tessier 方法的基础上提出了 BCR 三步提取法，并将其应用于包括底泥、土壤、污泥等不同的环境样品中。此方法解决了由于流程各异，缺乏一致性的步骤和相关标准物质而导致各实验室之间的数据缺乏可比性等问题。然而，在鉴定标准参考物质 BCR CRM601 时，各个实验室间的数据出现了明显的不同，尤其在提取过程的第二步。因此，欧洲学者又在该方案的基础上提出了改进的 BCR 顺序提取方案，进一步优化了 BCR 提取方案的条件，并将其应用于底泥和土壤样品的金属形态分析。

改进的 BCR 提取程序如下：

第一步：可交换态（Fraction A）。取 0.5g 风干土壤样品，置于 50mL 聚乙烯离心管中，加入 20mL 醋酸溶液（0.11mol/L），在室温下（20℃）震荡 16h，然后从 4000r/min 下离心 20min，上层清液经过 0.45μm 微膜过滤，ICP-MS 测定各元素含量。残留物用 10mL 去离子水冲洗，离心 15min，洗涤液丢弃。

第二步：还原态（Fraction B）。向上一级残留固体中加入 20mL 0.5mol/L $NH_2OH \cdot HCl$（用 HNO_3 调节 pH 值至 1.5），分离过程如上一步所描述。

第三步：氧化态（Fraction C）。向上一级残留固体中加入 5mL 30%H_2O_2，离心管加盖在室温下反应 1h，间歇震荡，然后在 85℃水浴中继续加热 1h，直到试管中 H_2O_2 体积减少到 1～2mL。再向其中加入 5mL H_2O_2，去盖在 85℃水浴中加热 1h，直到 H_2O_2 蒸发近干。待冷却后，向其中加入 25mL 醋酸铵溶液（1mol/L，用 HNO_3 调节 pH 值至 2）。像第一步描述的样品再次被震荡、离心、萃取分离。

第四步：残渣态（Fraction D）。为了分析测定残渣态中金属元素的含量，在 BCR 提取方案的基础之上，采用了第四步提取方案。使用混合酸（2mL HNO_3＋1mL H_2O_2＋0.5mL HF）对前三步提取所剩余的样品残渣进行消解，溶出存在于原生矿物当中的金属元素。

2. 本试验的测试方法

本试验采用醋酸浸出毒性法测试重金属的浸出浓度和活性。

醋酸浸出毒性法的试验方法如下：养护 7d 后，测定固化体 pH 值［《土壤中 pH 值的测定》（NY/T 1377—2007）］，并进行毒性特性浸出试验《固体废物　浸出毒性浸出方法　醋酸缓冲溶液法》（HJ/T 300—2007）。方法如下：将压碎的样品（粒径小于 10mm）放到有盖的聚丙烯的瓶子里，加入萃取液冰醋酸，萃取液的 pH 值为 2.88±0.05（17.25mL 冰醋酸溶解到 500mL 蒸馏水中，稀释至 1L，溶液 pH 值为 2.64±0.05）。液固比 L/S 为 20∶1。用翻转震荡器在转速为（30±2）r/min，温度为（23±2)℃的条件下翻转（18±2）h。萃取完之后，测量浸出液的 pH 值，液体用 0.45μm 玻璃纤维过滤器从固体中分离出来，分析滤液。每个样品设置 3 个平行样。

添加药剂后的土壤测试步骤见图 2-4。

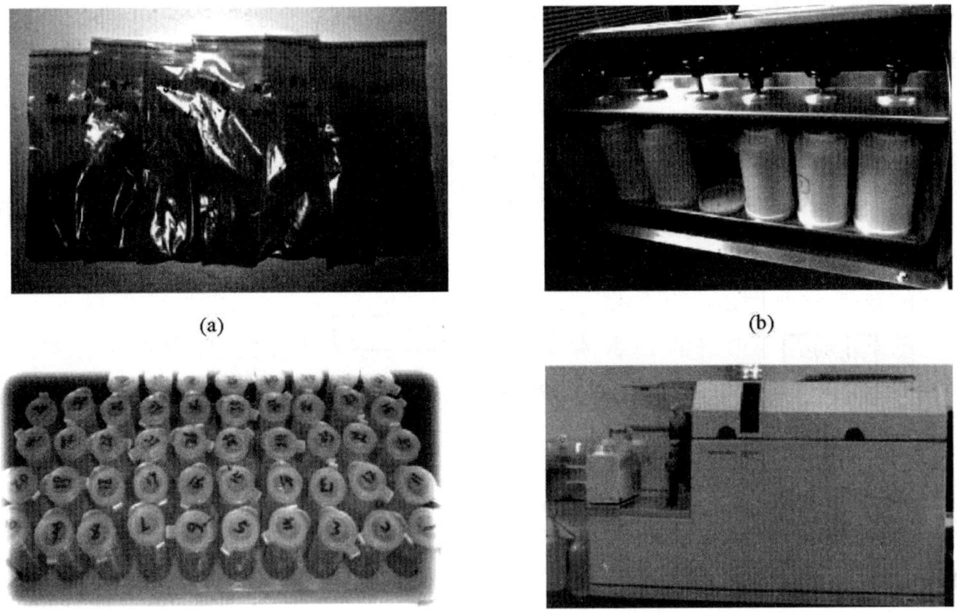

(a)　(b)　(c)　(d)

图 2-4　固化体浸出试验剂浸出液的检测

（a）养护后压碎的待测土壤；（b）翻转振荡器；（c）待测浸出液；（d）ICP-MS

三、稳定化药剂选择

（一）稳定化药剂调研

以“重金属固化、稳定化”为中英文关键词，查阅国内数据库（CNKI、维普、万方）和国外数据库（Elsevier Sciencedirect、Springer Online Journals），对重金属固化、稳定化药剂的相关文献做了大量的调研。重金属固化、稳定化的材料主要包括：胶结材料、矿物、工业废弃物和化学添加剂四大类，四大类中包括的常见重金属固化、稳定化的材料归纳总结见图 2-5。

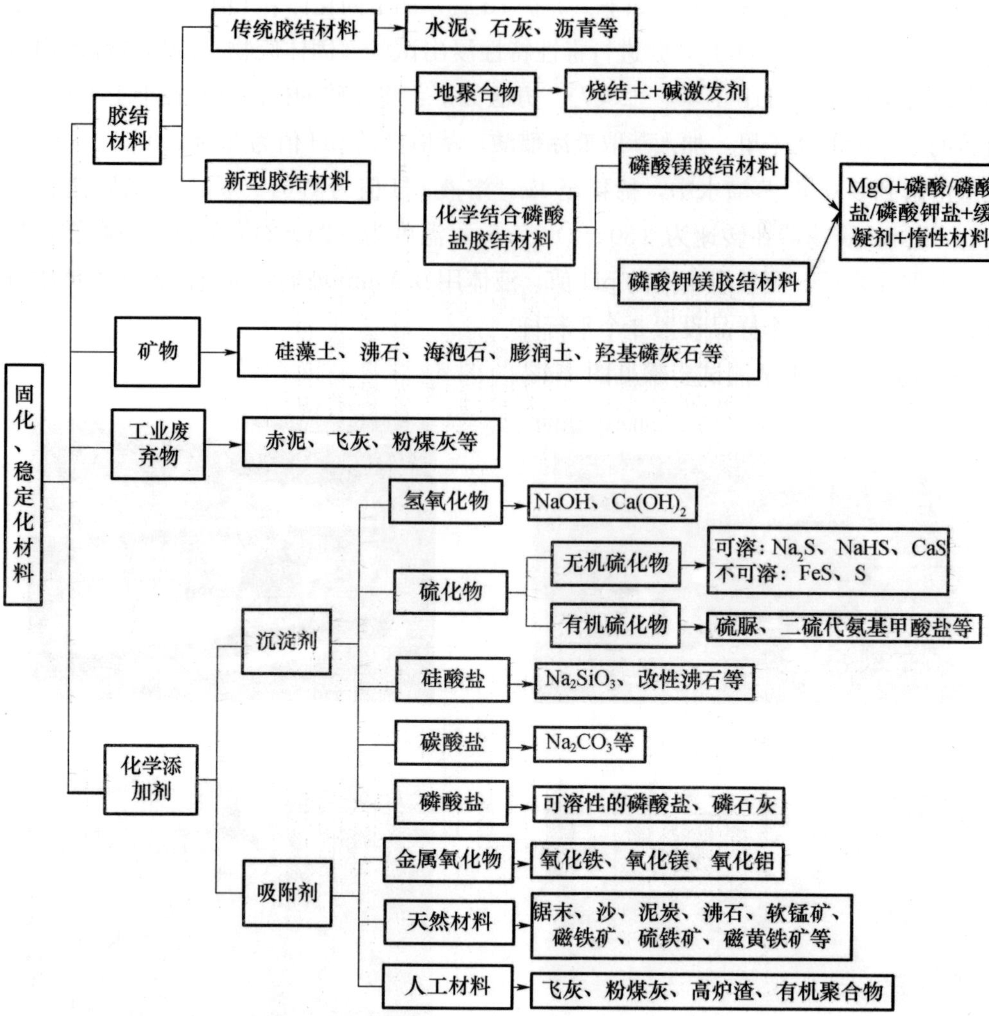

图 2-5　文献中用于重金属固化、稳定化材料

（二）稳定化药剂选择

本试验选择大宗的水泥、矿物、工业废弃物以及化学材料作为重金属的稳定化材料，先采用水溶液体系筛选出效果较好的药剂，再进行人工配置土壤试验验证。

第二节　水溶液体系稳定化材料筛选

一、工业废渣对重金属的稳定化效果

（一）沉淀率和 pH 值变化

将工业废渣分别添加到配置好的水溶液中，工业废渣对重金属 Pb、Zn、Cd 的稳定化效果及 pH 值变化见图 2-6。

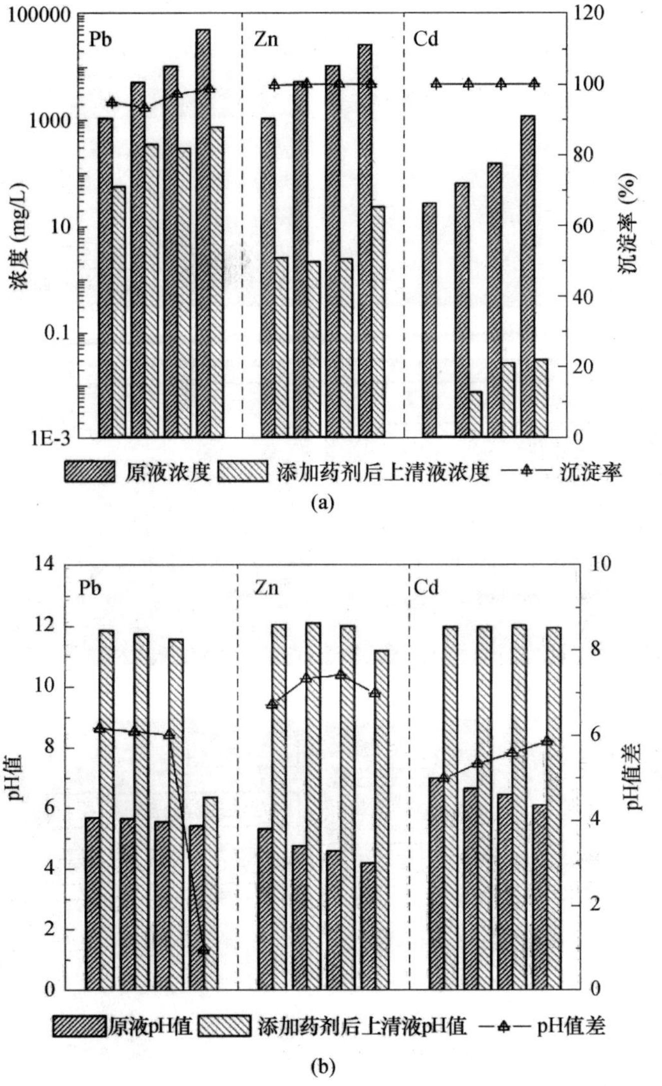

图 2-6　工业废渣对重金属 Pb、Zn、Cd 的稳定化效果及 pH 值变化

从图 2-6 可以看出：在不同重金属溶液中添加一定物质的量的比的工业废渣后，经过 24h 的反应，重金属 Pb、Zn、Cd 与工业废渣均形成了沉淀，沉淀率达到 90％以上，三种重金属比较，工业废渣对重金属 Cd 的稳定化效果最好，其次是 Zn，再次是 Pb。重金属的硝酸溶液一般都呈酸性，但是，由于工业废渣为碱性，因此，与重金属反应后，上清液中的 pH 值升高，从原溶液的 4.19～6.99 变为 11 以上，平均升高 5 左右。因此，在后续固化体再利用中，除了考虑重金属的稳定化效果外，还应考虑固化体的 pH 值变化。

（二）工业废渣对重金属稳定化的微观分析

将工业废渣添加到不同重金属溶液中，工业废渣与重金属反应后沉淀物的微观分析结果见图 2-7。

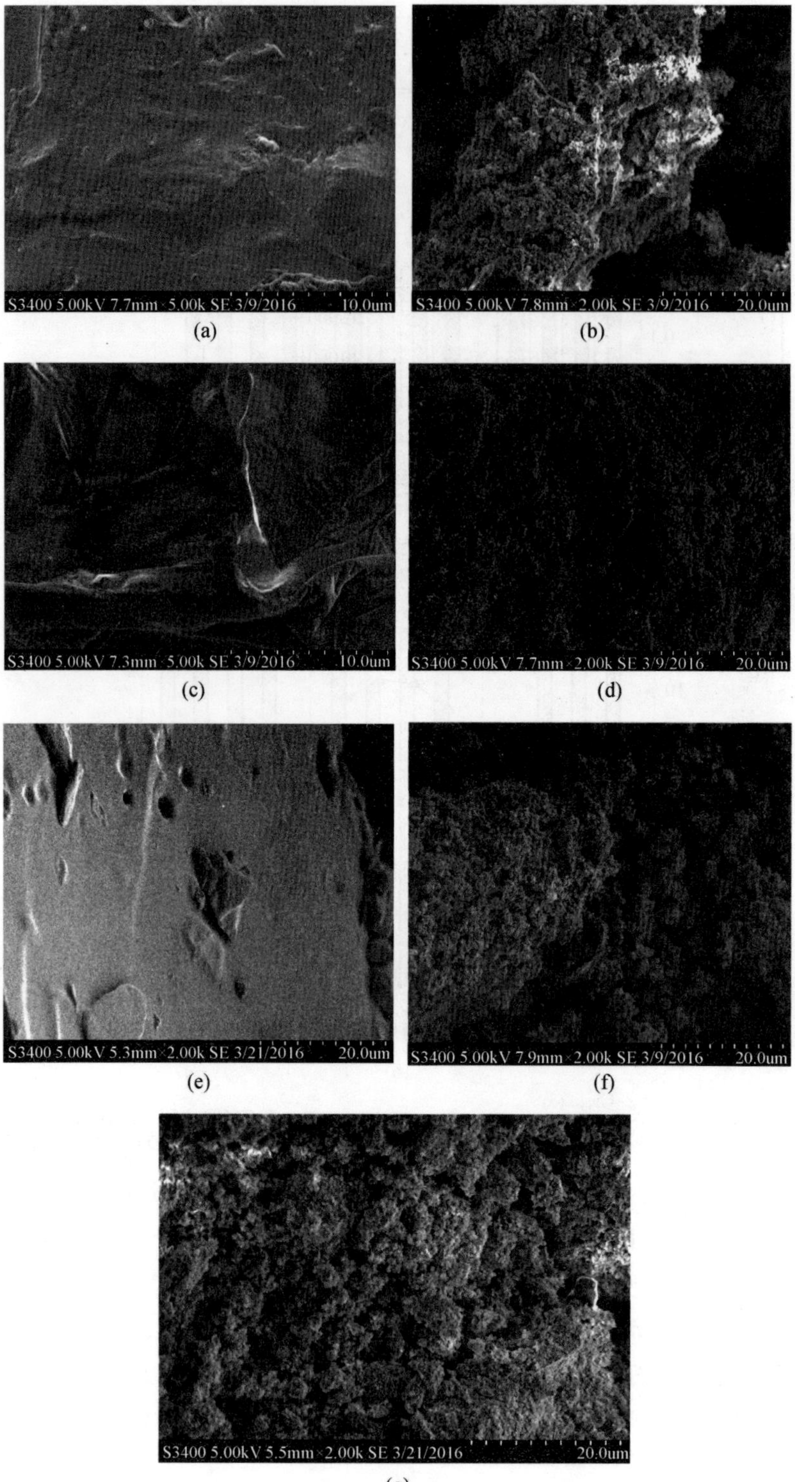

图 2-7　添加工业废渣后重金属微观变化

（a）Zn；（b）工业废渣＋Zn；（c）Cd；（d）工业废渣＋Cd；（e）Pb；（f）工业废渣＋Pb；（g）工业废渣微观结构

重金属 Pb、Zn、Cd 的硝酸溶液性质较为单一，在电镜下均表现为单一的平面结构；添加了工业废渣后，重金属与废渣发生反应，生成了新的结晶，在电镜下表现为不同形态的颗粒状物质，说明：重金属溶液与工业废渣生成了沉淀物质，从而实现了重金属的稳定化。但生成的结晶特性还需要通过 XRD 进行分析验证。

（三）工业废渣对重金属稳定化的 XRD 分析

工业废渣与重金属反应后的 XRD 分析结果见图 2-8。

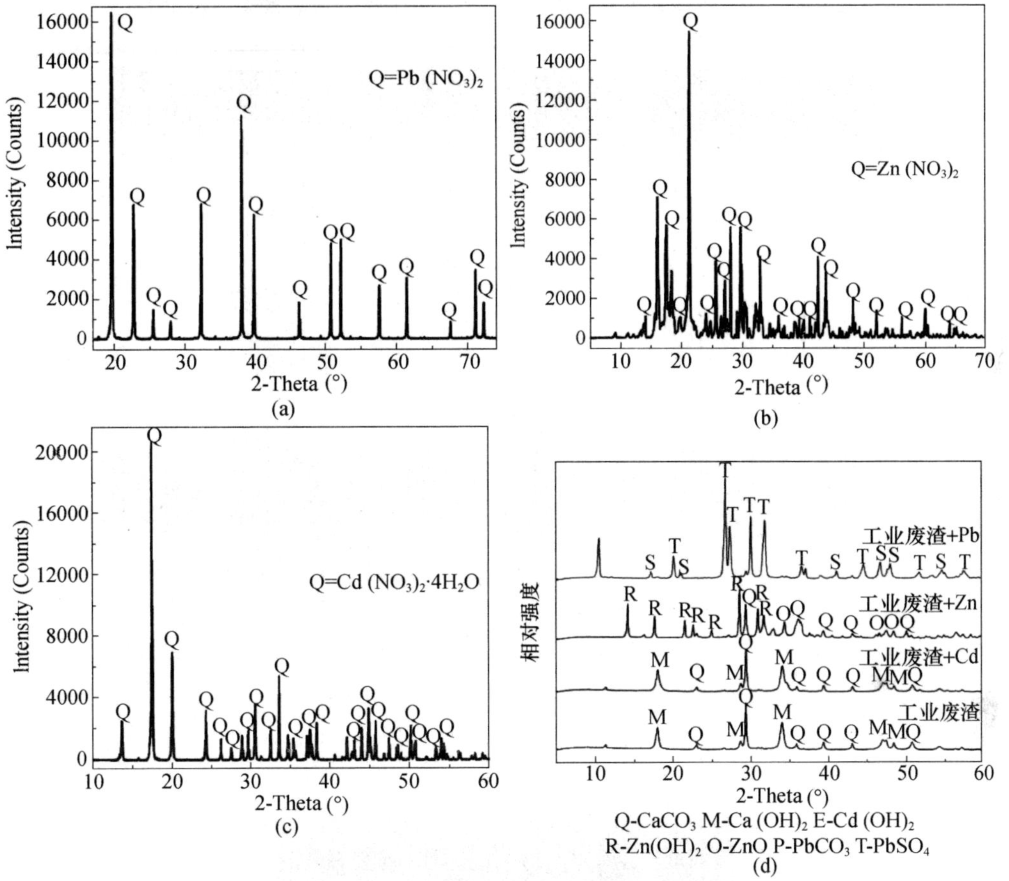

图 2-8　添加工业废渣后 X 衍射分析

从图 2-8 可以看出：工业废渣以 $CaCO_3$ 为主，还含有部分 Ca $(OH)_2$，与重金属的硝酸溶液反应后，生成了 Zn $(OH)_2$、ZnO、Cd $(OH)_2$ 和 $PbCO_3$、矿物铅矾、白铅矿等的主要组成成分，这些化合物在中性环境均为难溶或者微溶于水的物质，特别是对铅的固化来说，生成了较为稳定的新的化合物铅矾、白铅矿，使铅离子得到有效的固化。同时，由于该工业废渣为碱性，可为土壤提供碱性环境，从而对 Pb、Zn、Cd 的固化效果更稳定。

二、钢渣系列产品对重金属的稳定化效果

钢渣系列产品取自包头钢铁集团，包括四种产品：水淬渣（高炉的水淬渣）、脱硫原料（转炉水淬渣）、脱硫剂（将转炉水淬渣经过粉磨和磁选、风选提纯）以及脱硫废

料（脱硫剂与烟气反应后形成的副产品）。

（一）沉淀率和 pH 值变化

将钢渣系列产品（水淬渣、脱硫原料、脱硫剂以及脱硫废料）分别添加到配置好的水溶液中，4 种产品对重金属 Pb、Zn、Cd 的稳定化效果及 pH 值变化见图 2-9。

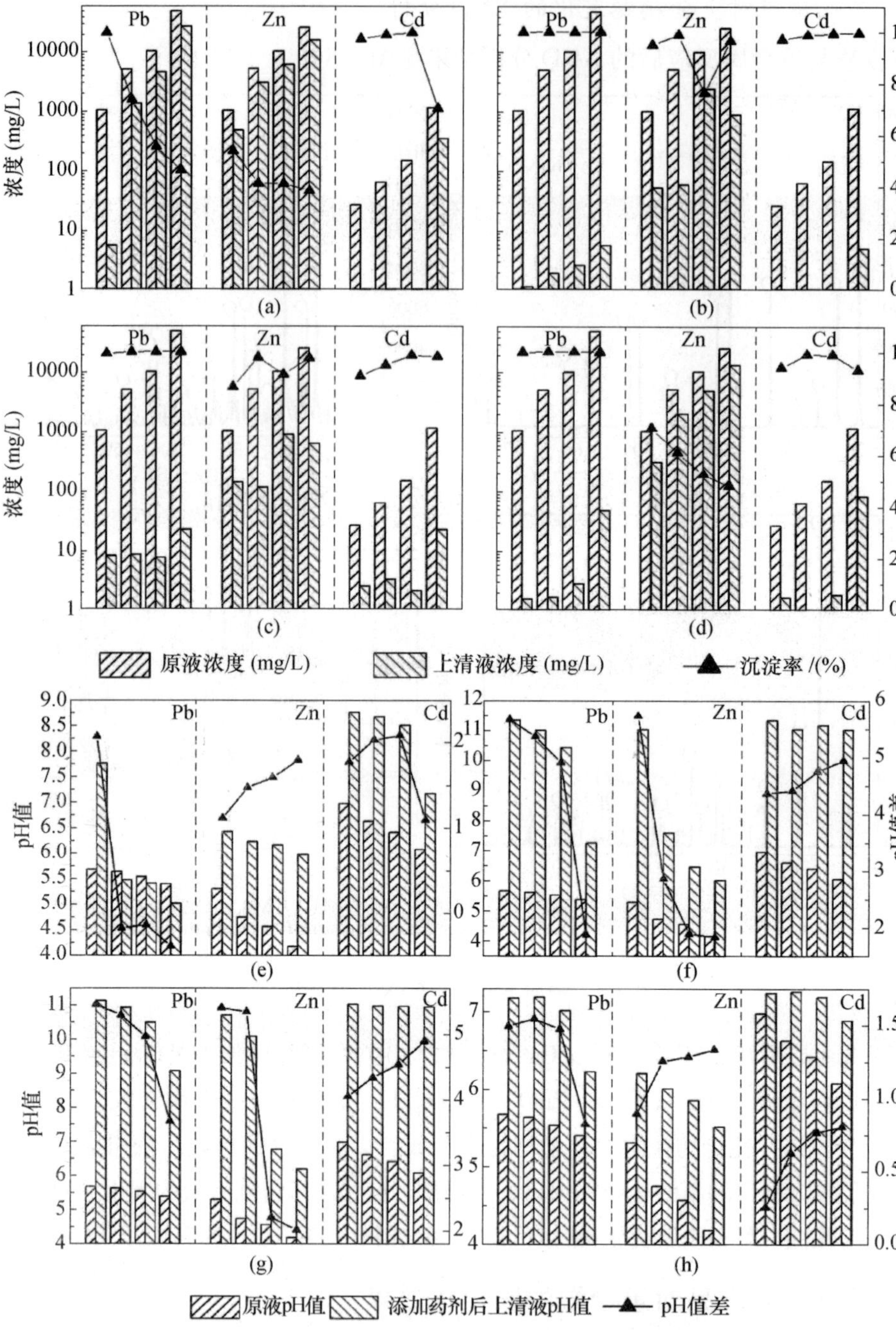

图 2-9　添加钢渣系列产品后重金属上清液测试结果

(a) 水淬渣；(b) 脱硫原料；(c) 脱硫剂；(d) 脱硫废料；(e) 水淬渣；(f) 脱硫原料；(g) 脱硫剂；(h) 脱硫废料

从图 2-9 可以看出：在不同重金属溶液中添加一定物质的量的比的钢渣系列产品后，经过 24h 的反应，重金属 Pb、Zn、Cd 均与钢渣系列产品反应形成了一定比例的沉淀，沉淀率为 47%～99%不等，其中：脱硫原料、脱硫剂及脱硫废料对 Pb、Cd 的稳定化效果均很显著，达到 90%以上；水淬渣对低浓度的 Pb、Cd 的稳定化效果较显著；水淬渣及脱硫废料对 Zn 的稳定化效果一般。同时，由于钢渣系列产品为弱碱性，因此，与重金属反应后，上清液中的 pH 值大部分均升高，升高幅度在 0.26～5.74 之间。

（二）重金属稳定化的微观分析

钢渣系列产品与重金属 Zn、Pb、Cd 反应后沉淀物的微观分析结果见图 2-10。

S3400 5.00kV 5.6mm x1.00k SE
50.0um

(g)

S3400 5.00kV 5.6mm x1.00k SE
50.0um

(h)

S3400 5.00kV 5.5mm x1.00k SE
50.0um

(i)

S3400 5.00kV 5.6mm x1.00k SE
50.0um

(j)

S3400 5.00kV 5.6mm x1.00k SE
50.0um

(k)

S3400 5.00kV 5.5mm x1.00k SE
50.0um

(l)

S3400 5.00kV 5.6mm x1.00k SE
50.0um

(m)

S3400 5.00kV 5.6mm x1.00k SE
50.0um

(n)

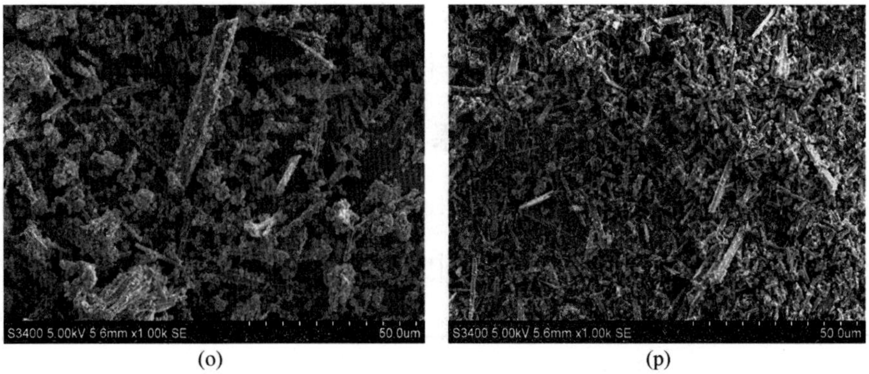

图 2-10　添加钢渣系列产品后重金属微观变化

(a) 水淬渣；(b) 水淬渣+Zn；(c) 水淬渣+Pb；(d) 水淬渣+Cd；(e) 脱硫原料；(f) 脱硫原料+Zn；(g) 脱硫原料+Pb；(h) 脱硫原料+Cd；(i) 脱硫剂；(j) 脱硫剂+Zn；(k) 脱硫剂+Pb；(l) 脱硫剂+Cd；(m) 脱硫废料；(n) 脱硫废料+Zn；(o) 脱硫废料+Pb；(p) 脱硫废料+Cd

将钢渣系列产品添加到重金属的硝酸溶液中，电镜下形态发生了变化，呈现为密集的不同晶型，从而实现了重金属的稳定化。但生成的结晶特性还需要通过 XRD 进行分析验证。

（三）重金属稳定化的 XRD 分析

钢渣系列产品与重金属 Pb、Zn、Cd 反应后的 XRD 分析结果见图 2-11。

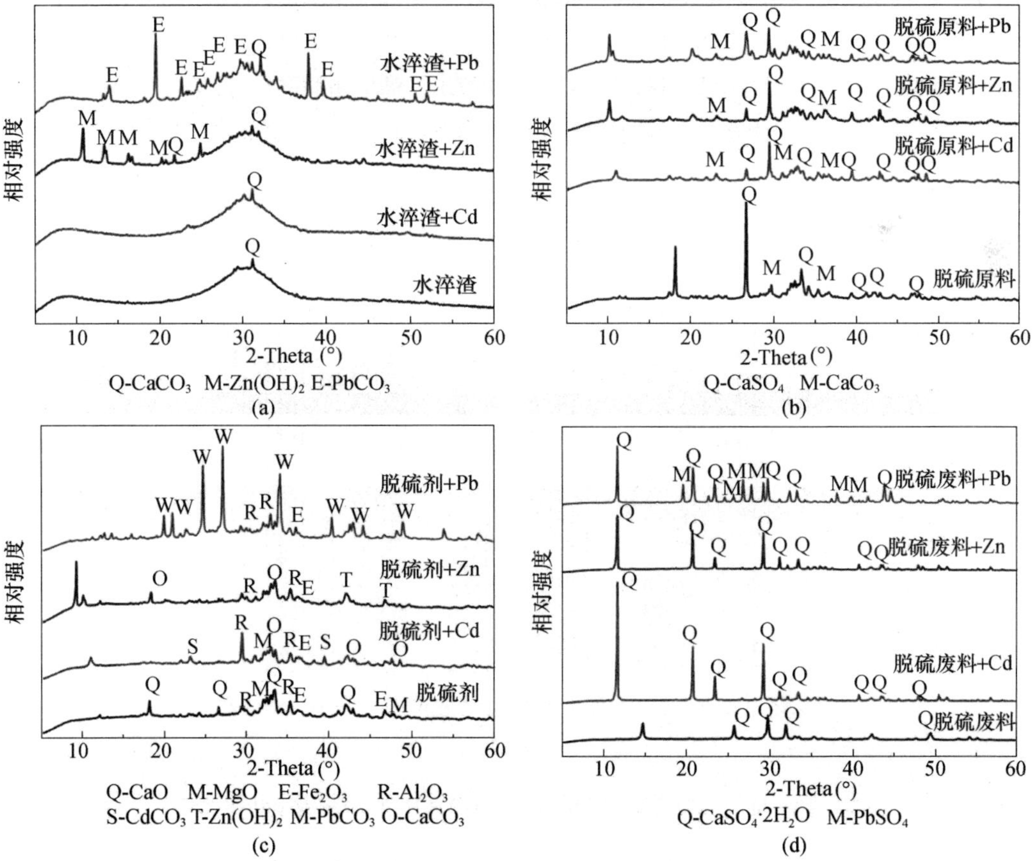

图 2-11　添加钢渣系列产品后 X 衍射分析

从图 2-11 可以看出：钢渣系列产品与重金属的硝酸溶液反应后，没有生成新的化合物，但由于 pH 值升高，使得重金属离子得到有效的固化。

三、硅酸盐对重金属的稳定化效果

（一）沉淀率和 pH 值变化

将硅酸盐分别添加到配制好的水溶液中，硅酸盐对重金属 Pb、Zn、Cd 的稳定化效果及 pH 值变化见图 2-12。

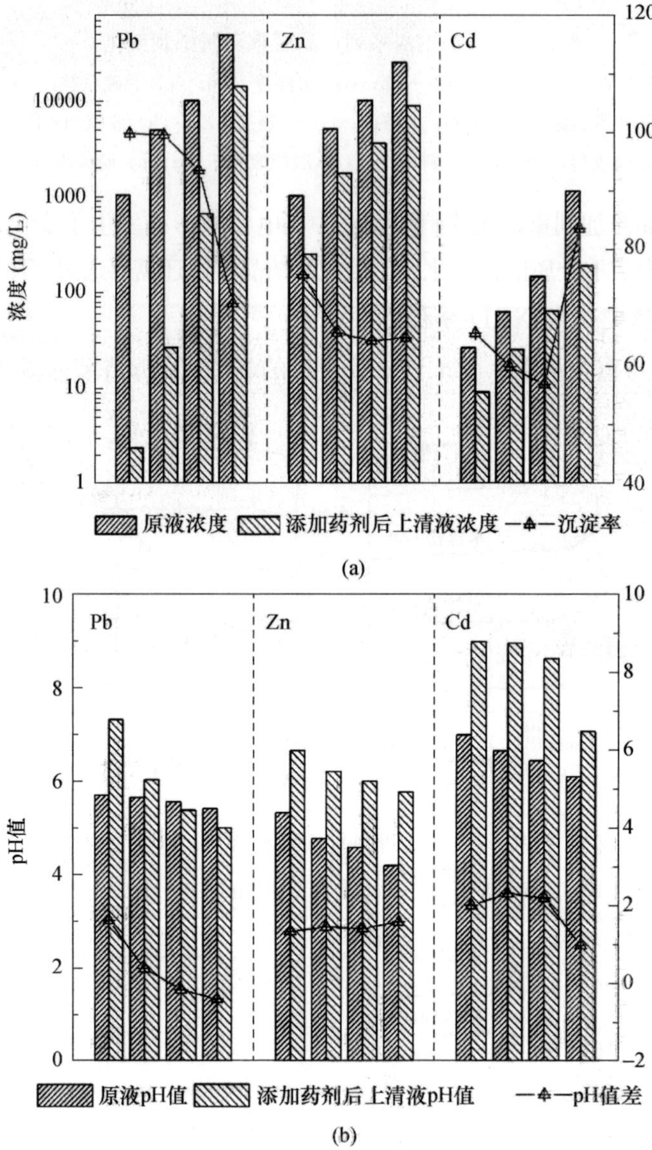

图 2-12 硅酸盐对重金属 Pb、Zn、Cd 的稳定化效果及 pH 值变化

从图 2-12 可以看出：在不同重金属溶液中添加一定物质的量的比的硅酸盐后，经过

24h 的反应，重金属 Pb、Zn、Cd 均与硅酸盐反应后形成了沉淀，沉淀率为 56%～99%不等，其中：硅酸盐对低浓度 Pb 的稳定化效果最好，达到 90%以上；对 Zn 和低浓度 Cd 的稳定化效果一般，对高浓度 Cd 的稳定化效果反而较好。同时，由于硅酸盐为弱碱性，因此，与重金属反应后，上清液中的 pH 值略升高，升高幅度在 0.17～2.31 之间。

（二）重金属稳定化的微观分析

硅酸盐与重金属反应后沉淀物的微观分析结果见图 2-13。

图 2-13　添加硅酸盐后重金属微观变化

（a）硅酸盐；（b）硅酸盐+Zn；（c）硅酸盐+Pb；（d）硅酸盐+Cd

硅酸盐在电镜下表现为球形结构。将球形结构的硅酸盐添加到重金属的硝酸溶液中后，重金属 Pb、Zn、Cd 与硅酸盐发生反应，生成了新的结晶，在电镜下呈现为层状、片状、纤维状物质，说明：重金属溶液与硅酸盐反应，生成新的沉淀物质，从而实现了重金属的稳定化。但生成的结晶特性还需要通过 XRD 进行分析验证。

（三）重金属稳定化的 XRD 分析

硅酸盐与重金属反应后的 XRD 分析结果见图 2-14。

从图 2-14 可以看出：硅酸盐与重金属的硝酸溶液反应后，生成了 $ZnSiO_4$、$CdSiO_3$、$PbSiO_3$ 等化合物，这些化合物在中性环境均为难溶或者微溶于水的物质，使得重金属离子得到有效的固化。同时，由于硅酸盐呈弱碱性，可为土壤提供碱性环境，从而对 Pb、Zn、Cd 的固化效果更稳定。

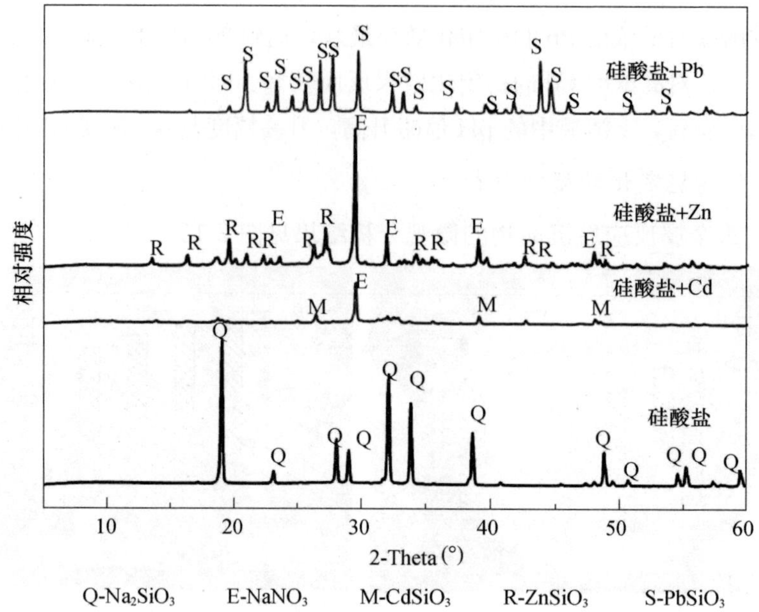

图 2-14 硅酸盐与重金属反应后的 XRD 分析结果

四、磷酸盐对重金属的稳定化效果

（一）沉淀率和 pH 值变化

将磷酸盐（A、B）分别添加到配制好的水溶液中，磷酸盐对重金属 Pb、Zn、Cd 的稳定化效果及 pH 值变化见图 2-15。

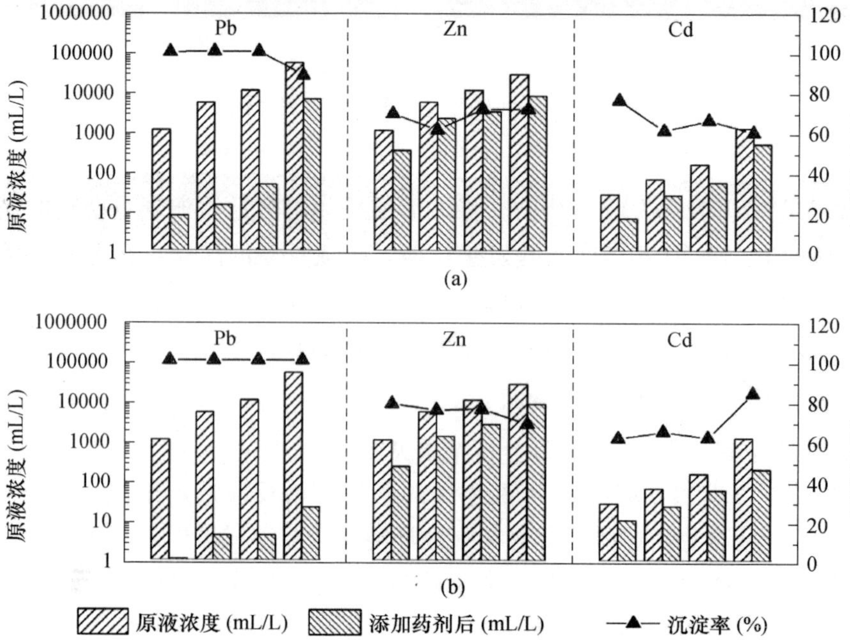

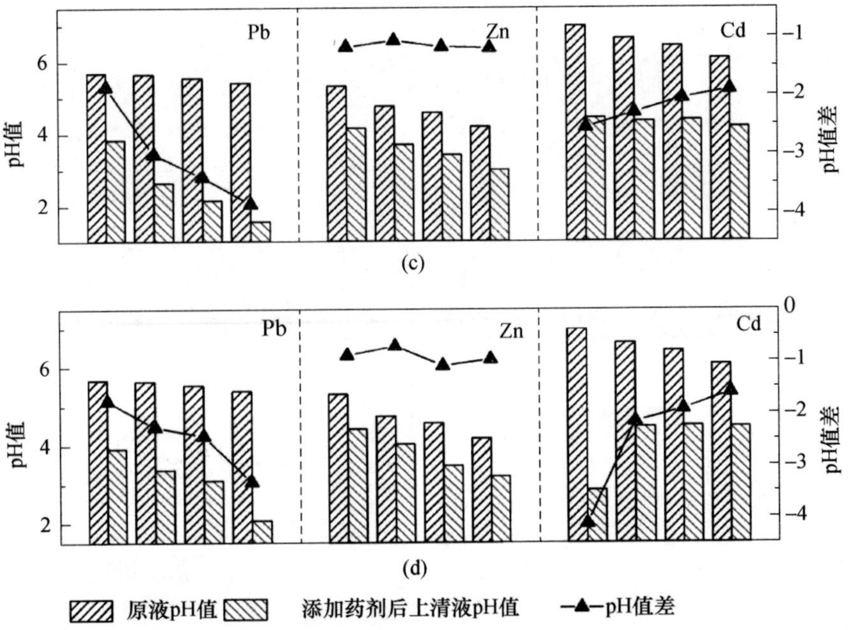

图 2-15 磷酸盐（A、B）对重金属 Pb、Zn、Cd 的稳定化效果及 pH 值变化

（a）磷酸盐 B；（b）磷酸盐 A；（c）磷酸盐 B；（d）磷酸盐 A

从图 2-15 可以看出：在不同重金属溶液中添加一定物质的量的比的磷酸盐（A、B）后，经过 24h 的反应，重金属与磷酸盐均形成了沉淀，沉淀率为 59%～99%不等，其中：磷酸盐对 Pb 的稳定化效果最好，而且磷酸盐 A 对重金属的稳定化效果优于磷酸盐 B。同时，由于磷酸盐呈酸性，因此，与重金属反应后，上清液中的 pH 值降低，从原溶液的 4.19～6.99 变为 1.56～4.55。因此，在后续固化体再利用中，除了考虑重金属的稳定化外，还应考虑固化体的 pH 值变化。

（二）重金属稳定化的微观分析

磷酸盐与重金属反应后沉淀物的微观分析结果见图 2-16。

(a) (b)

图 2-16 添加磷酸盐后重金属微观变化

(a) 磷酸盐 A；(b) 磷酸盐 A+Pb；(c) 磷酸盐 A+Cd；(d) 磷酸盐 A+Zn；(e) 磷酸盐 B；(f) 磷酸盐 B+Zn；(g) 磷酸盐 B+Pb；(h) 磷酸盐 B+Cd

在重金属 Pb、Zn、Cd 的硝酸溶液中添加了磷酸盐后，重金属与磷酸盐发生反应，生成了新的结晶，在电镜下表现为不同形态的颗粒状物质，说明：重金属溶液与磷酸盐生成了沉淀物质，从而实现了重金属的稳定化。但生成的结晶特性还需要通过 XRD 进行分析验证。

（三）重金属稳定化的 XRD 分析

磷酸盐与重金属反应后的 XRD 分析结果见图 2-17。

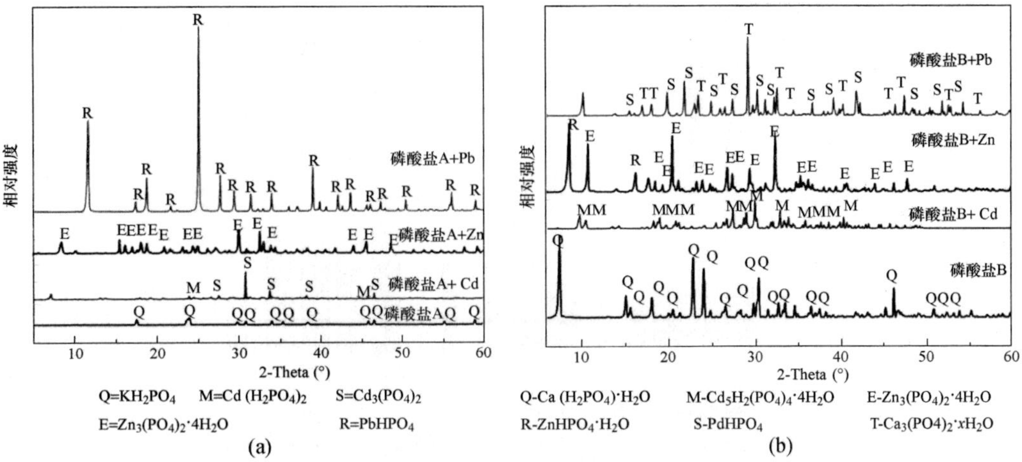

图 2-17　磷酸盐与重金属反应后的 XRD 分析结果

从图 2-17 可以看出：磷酸盐 A 与重金属的硝酸溶液反应后，生成了 $PbHPO_4$、$Zn_3(PO_4)_2\cdot 4H_2O$、$Cd_3(PO_4)_2$、$Cd(H_2PO_4)_2$ 等化合物，这些化合物在中性环境均为难溶或者微溶于水的物质，使得重金属离子得到有效的固化。

磷酸盐 B 与重金属的硝酸溶液反应后，生成了 $PbHPO_4$、$Zn_3(PO_4)_2\cdot 4H_2O$、$ZnHPO_4\cdot 4H_2O$、$Cd_5H_2(PO_4)_4\cdot 4H_2O$ 等化合物，这些化合物在中性环境均为难溶或者微溶于水的物质，使得重金属离子得到有效的固化。

五、碳酸盐对重金属的稳定化效果

（一）沉淀率和 pH 值变化

将碳酸盐分别添加到配制好的水溶液中，碳酸盐对重金属 Pb、Zn、Cd 的稳定化效果及 pH 值变化见图 2-18。

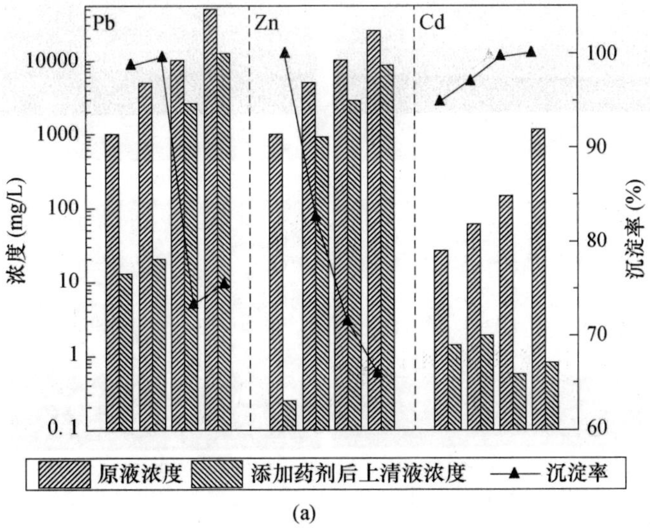

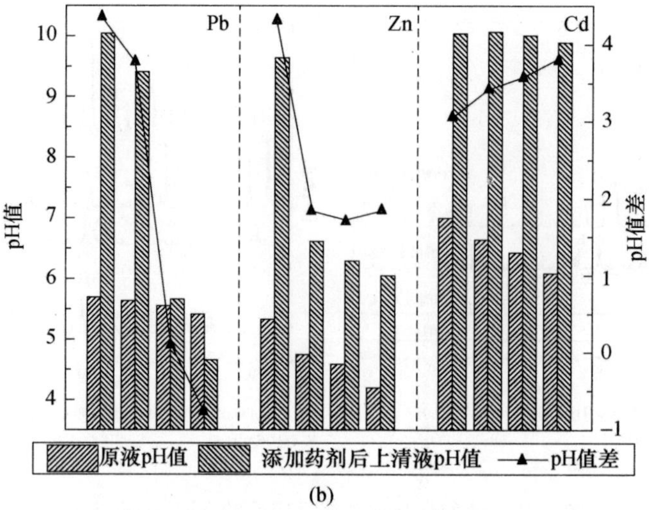

图 2-18　碳酸盐对重金属 Pb、Zn、Cd 的稳定化效果及 pH 值变化

（a）碳酸盐；（b）碳酸盐

从图 2-18 可以看出：在不同重金属溶液中添加一定量的碳酸盐后，经过 24h 的反应，重金属 Pb、Zn、Cd 均与碳酸盐反应，形成了沉淀，沉淀率为 66%～99%不等，碳酸盐对 Cd 和低浓度 Pb、Zn 的稳定化效果最好，对高浓度 Pb、Zn 的稳定化效果一般。同时，由于碳酸盐为碱性，因此，与重金属反应后，上清液中的 pH 值升高，从原溶液的 4.19～6.99 变为 6.03～10.06。因此，在后续固化体再利用中，除了考虑重金属的稳定化外，还应考虑固化体的 pH 值变化。

（二）重金属稳定化的微观分析

碳酸盐与重金属反应后沉淀物的微观分析结果见图 2-19。

图 2-19　碳酸盐与重金属反应后沉淀物的微观分析结果

（a）碳酸盐；（b）碳酸盐＋Pb；（c）碳酸盐＋Zn；（d）碳酸盐＋Cd

在重金属 Pb、Zn、Cd 的硝酸溶液中添加了碳酸盐后，重金属与碳酸盐发生反应，生成了新的结晶，在电镜下表现为不同形态的颗粒状物质，说明：重金属溶液与碳酸盐生成了沉淀物质，从而实现了重金属的稳定化。但生成的结晶特性还需要通过 XRD 进行分析验证。

（三）重金属稳定化的 XRD 分析

碳酸盐与重金属反应后的 XRD 分析结果见图 2-20。

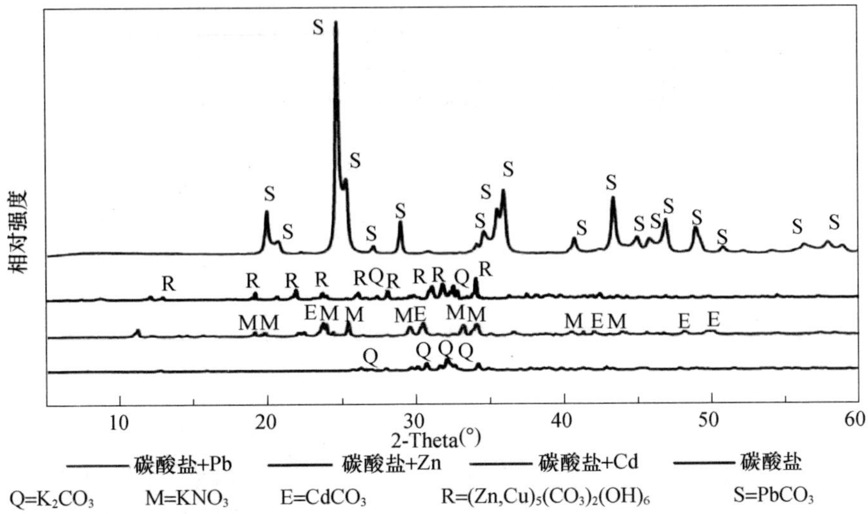

图 2-20　碳酸盐与重金属反应后的 XRD 分析结果

从图 2-20 可以看出：碳酸盐与重金属的硝酸溶液反应后，生成了 $PbCO_3$、$(Zn, Cu)_5(CO_3)_2 \cdot (OH)_6$、$CdCO_3$ 等化合物，这些化合物在中性环境均为难溶或者微溶于水的物质，使得重金属离子得到有效的固化。尤其是重金属 Zn，与 K_2CO_3 反应后，生成了自然界中稳定的绿铜锌矿，使得重金属的固化效果更为显著。

六、硫酸盐对重金属的稳定化效果

（一）沉淀率和 pH 值变化

选择硫酸盐 A 和硫酸盐 B 作为硫酸盐的试验药剂，将硫酸盐 A 和硫酸盐 B 分别添加到配制好的水溶液中，两种硫酸盐对重金属 Pb、Zn、Cd 的稳定化效果及 pH 值变化见图 2-21。

从图 2-21 可以看出：在不同重金属溶液中添加一定量的硫酸盐后，经过 24h 的反应，重金属与硫酸盐反应，形成了沉淀，沉淀率为 64％～99％不等，其中：硫酸盐对 Pb、Cd 的稳定化效果最好，对 Zn 的稳定化效果一般。同时，添加硫酸盐后，上清液中的 pH 值略升高，但差异不显著。比较而言，硫酸盐 B 对重金属的稳定化作用优于硫酸盐 A 试剂。

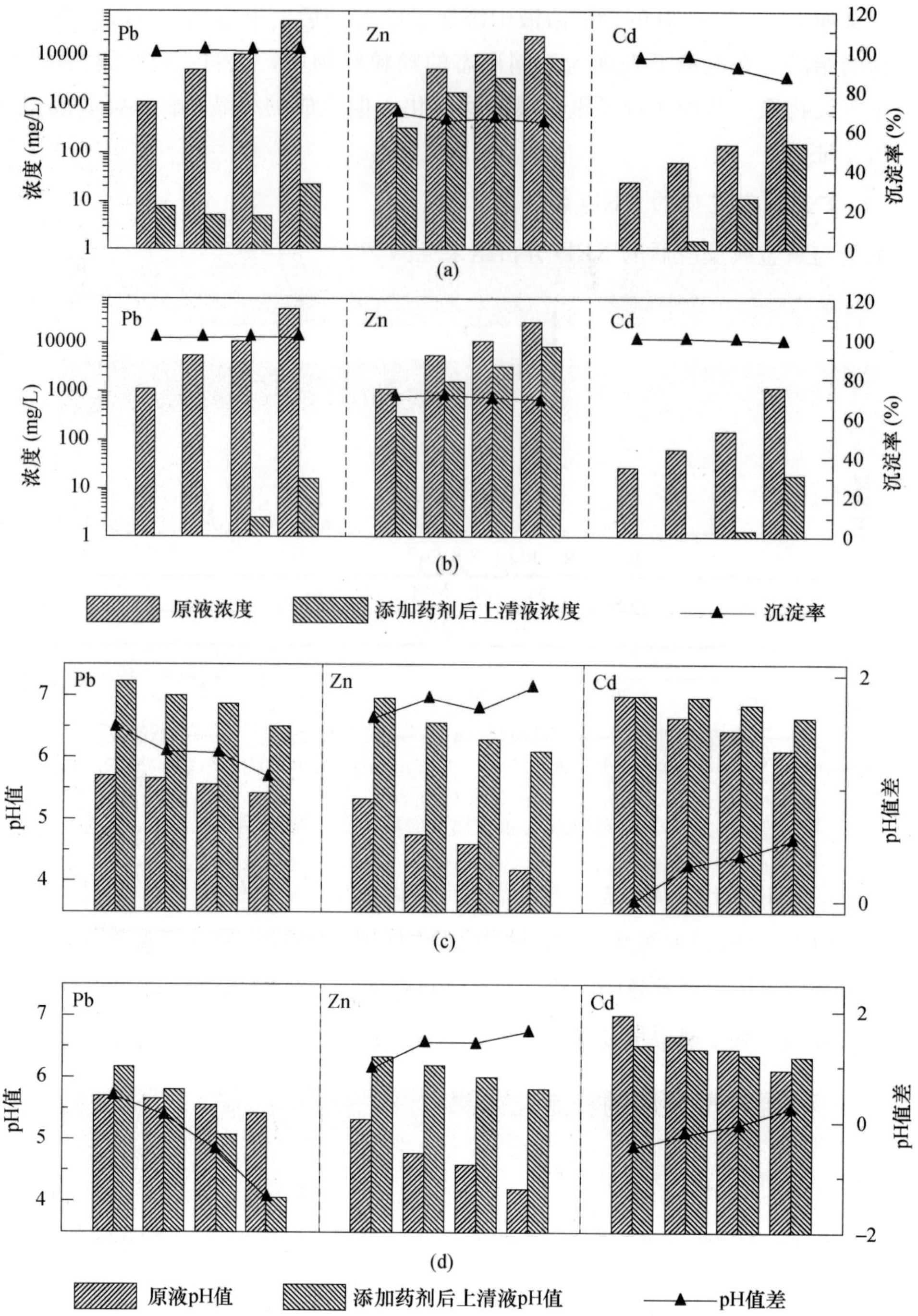

图 2-21　两种硫酸盐对重金属 Pb、Zn、Cd 的稳定化效果及 pH 值变化

（a）硫酸盐 A；（b）硫酸盐 B；（c）硫酸盐 B；（d）硫酸盐 A

（二）重金属稳定化的微观分析

硫酸盐与重金属反应后沉淀物的微观分析结果见图 2-22。

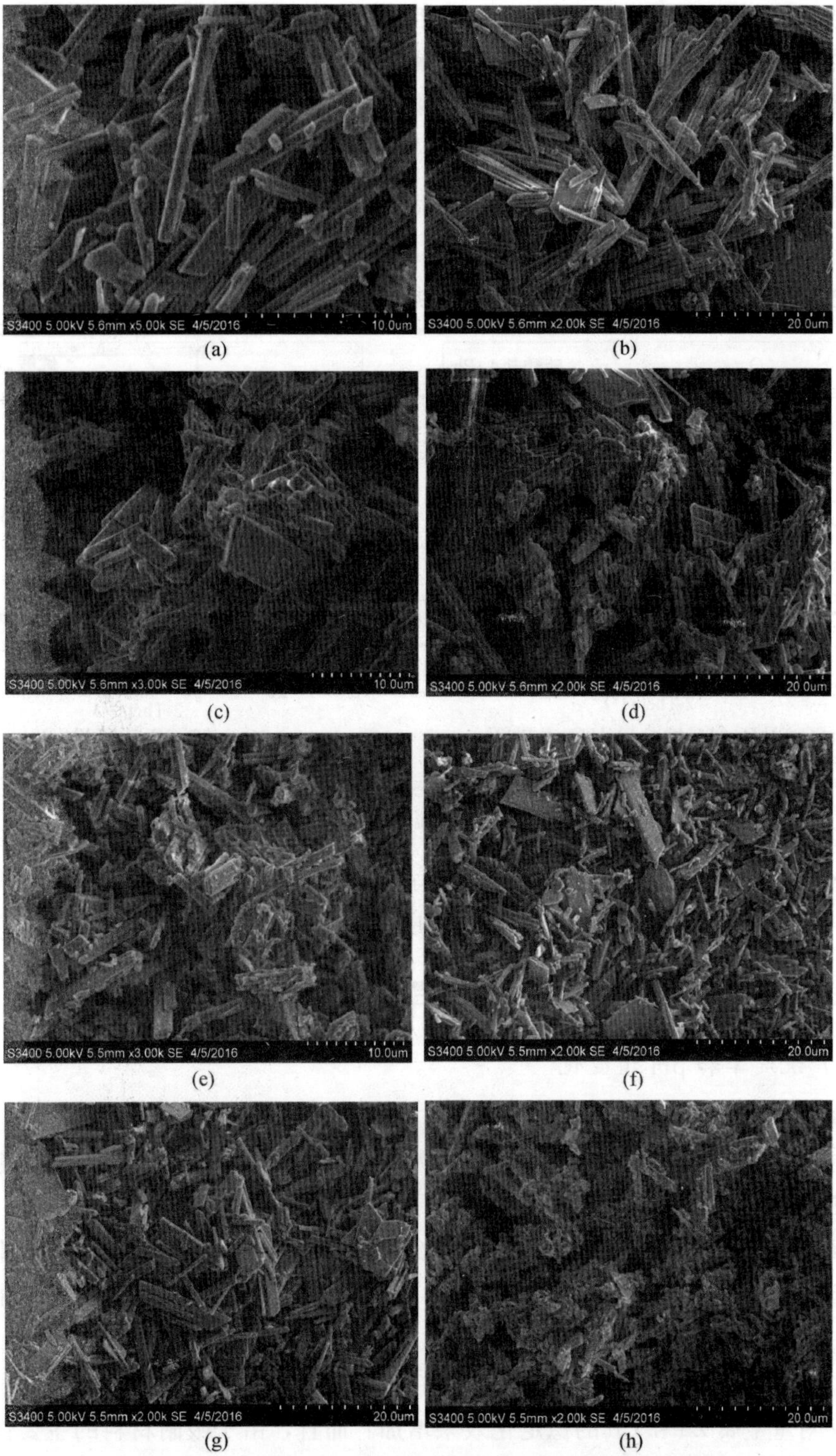

图 2-22　硫酸盐与重金属反应后沉淀物的微观分析结果

（a）硫酸盐 A；（b）硫酸盐 A+Cd；（c）硫酸盐 A+Zn；（d）硫酸盐 A+Pb；
（e）硫酸盐 B；（f）硫酸盐 B+Cd；（g）硫酸盐 B+Zn；（h）硫酸盐 B+Pb

硫酸盐 A 在电镜下表现为棒状结构，但硫酸盐 B 微观结构比硫酸盐 A 复杂。将硫酸盐添加到重金属的硝酸溶液中后，重金属 Pb、Zn、Cd 与硫酸盐发生反应，生成了新的结晶，在电镜下呈现为不规则的棒状物质，从而实现了重金属的稳定化。但生成的结晶特性还需要通过 XRD 进行分析验证。比较而言，硫酸盐 B 对重金属的稳定化作用优于硫酸盐 A。

（三）重金属稳定化的 XRD 分析

硫酸盐与重金属反应后的 XRD 分析结果见图 2-23。

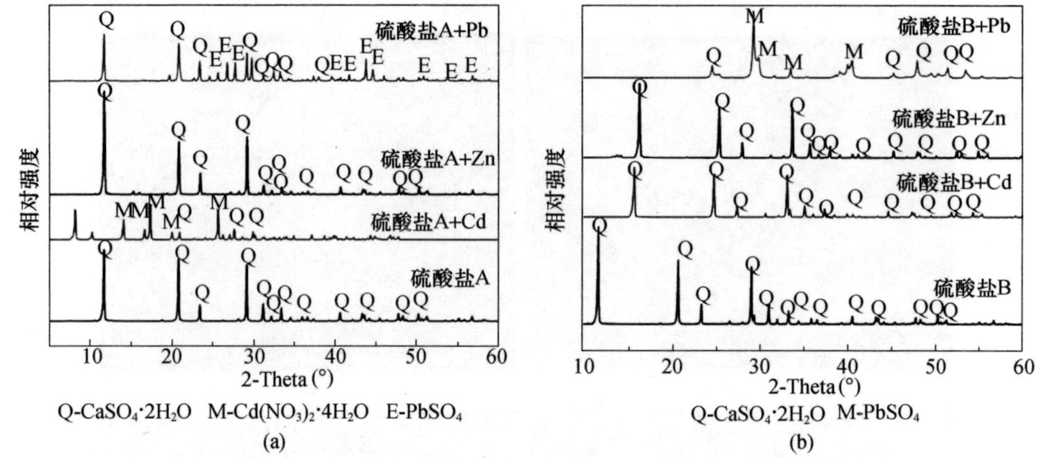

图 2-23 硫酸盐与重金属反应后的 XRD 分析结果

从图 2-23 可以看出：重金属 Zn、Cd 与硫酸盐不反应，固化作用是因为吸附与凝固固化，但硫酸盐与重金属 Pb 的硝酸溶液反应后，生成了难溶的 $PbSO_4$。

七、矿物吸附材料对重金属的稳定化效果

（一）沉淀率和 pH 值变化

选择矿物材料 A、矿物材料 B、改性矿物材料 B、矿物材料 C、矿物材料 D 作为吸附材料并分别添加到配制好的水溶液中，吸附材料对重金属 Pb、Zn、Cd 的稳定化效果及 pH 值变化见图 2-24。

从图 2-24 可以看出：矿物材料 A、矿物材料 B、改性矿物材料 B、矿物材料 C、矿物材料 D 5 种吸附材料比较，以矿物材料 B 的稳定化效果最佳，其次是矿物材料 C；矿物材料 A 及矿物材料 D 对重金属的稳定化几乎没有效果。矿物材料 B 对重金属 Pb 和 Cd 的稳定化效果在 85％以上，但对重金属 Zn 的稳定化效果一般；矿物材料 B 经过热改性后，对重金属 Zn 和 Cd 的稳定化效果增加。而且，由于吸附材料的主要作用为吸附，存在饱和效应，因此对低浓度的重金属效果最佳，超过一定浓度，则吸附效果降低。吸附材料与重金属溶液混合后的反应作用还需要通过电镜扫描及 X 衍射分析。

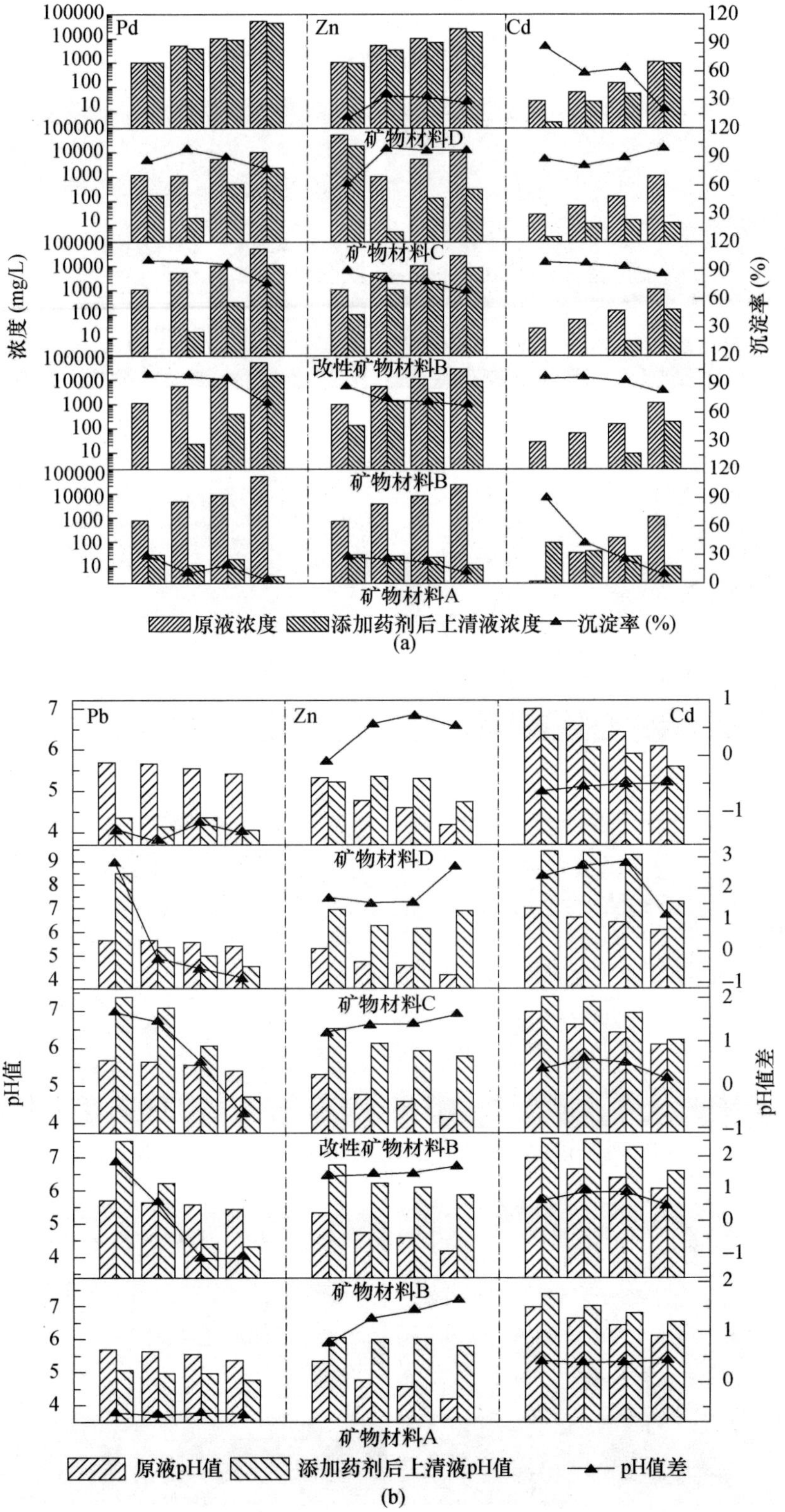

图 2-24　吸附材料对重金属 Pb、Zn、Cd 的稳定化效果及 pH 值变化

（二）重金属稳定化的微观分析

吸附材料及其与重金属反应后沉淀物的微观分析见图 2-25。

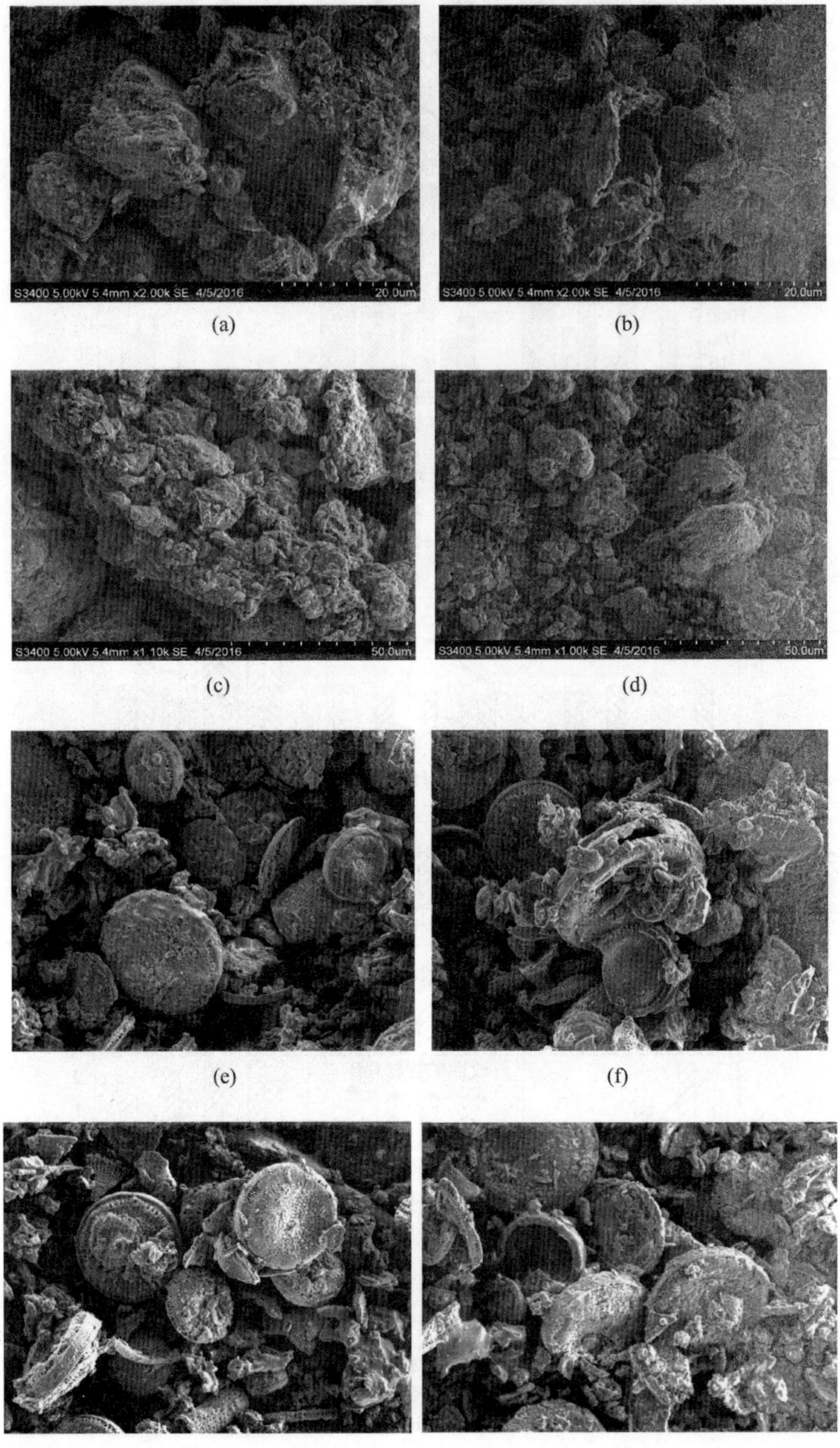

(a) (b)

(c) (d)

(e) (f)

(g) (h)

(i)

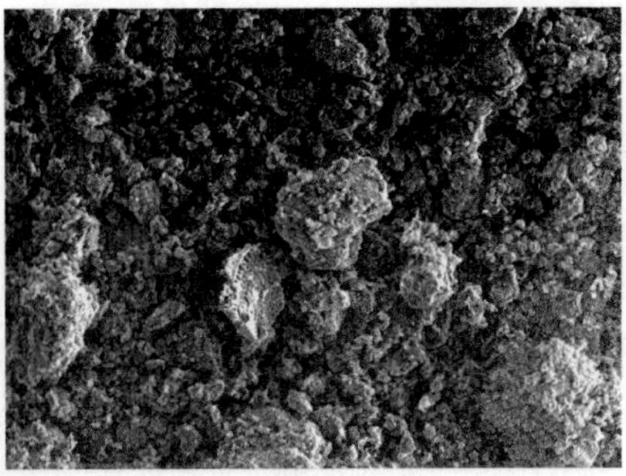

(j)

(k)

(l)

S3400 5.00kV 5.6mm x1.00k SE
50.0um

(m)

S3400 5.00kV 5.5mm x1.00k SE
50.0um

(n)

S3400 5.00kV 5.5mm x1.00k SE
50.0um

(o)

S3400 5.00kV 5.5mm x1.00k SE
50.0um

(p)

(q)

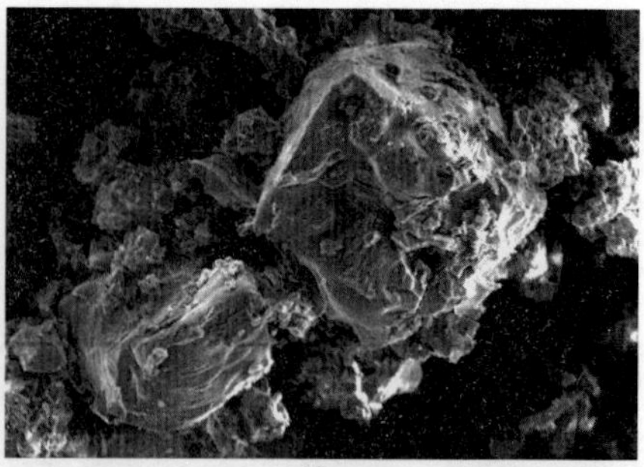

(r)

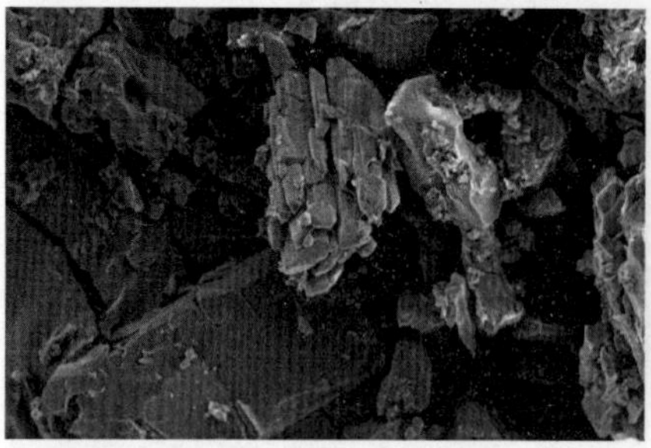

(s)

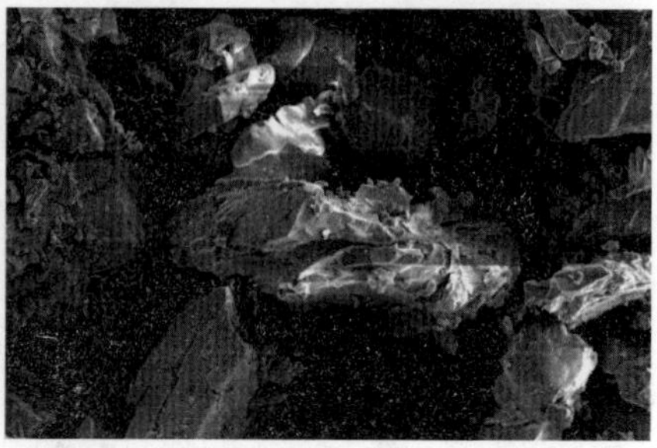

(t)

图 2-25　吸附材料及其与重金属反应后沉淀物的微观分析

（a）矿物材料 C；（b）矿物材料 C+Zn；（c）矿物材料 C+Cd；（d）矿物材料 C+Pb；（e）矿物材料 A；（f）矿物材料 A+Zn；（g）矿物材料 A+Cd；（h）矿物材料 A+Pb；（i）矿物材料 B；（j）矿物材料 B+Zn；（k）矿物材料 B+Cd；（l）矿物材料 B+Pb；（m）改性矿物材料 B；（n）改性矿物材料 B+Zn；（o）改性矿物材料 B+Cd；（p）改性矿物材料 B+Pb；（q）矿物材料 D；（r）矿物材料 D+Zn；（s）矿物材料 D+Cd；（f）矿物材料 D+Pb

从图 2-25 可以看出：将矿物材料 A、矿物材料 B、矿物材料 C、矿物材料 D 添加到重金属的硝酸溶液中后，微观结构变化不大，与初始状态比较而言，其微观结构致密性各有增加，说明各吸附材料均吸附了一定量的重金属。

矿物材料 A 经过热改性后，其致密性增加，比表面积增加，因此对重金属的吸附能力也增加。

（三）重金属稳定化的 XRD 分析

矿物材料与重金属反应后的 XRD 见图 2-26。

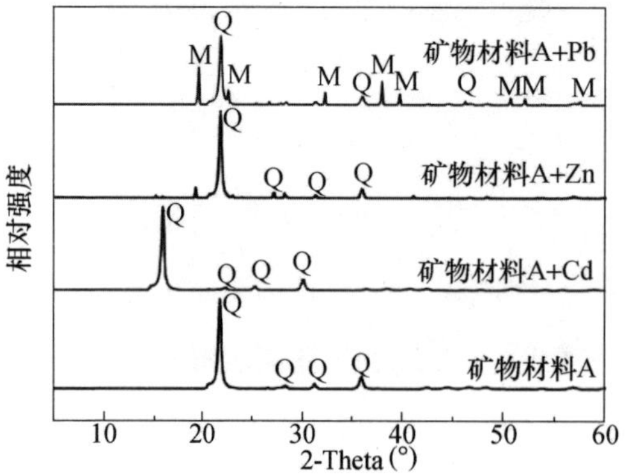

Q-SiO$_2$ M-Pb(NO$_3$)$_2$

(a)

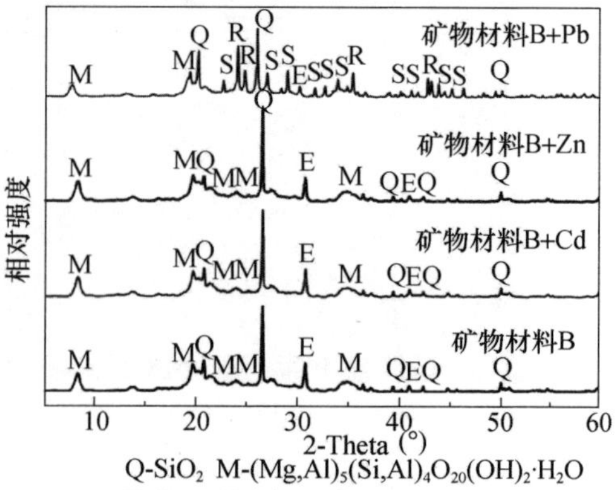

Q-SiO$_2$ M-(Mg,Al)$_5$(Si,Al)$_4$O$_{20}$(OH)$_2$·H$_2$O

E-CaMg(CO$_3$)$_2$ R-PbCO$_3$S-PbSiO$_3$

(b)

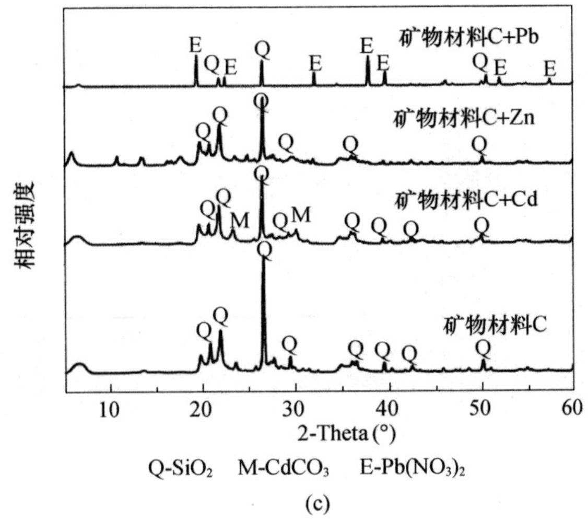

(c)

图 2-26　添加吸附材料后 X 衍射分析

从图 2-26 可以看出：将吸附材料添加到重金属溶液中后，没有生成新的化合物，说明：吸附材料并没有与重金属反应，固化作用主要是由于其吸附作用。

八、胶凝材料对重金属的稳定化效果

（一）沉淀率和 pH 值变化

选择水泥、硫铝水泥、硫铝水泥＋石膏分别作为胶凝材料并分别添加到配制好的水溶液中，其对重金属 Pb、Zn、Cd 的稳定化效果及 pH 值变化见图 2-27。

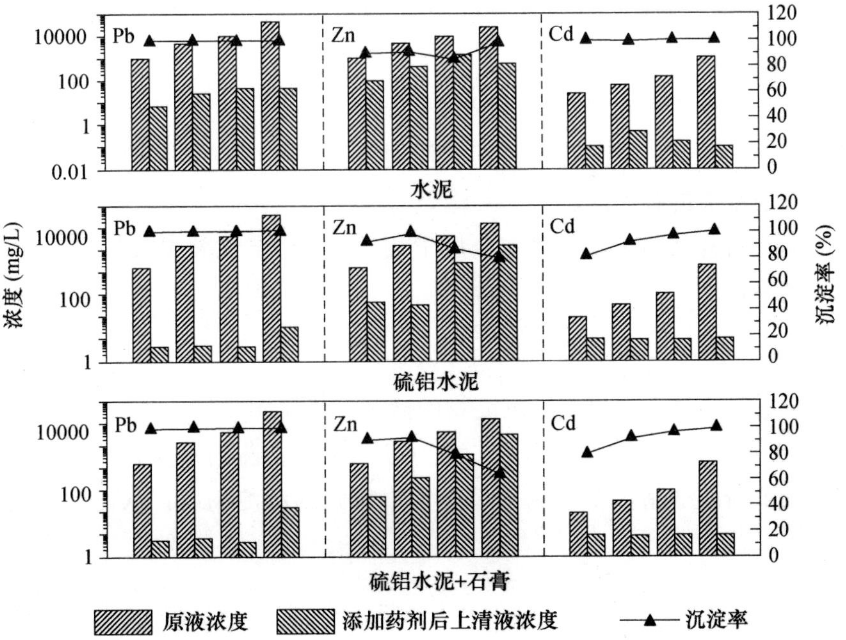

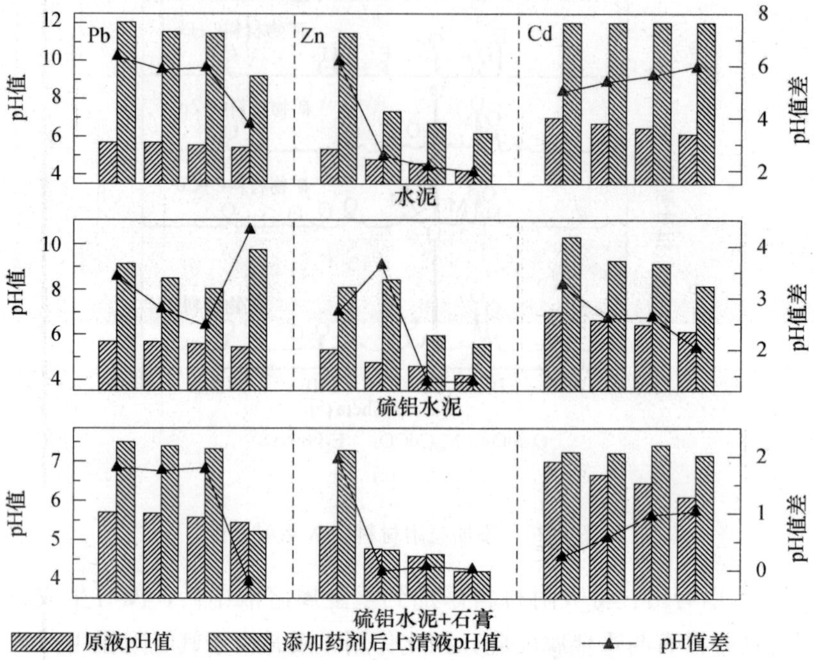

图 2-27　胶凝材料对重金属 Pb、Zn、Cd 的稳定化效果及 pH 值变化

从图 2-27 可以看出：在不同重金属溶液中添加一定量的水泥后，经过 24h 的反应，重金属与水泥发生了反应，形成了沉淀，沉淀率为 85%～99%不等，除 Zn 外，水泥对 Pb、Cd 的稳定化效果均达到 99%以上，但对 Zn 的稳定化效果有波动。由于水泥为碱性，因此，与重金属反应后，上清液中的 pH 值升高，从原溶液的 4.19～6.99 变为 6.16～12.04。因此，在后续固化体再利用中，除了考虑重金属的稳定化外，还应考虑固化体的 pH 值变化。

与水泥相比，硫铝水泥对重金属 Pb 和 Zn 的固化效果略低于普通水泥，但对重金属 Cd 的固化效果差于普通水泥。硫铝水泥对溶液 pH 值改变差值优于普通水泥，因此，可作为普通水泥的替代品。

硫铝水泥与石膏共同作用，对重金属 Pb、Cd 的稳定化效果较好，但对高浓度 Zn 的稳定化效果不佳。

（二）重金属稳定化的微观分析

不同胶凝材料与重金属反应后沉淀物的微观分析见图 2-28。

从图 2-28 可以看出：重金属 Pb、Zn、Cd 与水泥、硫铝水泥、硫铝水泥＋石膏发生反应，生成了新的结晶，在电镜下呈现为不规则的沉淀物质，从而实现了重金属的稳定化。

S3400 5.00kV 5.6mm x1.00k SE
50.0um

(a)

S3400 5.00kV 5.6mm x1.00k SE
50.0um

(b)

S3400 5.00kV 5.6mm x1.00k SE
50.0um

(c)

S3400 5.00kV 5.6mm x1.00k SE
50.0um

(d)

S3400 5.00kV 5.5mm x1.00k SE
50.0um

(e)

S3400 5.00kV 5.5mm x1.00k SE
50.0um

(f)

S3400 5.00kV 5.4mm x1.00k SE
50.0um

(g)

S3400 5.00kV 5.4mm x1.00k SE
50.0um

(h)

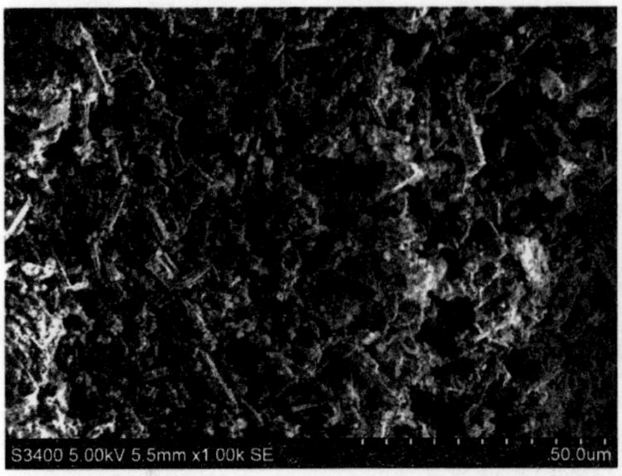

(i)

(j)

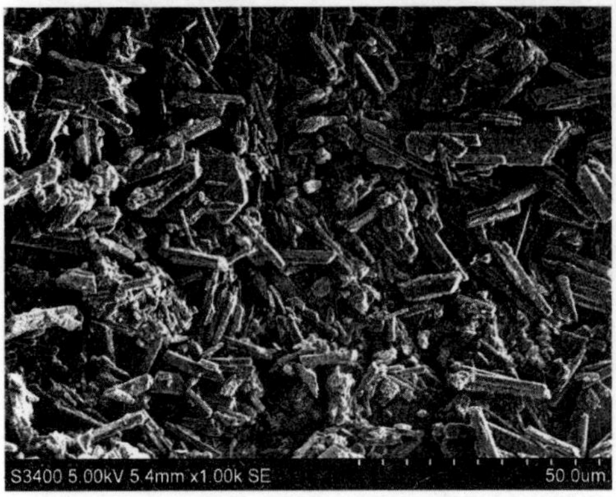

(k)

(l)

图 2-28　不同胶凝材料与重金属反应后沉淀物的微观分析

(a) 水泥；(b) 水泥＋Pb；(c) 水泥＋Zn；(d) 水泥＋Cd；(e) 硫铝水泥；(f) 硫铝水泥＋Pb；(g) 硫铝水泥＋Zn；(h) 硫铝水泥＋Cd；(i) 硫铝水泥＋石膏；(j) 硫铝水泥＋石膏＋Pb；(k) 硫铝水泥＋石膏＋Zn；(l) 硫铝水泥＋石膏＋Cd

（三）重金属稳定化的 XRD 分析

水泥、硫铝水泥、硫铝水泥＋石膏与重金属反应后的 XRD 见图 2-29。

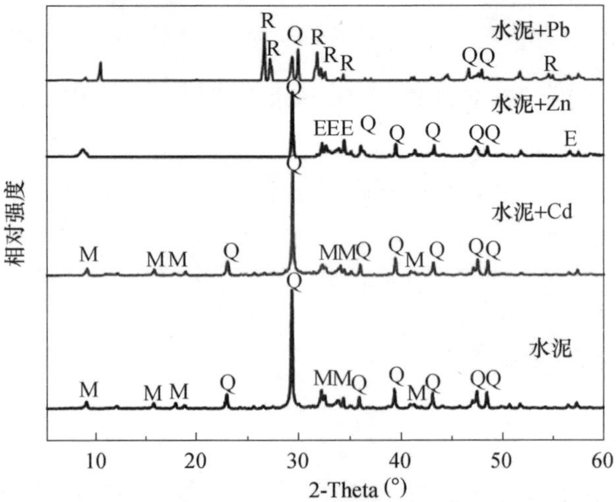

Q-$CaCO_3$　M-$3CaO·Al_2O_3·3CaSO_4·32H_2O$　E-ZnO　R-$PbCO_3$

(a)

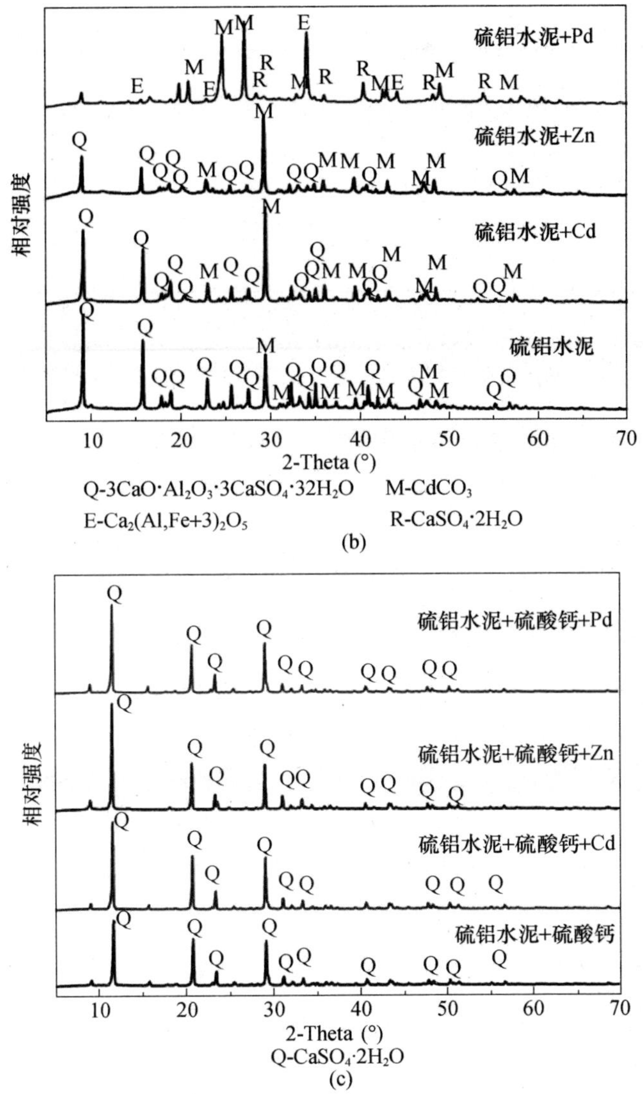

图 2-29　水泥、硫铝水泥、硫铝水泥＋石膏与重金属反应后的 XRD 图

从图 2-29 可以看出：重金属 Pb、Zn 与水泥反应后，生成了难溶的 $PbCO_3$ 和 ZnO 等化合物，但这种化合物不稳定，在环境中容易发生变化，因此，很多文献中表示：水泥用作重金属 Pb、Zn、Cd 的固化稳定化修复时，其长效性较差，而且，水泥对土壤的 pH 值升高较高，因此，单一水泥作为固化剂不可取。

与普通水泥相比，硫铝水泥及硫铝水泥＋石膏与重金属反应后，生成的化合物较复杂。

九、几种材料稳定化效果分析

（一）几种材料效果比较

试验所用的工业废渣、硅酸盐、磷酸盐、碳酸盐、硫酸盐、吸附材料及胶凝材料等七大类材料对重金属的稳定化效果总结见表 2-3。

表 2-3　七大类材料对重金属的稳定化效果总结

重金属	工业废渣	硅酸盐	磷酸盐	碳酸盐	硫酸盐	膨润土	硅藻土	矿物材料 A	β-环糊精	改性矿物材料	水泥
Pb	++++	++++*	++++	++++*	++++	++++*	—	++++*	—	++++*	++++
Zn	++++	++	++	++*	++	++++	—	+++*	—	+++*	+++
Cd	++++	+	+	++++	++++	+++	—	++++*	+	++++*	++++

注：++++：≥90%；+++：75%～85%；++：65～75%；+：55%～65%；—：<50%；*：低浓度有效

从表 2-3 可以看出：几种单因素试验药剂中，除硅藻土和β-环糊精外，其他药剂对重金属 Pb、Zn、Cd 均有一定的稳定化效果，但以工业废渣的稳定化效果最好，对重金属 Pb、Zn、Cd 的稳定化效果均在 90%以上；其次是磷酸盐和硫酸盐，再次是膨润土和矿物材料 A。因此，可采用工业废渣、磷酸盐、硫酸盐及膨润土和矿物材料 A 复配的方式制备重金属 Pb、Zn、Cd 的固化稳定化药剂。

（二）重金属稳定化机理分析

磷酸基材料固定 Pb 有吸附、沉淀和共沉淀等多种形式，但主要是沉淀机制。磷基材料与 Pb 的沉淀过程主要包括两步：磷基材料和重金属的溶解，形成新的沉淀物质，如 $Pb_5(PO_4)_3X$，X 可为 F、Cl、Br、OH 等。氯磷铅矿、羟基磷铅矿、氟磷铅矿的溶解度非常小（$K_{sp}=10^{-60}\sim10^{-85}$），生物可利用性非常低，在较大的 pH 值范围内，保持稳定。土壤中加入磷酸盐（磷矿粉、羟基磷灰石、磷酸盐肥料等）均能有效地将土壤中的铅由非残渣态组分（交换态、碳酸盐结合态、铁锰氧化物结合态和有机结合态）向残渣态组分转移，有效地固定污染土壤中的铅，且表现出长期的稳定性。

铅的磷酸盐被认为是表层土壤环境中最稳定的存在形态。$PbHPO_4$、$Pb_3(PO_4)_2$、$Pb_5(PO_4)_3Cl$ 的溶解度分别为 $10^{-11.4}$、$10^{-43.5}$ 及 $10^{-79.1}$，即使在氯离子含量比较低的情况下，$PbHPO_4$、$Pb_3(PO_4)_2$ 也会逐渐转化为磷氯铅矿［$Pb_5(PO_4)_2X$，X=F、Cl 或 OH］。磷氯铅矿、磷氟铅矿的溶解度非常小（$K_{sp}=10^{-60}\sim10^{-85}$），生物可给度非常低，即使在较大的 pH 值范围内（3.00～9.00），稳定性依然很强，因此，2001 年，美国环保局将含磷材料列为重金属铅污染土壤稳定化修复的最佳措施之一。

难溶性磷酸盐稳定土壤中的铅元素的机理是：

（1）溶解-沉淀作用：磷酸盐溶解后释放出的磷酸根离子与土壤中的铅离子形成沉淀：

$$Ca_{10}(PO_4)_6X_2+12H^+\longrightarrow 10Ca^{2+}+6H_2PO_4^-+2X^-$$

$$5Pb^{2+}+3H_2PO_4^-+X^-\longrightarrow Pb_5(PO_4)_3X+6H^+\text{（X 可为 F、Cl、OH）}$$

（2）吸附和阳离子交换作用：铅被吸附在磷灰石的表面，或者取代磷灰石等难溶磷酸盐表面的钙离子，逐步转化为难溶的磷酸盐矿物。

（3）磷灰石的磷酸根会诱导土壤对铅的吸附。

根据元素的地球化学特征分析，铜、锌、镉、铅和砷均是亲硫元素，因此，可采用含硫材料对这些重金属元素进行稳定化处理。常见的含硫材料包括硫黄、硫代硫酸钠、硫化钾、硫化钠等。从与重金属发生化学反应的难易程度来看，硫化钠的应用相对广泛。硫化物处理重金属污染土壤的机理是：硫与土壤中的重金属反应，会生成溶解度较低的金属硫化物沉淀（PbS、ZnS 和 CdS 的溶解度分别为 8.0×10^{-28}、1.6×10^{-24} 和 8.0×10^{-27}），然后吸附在具有较大比表面积的土壤颗粒上，从而降低重金属污染物在土壤环境中的迁移能力，防止其对地下水及周边环境的污染。

硅酸盐材料包括硅酸盐矿物、硅酸盐化学药剂及富含硅酸盐的工业废渣。硅酸盐材料的比表面积较大，具有较高的吸附容量和离子交换能力。例如，在土壤中添加硅酸钠后，硅酸根离子会与土壤中的铅、锌、镉等发生化学反应，生成不易被织物吸收利用的硅酸盐沉淀。

十、复合药剂研发

（一）试验方案设计

根据单因素试验结果，确定重金属溶液浓度为：

E 溶液：2 种金属离子，Zn：10000mg/L，Pb：6275mg/L；

S 溶液：3 种金属离子，Zn：10000mg/L，Pb：6275mg/L，Cd：550mg/L。

根据单因素试验结果，选择工业废渣、磷酸盐及矿物材料复配作为复合重金属的稳定化药剂。则试验因素有：A 工业废渣；B 矿物材料；C 磷酸盐。根据单因素试验结果，每个因素设定 4 种不同掺量：

A 工业废渣：A_1：0.2g，A_2：0.5g，A_3：0.7g，A_4：1g；

B 矿物材料：B_1：1g，B_2：2g，B_3：3g，B_4：4g；

C 磷酸盐：C_1：0.1g，C_2：0.2，C_3：0.3g，C_4：0.4g。

正交试验的配方设计见表 2-4。

表 2-4 正交试验配方设计

序号	A 工业废渣	B 矿物材料	C 磷酸盐	组合
1（E、S）	1	1	1	$A_1B_1C_1$
2（E、S）	1	2	2	$A_1B_2C_2$
3（E、S）	1	3	3	$A_1B_3C_3$
4（E、S）	1	4	4	$A_1B_4C_4$
5（E、S）	2	1	2	$A_2B_1C_2$
6（E、S）	2	2	1	$A_2B_2C_1$
7（E、S）	2	3	4	$A_2B_3C_4$
8（E、S）	2	4	3	$A_2B_4C_3$
9（E、S）	3	1	3	$A_3B_1C_3$
10（E、S）	3	2	4	$A_3B_2C_4$

续表

序号	A 工业废渣	B 矿物材料	C 磷酸盐	组合
11（E、S）	3	3	1	$A_3B_3C_1$
12（E、S）	3	4	2	$A_3B_4C_2$
13（E、S）	4	1	4	$A_4B_1C_4$
14（E、S）	4	2	3	$A_4B_2C_3$
15（E、S）	4	3	2	$A_4B_3C_2$
16（E、S）	4	4	1	$A_4B_4C_1$

（二）复配药剂对 Pb、Zn 复合污染的稳定化效果

1. 稳定化效果及 pH 值变化

将复配药剂分别添加到配制好的复合重金属水溶液中，重金属 Pb、Zn 复合溶液的稳定化效果及 pH 值变化见图 2-30。

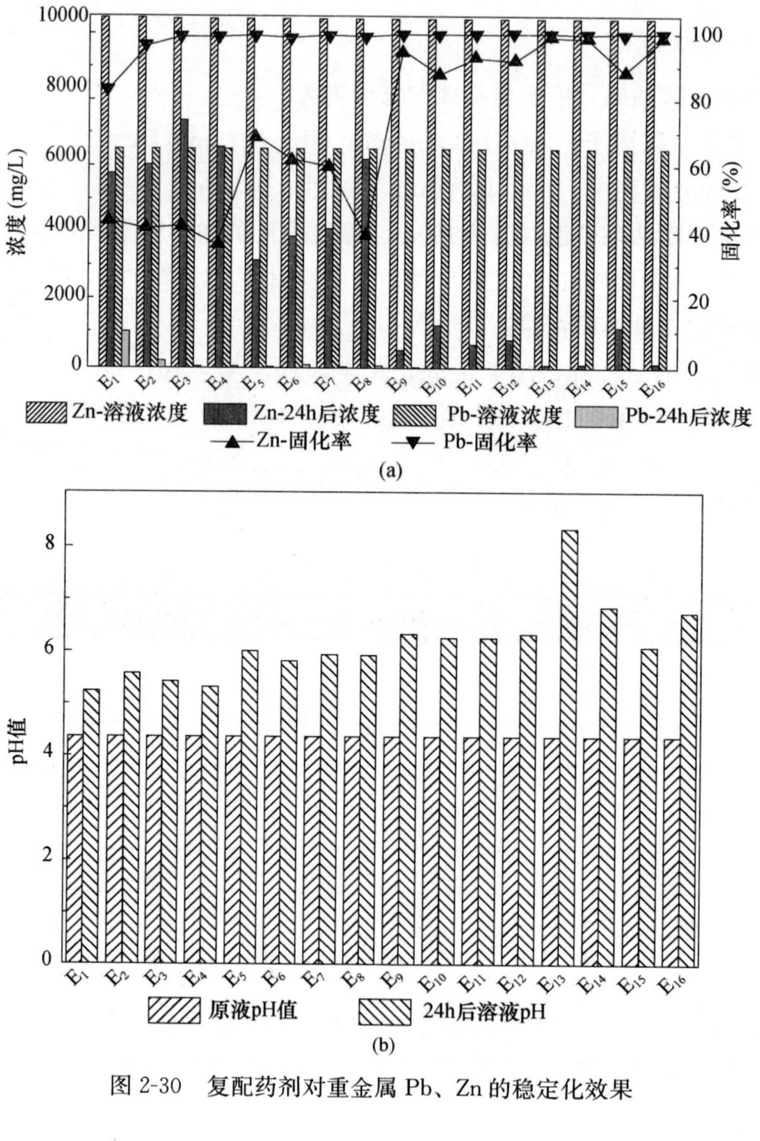

图 2-30　复配药剂对重金属 Pb、Zn 的稳定化效果

从图 2-30 可以看出：在复合重金属溶液中添加一定量的不同组合试剂后，经过 24h 的反应，重金属与药剂均发生了反应，形成了沉淀，Pb 的沉淀率为 83.26%～99.91%不等，Zn 的沉淀率为 36.95%～99.08%不等，其中：E_9、E_{11}、E_{12}、E_{13}、E_{14}、E_{16} 对 Pb、Zn 的稳定化效果均较好，可作为复配药剂的选择。同时，添加该配方药剂后，上清液中的 pH 值略升高，但差异不显著，因此，对土壤生物影响较小，经过生物学毒性分析鉴定后，可开发用于农业污染场地重金属固化。

2. 复合重金属稳定化的微观分析

将复配药剂分别添加到配制好的复合重金属水溶液中，重金属 Pb、Zn 复合溶液与药剂反应后沉淀物的微观分析结果见图 2-31。

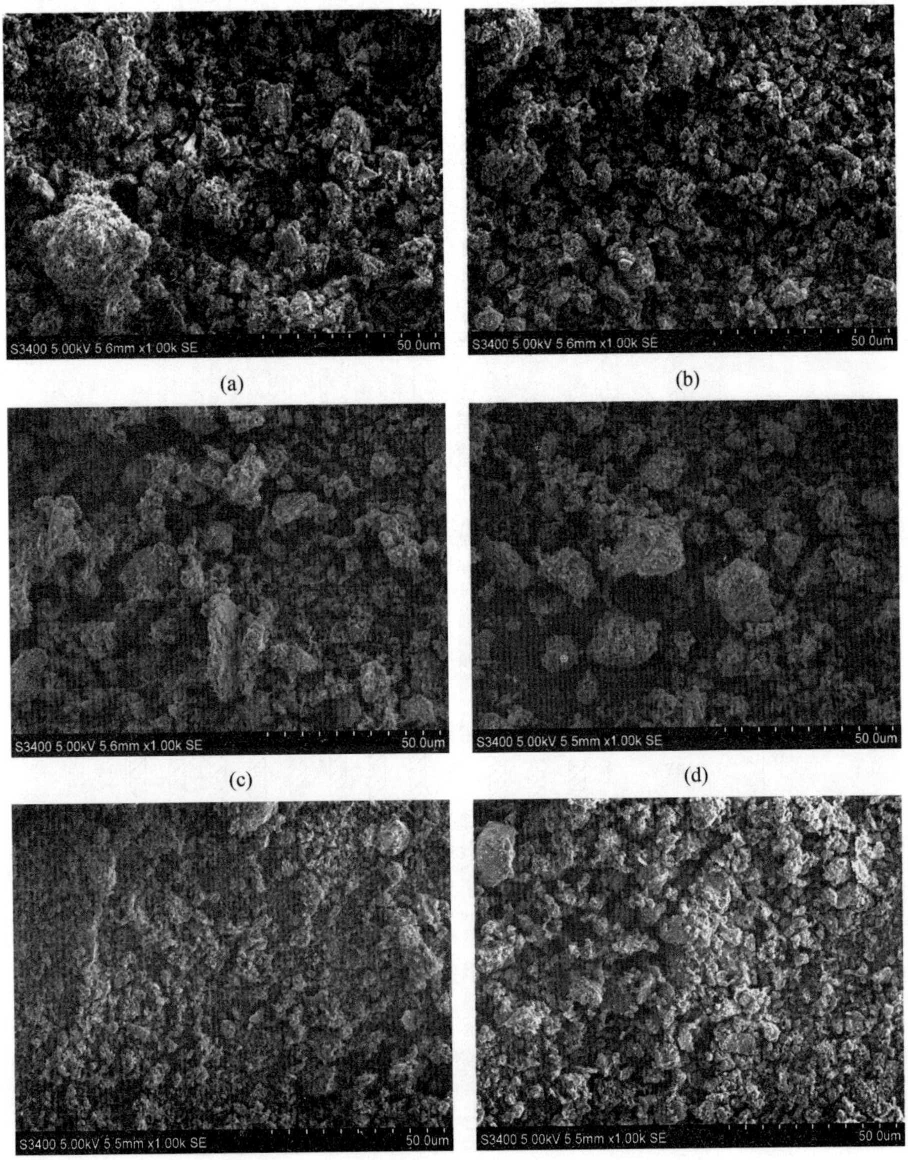

S3400 5.00kV 5.5mm x1.00k SE
50.0um

(g)

S3400 5.00kV 5.5mm x1.00k SE
50.0um

(h)

S3400 5.00kV 5.4mm x1.00k SE
50.0um

(i)

S3400 5.00kV 5.4mm x1.00k SE
50.0um

(j)

S3400 5.00kV 5.5mm x1.00k SE
50.0um

(k)

S3400 5.00kV 5.4mm x1.00k SE
50.0um

(l)

S3400 5.00kV 5.5mm x1.00k SE
50.0um

(m)

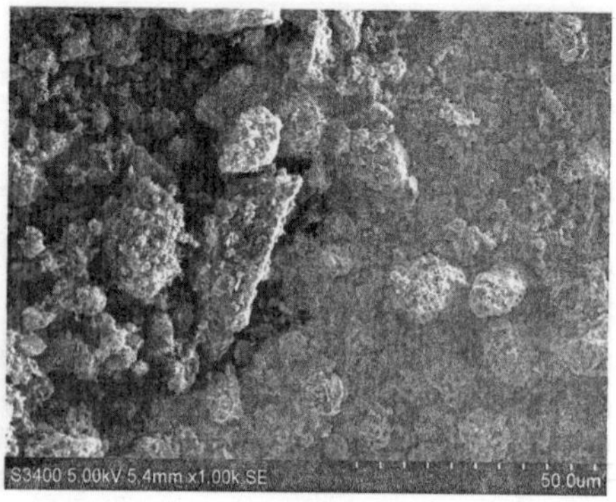
S3400 5.00kV 5.4mm x1.00k SE
50.0um

(n)

(o)　　　　　　　　(p)

图 2-31　添加复合药剂后的微观分析

(a) E_1；(b) E_2；(c) E_3；(d) E_4；(e) E_5；(f) E_6；(g) E_7；(h) E_8；(i) E_9；

(j) E_{10}；(k) E_{11}；(l) E_{12}；(m) E_{13}；(n) E_{14}；(o) E_{15}；(p) E_{16}

将复合药剂添加到重金属的硝酸溶液中后，重金属 Pb、Zn 与复合药剂发生了反应，生成了新的结晶，在电镜下呈现为不规则的晶型物质，从而实现了重金属的稳定化。但生成的结晶特性还需要通过 XRD 进行分析验证。

3. 复合药剂对重金属稳定化的 XRD 分析

复合药剂与重金属反应后的 XRD 分析结果见图 2-32。

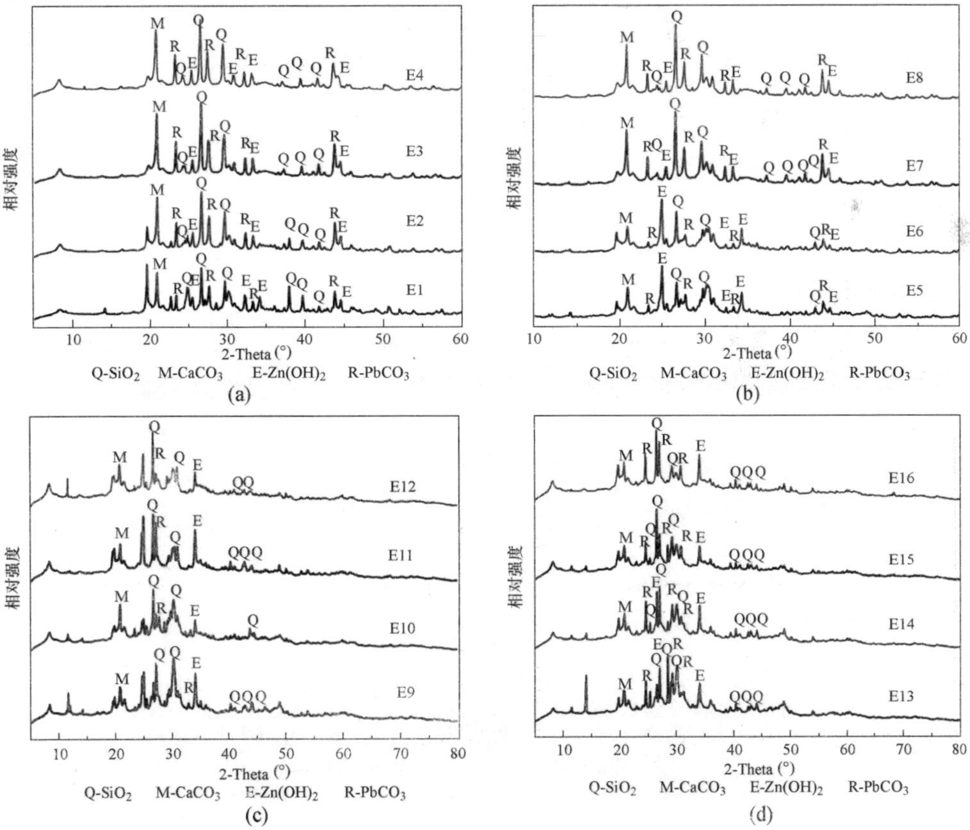

图 2-32　复合药剂与重金属反应后的 XRD 分析结果

从图 2-32 可以看出：重金属与复合药剂反应，生成了相似的化合物，其化合物为重金属的磷酸盐、硫酸盐等。

（三）复配药剂对 Pb、Zn、Cd 复合污染的稳定化效果

1. 复配药剂对 Pb、Zn、Cd 复合污染的稳定化效果

将复配药剂分别添加到配制好的复合重金属水溶液中，重金属 Pb、Zn、Cd 复合溶液的稳定化效果及 pH 值变化见图 2-33。

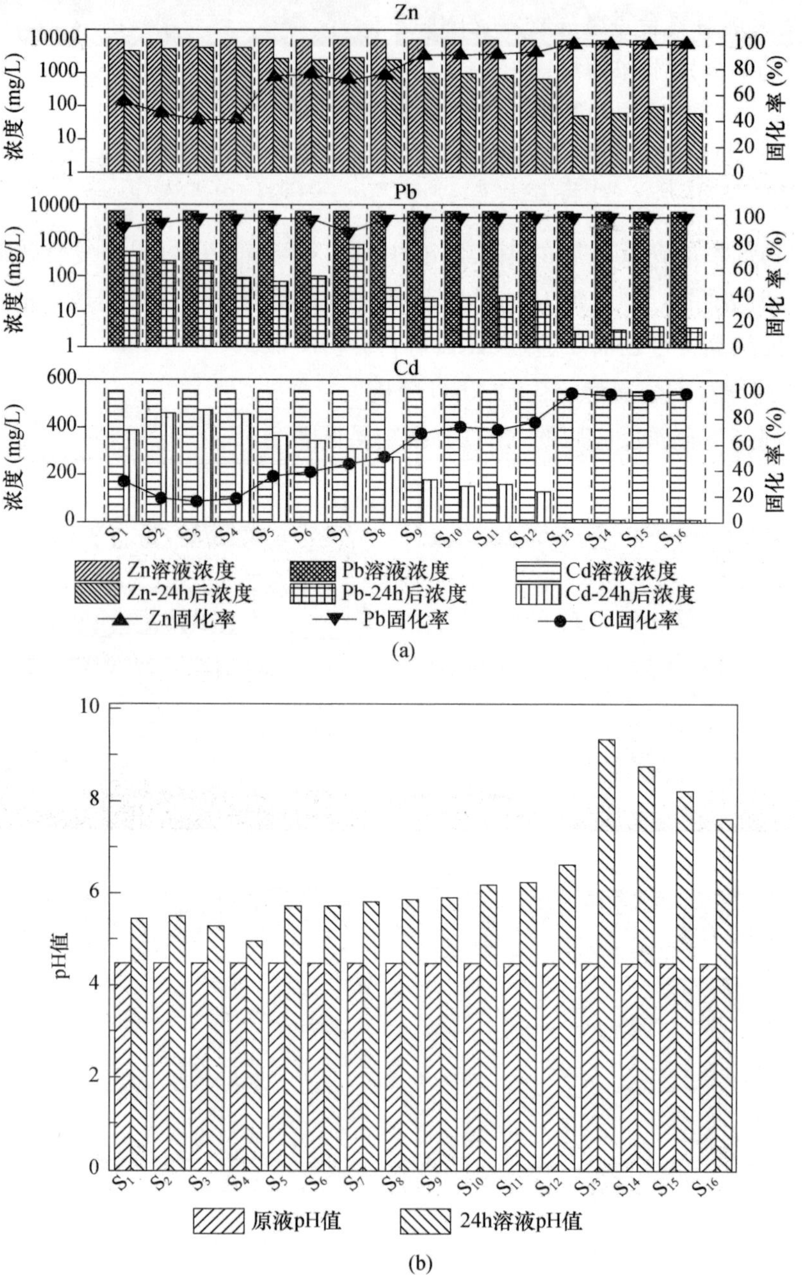

图 2-33　复配药剂对重金属 Pb、Zn、Cd 的稳定化效果

从图 2-33 可以看出：在复合重金属溶液中添加一定量的不同组合试剂后，经过 24h 的反应，重金属与药剂均发生了反应，形成了沉淀，Pb 的沉淀率为 88.29%～99.95%不等，Zn 的沉淀率为 40.73%～99.46%不等，Cd 的沉淀率为 14.80%～98.35%不等，其中：S_{13}、S_{14}、S_{15}、S_{16}对 Pb、Zn、Cd 的稳定化效果均较好，可作为复配药剂的选择。同时，添加该配方药剂后，上清液中的 pH 值略升高，但差异不显著，因此，对土壤生物影响较小，经过生物学毒性分析鉴定后，可开发用于农业污染场地重金属固化。

2. 复配药剂对复合重金属稳定化的微观分析

将复配药剂分别添加到配制好的复合重金属水溶液中，重金属 Pb、Zn、Cd 复合溶液与药剂反应后沉淀物的微观分析结果见图 2-34。

S3400 5.00kV 5.3mm x1.00k SE
50.0um

(g)

S3400 5.00kV 5.3mm x1.00k SE
50.0um

(h)

S3400 5.00kV 5.4mm x1.00k SE
50.0um

(i)

S3400 5.00kV 5.4mm x1.00k SE
50.0um

(j)

S3400 5.00kV 5.3mm x1.00k SE
50.0um

(k)

S3400 5.00kV 5.3mm x1.00k SE
50.0um

(l)

S3400 5.00kV 5.4mm x1.00k SE
50.0um

(m)

S3400 5.00kV 5.3mm x1.00k SE
50.0um

(n)

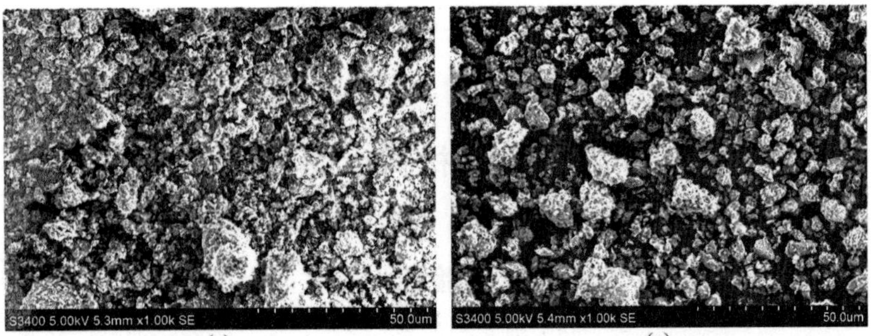

图 2-34　复合药剂对复合重金属的固化稳定化效果

(a) S_1；(b) S_2；(c) S_3；(d) S_4；(e) S_5；(f) S_6；(g) S_7；(h) S_8；(i) S_9；

(j) S_{10}；(k) S_{11}；(l) S_{12}；(m) S_{13}；(n) S_{14}；(o) S_{15}；(p) S_{16}

将复合药剂添加到重金属的硝酸溶液中后，重金属 Pb、Zn、Cd 与复合药剂发生了反应，生成了新的结晶，在电镜下呈现为不规则的晶型物质，从而实现了重金属的稳定化。但生成的结晶特性还需要通过 XRD 进行分析验证。

3. 复合药剂对重金属稳定化的 XRD 分析

将复合药剂添加到重金属 Pb、Zn、Cd 溶液中，复合药剂与重金属 Pb、Zn、Cd 反应后的 XRD 分析结果见图 2-35。

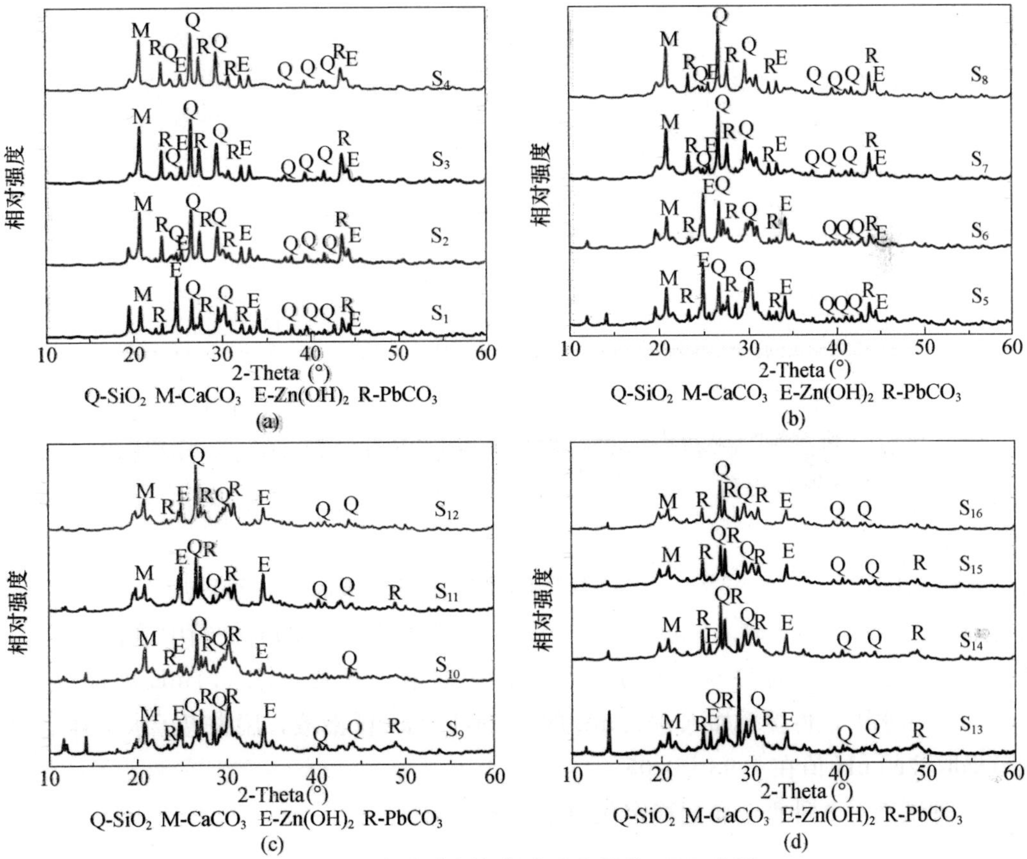

图 2-35　复合药剂与复合重金属的 XRD 分析

从图 2-35 可以看出：重金属与复合药剂反应，生成了相似的化合物，其化合物为重金属的磷酸盐、硫酸盐等。

第三节　稳定化材料土壤体系验证

一、单一重金属稳定化药剂土壤验证

（一）稳定试剂的选择

稳定试剂的选择除了考虑效率和成本外，其自身有可能对环境产生二次污染的因素也至关重要。理想的稳定试剂应该具备廉价、易得、高效且无二次污染的特点，因此，在药剂选取的过程中尽量做到化学试剂和天然矿物的结合。

在前期水溶液试验的基础上并参考相关文献中使用的药剂，选取了 5 类 11 种药剂进行单一稳定化试验，见表 2-5。

表 2-5　土壤体系验证药剂选择

序号	材料		来源
1	含磷材料 Phosphates	磷酸二氢钙（PR） 活化磷矿粉（APR） 磷酸二氢钾（MKP）	湖北钟祥市王集磷肥厂 实验室活化磷矿粉 国药集团化学试剂有限公司
2	碳酸盐材料 Carbonates	碳酸钾（CC） 贝壳粉（SP）	国药集团化学试剂有限公司 东港市前阳双兴贝粉加工厂
3	硅酸盐材料 Silicates	硅酸钠（Si）	北京市红星广厦化工建材有限责任公司
4	含硫材料 Sulfides	硫酸钙（SS） 脱硫石膏（ST） 硫华（S）	上海统亚化工科技发展有限公司 北京化学试剂公司 天津市津北精细化工有限公司
5	工业废渣 Industrial waste residue	赤泥（RM） 细粉煤灰（PFA）	中国铝业山东分公司 北京市电力粉煤灰工业公司

（二）效果分析与比较

1. 效果分析

各药剂按 0%、2%、5%、7%、10%的质量比与土壤混合，然后加入总质量 30%的蒸馏水，再次混匀后放入温度为（20±2)℃，湿度为 95%的养护箱中进行养护。养护 3d 后进行 TCLP 毒性浸出试验。TCLP 提取液的配制：取 5.7mL 冰醋酸溶于 500mL 蒸馏水中，再缓缓加入 64.3mL 的 1mol/L NaOH 溶液，用去离子水定容至 1L，调节提取液的 pH 值在 4.93±0.05。

11 种试剂对 3 种重金属的稳定化效果见图 2-36。

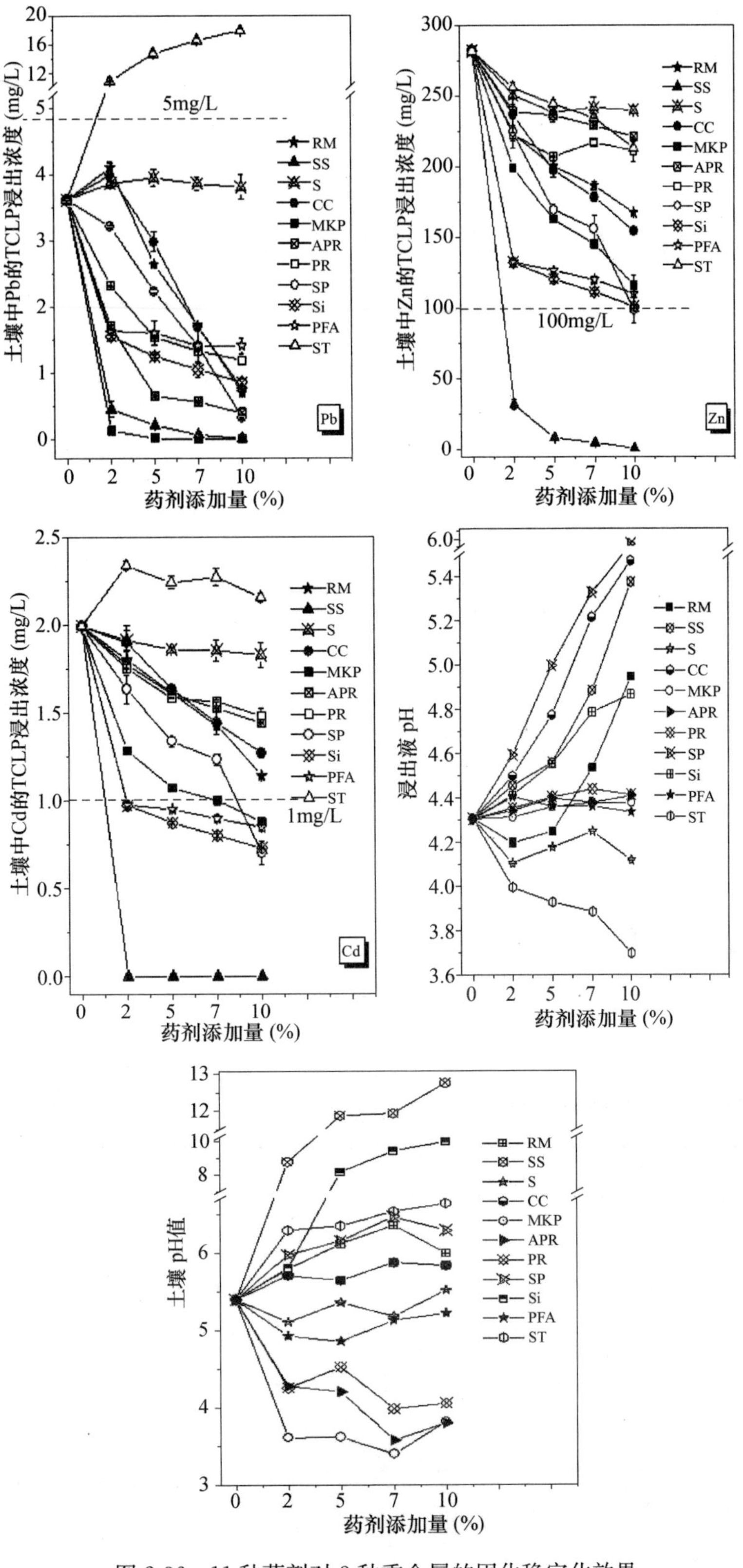

图 2-36　11 种药剂对 3 种重金属的固化稳定化效果

主要结论如下：

（1）含磷材料对 Pb 的固化稳定化效果非常好，对 Zn 和 Cd 有一定的稳定化效果，但效果不显著。

（2）含硫材料对 Cd、Zn 和 Pb 的固化稳定化效果非常好，随着添加量的增加，稳定化效果增强，但一定程度上会促进 Pb 的释放，而且，添加硫会降低土壤的 pH 值，提高重金属化合物的溶解。

（3）碳酸盐材料对 Zn、Cd 和 Pb 均有一定的稳定化效果，但对 Pb 的稳定化效果较显著。

（4）硅酸盐材料对 Zn、Cd 和 Pb 均有一定的稳定化效果，而且硅酸盐的添加会提高土壤的 pH 值，使土壤吸附能力增强。

（5）工业废渣 RM 对 Zn、Cd 和 Pb 的稳定化效果极显著；PFA 对 3 种重金属均有一定的稳定化效果。

2. 类别比较

基于浸出试验的结果，本研究对不同类别的药剂固化重金属 Pb、Cd 和 Zn 的效果进行了评价，结果见表 2-6。

表 2-6　不同类别药剂比较

重金属	含磷材料			含硫材料			碳酸盐材料		硅酸盐材料	工业废渣	
	MKP	APR	PR	SS	S	ST	CC	SP	Si	RM	PFA
Pb	++	++	+	++	−	−−	+	+	+	+	+
Cd	+	+	+	++	+	−	+	+	+	+	+
Zn	+	+	+	+	+	−	+	+	+	+	+

注：++：效果明显；+：有一定效果；−：负效果；−−：负效果显著。

对 Pb 而言，含磷材料和含硫材料的稳定化效果非常显著，且有效磷的含量越高，稳定化效果越好；对 Cd 而言，含硫材料的稳定化效果非常显著，PFA 和 Si 对 Zn 也有一定的稳定化效果；对 Zn 而言，含硫材料的稳定化效果显著，PFA 和 Si 也有一定的稳定化效果。总体来讲，除 ST 外，其他的药剂对 Pb、Zn 和 Cd 都没有负效果，而且从稳定化效果来看，Zn 和 Cd 在对药剂的响应上保持了高度的一致性。RM、PFA、SP 和 CC 这 4 种药剂在 Pb、Zn、Cd 同时存在的情况下，都具有不同程度的稳定效果，这说明，在 Pb、Zn、Cd 这 3 种重金属同时存在的情况下，RM、PFA、SP 和 CC 可以作为共性药剂。

比较而言，碳酸盐、磷酸盐和硅酸盐在取材和环境友好性方面均较理想，含硫物质（特别是硫化钠）环境友好性稍差，但如果添加量低且采取适当措施（如覆盖等）后仍可应用于稳定化修复中。赤泥、粉煤灰等工业残渣能起到废物再利用的目的。

二、复合重金属稳定化药剂土壤验证

（一）试验方案

每个土样质量为200g，供做浸提试验、pH值测定及种子发芽试验。综合正交试验结果，设定两种配比：

（1）用于植物种植土壤（W）：工业废渣∶改性矿物材料∶磷酸盐＝1∶2∶0.3

（2）用于工程再利用土壤（C）：工业废渣∶矿物材料∶磷酸盐＝2∶1∶0.3

根据浸提试验土样为100g的浸提结果知道浸提液重金属Zn、Pb、Cd和As的含量约为24277mg/L、12545mg/L、550mg/L和380mg/L。正交试验配制的重金属溶液其重金属离子Zn：10000mg/L，Pb：6275mg/L，Cd：550mg/L。故掺加量是试验时的2倍，试验药剂添加总量为3.3g，土壤按照100g浸提浓度Zn、Pb、Cd和As约为24277mg/L、12545mg/L、550mg/L和380mg/L计算约为6.6g，为方便试验与实际应用，将添加量改为7g，即比例是：将工业废渣∶改性矿物材料∶磷酸盐＝1∶2∶0.3，改为工业废渣∶改性矿物材料∶磷酸盐＝1∶2.2∶0.3。同理，用于工程应用的固化剂配比为工业废渣∶矿物材料∶磷酸盐＝2.2∶1∶0.3。

按照标准每100g土壤加入7g固化剂，即相当于固化剂∶土样＝7∶100，固化剂最少是按照土壤质量的百分比加入，为找到最优比率，将固化剂比率设定为2%、5%、7%、10%、12%、15%六种方案。

由于前期试验均是在水溶液中进行，故含水率应适当较高。根据前期土壤试验（年前在人工配制的污染土中固化剂检测试验）将土壤含水率定为15%、20%、25%、30%、35%、40%。

试验数量36个，见表2-7。表中：G表示固化剂的量，S表示含水率；G_1、G_2、G_3、G_4、G_5、G_6分别指2%、5%、7%、10%、12%、15%；S_1、S_2、S_3、S_4、S_5、S_6分别指15%、20%、25%、30%、35%、40%。

表2-7　复配药剂土壤验证试验编号

编号	1	2	3	4	5	6	7	8	9	10	11	12
土样	G_1+S_1	G_1+S_2	G_1+S_3	G_1+S_4	G_1+S_5	G_1+S_6	G_2+S_1	G_2+S_2	G_2+S_3	G_2+S_4	G_2+S_5	G_2+S_6
编号	13	14	15	16	17	18	19	20	21	22	23	24
土样	G_3+S_1	G_3+S_2	G_3+S_3	G_3+S_4	G_3+S_5	G_3+S_6	G_4+S_1	G_4+S_2	G_4+S_3	G_4+S_4	G_4+S_5	G_4+S_6
编号	25	26	27	28	29	30	31	32	33	34	35	36
土样	G_5+S_1	G_5+S_2	G_5+S_3	G_5+S_4	G_5+S_5	G_5+S_6	G_6+S_1	G_6+S_2	G_6+S_3	G_6+S_4	G_6+S_5	G_6+S_6

（二）固化剂对重金属的稳定化效果

（1）固化剂对土壤中重金属固化率的改变

按照表2-7中的配比，将两种固化剂添加到不同后续利用的土壤中，经过28d，测定添加不同固化剂比率后，土壤中重金属的固化率，结果见表 2-8。

表 2-8　土壤中重金属的固化率

样品编号	固化率				固化剂配比	
	As	Cd	Pb	Zn	药剂（药剂：土）	水量（水：土）
C1	96.86%	97.57%	86.72%	99.26%	固化剂量 5%	15%
C2	96.26%	83.45%	83.21%	90.89%		20%
C3	94.69%	78.16%	76.70%	88.03%		25%
C4	95.76%	71.18%	73.49%	82.04%		30%
C5	95.40%	76.72%	77.76%	86.85%		35%
C6	96.66%	84.09%	84.15%	91.72%		40%
C7	97.01%	99.84%	99.07%	99.88%	固化剂量 7%	15%
C8	96.57%	98.05%	90.23%	99.38%		20%
C9	95.95%	98.53%	90.87%	99.61%		25%
C10	96.19%	91.43%	85.26%	95.48%		30%
C11	96.38%	99.00%	92.93%	99.73%		35%
C12	96.57%	99.10%	92.71%	99.82%		40%
C13	98.02%	99.74%	96.78%	99.95%	固化剂量 8%	15%
C14	96.84%	98.31%	90.27%	99.47%		20%
C15	96.77%	94.63%	86.84%	97.14%		25%
C16	98.04%	99.86%	97.07%	99.96%		30%
C17	96.34%	99.07%	92.03%	99.72%		35%
C18	96.45%	95.03%	87.95%	97.72%		40%
C19	98.39%	99.97%	98.32%	99.97%	固化剂量 10%	15%
C20	97.09%	99.73%	96.78%	99.93%		20%
C21	99.50%	100.00%	88.67%	99.97%		25%
C22	98.04%	99.98%	97.24%	99.97%		30%
C23	96.39%	98.45%	90.61%	99.49%		35%
C24	98.25%	99.97%	98.10%	99.97%		40%
C25	99.31%	100.00%	96.15%	99.97%	固化剂量 12%	15%
C26	98.38%	99.99%	97.47%	99.96%		20%
C27	96.53%	98.57%	91.17%	99.33%		25%
C28	96.80%	99.31%	97.75%	99.71%		30%
C29	96.82%	99.36%	94.60%	99.81%		35%
C30	98.48%	99.99%	97.04%	99.97%		40%

续表

样品编号	固化率				固化剂配比	
	As	Cd	Pb	Zn	药剂（药剂：土）	水量（水：土）
C31	98.76%	100.00%	80.04%	99.95%	固化剂量 15%	15%
C32	97.99%	99.97%	98.23%	99.96%		20%
C33	98.28%	99.98%	79.36%	99.95%		25%
C34	97.92%	99.95%	87.63%	99.92%		30%
C35	97.15%	99.95%	97.91%	99.95%		35%
C36	96.67%	99.72%	96.55%	99.90%		40%
W1	89.91%	75.75%	77.60%	88.26%	固化剂量 5%	15%
W2	71.77%	51.74%	75.14%	69.30%		20%
W3	76.20%	47.60%	74.30%	65.90%		25%
W4	90.44%	88.82%	89.31%	95.94%		30%
W5	81.24%	67.11%	83.44%	82.00%		35%
W6	91.42%	82.93%	78.10%	92.34%		40%
W7	87.59%	76.04%	82.52%	87.64%	固化剂量 7%	15%
W8	88.55%	70.10%	78.11%	81.30%		20%
W9	92.77%	86.79%	87.82%	92.89%		25%
W10	91.48%	85.57%	85.69%	93.05%		30%
W11	83.74%	70.65%	78.08%	82.90%		35%
W12	90.40%	85.78%	87.70%	93.02%		40%
W13	93.13%	92.22%	89.68%	96.74%	固化剂量 8%	15%
W14	79.05%	61.28%	78.79%	76.60%		20%
W15	81.56%	68.31%	82.35%	80.96%		25%
W16	77.64%	64.40%	80.13%	77.68%		30%
W17	78.87%	62.41%	81.78%	76.52%		35%
W18	82.31%	71.97%	83.60%	84.09%		40%
W19	90.14%	89.96%	90.01%	95.09%	固化剂量 10%	15%
W20	82.11%	77.33%	85.66%	88.23%		20%
W21	82.79%	81.36%	88.52%	90.49%		25%
W22	75.81%	77.03%	85.26%	87.60%		30%
W23	86.39%	92.66%	93.06%	97.21%		35%
W24	80.84%	80.41%	89.23%	90.22%		40%

续表

样品编号	固化率				固化剂配比	
	As	Cd	Pb	Zn	药剂（药剂：土）	水量（水：土）
W25	90.71%	90.91%	88.78%	95.95%	固化剂量 12%	15%
W26	88.78%	89.46%	89.99%	95.11%		20%
W27	83.19%	79.30%	85.56%	88.47%		25%
W28	67.57%	71.00%	88.07%	81.09%		30%
W29	85.71%	92.36%	93.34%	96.94%		35%
W30	80.57%	73.86%	85.67%	83.11%		40%
W31	90.94%	97.61%	92.74%	99.31%	固化剂量 15%	15%
W32	91.81%	95.34%	92.64%	98.11%		20%
W33	91.38%	97.04%	94.06%	99.12%		25%
W34	87.07%	95.41%	94.50%	98.70%		30%
W35	78.21%	84.88%	91.65%	92.22%		35%
W36	80.97%	86.50%	91.81%	93.25%		40%

植物、种植土壤中添加 2%～10%的药剂后，Pb 浸出浓度分别降低 72%～99%、78%～99%和 75%～99%；Zn 浸出浓度分别降低 62%～99%、76%～99%和 69%～99%；Cd 浸出浓度分别降低 82%～99%、89%～99%和 85%～99%。工程再利用土壤中添加 2%～10%的药剂后，Pb 浸出浓度分别降低 9%～99%、14%～99%和 6%～99%；Zn 浸出浓度分别降低 38%～98%、48%～99%和 34%～98%；Cd 浸出浓度分别降低 39%～99%、67%～99%和 44%～99%。综上所述，在 7%添加量情况下，复合药剂能使两种土壤中 3 种重金属的浸出浓度同时减低 90%以上。随着药剂添加量的增大，固化差异性越小。

（2）固化剂对土壤中重金属活性的改变

按照表 2-8 中的配比，将两种固化剂添加到不同后续利用的土壤中，经过 7d 和 28d，用改进的 BCR 法测定添加不同固化剂比例后土壤中的重金属活性，部分处理的优选结果见图 2-37。

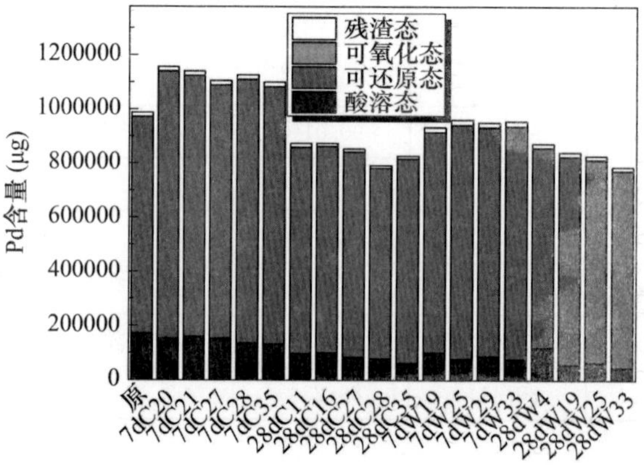

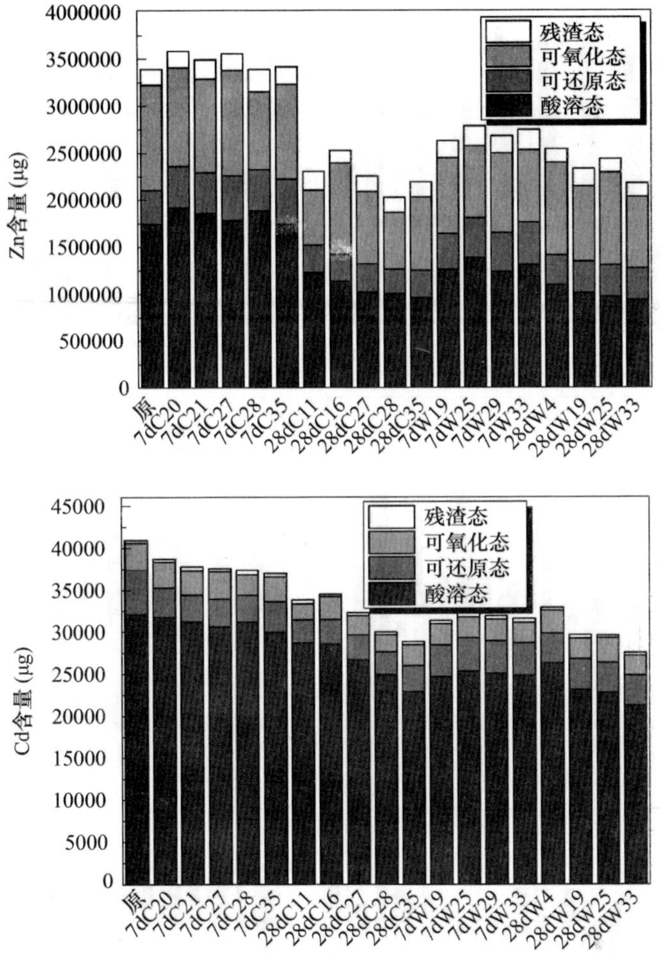

图 2-37　对重金属活性降低的固化剂优选

添加药剂后，Pb、Zn 和 Cd 酸可提取态浓度下降，残渣态浓度升高。对 Pb 而言，添加药剂后，种植污染土壤中酸可提取态降低 5%，残渣态升高 7%～10%；工程污染土壤中酸可提取态和可还原态分别降低 1%～2%和 5%～12%，残渣态升高 6%～13%。这说明药剂稳定后土壤中的铅从酸可提取态在向非酸可提取态转化。对 Zn 而言，添加药剂后，两种土壤中酸可提取态分别降低 11%～16%和 12%～15%；残渣态分别升高 14%～19%和 13%～15%；可还原态和可氧化态比率变化不大。两种土壤中，Cd 形态变化与 Zn 类似，酸可提取态分别降低 12%～16%和 13%～22%；残渣态分别升高 13%～18%和 15%～23%。

（三）固化剂对土壤 pH 值的改变

按照表 2-8 中的配比，将两种固化剂添加到不同后续利用的土壤中，测定固化剂对土壤 pH 值的改变情况，结果见图 2-38。

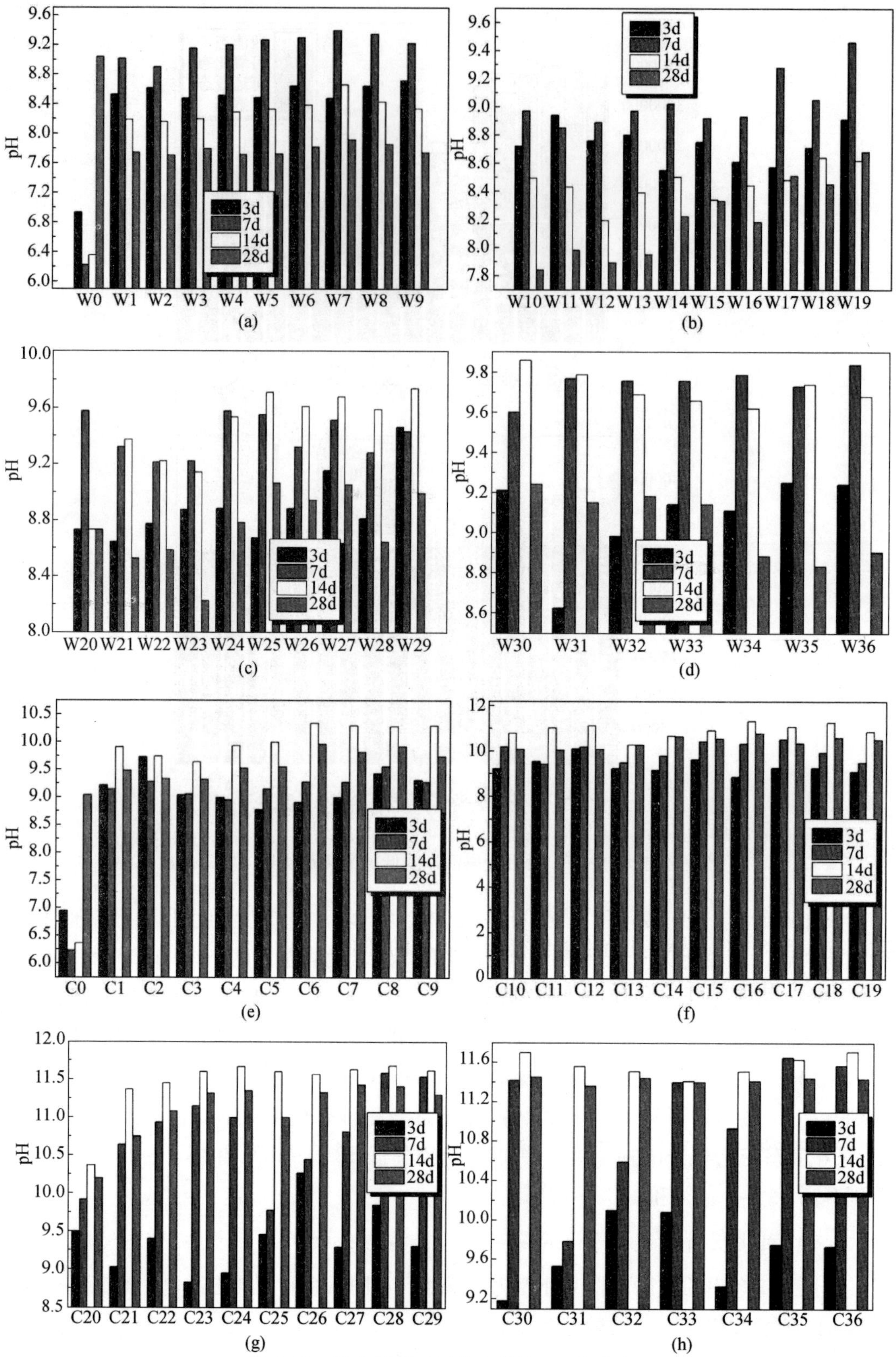

图 2-38　复合药剂对两种土壤的 pH 值改变

从图 2-38 可以看出：按照表 2-8 中的配比，将两种固化剂添加到不同后续利用的土壤中后，固化剂对种植土壤的 pH 值改变较小，从原土的 6.93 变为 8～9，最高为 9.84，变量为 2～3 不等。对土壤微生物来说，属于可接受的范围，但仍需要测试种子发芽情况才能评价固化剂对土壤生物学特性的影响。

对于工程土来说，固化剂对工程土的 pH 值改变较大，从原土的 6.93 变为 9～11，最高为 11.71，变量为 3～5 不等。高于 10，土壤微生物就会受到抑制。

（四）固化剂对种子发芽的影响

按照表 2-8 中的配比，将固化剂添加到种植土利用的土壤中，测定固化剂对种子发芽的影响，同时以素土为对照，测定结果见图 2-39。

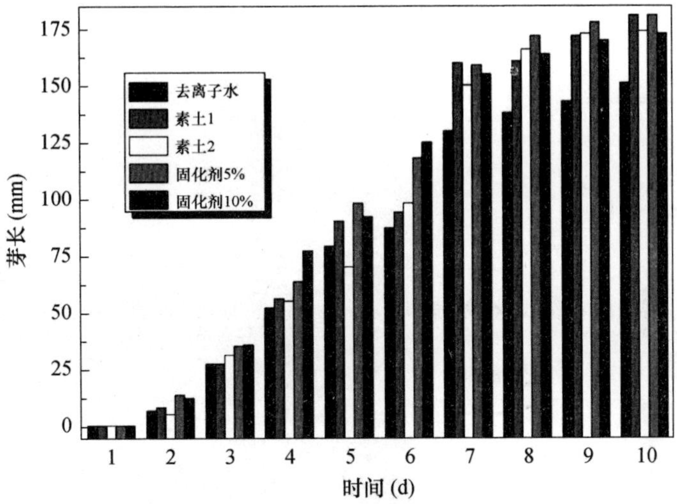

图 2-39　复合药剂对种子发芽的影响

素污染土的芽长显著小于蒸馏水对照组中测得的芽长，并且计算出的种子发芽指数稳定在 10%左右，明显不满足规范给出的≥80%的要求，而 SS-B 种植土种子发芽指数也均大于 80%，表明其植物毒性得到了明显的抑制。

（五）固化剂对土壤有机质的影响

按照表 2-8 中的配比，将两种固化剂添加到种植土利用的土壤中，测定添加前后的土壤有机质，结果见表 2-9。

表 2-9　添加固化剂前后的土壤有机质

土壤种类	有机质含量 (g/kg)		阳离子交换量 [cmol（+）/kg]		水解性氮 (mg/kg)		有效磷 (mg/kg)		速效钾 (mg/kg)	
	前	后	前	后	前	后	前	后	前	后
素污染土	55.9	—	5.6	—	1310	—	20.6	—	243	—
商用栽培土	394	310	19.6	42.5	2660	741	426	259	3560	2600
固化剂种植土	131	261	15	34.8	877	740	355	716	3760	2440

从表 2-9 可以看出：由于本固化剂为含磷、钾材料，因此其对于重金属污染土的肥力改良有着优良的作用。添加固化剂后的种植土由于具有更加优越的土壤肥力特征，因此能够提高植物对重金属污染土的耐性，并且不会对植物生长产生明显抑制。

第四节　修复后土壤耐久性分析

一、试验装置研发

（一）酸雨淋溶试验装置

研发的酸雨淋溶试验装置见图 2-40。

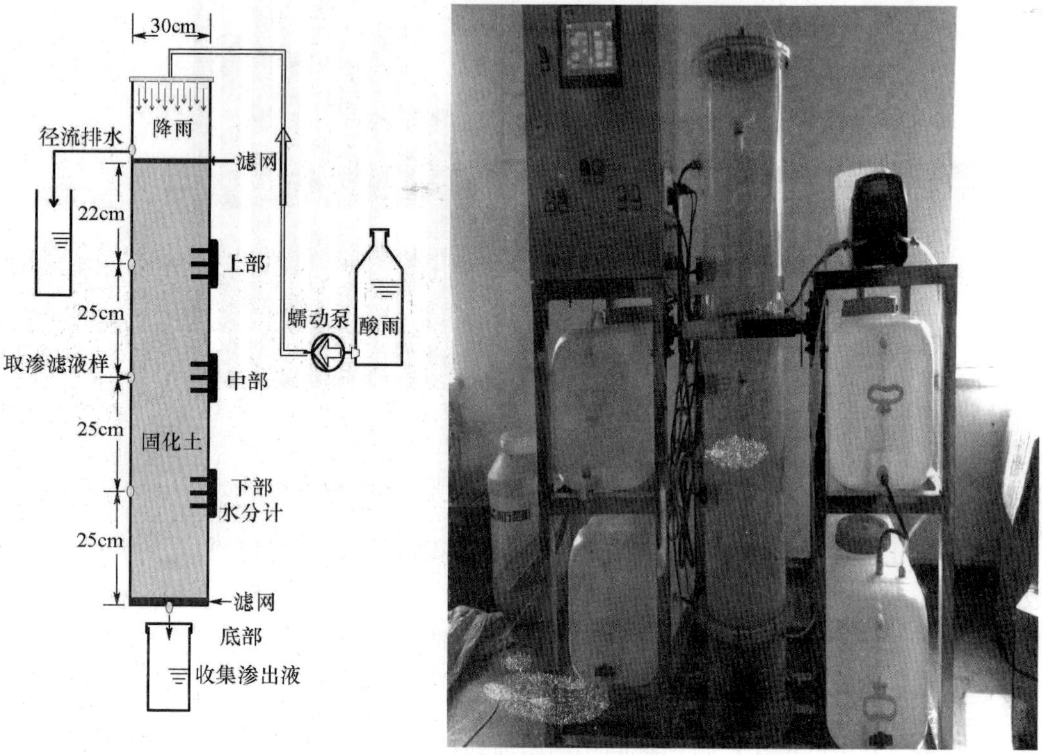

图 2-40　酸雨试验装置

（二）酸雨淋溶试验装置说明

本次模型试验中，采用直径为 30cm 的出水孔分布均匀的喷头来模拟降雨，通过蠕动泵控制流量的方式控制降雨强度，所用蠕动泵为雷弗 WT600F 分配智能型蠕动泵。同时，为方便试验，本试验降雨强度设置为 2.36×10^{-6} m/s（对应蠕动泵流速为 10mL/min），对应日降雨量为 204mm。采用连续降雨的方式进行试验。为防止降雨对土体的冲刷，提前在土体上部放置不锈钢滤网（孔径 0.15mm）。降雨时间设定为 90d，并根据试验情况适当调整降雨时间。降雨采用硫酸硝酸方法配制的酸雨（pH 值为 5.0）。

通过在土柱侧面不同高度处安装土壤水分传感器及数据记录仪，来测量记录不同高度处土壤体积含水率随时间的变化。本试验所用水分传感器为 SWR-100 型土壤水分传感器，数据记录仪为雷神电子 TCD-4S 型土壤水分记录仪。通过在土柱中间取水孔及土柱底部取样液，测其中重金属 Pb、Zn、Cd 浓度，并测试底部渗出液的 pH 值和 EC。同时测量记录土柱底部出水量随时间的变化。

二、酸雨淋溶对固化体重金属溶出的影响

酸雨淋溶对固化体重金属溶出的影响试验结果见图 2-41。

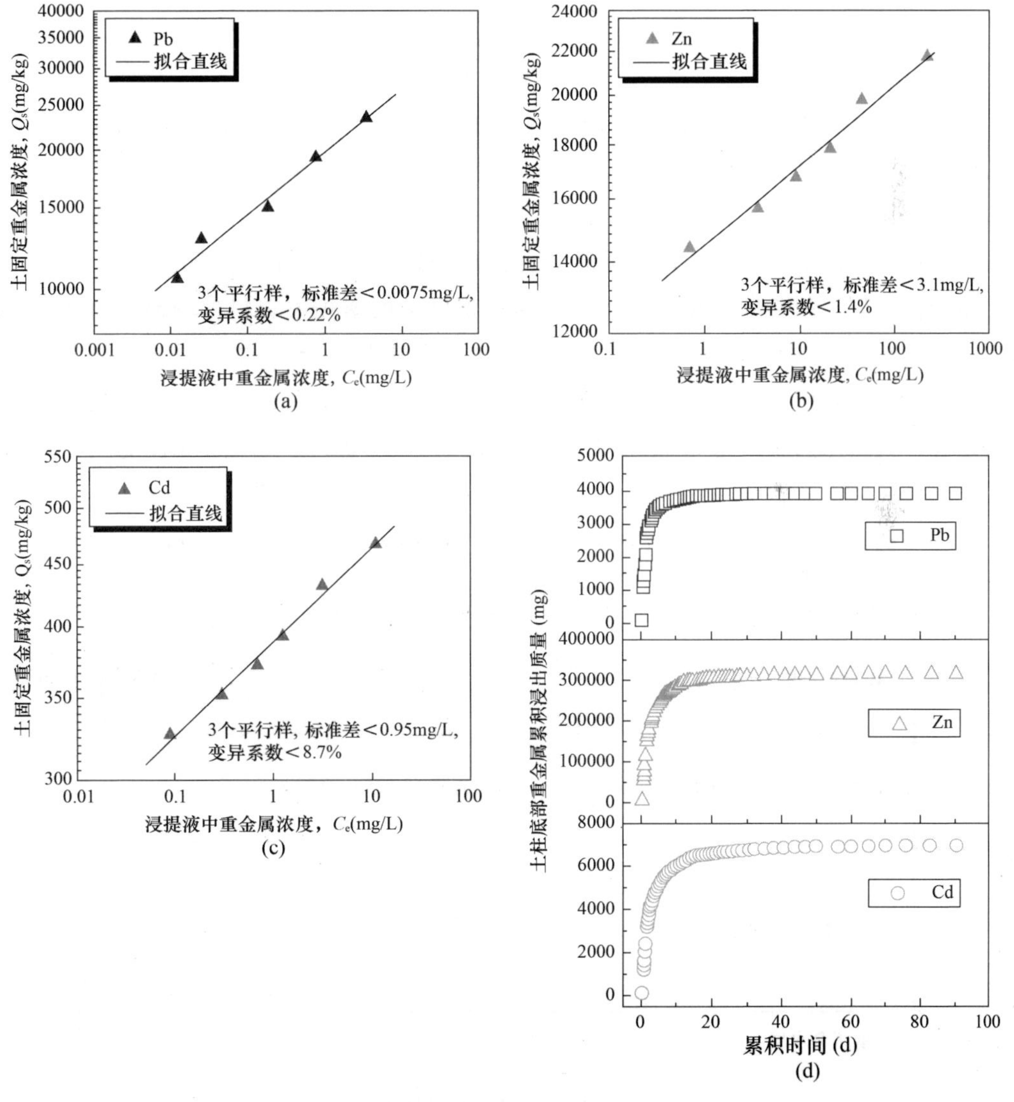

图 2-41　酸雨淋溶对固化体重金属溶出的影响

从图 2-41 可以看出：对于重金属 Pb、Zn、Cd，其累积浸出质量均是随时间而增大，初始阶段增大较快，随后增速慢慢减小。初始淋滤液 pH=2 时，滤出液 pH 最小，Pb 溶出浓度及扩散系数（D_e）最大；初始淋滤液 pH=4 和 7 时，两者的滤出液 pH、Pb 溶出浓度、D_e 差别不大。标准养护条件下，试样无侧限抗压强度（q_u）最大；在淋滤液初始 pH 为 2 时，q_u 最小；pH 为 4 和 7 时，q_u 差别不大。淋滤使得固化土强度变小，且强度衰减与钙溶出率有良好的相关关系。Pb、Zn、Cd 浸出质量 M_t 与浸出时间 t 在双对数坐标系下具有良好线性关系。Pb、Zn、Cd 拟合曲线斜率分别为 0.60、0.56、0.61，表明固化污染土的浸出机理主要由扩散控制，Pb、Zn、Cd 表观扩散系数分别为 $1.05\times10^{-16}m^2/s$、$7.84\times10^{-13}m^2/s$、$2.11\times10^{-12}m^2/s$。

三、固化体耐久性评估

（一）场地模型

针对酸雨入渗条件下柱状模型药剂固化种植土中 Pb、Zn、Cd 三种重金属元素在土壤中的运移与浸出浓度变化能够通过 Geostudio 软件中的 Seep/w 和 Ctran/w 模块进行较好的拟合，通过建立基于现场实际工况下的数值分析模型，考虑地下水渗流的情况下对地面表层中重金属污染物随酸雨入渗运移至地下水造成的污染进行数值模拟分析。

本模拟地层资料参考某化工厂区场地地质条件。根据相关资料，场地内地下水位较高，一般在地表面以下 0.5～0.8m，承压地下水位在地下 1.5m 左右。该地主要含水层分布在粉细砂、粗砂层，地下水位埋深在 1～2m 之间。地下水在天然条件下水利坡度小于千分之五，天然达西流速为 0.027m/d，约合 $3.125\times10^{-7}m/s$。场地模型图见图 2-42。

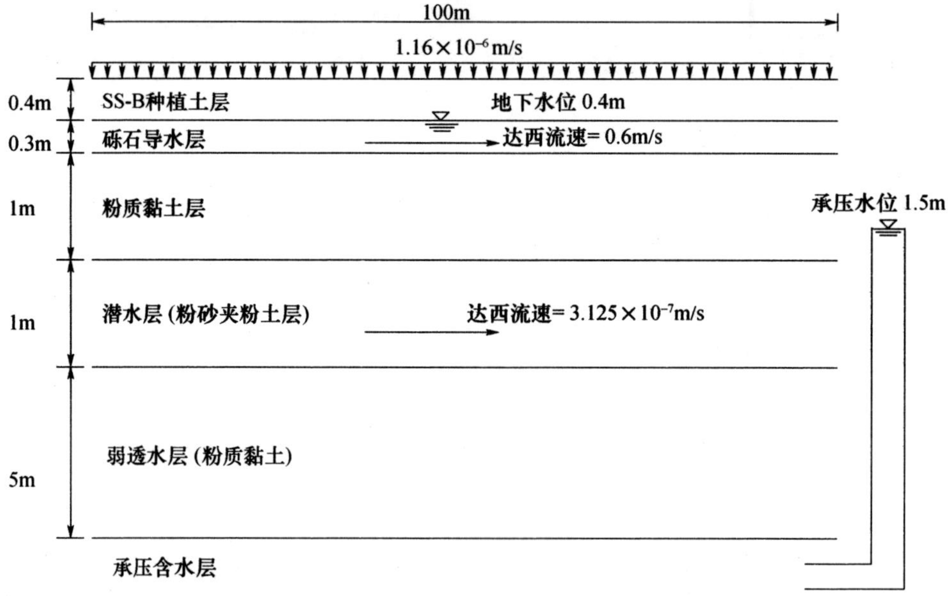

图 2-42　场地模型图

（二）参数取值

该模型长度取 100m，深度为 7.7m，采用矩形网格划分，网格大小为 0.1m×0.1m；上边界条件设置为降雨入渗，降雨量为 1.16×10^{-6} m/s，对应降雨量为 100mm/d，为暴雨降雨级别；底部边界设置承压水头为−1.5m；砾石导水层左侧为入渗边界，右边为渗出边界，达西流速参照《室外排水设计规范》（GB 50014—2006）对最低流速的要求，设置为 0.6m/s；潜水层达西流速为地下潜水层天然常见达西流速，3.125×10^{-7} m/s；计算时间取 0～100 年，采用瞬态渗流（Transit flow）模式对地下透水层中暴露浓度进行长期观测。该计算模型中各参数取值见表 2-10。

表 2-10　数值计算参数表

土层	参数	参数取值
药剂固化土层	k_s（m/s）	5.02×10^{-6}
	D_{Pb}^*（m^2/s）	1.11×10^{-10}
	D_{Zn}^*（m^2/s）	4.90×10^{-11}
	D_{Cd}^*（m^2/s）	4.57×10^{-12}
	ρ_d（g/cm^3）	0.559
	n	0.8295
	弥散度 α	0.35
砾石导水层	k_s（m/s）	0.6
	v_h（m/s）	0.6
	D_{Pb}^*（m^2/s）	9.45×10^{-10}
	D_{Zn}^*（m^2/s）	7.15×10^{-10}
	D_{Cd}^*（m^2/s）	7.17×10^{-10}
	ρ_d（g/cm^3）	1.897
	弥散度 α	0.35
粉质黏土层	k_s（m/s）	1×10^{-9}
	D_{Pb}^*（m^2/s）	3.2×10^{-10}
	D_{Zn}^*（m^2/s）	2.5×10^{-10}
	D_{Cd}^*（m^2/s）	2.5×10^{-10}
	ρ_d（g/cm^3）	1.5
	n	0.4
	弥散度 α	0.35

续表

土层	参数	参数取值
潜水层	k_s（m/s）	4.76×10^{-5}
	v_h（m/s）	3.125×10^{-7}
	D^*_{Pb}（m^2/s）	9.45×10^{-10}
	D^*_{Zn}（m^2/s）	7.15×10^{-10}
	D^*_{Cd}（m^2/s）	7.17×10^{-10}
	n	0.17
	纵向弥散度 α_L	0.20
	横向弥散度 α_T	0.015
弱透水层	k_s（m/s）	1×10^{-9}
	D^*_{Pb}（m^2/s）	3.2×10^{-10}
	D^*_{Zn}（m^2/s）	2.5×10^{-10}
	D^*_{Cd}（m^2/s）	2.5×10^{-10}
	ρ_d（g/cm^3）	1.5
	n	0.4
	弥散度 α	0.35

（三）耐久性评估

重金属暴露浓度随时间变化情况见图 2-43。

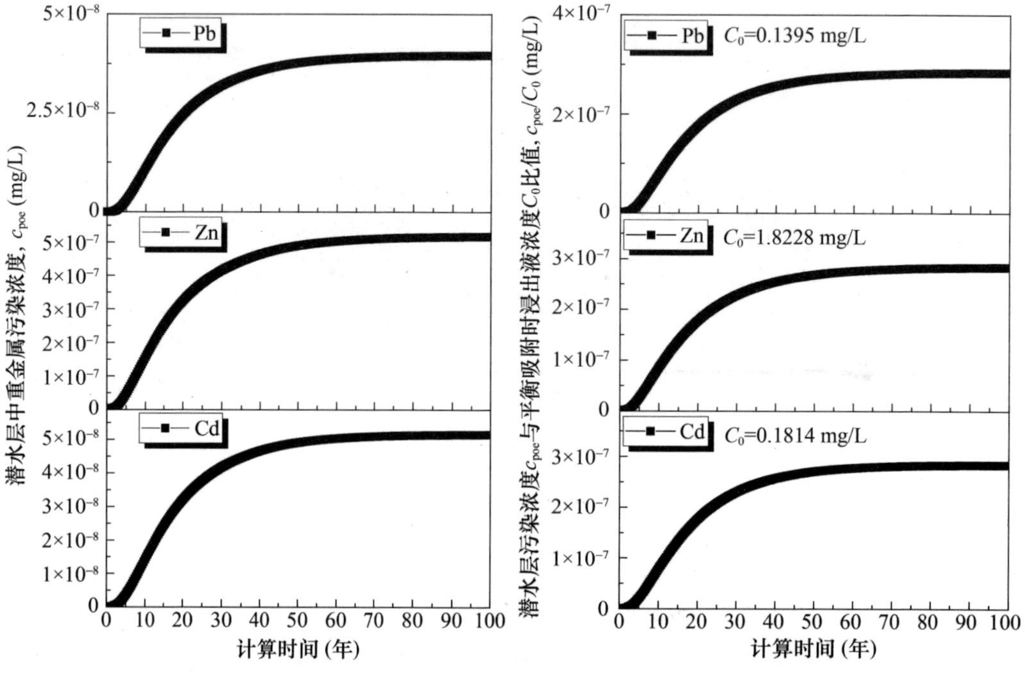

图 2-43　重金属暴露浓度随时间变化情况

从图 2-43 可知：Pb、Zn、Cd 三种重金属元素在地下透水层中的浓度变化趋势保持较好的一致性。0～3 年期间浓度很低，几乎没有变化趋势，这是因为污染物此刻正在通过压实黏土层；从第 3 年开始三种重金属元素浓度都开始提升，说明此时重金属污染物已经通过扩散运移击穿了压实黏土层开始进入透水层；到第 70 年时，三种重金属污染物在地下透水层中的浓度变化趋于稳定，即 Pb、Zn、Cd 的暴露浓度 c_{poe} 稳定时分别为 3.95×10^{-8}mg/L、5.16×10^{-7}mg/L 和 5.15×10^{-8}mg/L，浓度大小关系为 Zn＞Cd＞Pb。

因此，固化体的稳定年限为 70 年左右。

第五节　重金属污染场地原位固化稳定化修复工艺体系

一、重金属污染场地选择

本团队通过文献调研并参考业内学者的前期研究基础，采用便携式重金属分析仪对国内几个典型的污染场地现场污染土壤进行取样测定，取样深度为 0～30cm。

几个污染场地的调研、现场踏勘及测定见图 2-44。

图 2-44　污染场地的调研、现场踏勘及测定

综合考虑重金属总量及浸出浓度，以甘肃白银的污染场地作为工程场地。

场地位于白银市东大沟下游河床，场地区域宽 5～6m，长 150～200m，是一条狭长的带状区域，以含砂低液限黏土为主，夹杂少量淤泥、砾石。其俯瞰图见图 2-45。

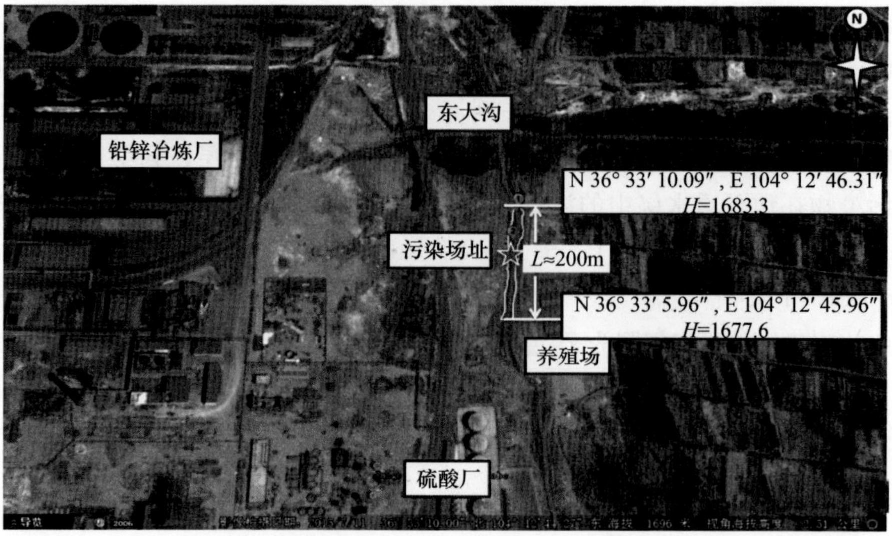

图 2-45　甘肃白银东大沟污染场址俯瞰图

二、重金属污染场地原位修复施工方式

（一）重金属污染场地原地原位施工

1. 原地原位施工的主要设备

重金属污染场地原地原位施工的主要设备见图 2-46。

图 2-46　重金属污染场地原地原位施工的主要设备

原地原位搅拌设备，由河北新钻公司制造，型号 CFG25，北京中岩大地有限公司所有。支架高 18m，桩机总重 43t，接地压力 100kPa。设备靠电力驱动，最深作业深度 28m。搅拌钻头，长 2.5m，直径 1050mm，动力管 219mm，螺旋钻头共 4 层搅拌叶片，上下层间隔 0.5m，上 2 层 2 个对称叶片，下 2 层 3 个叶片，呈 120°排列，有齿，齿口侧向下倾斜 20°。工作转速，20r/min。搅拌钻头喷药孔位于最下层叶片下方，有 1 个喷药孔。

粉状药剂与压缩空气混合成一体。药剂储存在储药罐中，一次可储存 1t 药剂。在输灰罐中药剂和压缩空气混合，通过压缩空气将粉末状药剂输送至搅拌钻头，药剂输送压力 0.2～0.3MPa。智能浆粉喷灌记录仪，记录喷药量、喷药时间等。空气压缩机的排气量为 2.8m^3/min。整个搅拌桩机设备组所需动力由一台 3000kW 柴油发电机组提供。

2. 主要工法

（1）布桩

首先进行作业区域划分，按设计图用钢尺和测线实地布设桩位，并用竹签钉紧，一桩一签，保证桩孔中心移位偏差小于 50mm。本项目桩位点采用梅花形布置，见图 2-47。

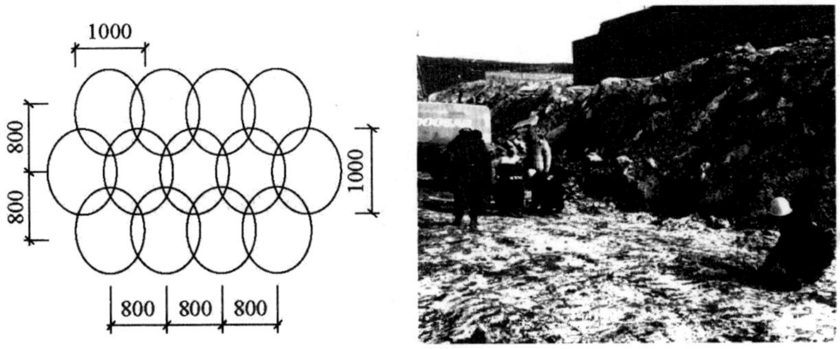

图 2-47　原地原位区域划分和布桩

（2）试桩

咬合桩试桩，以水泥作为咬合桩试桩的药剂，添加量为 8%，由于场地 1m 以下含水量较高，搅拌桩完成后呈泥浆状，并陷下地面约 40cm（图 2-48）。

（3）工法确定

经过试桩，该工程成桩采用两搅两喷工艺进行处理，药剂添加量分别为 5% 和 8%，计算得每根搅拌桩注入药剂量分别为 0.17t 和 0.27t（图 2-49）。

（4）移位

搅拌桩完成后移动钻头到下一点位，重复上述步骤进行原位修复施工。其具体施工中每次下沉、提升的速度及药剂流量应根据土壤条件及污染程度和施工的难易做适当的调整（图 2-50）。

图 2-48　原地原位试桩

图 2-49　原地原位药剂注入

图 2-50　原地原位移位

3. 原地原位优点

① 地层适用性强，适用于淤泥、土壤和碎石等多种介质；

② 可喷射粉状和浆状药剂，成桩质量均匀；

③ 设备运行对土壤含水率无要求，但需注意含水量对药剂固化稳定化效果的影响；

④ 处理深度可达几十米。

（二）重金属污染场地原地异位施工

1. 主要设备

重金属污染场地原地异位施工的主要设备见图 2-51。

图 2-51　原地异位施工主要设备

2. 主要工法

原地异位施工的主要工艺流程见图 2-52。

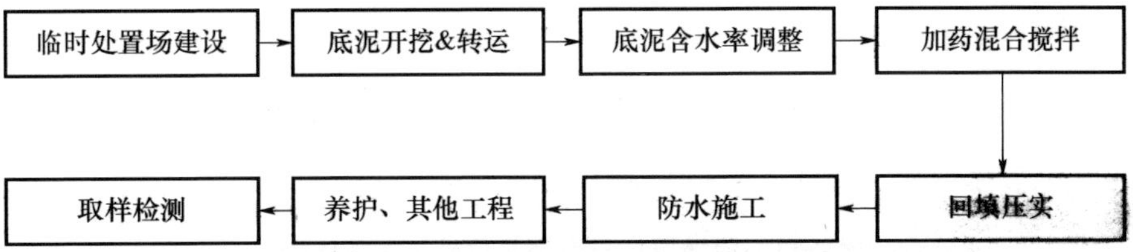

图 2-52　原地异位施工的主要工艺流程

原地异位主要工法见图 2-53。

主要工法为：

（1）最优含水率：含水率检测采用酒精燃烧法现场快速确定。最优含水率通过击实试验确定；

（2）搅拌均匀度：污染土均匀度通过采用手持式重金属检测仪现场快速确定；

（3）碾压参数确定：使用振动压路机、水准仪、塔尺，通过击实试验及小试试验确定；

（4）回填及硬化：回填坑底清理硬化，利用挖机整平坑底，并利用混凝土加固底部，以便后续碾压施工顺利进行。

摊铺晾晒

药剂拌和

固化土回填

场地碾压

图 2-53　原地异位主要工法

3. 原地异位施工优点

(1) 处理浅层。

(2) 含水率容易控制。

(3) 在固化的同时去除了污染土中的大粒径石块。

(4) 药剂拌合更加均匀。

(三) 重金属污染场地原地原位与原地异位施工工艺比较

原地原位与原地异位施工工艺的优缺点比较见表 2-11。

表 2-11　原地原位与原地异位施工工艺比较

施工方式	优点	缺点
原地原位	无须开挖、翻晒； 不受地表条件影响，容易调整； 受温度等气候条件影响小； 作业周期短； 经济上投入小	不能控制需要的含水率； 无法实现高浓度污染条件下，药剂变掺量施工； 坚硬地域（如岩石）；容易造成钻机损坏
原地异位	处理浅层； 含水率容易控制； 在固化的同时去除了污染土中的大粒径石块； 药剂拌和更加均匀	受开挖深度、温度、地表水及地下水等条件的影响较大； 耗时较长； 经济上投入大

（四）重金属污染场地施工工艺选择原则

（1）当地业主的要求；

（2）周边是否有可供使用的场地：若周边有富余场地，则可选择原地异位施工工艺；

（3）设备要求：如果工程承包方具有相应配套的设备，则选择已有设备比较经济；

（4）经济要求：原地原位比原地异位在经济上节省投入；

（5）耗时要求：原地原位比原地异位耗时较少；

（6）土方量大小：如果土方量过大，则不宜原地异位处理；

（7）再利用途径的要求：如果处理后可以在原址再利用，则宜选择原地原位。

三、白银污染场地工程

（一）白银污染场地修复工艺选择

本项目位于白银东大沟，周边是居民的废弃养殖场、保护地中种植区域以及空白场地，由于沟内有周边企业排水冲刷，且水体汇入黄河，因此，为保证固化体的长期安全性，杜绝重金属溶出，宜采用原地异位固化+阻隔的方式。

（二）修复工艺流程

白银重金属污染场地修复工程整体工艺包括场地踏勘、修复工艺选择、药剂最佳掺量试验、碾压或咬合桩试桩小试、药剂注入或拌和均匀性检测、修复后钻探取样测试等几个步骤。工艺流程见图 2-54。

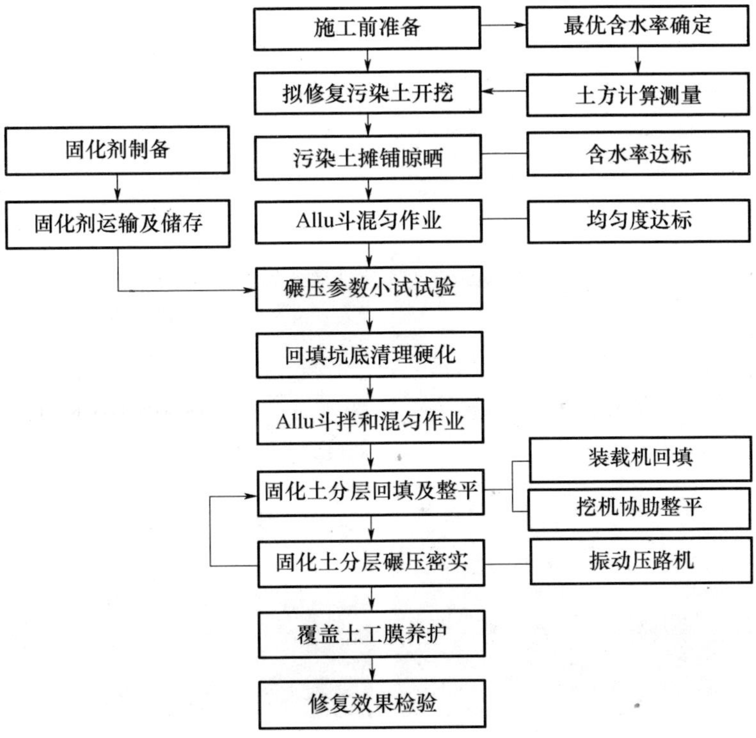

图 2-54　白银污染场地修复工艺流程

（三）测试方法

最优含水率通过击实试验确定。含水率检测采用酒精燃烧法现场快速确定。污染土均匀度通过采用手持式重金属检测仪现场快速确定。碾压参数小试试验采用振动压路机、水准仪、塔尺确定。回填坑底清理硬化：利用挖机整平坑底，并利用混凝土加固底部，以便后续碾压施工顺利进行。

（四）现场踏勘

现场样品采集选用挖掘探坑的方式，在狭长的场地两头和中间共挖掘 3 个探坑，挖掘到深度 1m 时水已开始向坑内渗出，继续挖掘至 2.5m 深左右，水很快浸满探坑，无法再向更深处挖掘。河道中水的来源并不是地下水，而是地表的渗水，该河道现在的功能依然是周边厂区的废水经处理后的排水沟。

经地质勘探，地下水深度能达到 6～7m，所以在该场地示范之前，需在沿岸开挖河水导排渠将流经该区域的废水引流至下游河道，场区进行降水后再进行固化稳定化处理（图 2-55）。

图 2-55　甘肃白银东大沟挖出的部分底泥和土壤

（五）污染状况

该场地污染物以 Pb、Zn、Cd 为主，污染源来自上游数十家冶炼、选矿企业排放污水，主要是铅锌矿的采选冶为主。在探坑挖掘过程中进行了样品采集，探坑编号 1～3，1 号探坑位于河道上游，每个探坑按深度采集了 5 个土壤样品。白银污染场地探坑挖掘点及水样采集点示意图见图 2-56。

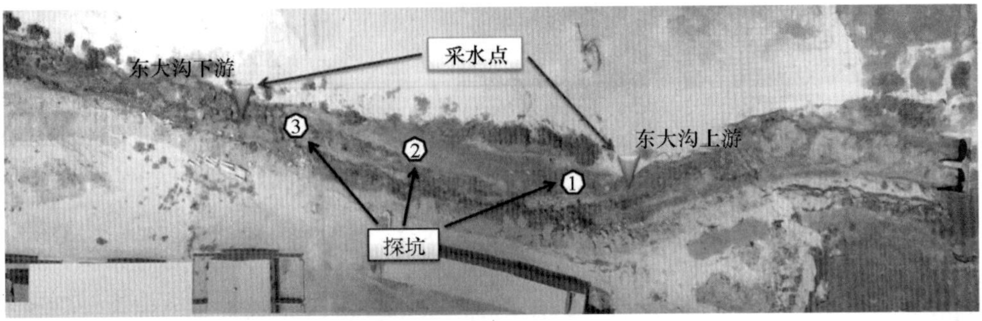

图 2-56 白银污染场地探坑挖掘点及水样采集点示意图

1. 重金属总量速测

采样过程中使用 XRF 速测仪对部分稍干的样品进行了重金属总量测定，结果见表 2-12。该场地的污染物主要为 Zn 和 Pb，其中 Zn 污染最为严重，总量最高能达到 30.5 万 mg/kg，Cd、As 含量相对较低，不同深度重金属含量相差较大，其中 1.5～2.0m 有一层红褐色的黏土层，重金属总量最高，推测是重金属随水向下迁移时，在该黏土层蓄积。2.0m 以下呈青灰色，为土壤潜育层，该层长期被水饱和，土壤中铁、锰被还原。

表 2-12 白银污染场地土壤样品重金属总量 XRF 速测结果

探坑编号	深度（m）	Zn（mg/kg）	Pb（mg/kg）	Cd（mg/kg）	As（mg/kg）
1	0.1	3897	3963	98	1404
	0.5	2341	1592	—	—
2	0.1	122106	30145	994	—
	0.5	6009	2843	107	—
	1.8	305421	81862	1209	1691
	2.5	472	365	60	10
3	0.1	2889	1866	58	111
	0.5	1451	1049	69	92

2. 重金属浸出毒性测定

样品的浸出试验采用 TCLP 毒性浸出方法（USEPA Method 1311），采用 1 号浸提剂（醋酸/醋酸钠缓冲液，pH＝4.93±0.05）浸提，结果见图 2-57。

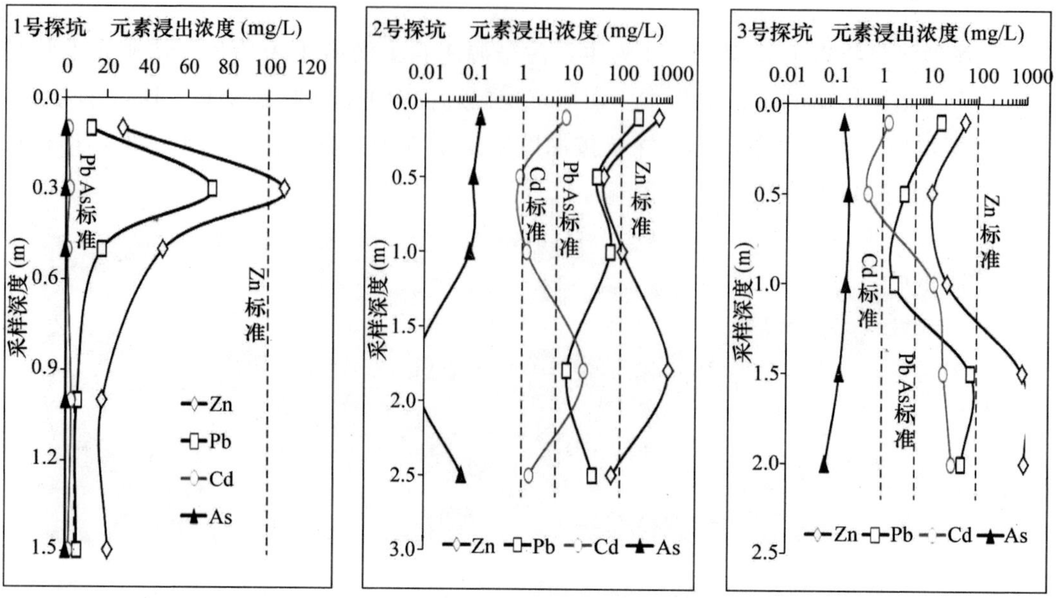

1号探坑不同深度的浸出浓度　　2号探坑不同深度的浸出浓度　　3号探坑不同深度的浸出浓度

图 2-57　重金属浸出毒性测定结果

总体来看，该场地浸出毒性较高的重金属为 Zn 和 Pb，Cd 浸出浓度相对较低，As 的浸出毒性最低，位于上游的 1 号探坑重金属的浸出浓度较 2 号、3 号探坑低，2 号和 3 号探坑的重金属集中在土体表层及 1.5～2.0m 的黏土层及淤泥中。其中 1 号探坑 0.3m 深处、2 号探坑 0.1m，2.0m 深度、3 号探坑 0.1m 及 1.5m 深度以下需重点处理，该处重金属的浸出浓度，尤其是 Zn、Pb，均远高于毒性浸出标准。

3. 河道水样测定结果

河道水样检测结果见表 2-13。从结果可以看出，污染场地水体中含有的重金属污染物主要为 Zn、Pb、Cd、As，场地下游的河水污染较重，可能是流经场地污染的土壤和底泥后，部分重金属随水浸出，导致下游水体污染程度增加。

表 2-13　河道水样检测结果

采样位置	pH 值	Zn（μg/L）	Pb（μg/L）	Cd（μg/L）	As（μg/L）
场地上游	7.14	13.86	47.25	90.69	96.59
场地下游	6.57	11774	75.18	74.39	46.16
地表水Ⅳ类标准 GB 3838—2002	—	≤2000	≤50	≤5	≤100

4. 结论

该场地重金属污染物主要为 Zn、Pb、Cd、As，土壤中 Zn、Pb、Cd 的浸出浓度超标，属于重金属污染场地，需要修复。污染物主要集中在土壤表层及 1.5m 以下的深层土壤中。

（六）碾压小试

1. 击实试验

击实试验是测定土的最大干密度和最优含水率的依据。通过击实试验，为控制路堤、土坝或填土地基等的密实度及质量评价提供依据。

击实试验的步骤如下：

(1) 取 20kg 的代表性风干土样，将风干土样碾碎后过 φ5mm 的筛，将筛下的土样搅匀，并测定土样的风干含水率。

(2) 根据土的塑限预估最优含水率，加水湿润制备不少于 5 个含水率的试样，含水率一次相差为 2%，且其中有两个含水率大于塑限，两个含水率小于塑限，一个含水率接近塑限。

按下式计算制备试样所需的加水量：

$$m_w=\frac{m_0}{(1+w_0)}\times(w-w_0) \tag{2-1}$$

式中 m_w——所需的加水量（g）；

m_0——风干土样质量（g）；

w_0——风干土样含水率，按小数计；

w——要求达到的含水率，按小数计。

(3) 将试样 2.5kg 平铺于不吸水的平板上，按预定含水率用喷雾器喷洒所需的加水量，充分搅和并分别装入塑料袋中静置 24h。

(4) 将击实筒固定在底板上，装好护筒，并在击实筒内壁涂一薄层润滑油，将搅和的试样 2～5kg 分层装入击实筒内。两层接触土面应刨毛，击实完成后，超出击实筒顶的试样高度应小于 6mm。

(5) 取下导筒，用刀修平超出击实筒顶部和底部的试样，擦净击实筒外壁，称击实筒与试样的总质量，准确至 1g，并计算试样的湿密度。

(6) 用推土器将试样从击实筒中推出，从试样中心处取两份 15～30g 土料测定土的含水率，两份土样的含水率的差值应不大于 1%。

(7) 按下式计算干密度：

$$\rho_d=\frac{\rho}{1+w} \tag{2-2}$$

式中 ρ_d——干密度（g/cm^3），准确至 0.01g/cm^3；

ρ——密度（g/cm^3）；

w——含水率，小数计。

(8) 按下式计算饱和含水率：

$$w_{sat}=\left(\frac{1}{\rho_d}-\frac{1}{G_s}\right)\times100\% \tag{2-3}$$

式中 w_{sat}——饱和含水率（%）；

G_s——密度。

（9）以干密度为纵坐标，含水率为横坐标，绘制干密度与含水率的关系曲线（图 2-58），干密度与含水率的关系曲线上的峰点的坐标分别为土的最大干密度 ρ_{dmax} 与最优含水率 w_{op}。

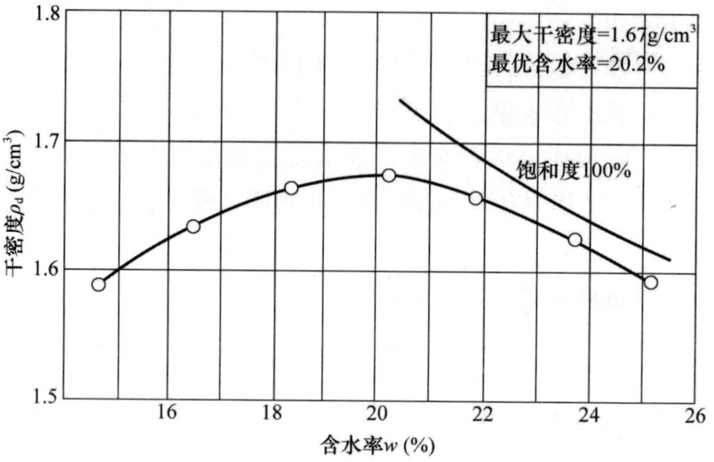

图 2-58　干密度与含水率的关系曲线

（10）按下式计算校正后的最大干密度：

$$\rho'_{dmax}=\frac{1}{\frac{1-P_5}{\rho_{dmax}}+\frac{P_5}{\rho_w G_{S2}}} \tag{2-4}$$

式中　ρ_{dmax}——校正后试样的最大干密度（g/cm³）；

P_5——粒径大于 5mm 土粒的质量百分数（%）；

G_{S2}——粒径大于 5mm 土粒的饱和面干密度。

按下式计算校正后的最优含水率：

$$w'_{op}=w_{op}\ (1-P_5)\ +P_5 w_{ab} \tag{2-5}$$

式中　w'_{op}——校正后试样的最优含水率（%）；

w_{op}——击实试样的最优含水率（%）；

w_{ab}——粒径大于 5mm 土粒的吸着含水率（%）。

2. 碾压次数确定

根据击实试验测定的结果，确定白银污染场地的碾压次数为振动碾压 2 遍。

（七）药剂拌和

人工配合挖机，一次性将拟修复土方所需固化剂堆置污染土表面。然后采用 Allu 斗由外向里逐区域拌和药剂及污染土。Allu 斗单次拌和方量为 2.3m³，每斗拌和 4～5 次。

药剂均匀性采用肉眼和 XRF 两种方式判别。肉眼：拌和土无色差及大粒径颗粒。XRF 多点测试结果见图 2-59。

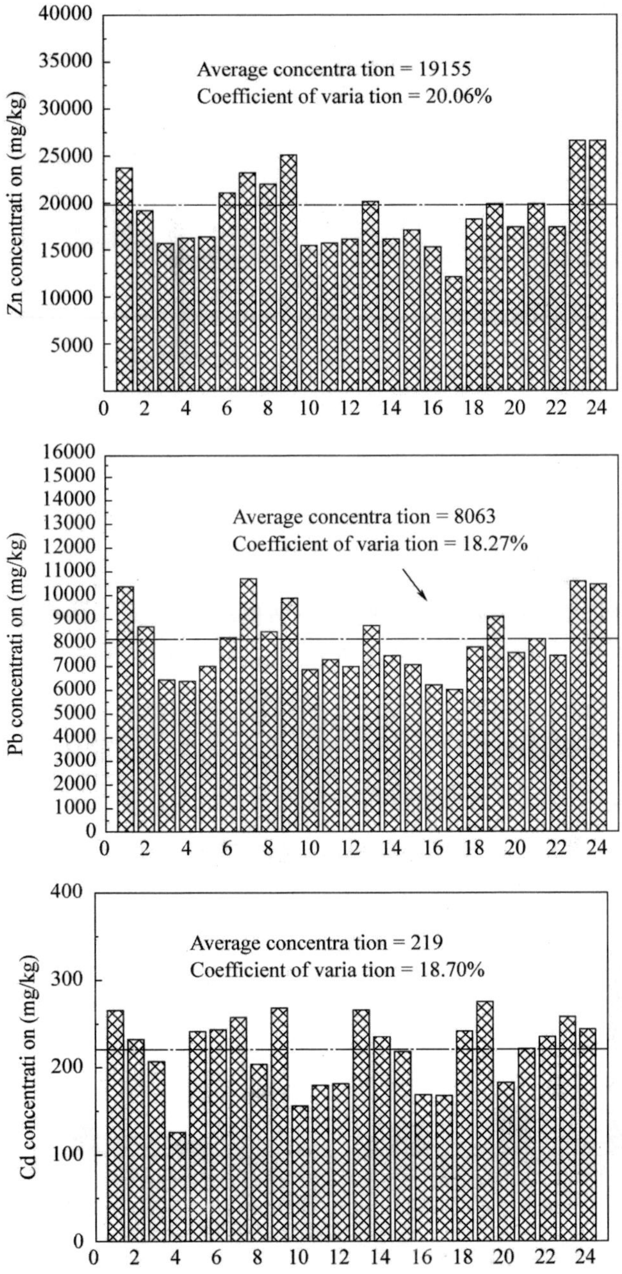

图 2-59　重金属均匀度比较

从图 2-59 可以看出：现场采用 XRF 多点测试重金属浓度后，结果分布方差在可接受的范围，证明混合效果较好。

（八）回填碾压

碾压机械：挖机、装载机、振动压路机。回填及碾压的施工布置见图 2-60。

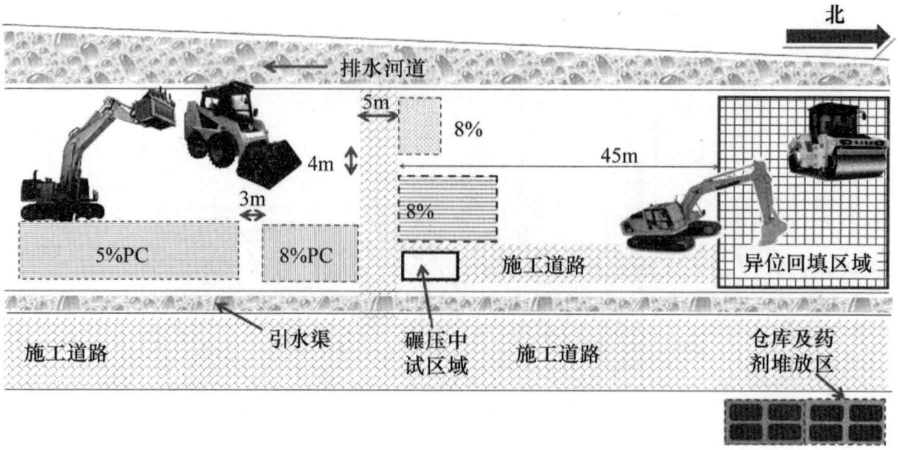

图 2-60　回填及碾压的施工布置

（九）钻探取样

修复并养护 28d 后，采用 XY180 勘察小钻机取样测试。钻机重量 560kg，钻孔深度 180m，最大开孔直径 260mm，终孔直径 75mm，钻杆直径 50mm，开孔及终孔为 150mm 合金钻具，钻孔倾角 90°～75°，立轴转速 142r/min、285r/min、570r/min，立轴行程 450mm，配套柴油机为 s1105 型 18HP，单绳最大起重量为 960kg。

（十）修复效果

添加 5%的药剂后，0～3m 不同深度的土壤修复前后的 TCLP 测试分析结果见图 2-61。

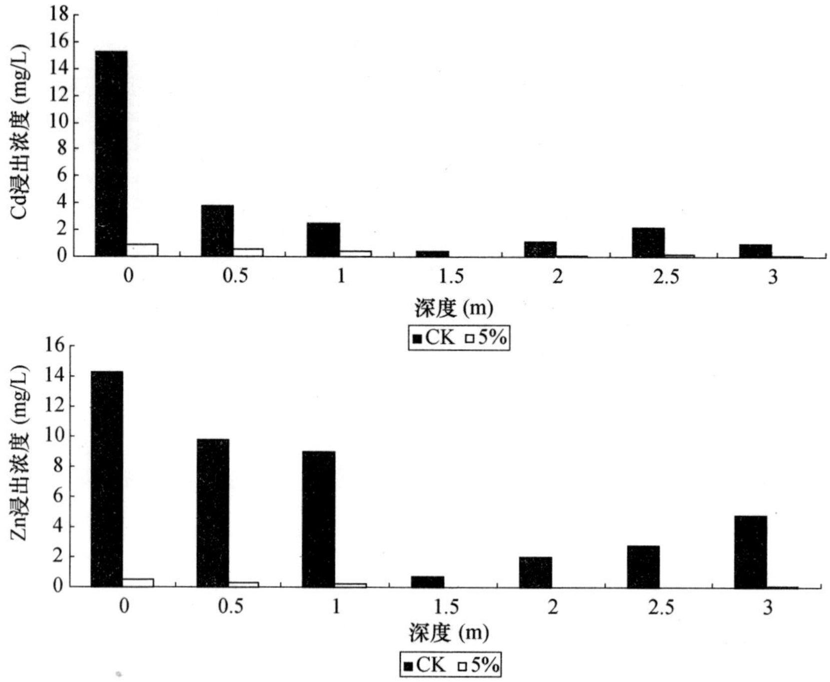

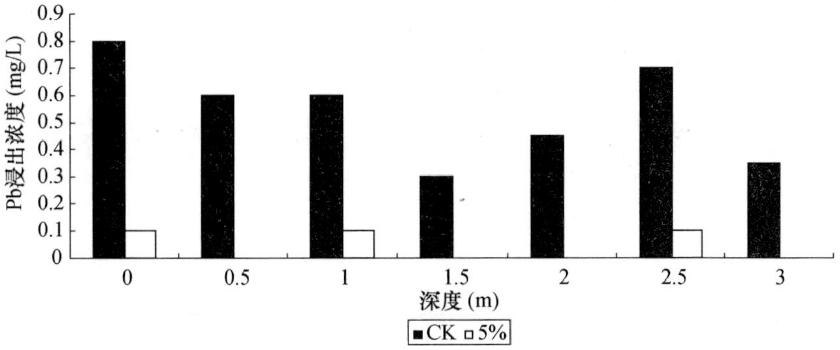

图 2-61　修复效果

从图 2-61 可以看出：添加 5%的固化剂后，0～3m 不同深度的土壤中，Pb 浸出浓度分别降低 83%～99%；Zn 浸出浓度分别降低 96%～99%；Cd 浸出浓度分别降低 84%～99%。因此，在 5%添加量情况下，复合药剂能使土壤中 3 种重金属的浸出浓度同时降低 83%以上。

第三章　土壤有机污染物热挥发特性

第一节　试验方案

一、有机物污染土壤分类

有机物针对不同的环境及关注点有不同的分类标准和分类方法。根据水泥生产流程工艺阶段的特点，将有机物按沸点及挥发性主要分为以下三大类：

（1）低沸点有机物：沸点在 20～200℃之间。其典型物质有苯、甲苯、氯仿、酯类、酮类、脂肪烃、醇类等。这类物质经常作为溶剂使用，在化工试剂厂及涂料生产车间等地基土中可能出现。因其具有易挥发性，污染土露天放置一段时间后，大多数低沸点有机物挥发，在土中的检测含量较低。

（2）中等沸点有机物：沸点在 200～400℃之间。很多有机溶剂属于此类，品种较多。其典型物质有芴、芘、蒽等。

（3）高沸点有机物：沸点在 400℃以上。大多为致癌物或诱导致癌物。很多有机农药属于此范畴，有较大的毒性。

二、有机物污染土——地基土

1. 有机物污染土样品

试验用污染土样取自北京某工厂焦化车间的地基土。取样时，由于钢厂改迁，焦化车间地基清理产生的土壤已经露天堆存长达 2～3 年。地基土样品取回后用黑色塑料桶常温下密封避光存放。土壤样品分析前过 0.30mm 孔径筛，取筛下料密封避光保存。

2. 焦化车间地基土中的有机污染物

用气相色谱质谱联用仪测定焦化车间地基土中有机物种类及含量，主要检测项目为多环芳烃类、多氯联苯及酚类等，检测结果见表 3-1。

表 3-1　土壤中的有机污染物含量（mg/kg）

指标	萘	苊	二氢苊	芴	菲	蒽	荧蒽	芘	苯并［a］蒽	屈	其他
含量	9.61	2.90	19.8	49.9	18.7	8.59	13.5	9.93	6.73	4.35	12.38

由表 2-1 结果可知，焦化车间地基土主要含有多环芳烃类有机污染物，主要为芴、二氢苊、菲、荧蒽、芘、萘、蒽等，多环芳烃总含量约为 156.39×10^{-6}。在污染土中未检测出多氯联苯和酚类物质。多环芳烃属于半挥发性有机物，是持久性有机污染物，具有长期残留性、生物蓄积性和高毒性。许多多环芳烃具有致癌作用，是公认的有毒有机污染物，其含量即使很低，也会对人类健康和生态环境具有很大的危害。因此，需要关注污染土中此类物质的挥发性及处理过程中的二次污染问题。

通过查阅化学试剂和化学药品手册了解土样中所含多环芳烃的物性，几种主要污染物的沸点分别为：芴 295℃、二氢苊 279℃、菲 340℃、荧蒽 384℃、芘 404℃、萘 217℃、蒽 342℃、苯并［a］蒽 437.6℃、屈 448℃。污染土中含量较多的芴、二氢苊、菲和荧蒽等的挥发温度都相对较低，在 400℃之前都已达到沸点。因此，该土壤中的污染物大多属于中等沸点有机物。

3. 焦化车间地基土化学分析

采用水泥的分析方法经赛默飞的 X 射线荧光仪对焦化车间地基土的化学成分进行分析，结果见表 3-2。

表 3-2　污染土的 X 射线荧光分析结果（%）

成分	SiO_2	Al_2O_3	CaO	Fe_2O_3	MgO	K_2O	Na_2O	SO_3	TiO_2	P_2O_5	MnO_2	烧失量
含量	55.33	14.78	6.14	4.58	2.60	2.51	1.32	0.97	0.64	0.23	0.08	10.69

从表 2-2 可以看出：焦化车间地基土的主要成分为硅、铝，除了含有少量有机污染物外，其他成分与水泥窑使用的硅质材料相一致。

三、人工添加化学试剂

由于焦化车间的地基土中，不含有低沸点有机物，且有机物含量低，在测试有机物随温度升高的过程中，由于损失，导致检测线较低，难以评价有机污染物随温度升高挥发的情况。需要通过人为增加有机物含量的方法放大试验现象进行分析。

本试验添加甲苯、环己烷作为低沸点有机物；根据土样中检测出的污染物的成分，添加芴、二氢苊、菲作为中沸点有机物；添加农业多菌灵、绿叶高招叶面肥作为高沸点有机物。

添加的甲苯、环己烷、芴、二氢苊、菲均为分析纯试剂。农业多菌灵、绿叶高招叶面肥为市场商品。

四、测试方法

本研究使用的主要仪器如下：

热重-红外联用仪：热重分析仪 TherMax 700（美国 Thermo 公司），傅里叶变换红外光谱仪 Nicolet 6700（美国 Thermo 公司）。测试条件：热重及热重-红外联用条件：高纯氮气为保护气，流速 150mL/min；空气为反应气，流速 100mL/min；升温程序：

初始为室温，保持 1min 后，以 10℃/min 的速率升到 1000℃后保温 10min。刚玉坩埚，输送管温度 200℃。

气相色谱-质谱联用仪：用于固体样品中有机残留物的成分分析和挥发气体中有机物的定量分析。

第二节　有机物挥发特性

一、焦化车间地基土中有机污染物挥发特性

（一）焦化车间地基土在不同温度下的失重情况

1. 焦化车间地基原土失重情况

用电子天平称量焦化车间地基土 1000mg，用热重红外联用仪分析其随着温度升高的失重情况及逸出气体的成分。焦化车间地基土的热重曲线见图 3-1。

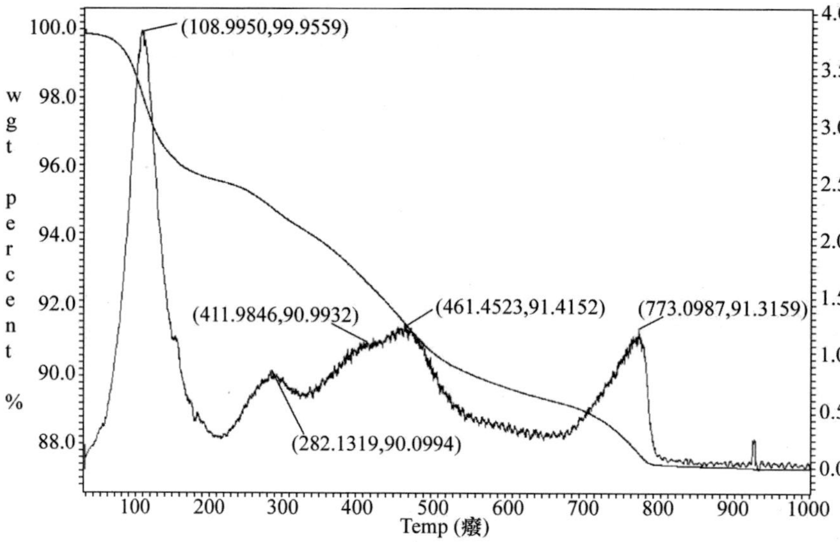

图 3-1　焦化车间地基土热重曲线

由图 3-1 可见：随着温度的不断升高，焦化车间地基土的失重量越来越大，而达到 850℃之后，焦化车间地基土的质量随温度的升高基本不再变化，其总质量损失约为 12.80%。在 850℃以前的失重可分为三个阶段：①室温～215℃温度段，失重速率最快，对应最大失重速率峰的温度约为 109℃，这一阶段失重量为 4.30%；②215～670℃温度段，出现多重失重速率峰，对应最大失重速率峰的温度分别约为 282℃、412℃和 461℃，这一阶段失重量为 6.50%；③670～850℃温度段，对应最大失重速率峰的温度约为 773℃，这一阶段失重量为 2.00%。

根据表 3-1 的检测结果，焦化车间地基土中含量较多的有机物有芴、二氢苊、菲、荧蒽、芘和萘等，将各有机物的沸点与图 3-1 中失重速率峰最高点的温度相对照，推测

在污染土失重的三个阶段中：①第一阶段最大失重速率峰的温度约为109℃，应该是污染土中水分的大量挥发阶段；②第二阶段出现三个明显的失重速率峰，比较焦化车间地基土所含主要有机物的沸点，多环芳烃类有机物的大量挥发都在此阶段，推测282℃左右时可能是芴和二氢苊的大量挥发段，412℃左右分别可能是荧蒽、菲和芘的大量挥发段，而461℃附近可能是苯并［a］蒽、屈的大量挥发段；③第三阶段最大失重速率峰的温度约为773℃，与多环芳烃的沸点对比不太吻合，推测可能是污染土中的无机碳酸盐或其他物质受热分解引起的失重。

2. 干燥后的焦化车间地基土在不同温度下的失重情况

为了排除污染土在失重过程中自由水挥发的影响，将污染土在120℃条件下干燥24h以除去自由水，再测定其升温过程中的失重情况，见图3-2。

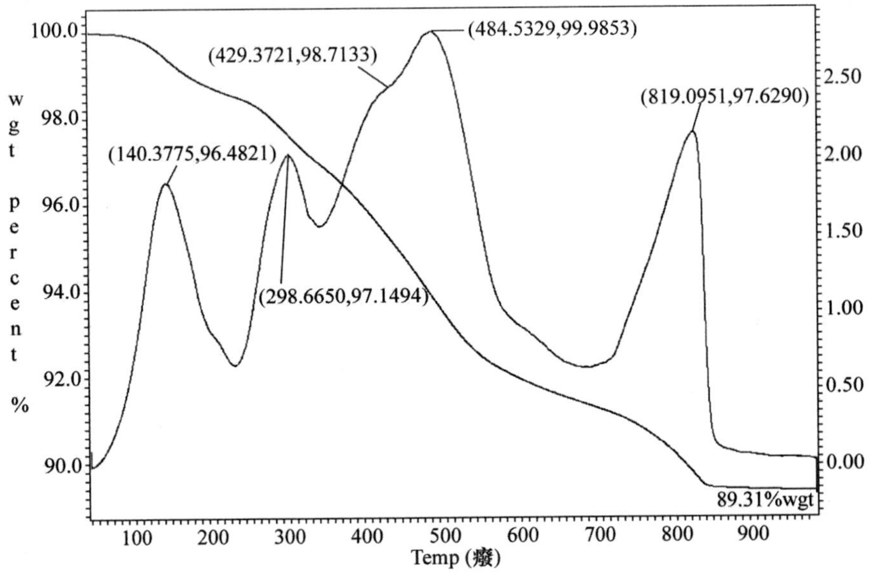

图3-2　干燥后焦化车间地基土热重曲线

干燥后焦化车间地基土各最大失重速率峰对应的温度均略有偏高，除第一个峰外，经干燥后的焦化车间地基土失重阶段与未经干燥的原土基本吻合。

与未经干燥处理的焦化车间地基土比较，数据对比结果见表3-3。

表3-3　干燥处理前后污染土失重情况对比

失重速率峰	失重速率峰对应温度（℃）		失重速率峰值（mg/min）	
	干燥前	干燥后	干燥前	干燥后
1	109.00	140.38	3.85	1.85
2	282.13	298.67	0.85	2.02
3	411.98	429.37	1.15	2.45
4	461.45	484.53	1.20	2.85
5	773.10	819.10	1.18	2.15

从表 3-1 结合图 3-1、图 3-2 可以得出：未经过干燥处理的焦化车间地基土在 109℃左右出现失重速率峰，主要是自由水的挥发；而土样经干燥处理后，自由水已经除去，在 140℃左右出现的失重速率峰主要是吸附水的挥发而造成的失重。干燥后的焦化车间地基土除第一个峰外，其余的失重速率在干燥后均增大，但失重速率的峰形和峰位基本一致，经干燥后的焦化车间地基土在 850℃前的失重阶段与未经干燥的原土基本吻合，干燥后的焦化车间地基土在 850℃之后质量不再减少，挥发完全，余重为 89.31%。

（二）焦化车间地基土在不同温度下红外谱图

焦化车间地基土在不同温度下所检测到的挥发物的红外谱图见图 3-3。

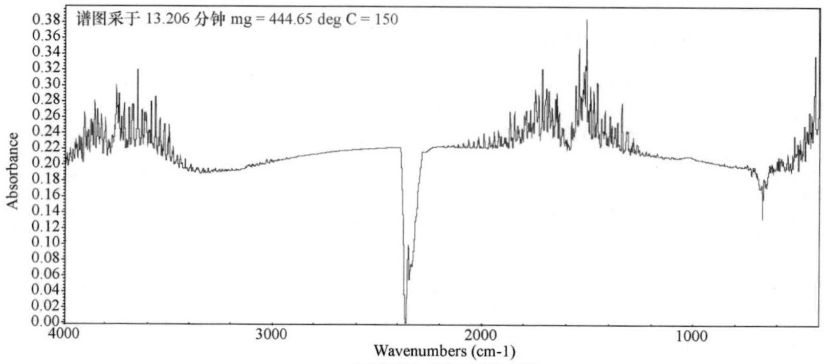

150℃产生气体的红外谱图

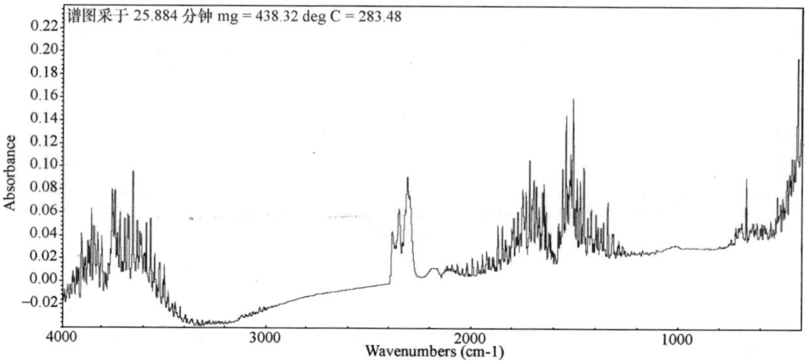

282℃产生气体的红外谱图

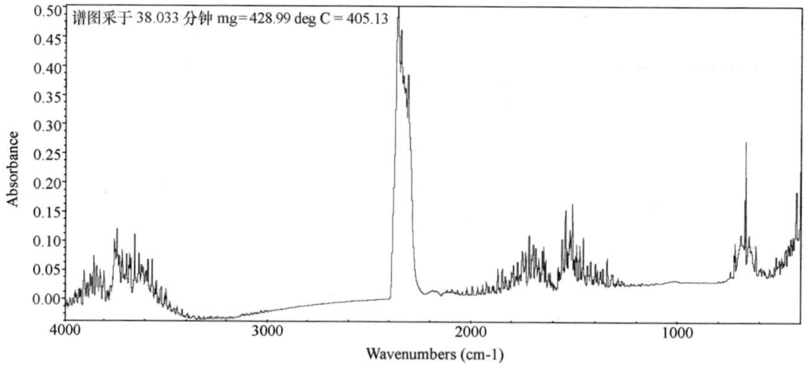

412℃产生气体的红外谱图

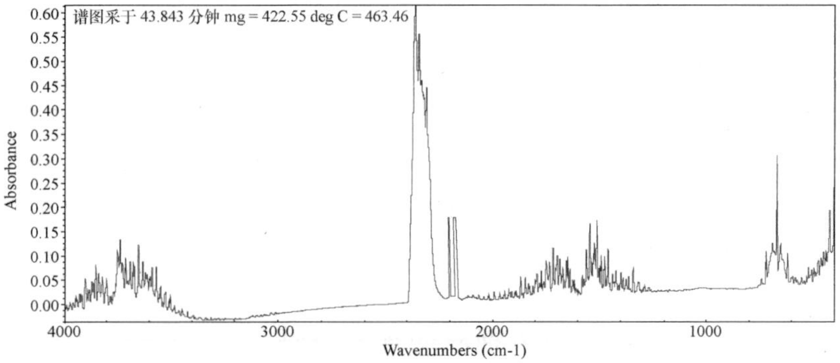

461℃产生气体的红外谱图

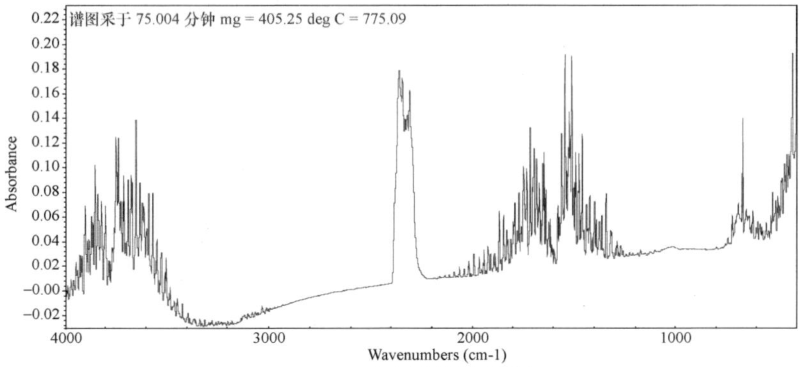

773℃产生气体的红外谱图

图 3-3　不同温度对应的红外谱图

由红外光谱可以推断：在室温～200℃时，主要是因为污染土中的自由水和吸附水的挥发而造成质量下降；在 850℃之前，失重的三个阶段中均有 H_2O 和 CO_2 的产生，分析可能是芴、二氢苊、菲和荧蒽等有机物在其沸点附近挥发后氧化、燃烧生成 H_2O 和 CO_2 所致，也有可能是土样中的某些成分受热分解所致，土样出现明显的失重。850℃之后，H_2O 和 CO_2 的特征峰逐渐减弱消失，质量基本不再变化，说明污染土中的可挥发物质已挥发完全。

（三）焦化车间地基土的三维红外谱图

通过红外联用，FT-IR 对焦化车间地基土升温过程中挥发的气体产物进行实时检测得到三维红外谱图，见图 3-4。

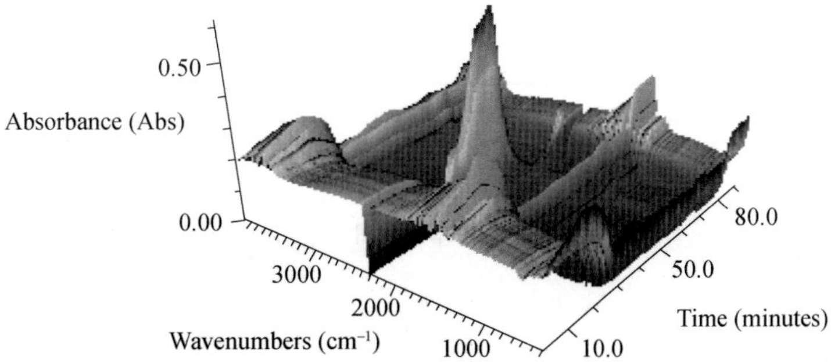

图 3-4　焦化车间地基土升温过程中气体三维红外谱图

图 3-4 中，在 3964～3200cm^{-1} 和 1685～1260cm^{-1} 处对应着 H_2O 的特征吸收峰，在 2391～2217cm^{-1} 处对应着 CO_2 的特征吸收峰，在一些地方还存在很小的特征吸收峰。从图中还可以看出试验开始到 25.4min 时（室温～278℃）有大量水分挥发，当时间到超过 25.4min（约 278℃）以后时挥发出水分已经很少了；在 24.8～61.8min 时间段（272.6～642.85℃）有明显的 CO_2 的特征吸收峰，在 1740cm^{-1} 左右出现 C═O 的伸缩振动吸收峰，推测可能是焦化车间地基土中的有机物氧化或燃烧产生。

二、人为添加土壤有机污染物后的挥发特性

焦化车间地基土有机物的含量很低，因此在热重-红外联用实时监测挥发情况的试验中，难以清晰分析有机物的挥发情况及其挥发气体组成。本研究采用人为添加有机污染物的方法，提高有机污染物含量，对各类有机污染物在不同温度下的挥发情况进行研究分析。

（一）低沸点有机物在不同温度下的挥发情况

选取甲苯、环己烷作为人工添加的低沸点有机物。将地基土干燥后，分别添加甲苯和环己烷，使得甲苯、环己烷的含量达到土壤总质量的 10%，研究甲苯和环己烷在不同温度下的挥发情况。

1. 土壤中甲苯在不同温度下的失重及挥发情况

（1）纯甲苯在不同温度下的失重及挥发情况

取 100mg 纯甲苯，测定其热重曲线及在不同温度下的挥发情况，结果见图 3-5。

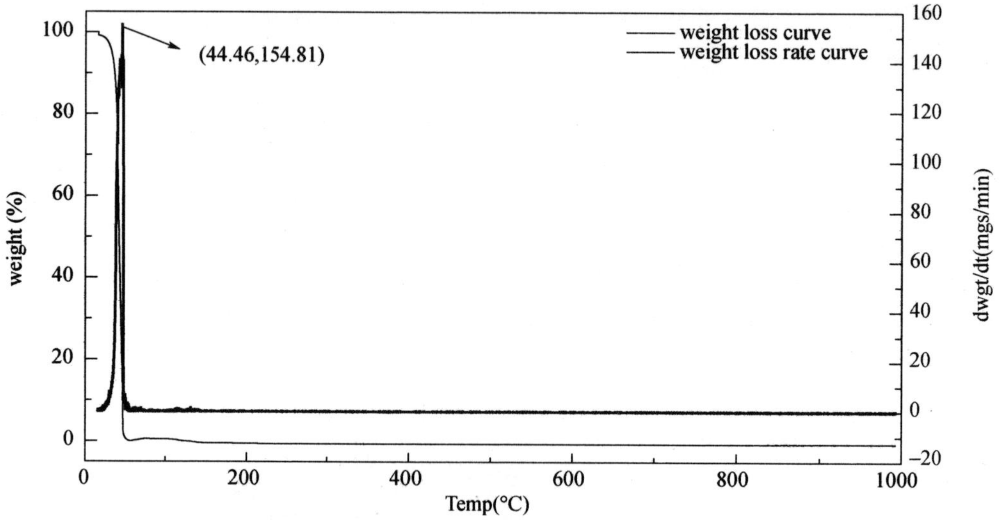

纯甲苯热重图

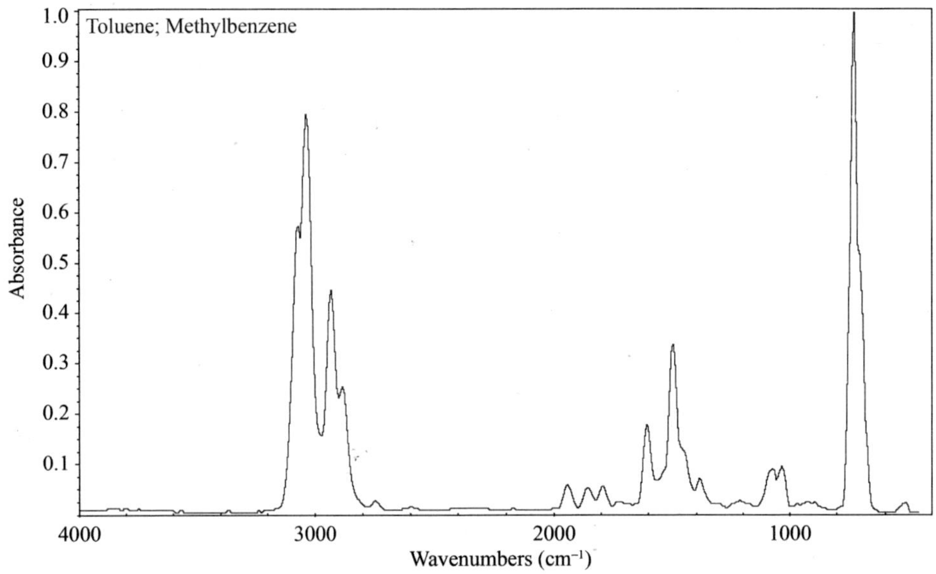

纯甲苯的标准红外谱图

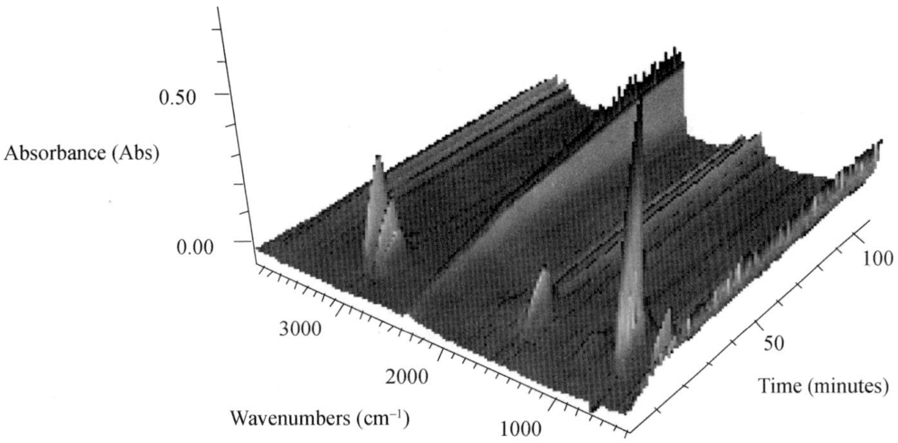

纯甲苯的三维红外谱图

图 3-5　纯甲苯的热重曲线及在不同温度下的挥发情况

由图 3-5 可知：甲苯在 44.46℃时出现其失重速率的最大值，且迅速挥发完全，远远低于其沸点 110.6℃。在最大失重速率峰位置处检测到甲苯的红外吸收峰。

（2）土壤中甲苯在不同温度下的失重及挥发情况

将 100mg 甲苯添加到 900mg 地基土中，测定其热重曲线及在不同温度下的挥发情况，结果见图 3-6。

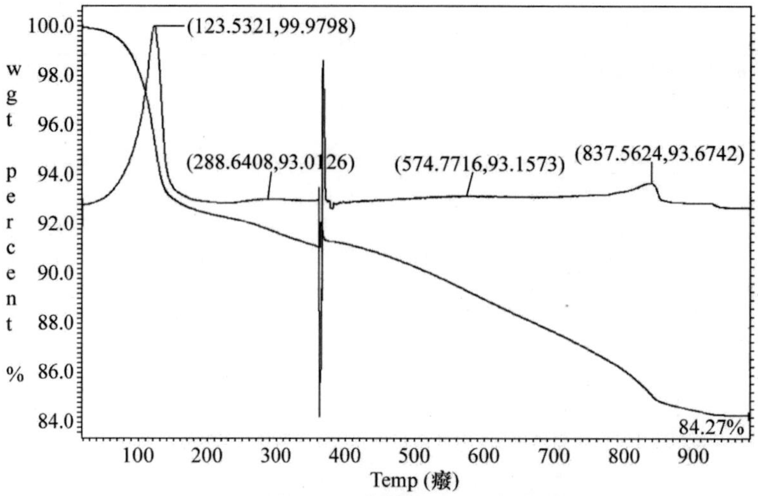

甲苯100mg+污染土900mg的热重图

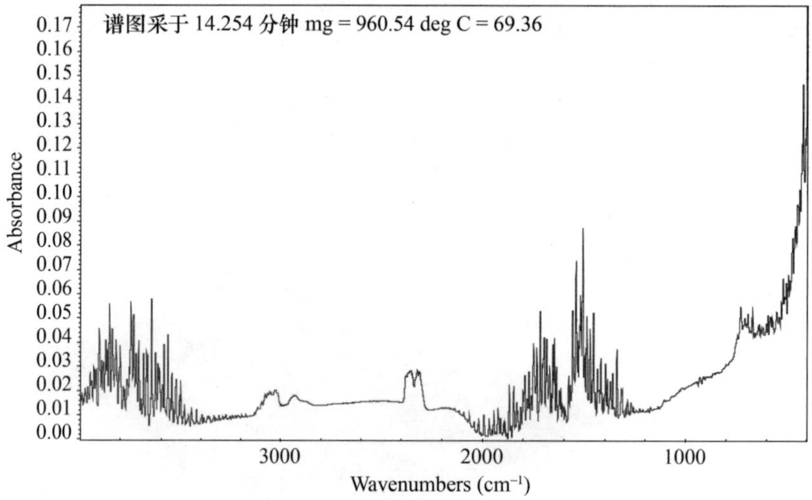

甲苯100mg+污染土900mg样品70℃红外曲线

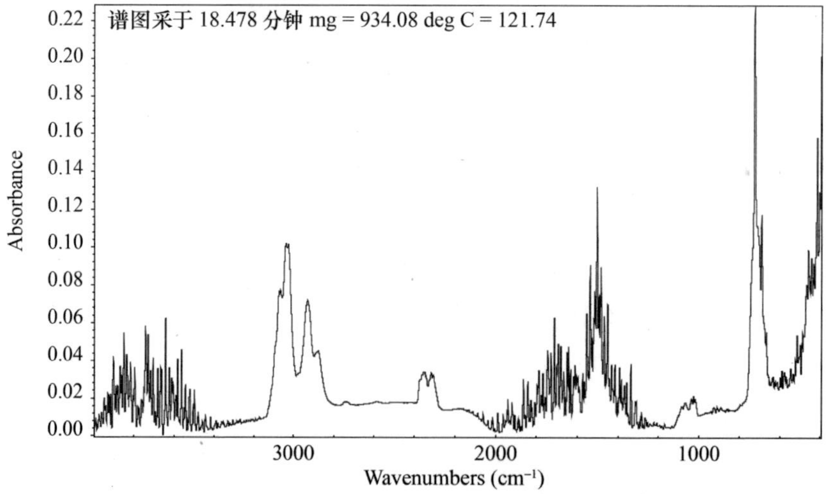

甲苯100mg+污染土900mg样品123℃红外曲线

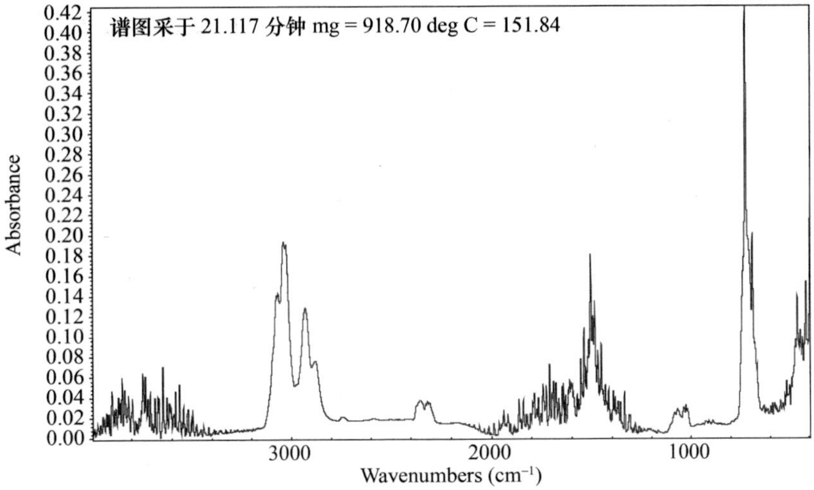

甲苯100mg+污染土900mg样品152℃红外曲线

图 3-6　甲苯 100mg＋地基土 900mg 在不同温度下的红外曲线

与 70℃、123℃、152℃对应的红外图对比，能观察到甲苯的吸收峰，123℃和152℃时甲苯峰明显高于 70℃。在 123.5℃左右出现最高且尖锐的失重速率峰，其余阶段的挥发整体趋于平缓。与纯甲苯的挥发相比，土壤中添加 100mg 甲苯后，在 20～215℃温度段的失重量略小于甲苯的添加量。甲苯的挥发主要在 20～215℃温度段，且在 123.5℃左右出现失重速率峰，比甲苯的沸点 110.6℃提高 13℃左右，比纯甲苯的 44.46℃提高了 66℃。说明：土的存在抑制了甲苯的挥发。

2. 土壤中环己烷在不同温度下的失重及挥发情况

（1）纯环己烷在不同温度下的失重及挥发情况

取 100mg 环己烷，测定其热重曲线及在不同温度下的挥发情况，结果见图 3-7。

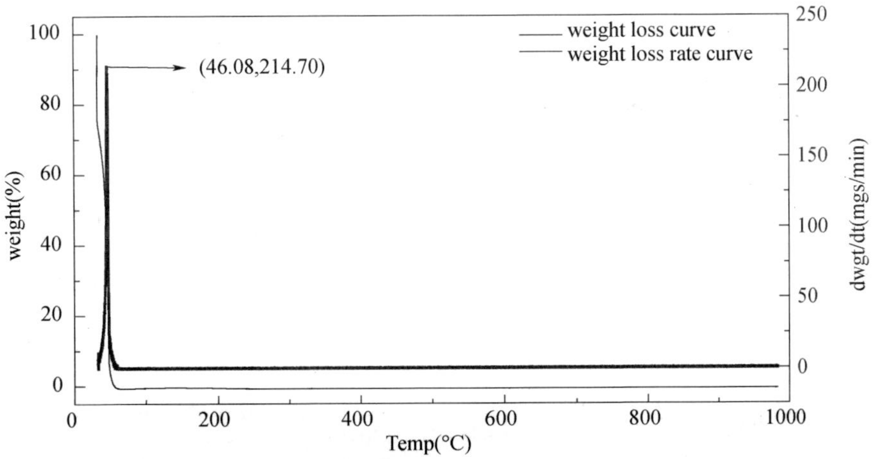

纯环己烷热重图

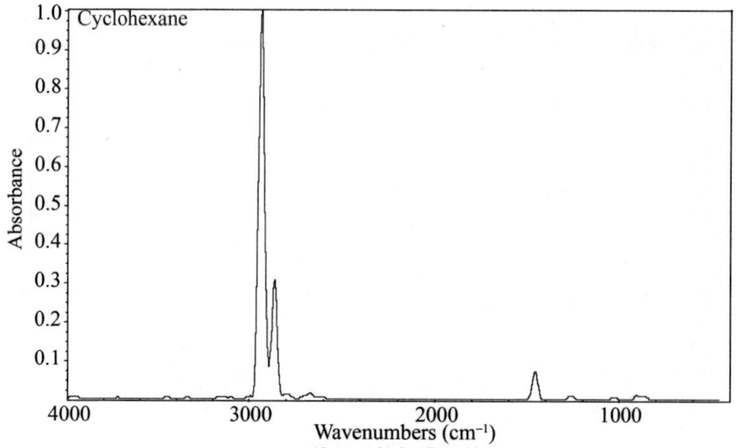

纯环己烷标准红外图

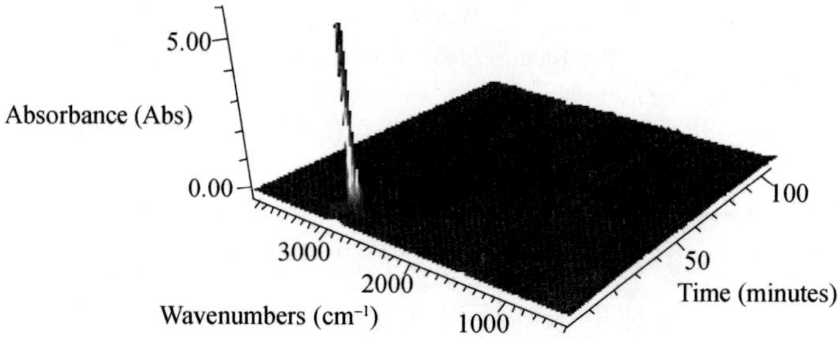

纯环己烷三维红外谱图

图 3-7　纯环己烷热重曲线及在不同温度下的挥发情况

环己烷在 46.08℃时出现失重速率最大值。在最大失重速率峰位置处检测到了环己烷的特种吸收峰，表明环己烷没有发生氧化或分解反应。

（2）土壤中环己烷在不同温度下的失重及挥发情况

将 100mg 环己烷添加到 900mg 地基土中，测定其热重曲线及在不同温度下的挥发情况，结果见图 3-8。

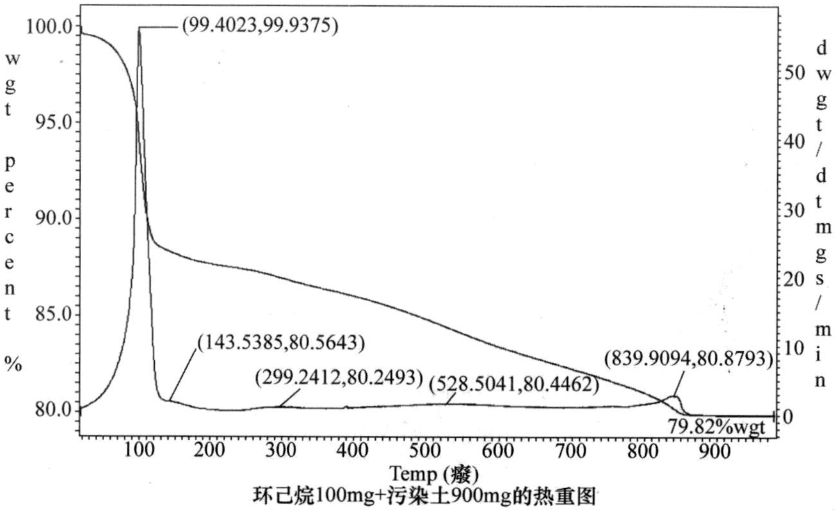

环己烷100mg+污染土900mg的热重图

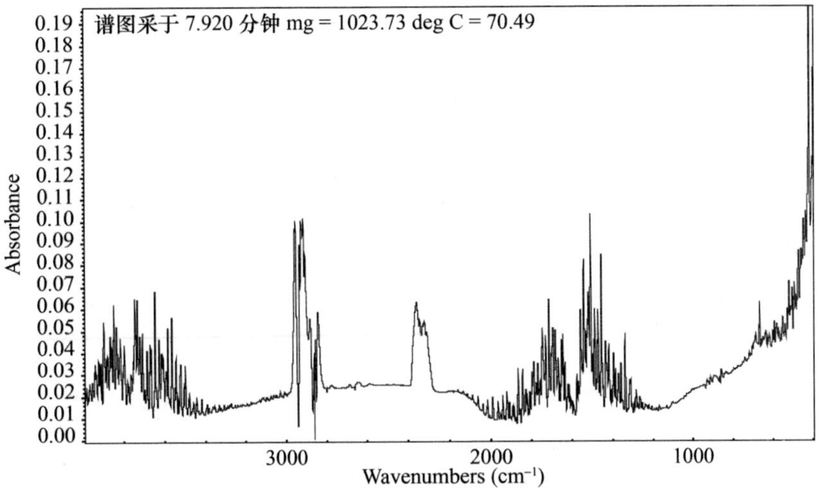

环己烷100mg+污染土900mg样品70℃的红外谱图

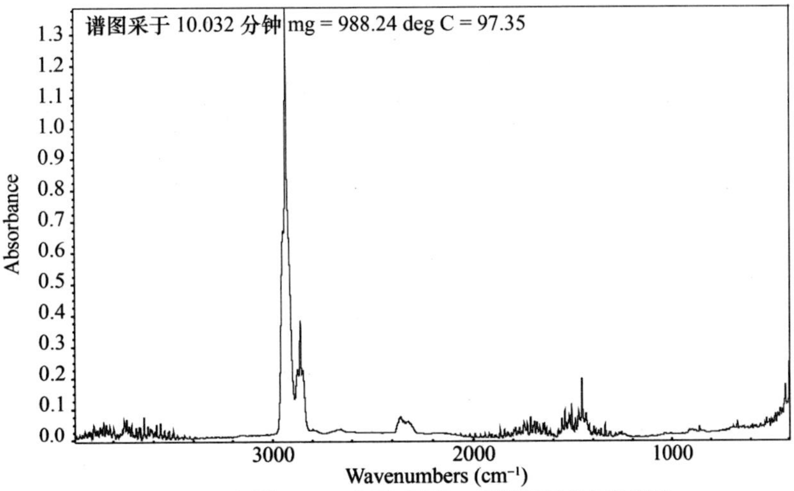

环己烷100mg+污染土900mg样品99℃的红外谱图

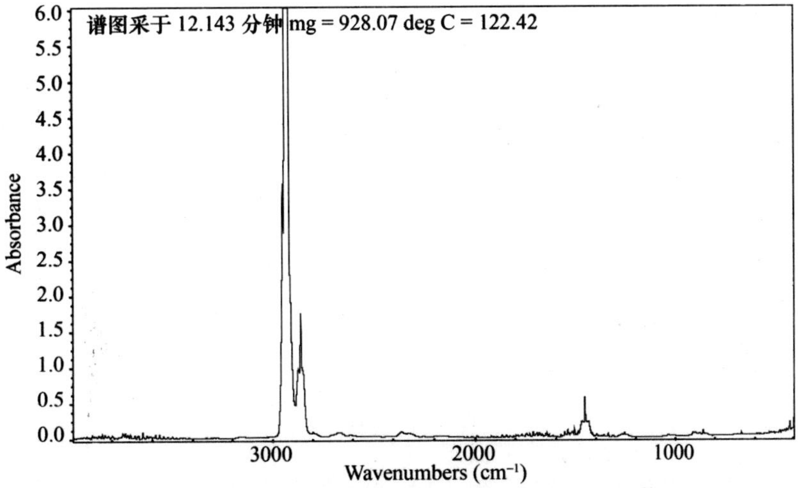

环己烷100mg+污染土900mg样品122℃的红外谱图

图 3-8　环己烷 100mg＋地基土 900mg 在不同温度下的红外曲线

土样中添加100mg环己烷后，在99℃左右出现最高且尖锐的失重速率峰，其余阶段的挥发整体趋于平缓。99℃左右出现的失重速率峰比环己烷的沸点80.7℃高了大约18℃。将纯环己烷标准谱图与土壤中添加环己烷样品的70℃、99℃、122℃以及更高温度的红外谱图对比，2980～2830cm^{-1}和1500～1450cm^{-1}左右出现环己烷的特征吸收峰，99℃与122℃检测到很强的环己烷吸收峰，表明此时气体中存在很高浓度的环己烷。

3. 土壤中添加甲苯和环己烷在不同温度下的失重及挥发情况对比

土壤中添加甲苯和环己烷在不同温度下的失重及挥发情况对比见表3-4。

表3-4　土壤中添加甲苯和环己烷在不同温度下的失重及挥发情况对比

名称	沸点（℃）	纯物质的失重速率峰温度（℃）	加入污染土中失重速率峰温度（℃）
甲苯	110.6	44.46	123.5
环己烷	80.7	46.08	99

甲苯和环己烷加入土样后，其挥发速率峰对应的温度比纯物质的挥发速率峰分别提高了66℃、44℃，比各自的沸点高10～20℃，说明土壤基质对有机物的挥发有显著的抑制作用。尽管如此，低沸点有机物仍表现出在较低温度就较易挥发的特点。

（二）中沸点有机物在不同温度下的挥发情况

选取芴、二氢苊、菲作为中沸点有机物的代表性物质。采用外部添加分析纯试剂的方法，分别对芴、二氢苊等的挥发性进行分析。

1. 土壤中芴在不同温度下的失重及挥发情况

（1）纯芴在不同温度下的失重及挥发情况

取100mg芴，测定其热重曲线及在不同温度下的挥发情况，结果见图3-9。

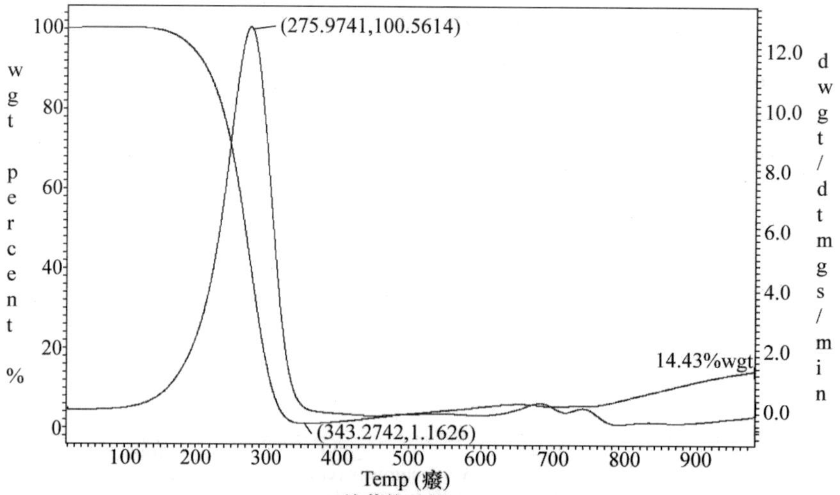

纯芴热重图

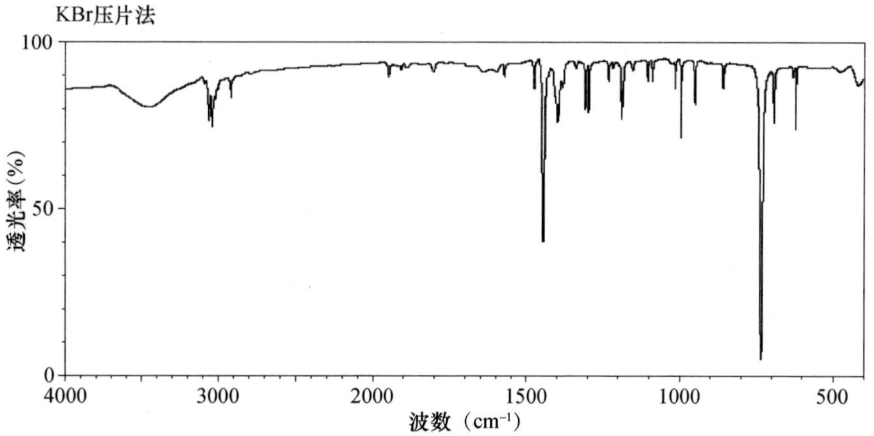

纯芴标准红外谱图

图 3-9　纯芴热重曲线及在不同温度下的挥发情况

芴在 100℃开始出现失重，随温度升高，速率逐渐增大，温度超过 370℃后，芴基本挥发完全。100～370℃是其主要失重温度段，失重速率峰对应的温度为 276℃，比芴的沸点 295℃低了 19℃。

（2）土壤中芴在不同温度下的失重及挥发情况

将 100mg 芴添加到 900mg 地基土中，测定其热重曲线及在不同温度下的挥发情况，结果见图 3-10。

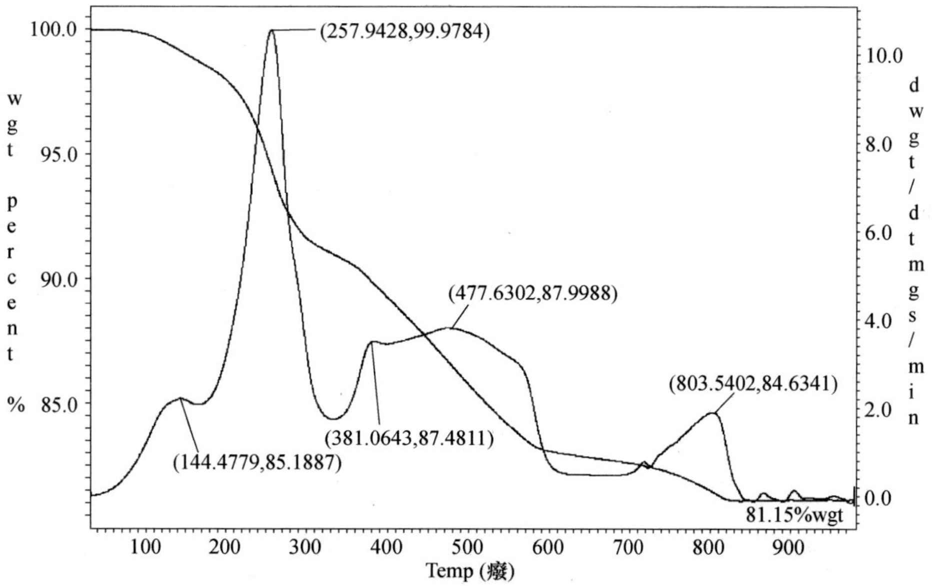

芴100mg+污染土900mg的热重图

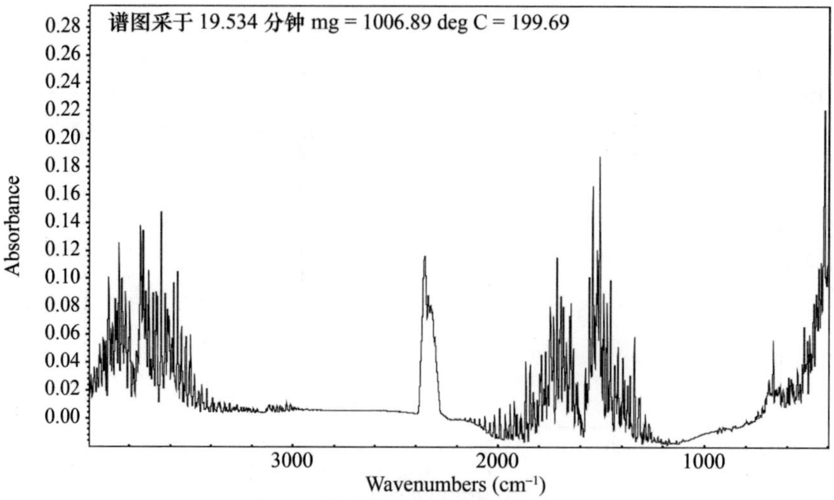

茐100mg+污染土900mg样品200℃的红外谱图

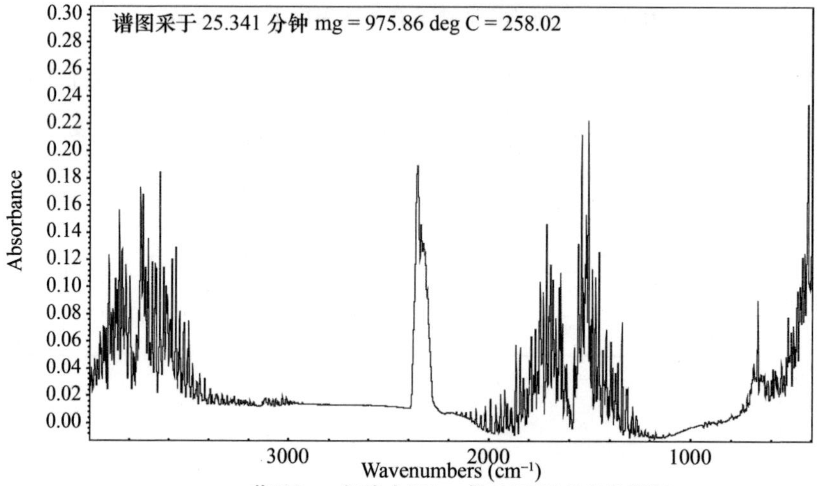

茐100mg+污染土900mg样品258℃的红外谱图

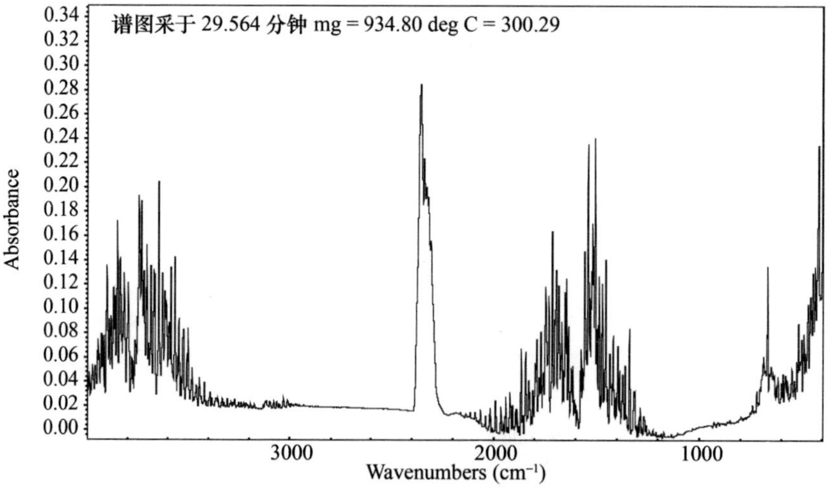

茐100mg+污染土900mg样品300℃的红外谱图

图 3-10　茐 100mg＋地基土 900mg 在不同温度下的红外曲线

土样中添加 10%芴后，在 258℃时出现最高且尖锐的失重速率峰，在 381℃也有较高的失重速率峰，两峰区域 170～400℃之间的失重量与芴的添加量基本吻合。芴的挥发主要在 170～400℃温度段。

2．土壤中二氢苊在不同温度下的失重及挥发情况

（1）纯二氢苊在不同温度下的失重及挥发情况

取 100mg 二氢苊，测定其热重曲线及在不同温度下的挥发情况，结果见图 3-11。

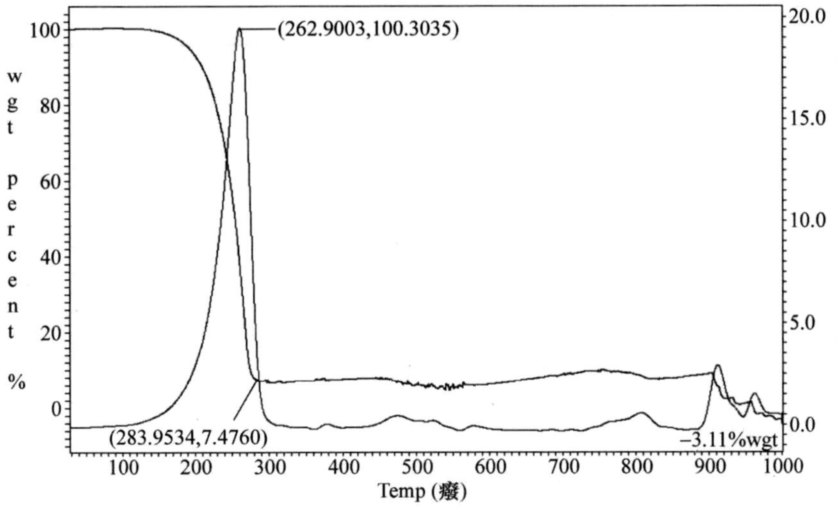

纯二氢苊热重图

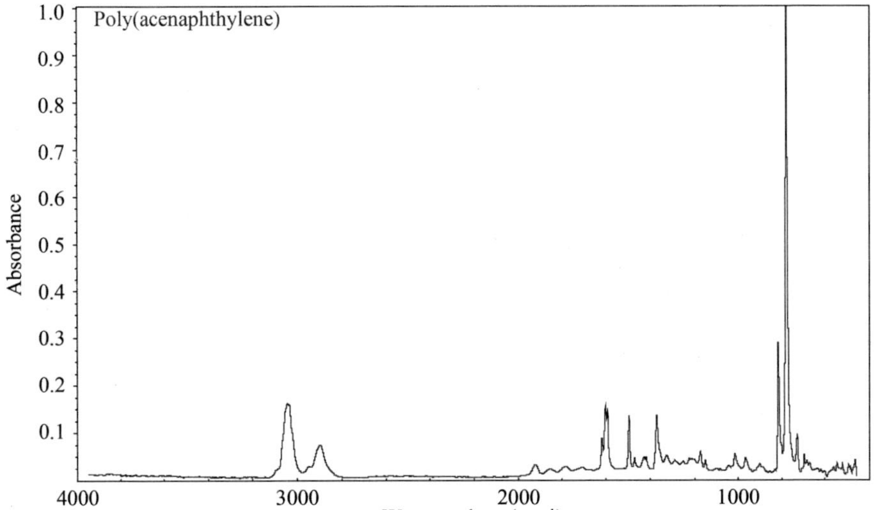

纯二氢苊标准红外谱图

图 3-11　纯二氢苊热重曲线及在不同温度下的挥发情况

二氢苊在 115℃开始出现失重，随温度升高失重速率逐渐增大，温度超过 320℃后二氢苊基本挥发完全。115～320℃是其主要失重温度段，失重速率峰对应的温度为 263℃，比二氢苊的沸点 279℃低了 16℃。

(2) 土壤中二氢苊在不同温度下的失重及挥发情况

将100mg二氢苊添加到900mg地基土中，测定其热重曲线及在不同温度下的挥发情况，结果见图3-12。

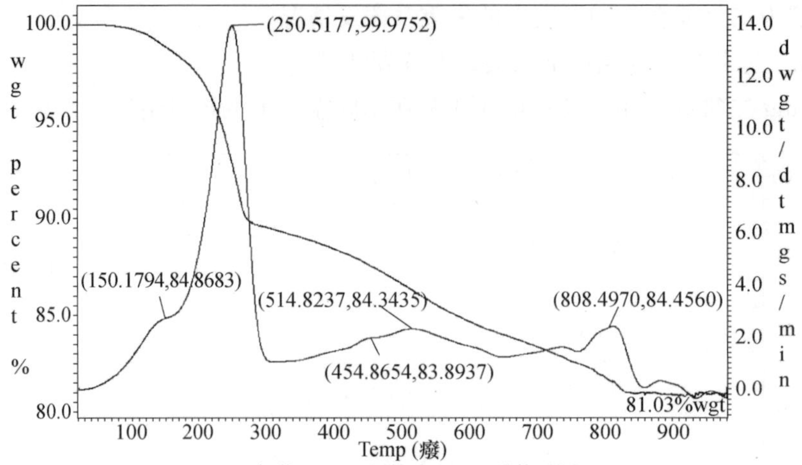

二氢苊100mg+污染土900mg的热重图

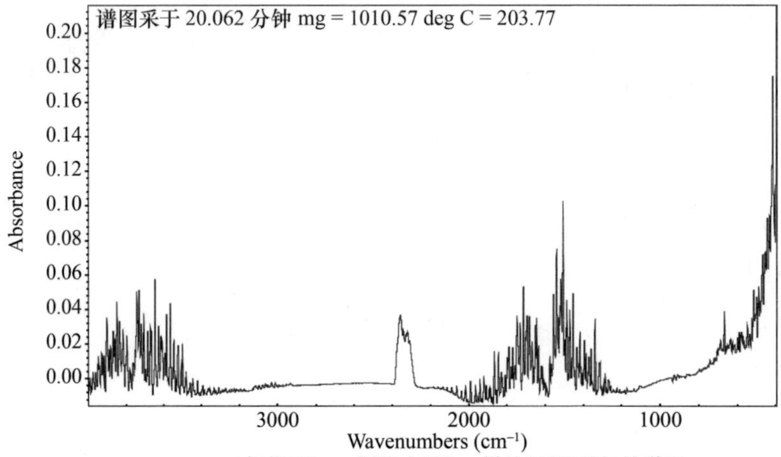

二氢苊100mg+污染土900mg样品200℃的红外谱图

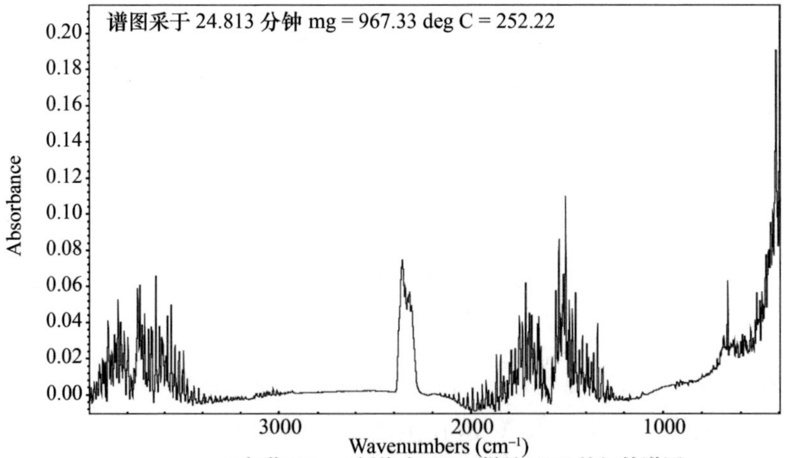

二氢苊100mg+污染土900mg样品258℃的红外谱图

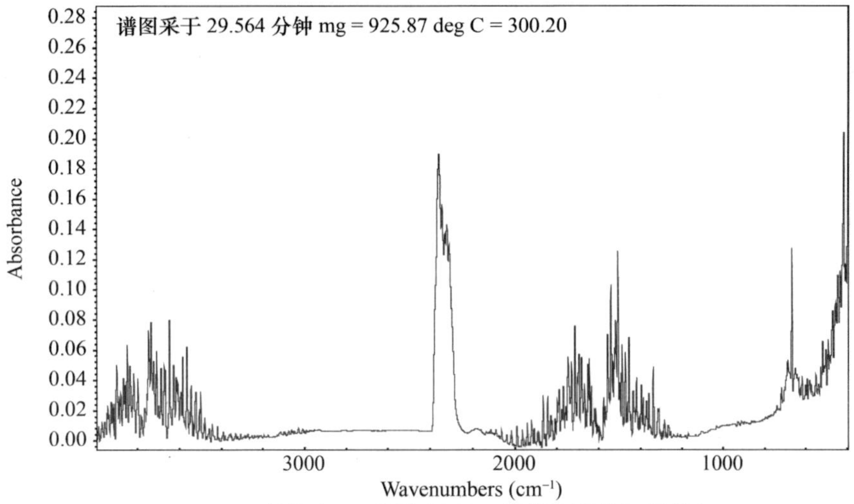

二氢苊100mg+污染土900mg样品300℃的红外谱图

图 3-12　二氢苊 100mg＋地基土 900mg 在不同温度下的红外曲线

土样中添加 10％二氢苊后，在 250℃左右出现失重速率峰，在 155～308℃温度段的失重量与二氢苊的添加量基本吻合。不同温度下挥发物的红外谱图与苊标准谱图比对，在 200℃、250℃、300℃对应的红外图观察不到明显的二氢苊的特征吸收峰，但是随温度的升高，CO_2 特征吸收峰的强度增强。

3. 土壤中菲在不同温度下的失重及挥发情况

（1）纯菲在不同温度下的失重及挥发情况

取 100mg 菲，测定其热重曲线及在不同温度下的挥发情况，结果见图 3-13。

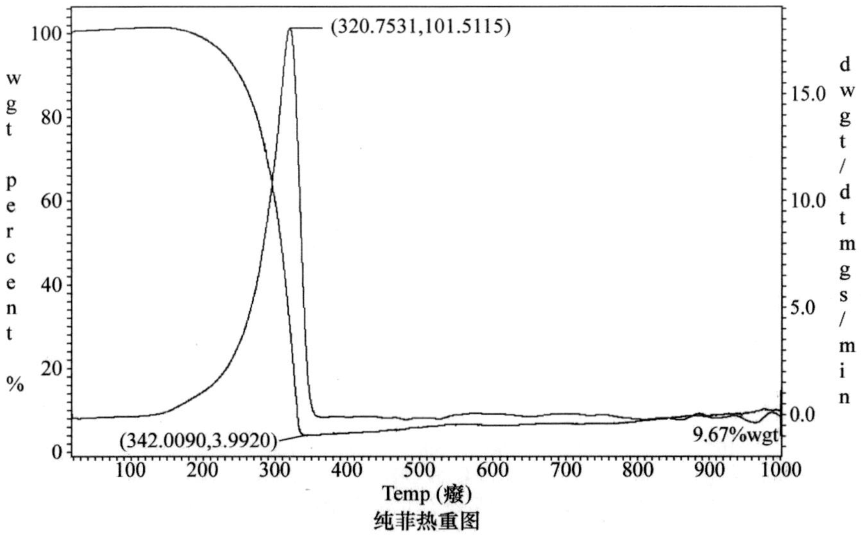

纯菲热重图

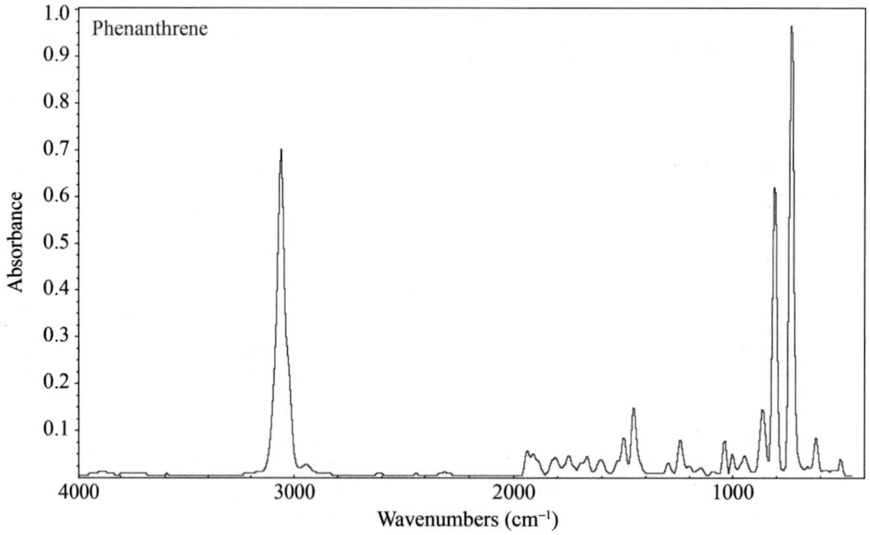

纯菲标准红外谱图

图 3-13 纯二氢苊热重曲线及在不同温度下的挥发情况

菲在 130℃开始出现失重，随温度升高失重速率逐渐增大，温度超过 370℃时菲基本挥发完全。130～370℃是其主要失重温度段，失重速率峰对应的温度为 321℃，比菲的沸点 340℃低了 19℃。

（2）土壤中菲在不同温度下的失重及挥发情况

将 100mg 菲添加到 900mg 地基土中，测定其热重曲线及在不同温度下的挥发情况，结果见图 3-14。

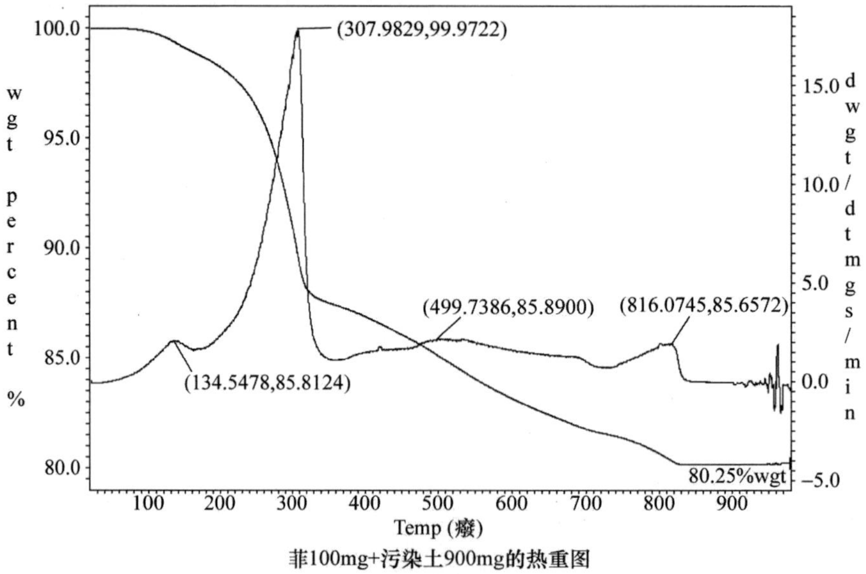

菲100mg+污染土900mg的热重图

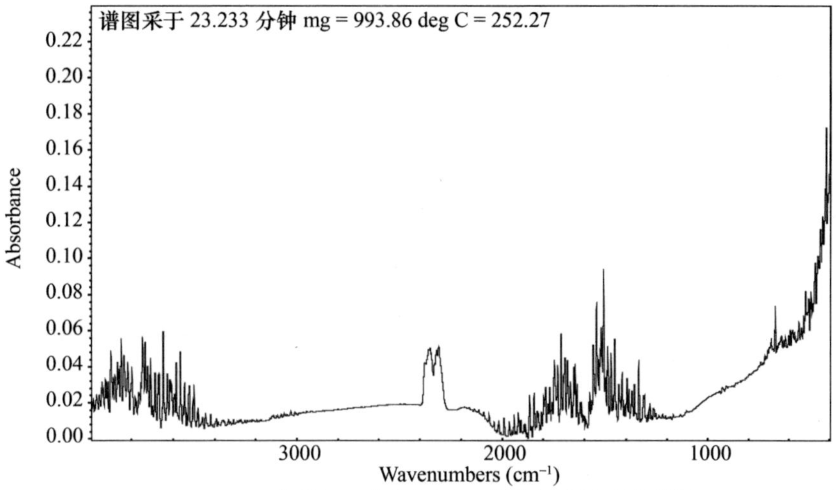

菲100mg+污染土900mg样品252℃的红外谱图

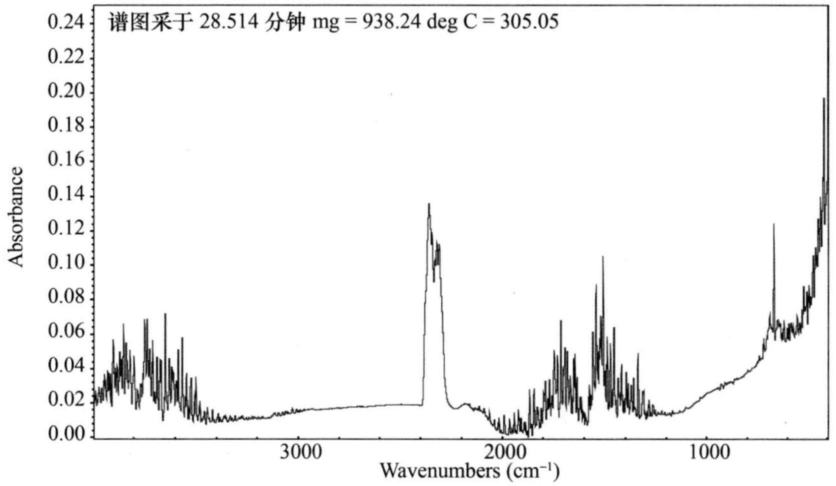

菲100mg+污染土900mg样品308℃的红外谱图

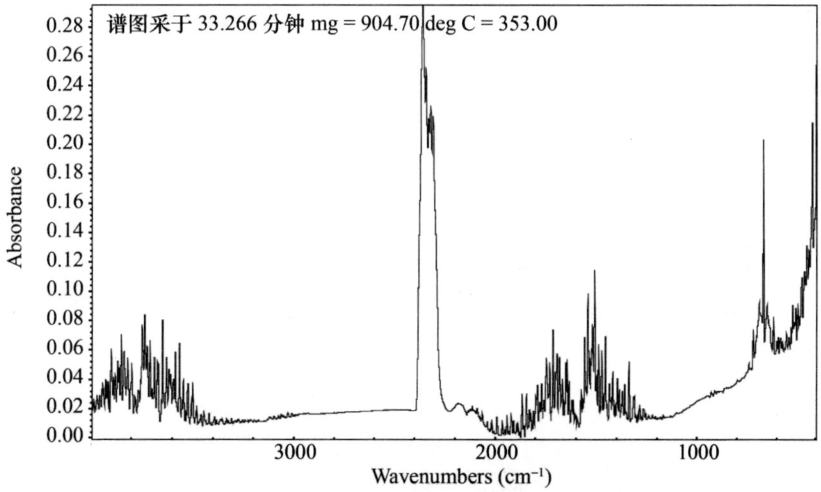

菲100mg+污染土900mg样品353℃的红外谱图

图 3-14　菲 100mg＋地基土 900mg 在不同温度下的红外曲线

土样中添加10%菲后，在308℃出现失重速率峰，且在170～355℃温度段的失重量与菲的添加量基本吻合。在不同温度下挥发物的红外谱图与菲标准谱图比对：在252℃、308℃、353℃对应的红外图中，观察不到明显的菲的特征吸收峰，但是随温度的升高 CO_2 特征吸收峰的强度增强。

4. 芴、二氢苊和菲的受热挥发情况对比

芴、二氢苊和菲的受热挥发情况对比见表3-5。

表3-5　芴、二氢苊和菲的受热挥发情况对比

名称	沸点（℃）	纯物质失重速率峰对应温度（℃）	纯物质的挥发温度区间（℃）	在土中失重速率峰对应温度（℃）	在土中的挥发温度区间（℃）
芴	295	276	100～370	258，381	170～400
二氢苊	279	263	115～320	250	155～308
菲	340	321	130～370	308	170～355

将芴、二氢苊和菲分别加入土样后，其挥发速率峰对应的温度比各自的沸点均低30℃左右，说明：土壤抑制了有机物的挥发。

（三）高沸点有机物在不同温度下的挥发情况

1. 多菌灵在不同温度下的失重及挥发情况

（1）纯多菌灵在不同温度下的失重及挥发情况

取100mg多菌灵，测定其热重曲线及在不同温度下的挥发情况，结果见图3-15。

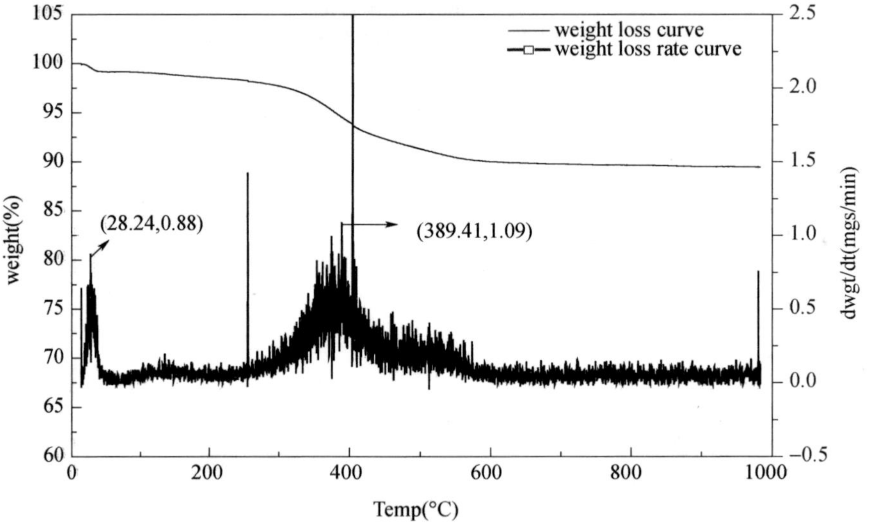

多菌灵100mg的热重图

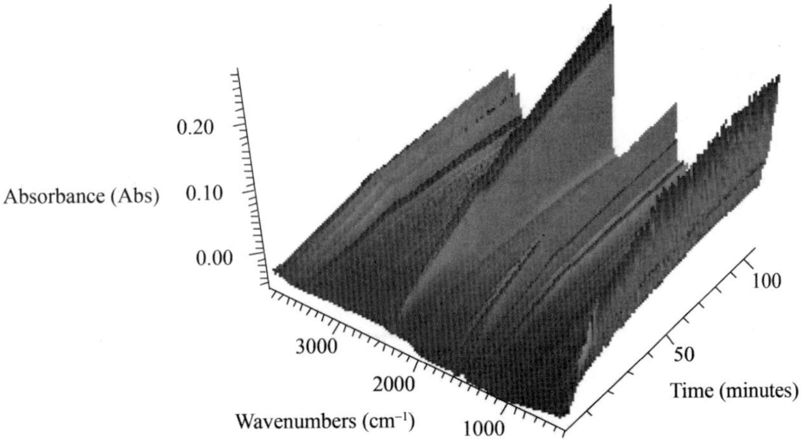

多菌灵100mg的三维红外谱图

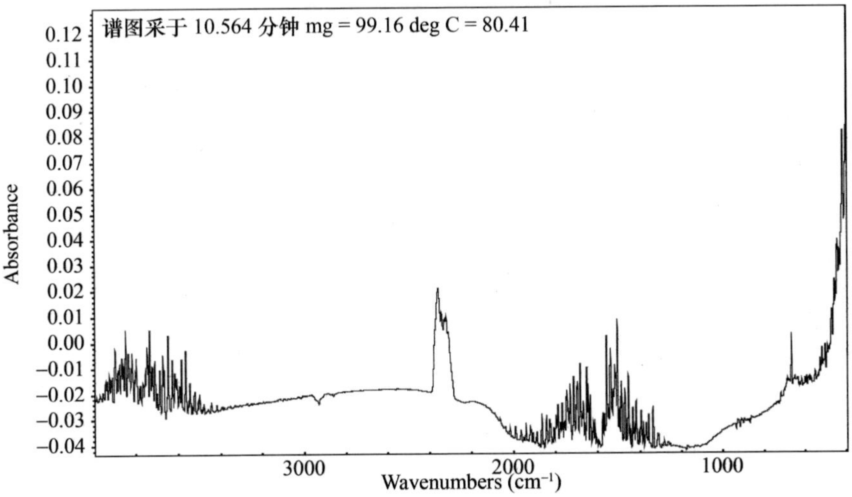

多菌灵100mg样品79℃的红外谱图

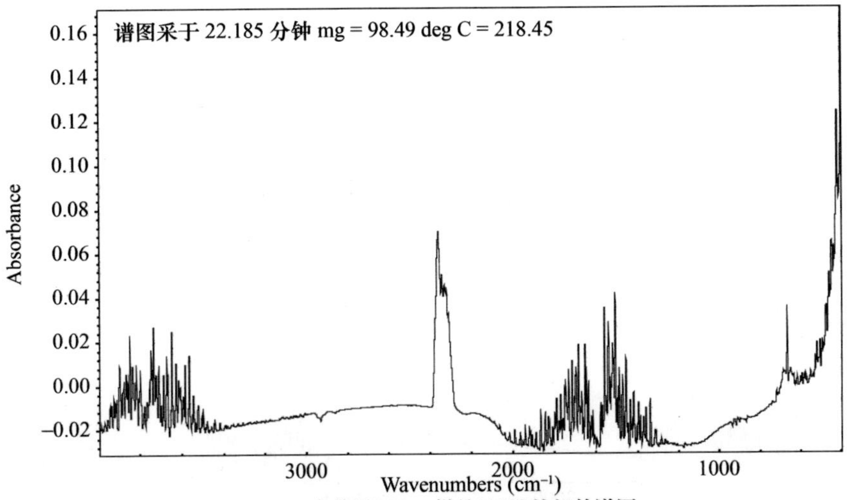

多菌灵100mg样品218℃的红外谱图

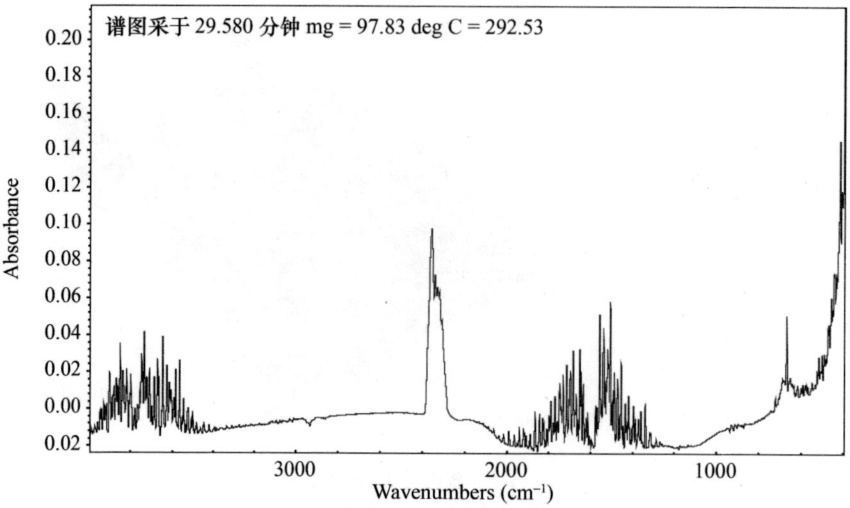

多菌灵100mg样品292℃的红外谱图

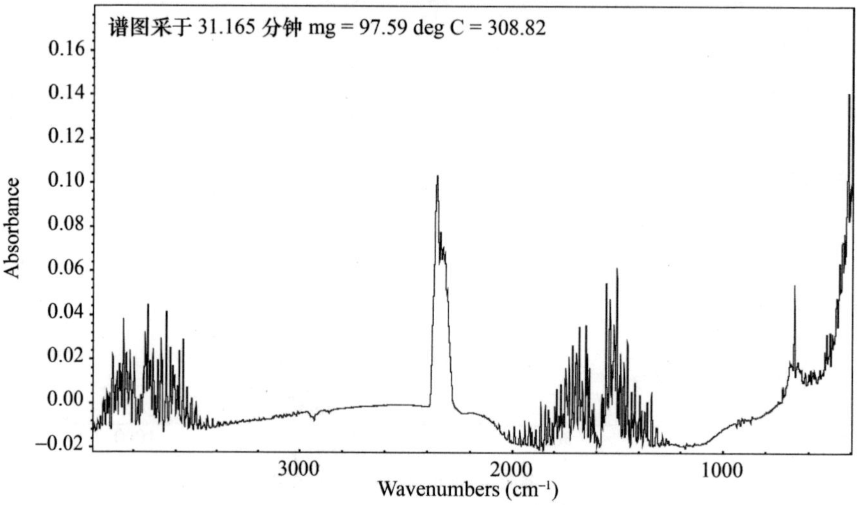

多菌灵100mg样品308℃的红外谱图

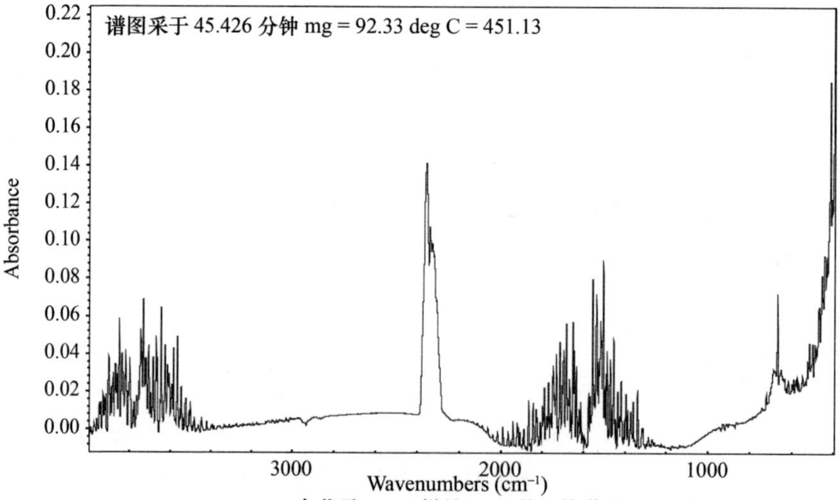

多菌灵100mg样品389℃的红外谱图

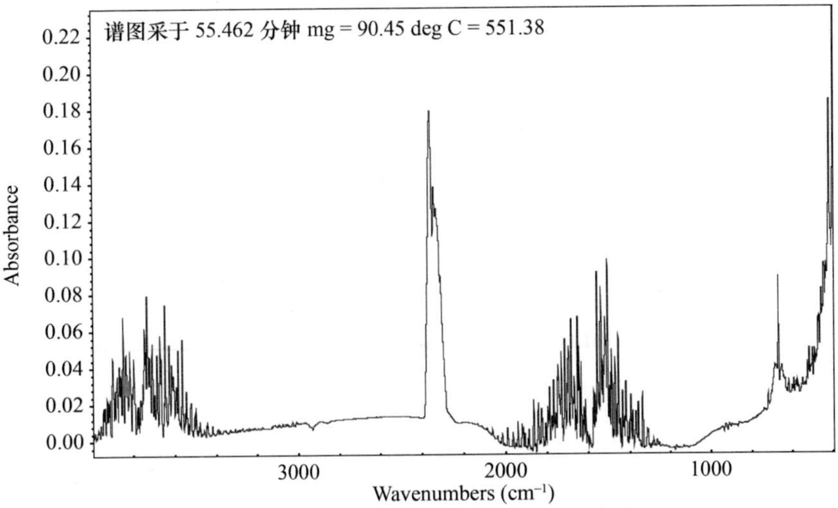

多菌灵100mg样品451℃的红外谱图

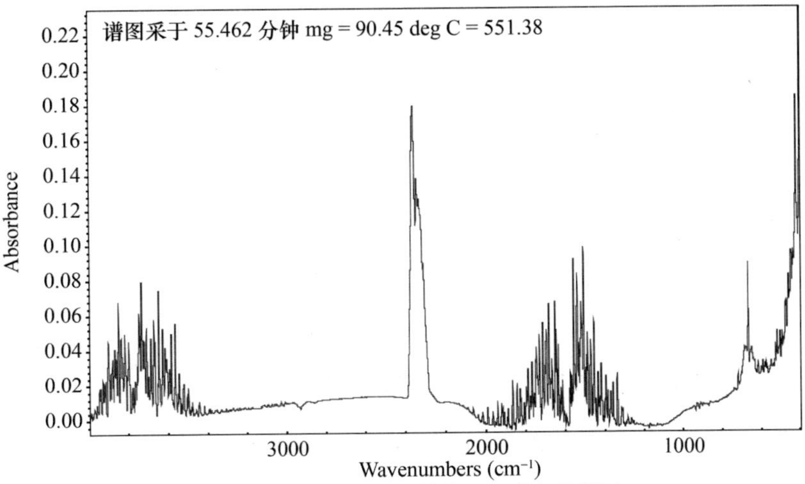

多菌灵100mg样品551℃的红外谱图

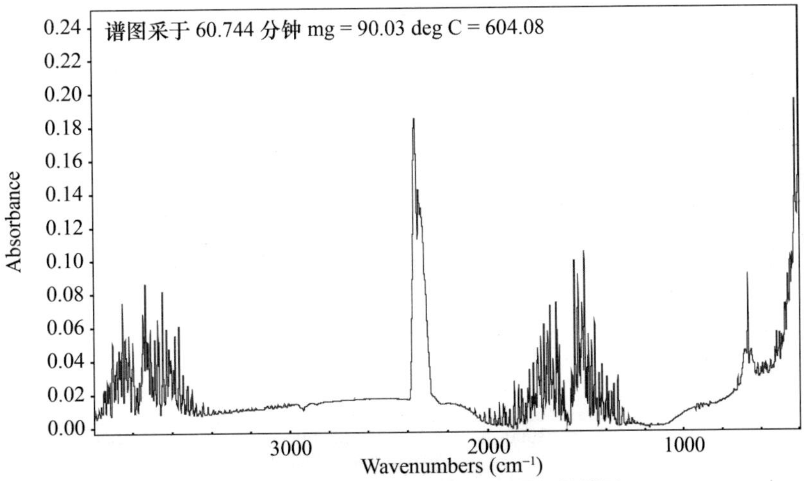

多菌灵100mg样品600℃的红外谱图

图 3-15 多菌灵热重曲线及在不同温度下的挥发情况

纯多菌灵在389.41℃出现失重速率峰。根据多菌灵的三维红外谱图，在389℃左右检测到CO_2和H_2O，吸收峰随着温度升高强度增大。随温度升高，多菌灵挥发并分解，在各温度段都检测到H_2O和CO_2峰，谱图类似。根据文献资料，多菌灵在215～217℃时开始升华，大于290℃时熔融，306℃时分解，不溶于水，可溶于无机酸，并形成相应的盐，化学性质稳定。因此，389℃左右检测到的CO_2和H_2O很可能是多菌灵分解所致。热重曲线中的最大失重速率峰温度389℃，比其分解温度306℃提高了83℃。多灵菌在1000℃下仍有90%的残留量。

(2) 土壤中多菌灵在不同温度下的失重及挥发情况

将100mg多菌灵添加到900mg地基土中，测定其热重曲线及在不同温度下的挥发情况，结果见图3-16。

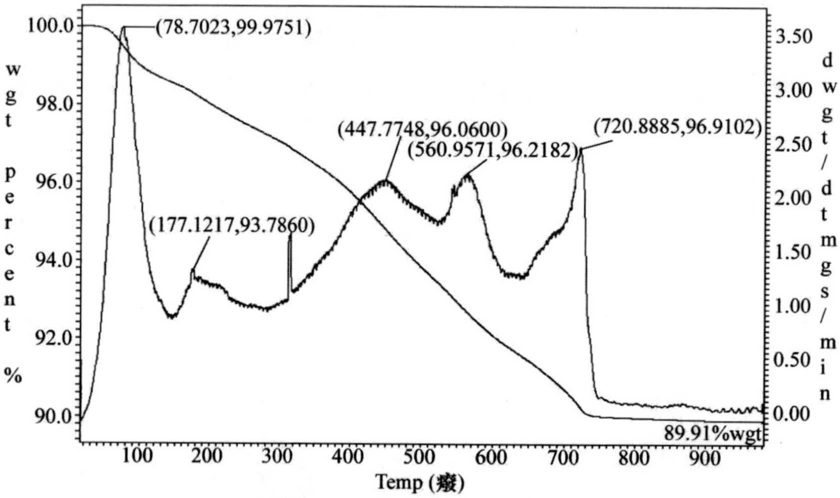

多菌灵100mg+污染土900mg的热重图

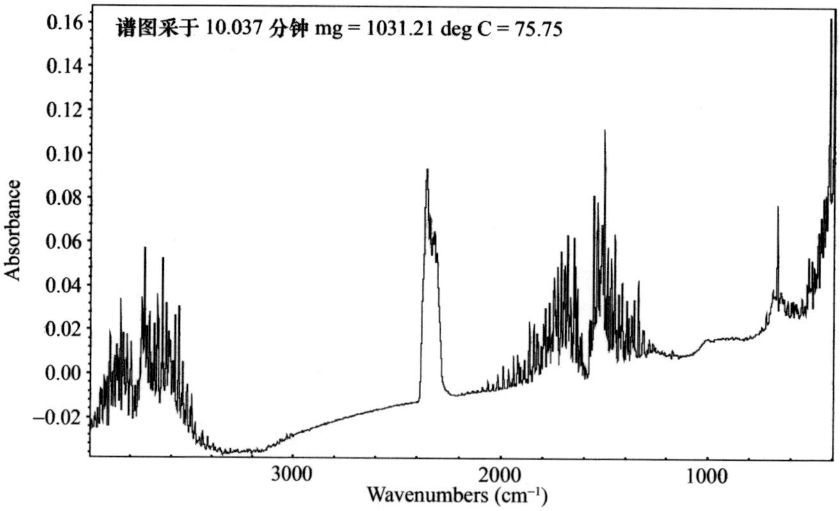

多菌灵100mg+污染土900mg样品79℃的红外谱图

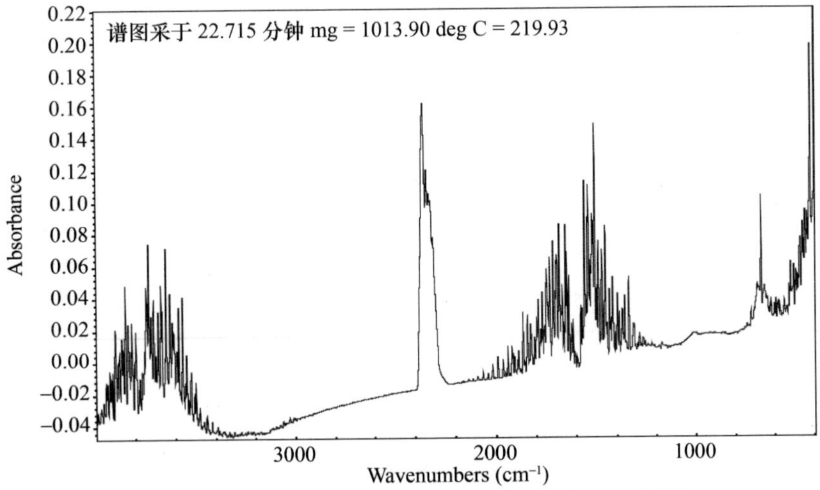

多菌灵100mg+污染土900mg样品218℃的红外谱图

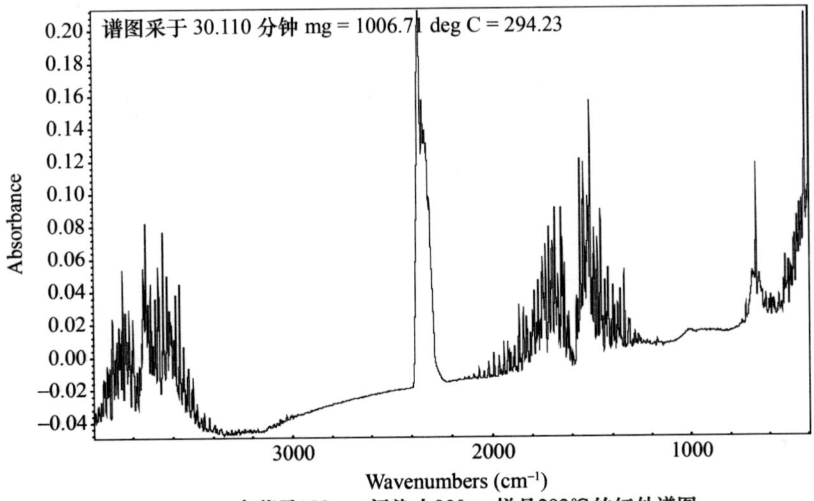

多菌灵100mg+污染土900mg样品292℃的红外谱图

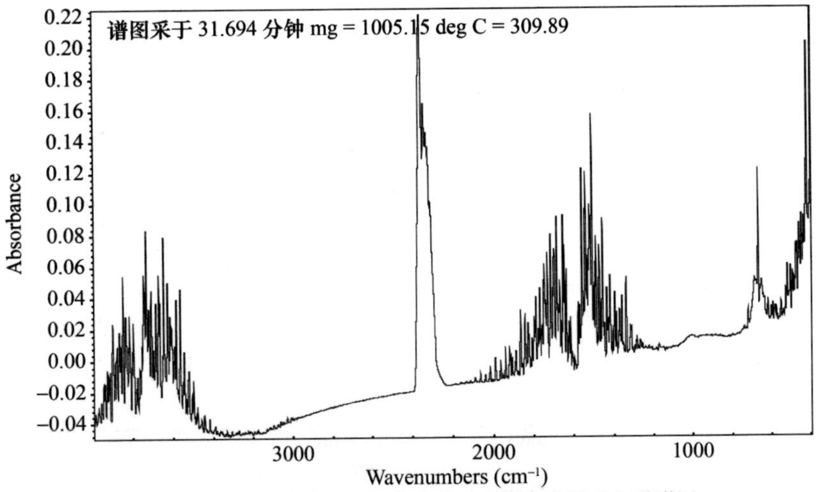

多菌灵100mg+污染土900mg样品308℃的红外谱图

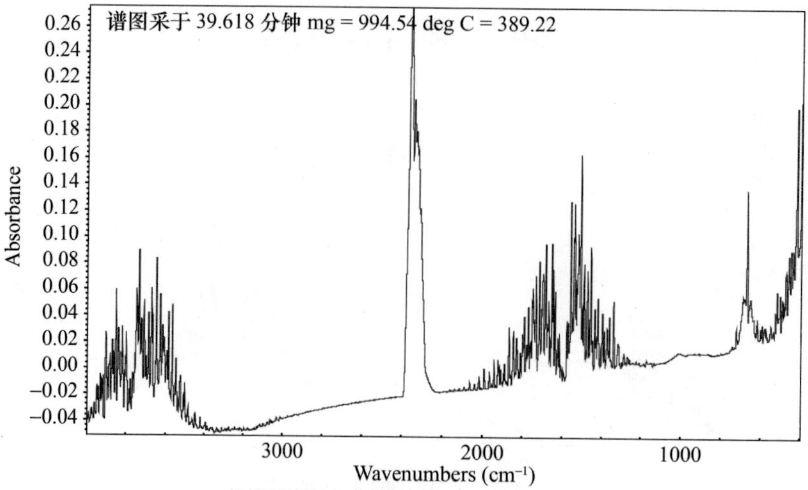

多菌灵100mg+污染土900mg样品389℃的红外谱图

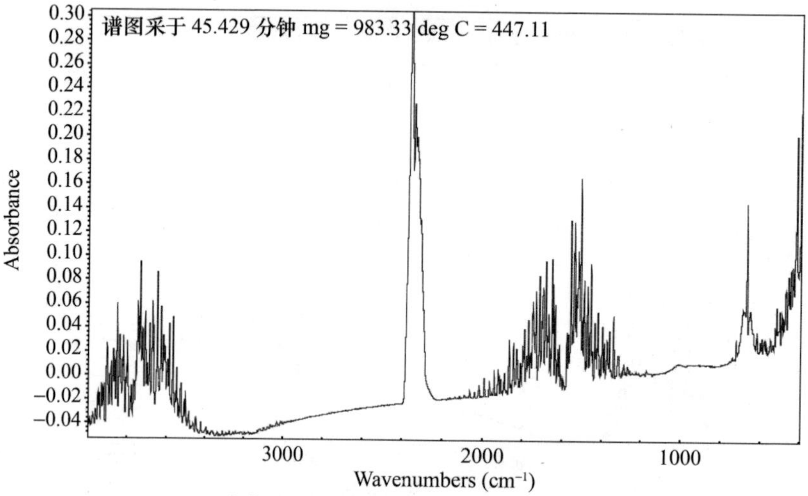

多菌灵100mg+污染土900mg样品451℃的红外谱图

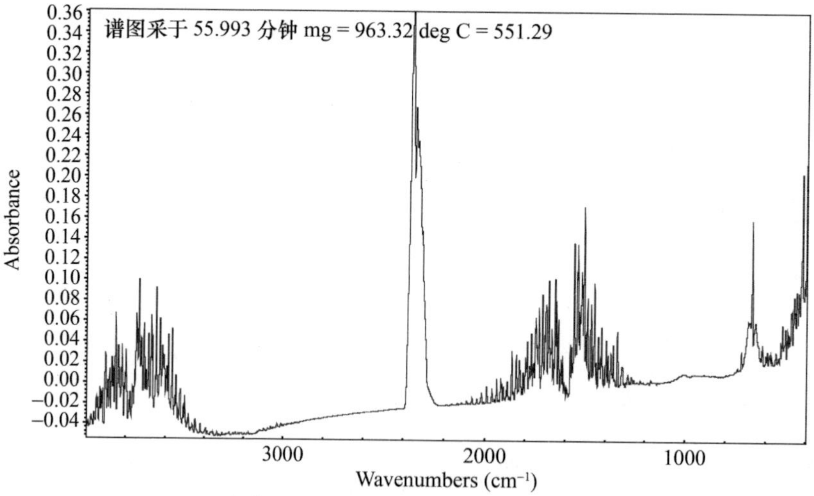

多菌灵100mg+污染土900mg样品551℃的红外谱图

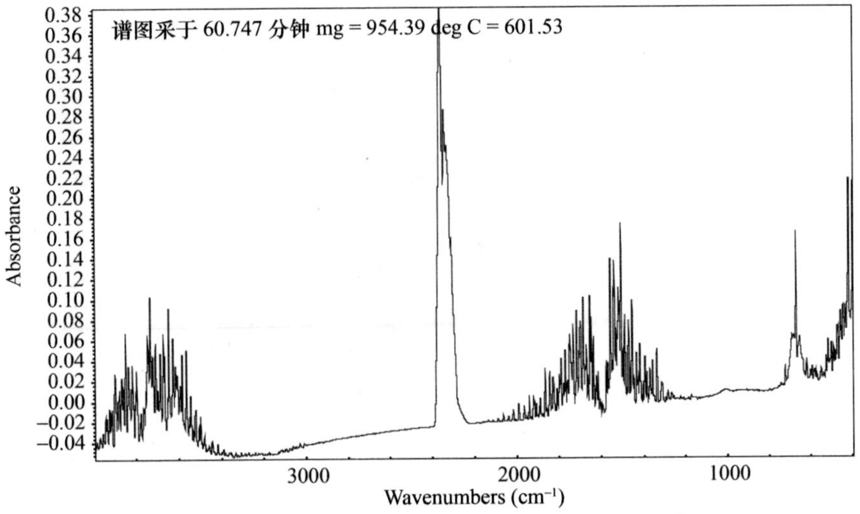

图 3-16　多菌灵 100mg＋地基土 900mg 在不同温度下的红外曲线

土样中添加 10％多菌灵后，389℃左右没出现失重速率峰，峰位出现在 447.77℃，温度升高了 58℃。不同温度下实测的红外谱图，多菌灵随温度升高，挥发并分解，在各温度段都检测到了 H_2O 和 CO_2 峰，谱图类似。初步判断：添加到土壤中后，多菌灵的挥发分解受到了一定的抑制，但由于多菌灵在高温下残留量较大，土的本身失重对失重曲线的影响较大，失重峰归属的判别受到一定干扰。

2. 绿叶高招叶面肥在不同温度下的失重及挥发情况

（1）绿叶高招叶面肥在不同温度下的失重及挥发情况

取 100mg 绿叶高招叶面肥，测定其热重曲线及在不同温度下的挥发情况，结果见图 3-17。

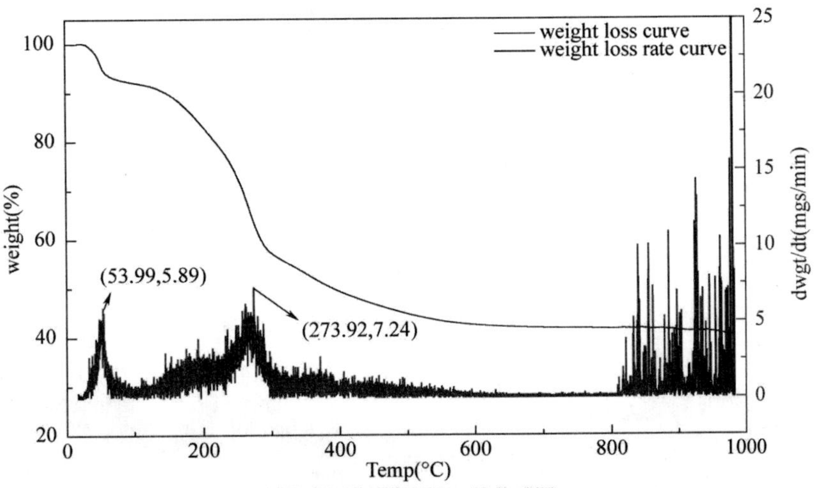

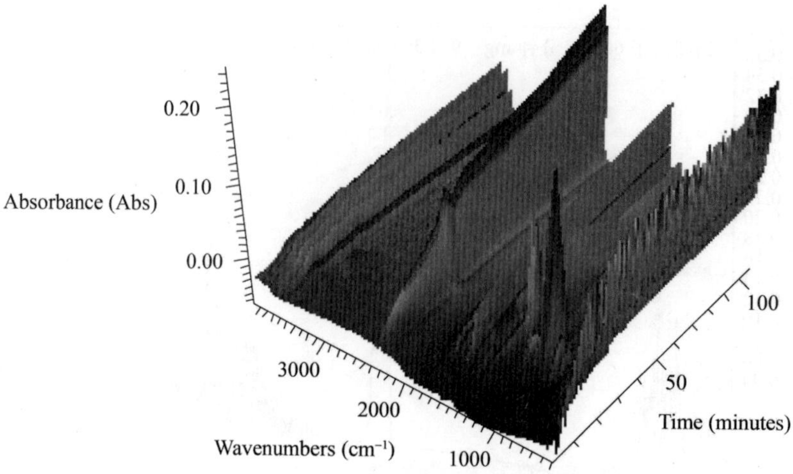

绿叶高招叶面肥100mg的三维红外谱图

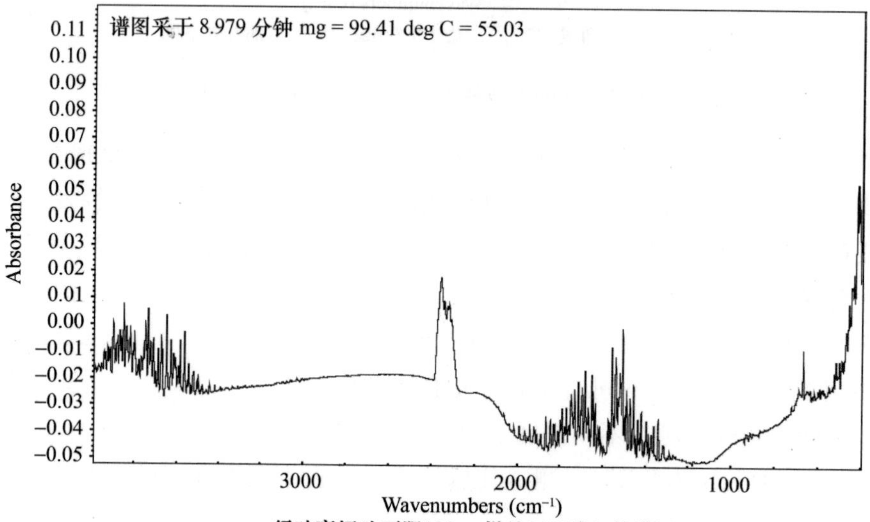

绿叶高招叶面肥100mg样品54℃的红外谱图

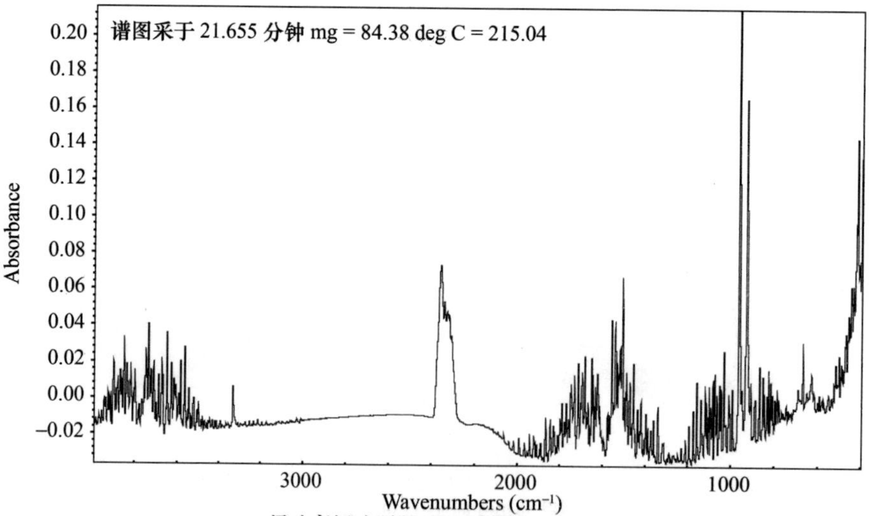

绿叶高招叶面肥100mg样品214℃的红外谱图

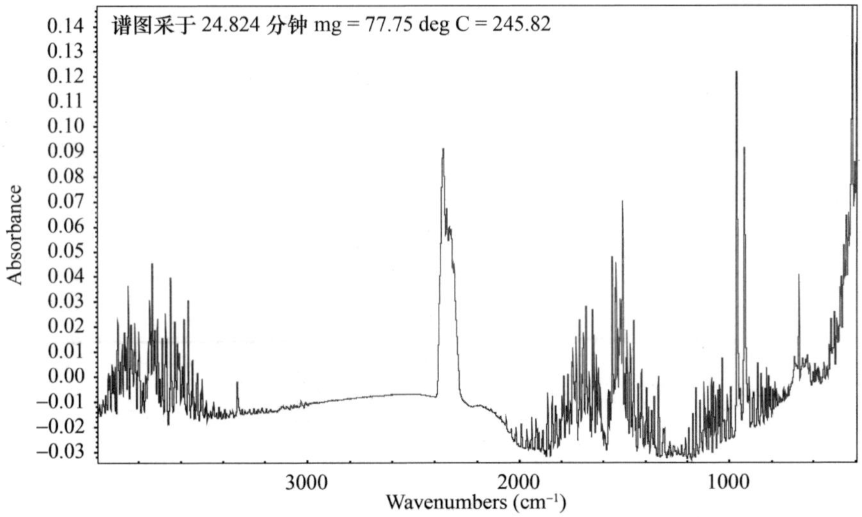

绿叶高招叶面肥100mg样品245℃的红外谱图

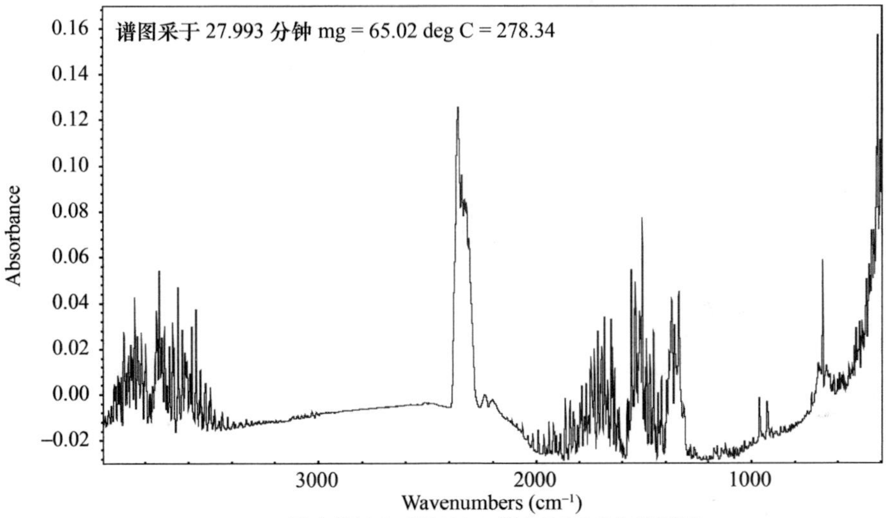

绿叶高招叶面肥100mg样品274℃的红外谱图

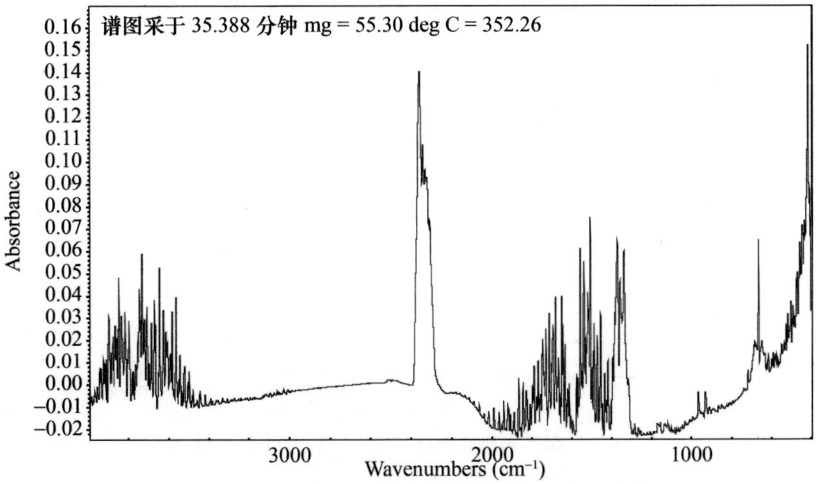

绿叶高招叶面肥100mg样品350℃的红外谱图

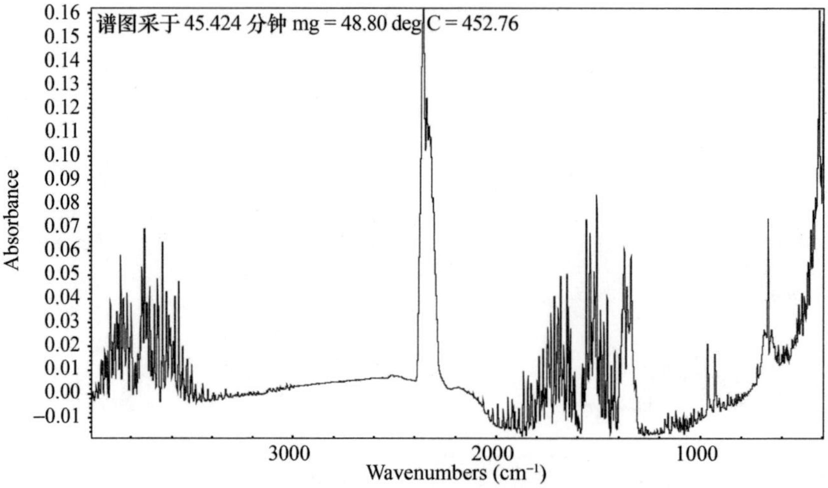

绿叶高招叶面肥100mg样品450℃的红外谱图

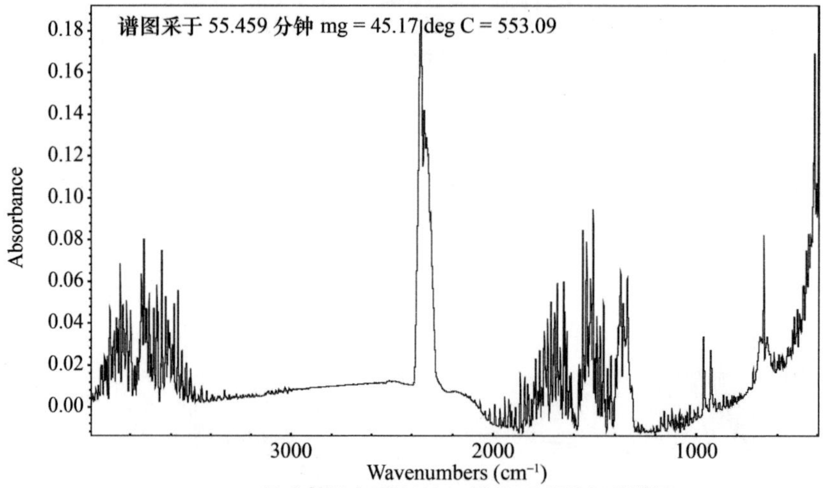

绿叶高招叶面肥100mg样品550℃的红外谱图

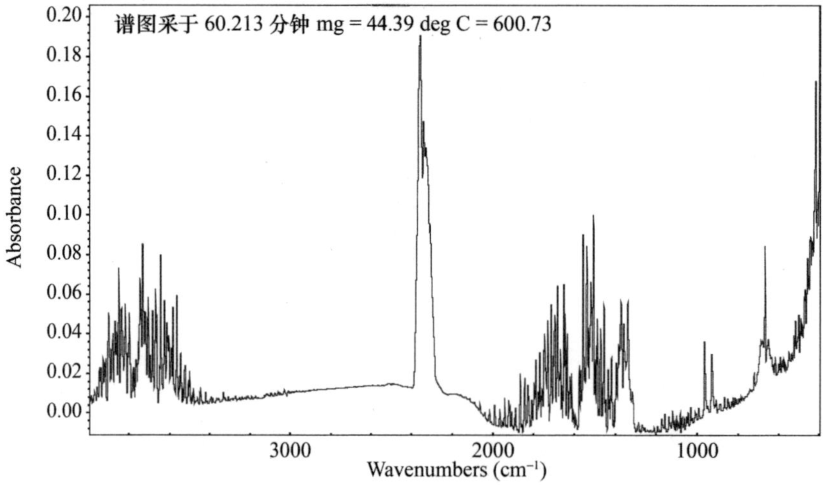

绿叶高招叶面肥100mg样品600℃的红外谱图

图 3-17　绿叶高招叶面肥热重曲线及在不同温度下的挥发情况

绿叶高招叶面肥在 53.99℃及 273.92℃左右出现失重速率的最大峰。在 62℃左右检测到 CO_2，在 289℃左右检测到较多的 SO_2、CO_2 和 H_2O，之后随温度升高 SO_2 逐渐消失，但 CO_2 和 H_2O 依然存在，推测可能是绿叶高招叶面肥受热分解或氧化所致。温度升至 1000℃，样品残留 40％。

（2）土壤中绿叶高招叶面肥在不同温度下的失重及挥发情况

将 100mg 绿叶高招叶面肥添加到 900mg 地基土中，测定其热重曲线及在不同温度下的挥发情况，结果见图 3-18。

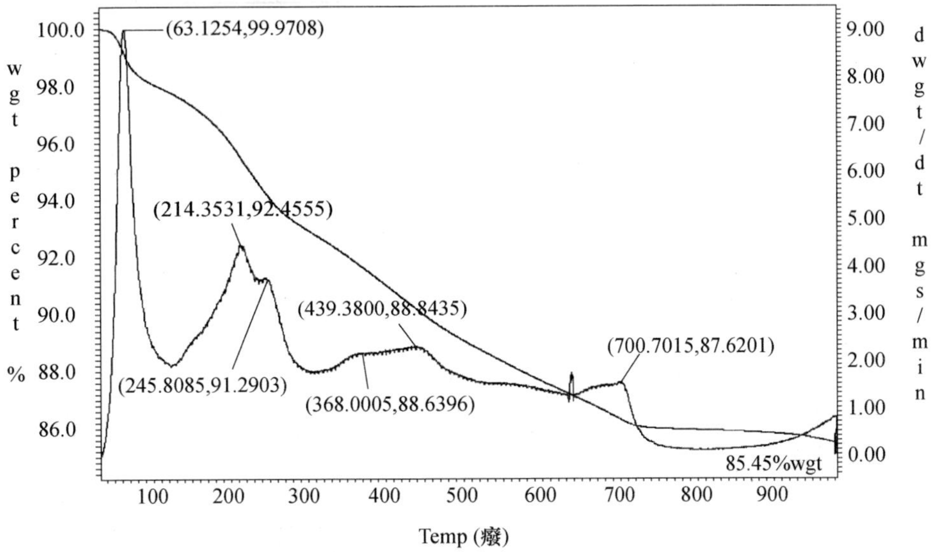

绿叶高招叶面肥100mg+污染土900mg的热重图

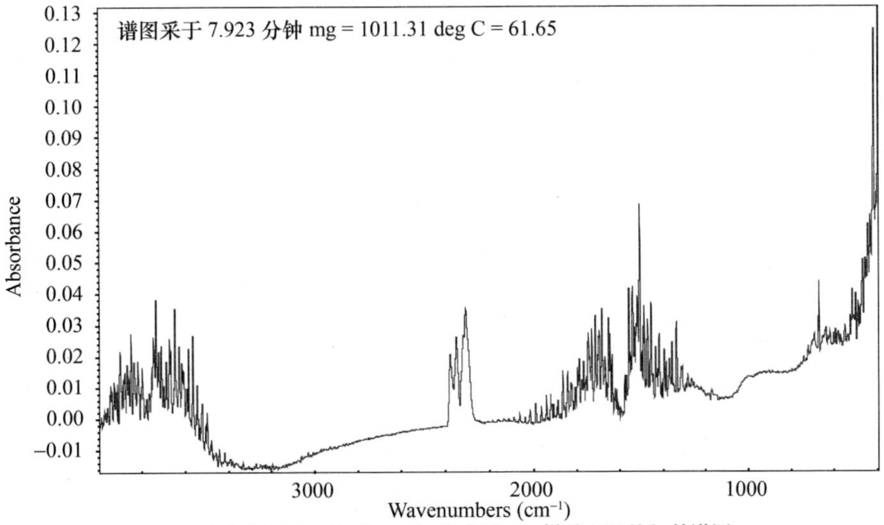

绿叶高招叶面肥100mg+污染土900mg样品54℃的红外谱图

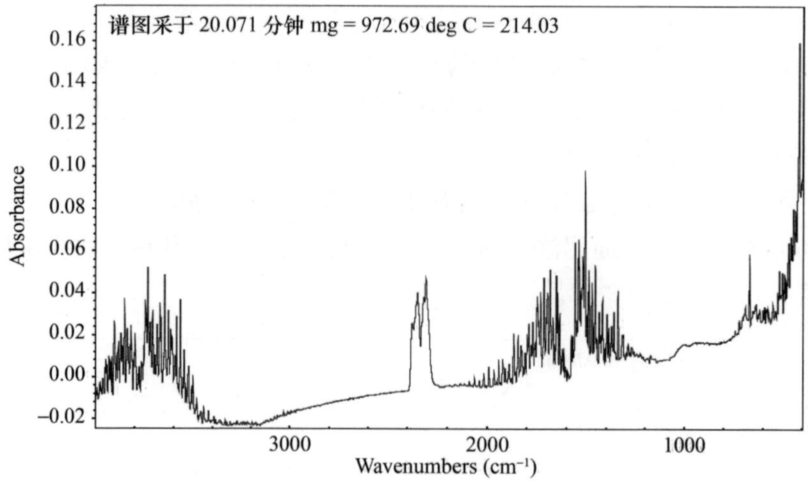

绿叶高招叶面肥100mg+污染土900mg样品214℃的红外谱图

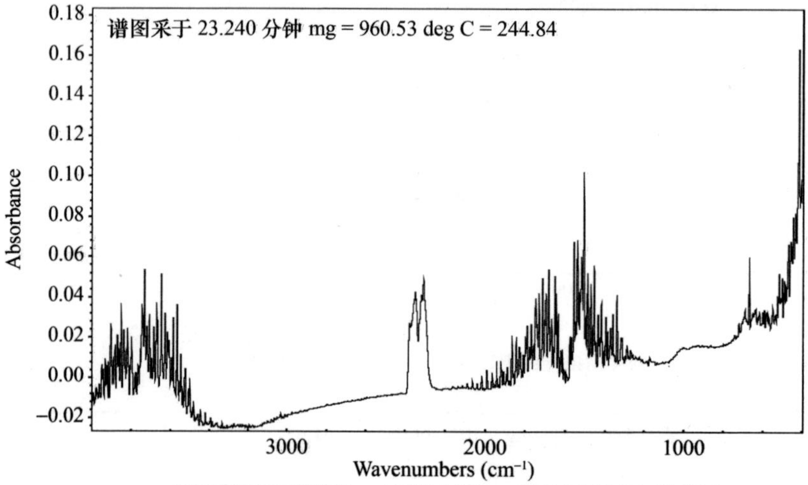

绿叶高招叶面肥100mg+污染土900mg样品245℃的红外谱图

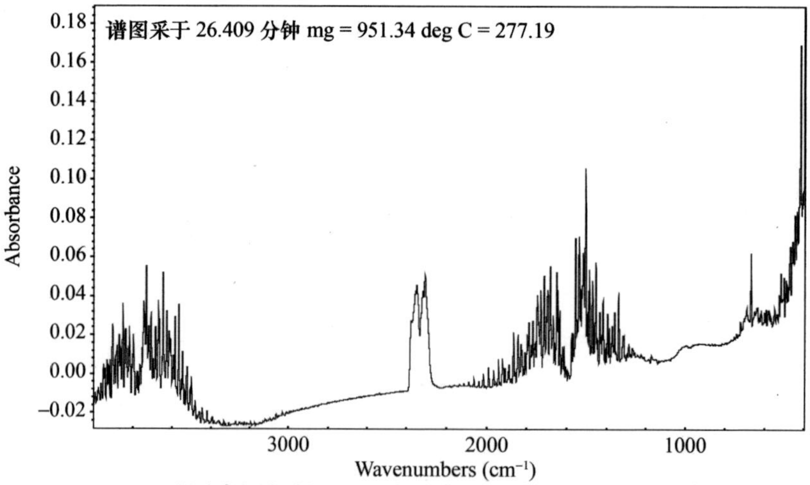

绿叶高招叶面肥100mg+污染土900mg样品274℃的红外谱图

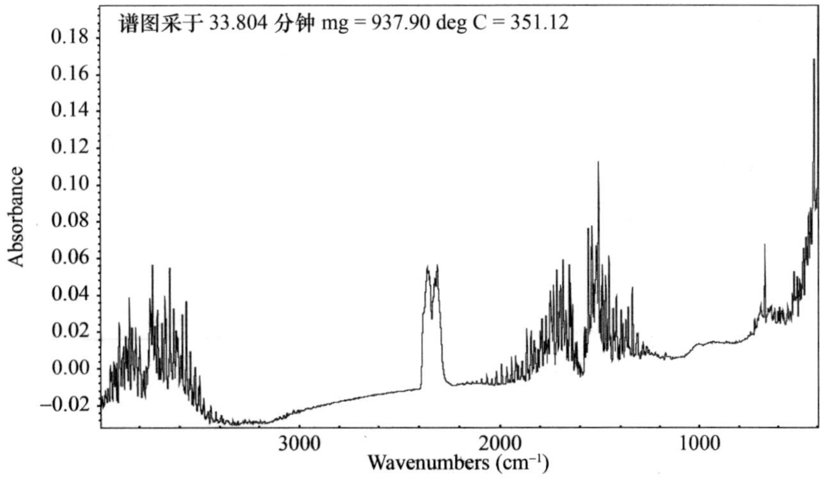

绿叶高招叶面肥100mg+污染土900mg样品350℃的红外谱图

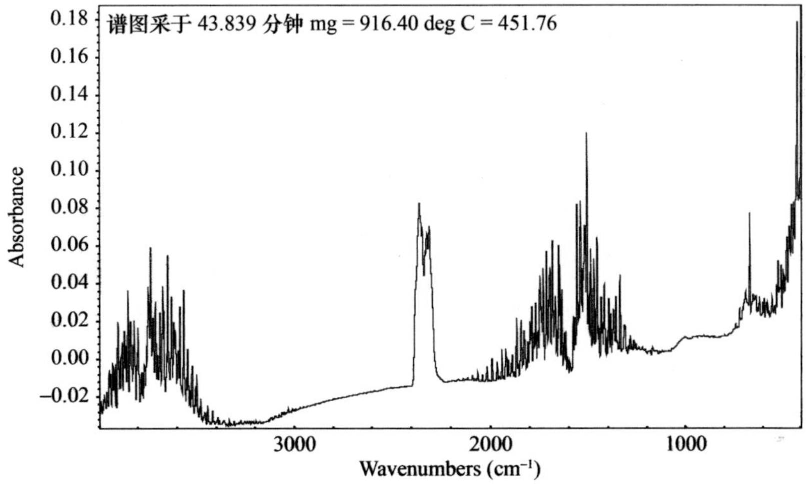

绿叶高招叶面肥100mg+污染土900mg样品450℃的红外谱图

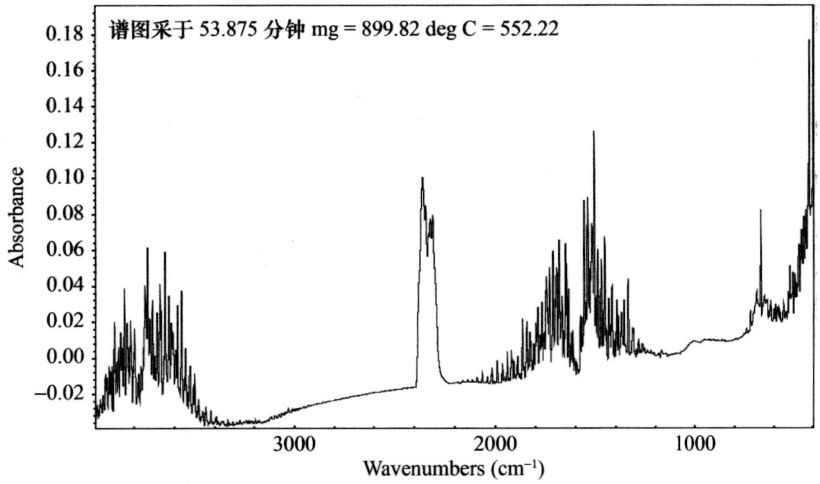

绿叶高招叶面肥100mg+污染土900mg样品550℃的红外谱图

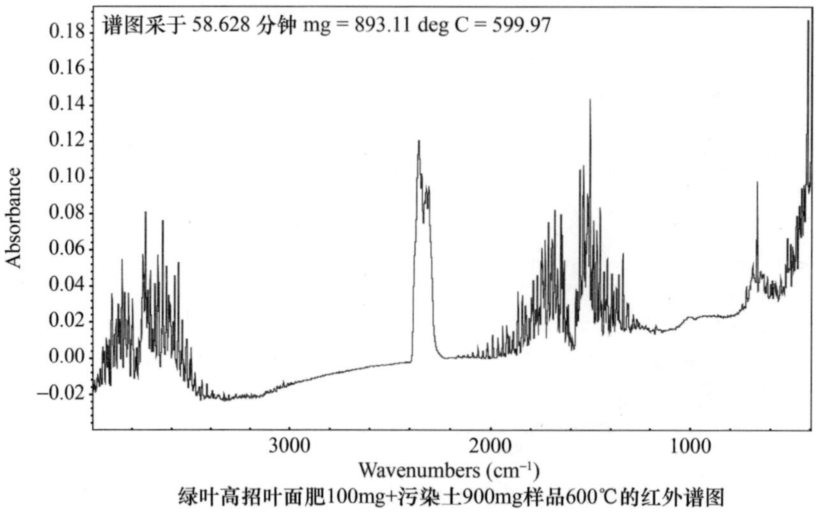

图 3-18　绿叶高招叶面肥 100mg＋地基土 900mg 在不同温度下的红外曲线

土样中添加 100mg 绿叶高招叶面肥后，在 63℃左右出现最高且尖锐的失重速率峰，214～245.8℃温度区间的挥发峰也比较突出，比纯物质的 273.92℃失重速率峰下降了 30℃左右。从 30～310℃温度区间主要是绿叶高招叶面肥的分解或氧化而引起的失重。绿叶高招叶面肥随着温度的升高，检测到的 H_2O 和 CO_2 的含量不断增多。土壤的存在对绿叶高招叶面肥的挥发与分解可能存在抑制作用，在不同温度阶段土样检测到的 H_2O 和 CO_2 的含量都明显比纯物质的低，并且红外谱图中观察不到明显的 SO_2 的特征峰，而纯物质中有类似 SO_2 的吸收峰。

3. 多菌灵与绿叶高招叶面肥挥发情况比较

多菌灵与绿叶高招叶面肥挥发情况比较见表 3-6。

表 3-6　多菌灵与绿叶高招叶面肥挥发情况比较

名称	纯物质的失重速率峰温度（℃）	在污染土中的失重速率峰温度（℃）
多菌灵	389.41	447
绿叶高招叶面肥	273.92	214

综上分析，多菌灵和绿叶高招叶面肥加入土样后，在高温下残留较多，尤其是多菌灵在 1000℃下仍残留 90%，有较好的稳定性。因此，这类高沸点有机物用作水泥原料，在水泥配料阶段挥发量较少，随着其他生料物料进入后面工序，在回转窑的高温段焚烧。

第四章　水泥生产工艺

第一节　水泥起源与发展

一、胶凝材料

1. 胶凝材料定义

水泥起源于胶凝材料，是在胶凝材料的发展过程中逐渐演变和发明的。胶凝材料是指在物理、化学作用下，能从浆体变成坚硬的石状体，并能胶结其他物料而具有一定机械强度的物质，又称胶结料。胶凝材料分为无机胶凝材料和有机胶凝材料两大类，如沥青和各种树脂属于有机胶凝材料。无机胶凝材料按照硬化条件又可分为水硬性胶凝材料和非水硬性胶凝材料两种。水硬性胶凝材料在拌水后既能在空气中硬化，又能在水中硬化，通常称为水泥，如硅酸盐水泥、铝酸盐水泥等。非水硬性胶凝材料只能在空气中硬化，故又称气硬性胶凝材料，如石灰、石膏等。

2. 胶凝材料的发展

胶凝材料的发展史很悠久，可以追溯到人类的史前时期。它先后经历了天然的黏土、石膏-石灰、石灰-火山灰、天然水泥、硅酸盐水泥、多品种水泥等各个阶段。

远在新石器时代，距今 4000～10000 年前，由于石器工具的进步，劳动生产力的提高，人类为了生存开始在地面挖穴建造居住的屋室。当时的人们利用黏土和水后具有一定的可塑性，而且水分散失后具有一定强度的胶凝特性来砌筑简单的建筑物，有时还在黏土浆中掺入稻草、稻壳等植物纤维，以起到加筋和提高强度的目的。黏土是最原始的、天然的胶凝材料。但未经煅烧的黏土不抗水且强度低。这个时期称为天然黏土时期。

随着火的发现，在公元前 2000—3000 年，石膏、石灰及石灰石开始被人类利用。人们利用石灰岩和石膏岩在火中煅烧脱水、在雨中胶结产生胶凝特性，开始用经过煅烧所得的石膏或石灰来调制砌筑砂浆。这个阶段可称为石膏-石灰时期。

随着生产的发展，在公元初，古希腊人和古罗马人都发现，在石灰中掺加某些火山灰沉积物，不仅强度提高，而且还具有一定的抗水性。在中国古代建筑中所大量应用的石灰、黄土、细砂组成的三合土实际上也是一种石灰-火山灰材料。随着陶瓷生产的需要，人们发现将碎砖、废陶器等磨细后代替天然的火山灰与石灰混合，同样能制成具有水硬性的胶凝材料，从而将火山灰质材料由天然发展到人工制造，将煅烧过的黏土与石灰混合可以获得具有一定抗水性的胶凝材料。这个阶段可称为石灰-火山灰时期。

随着港口建设的需要，在18世纪下半叶，英国人J. Smetetonf发现掺有黏土的石灰石经过煅烧后获得的石灰具有水硬性。他第一次发现了黏土的作用，制成了“水硬性石灰”。例如英国伦敦港口的灯塔建设，就是用水硬性石灰作为建筑材料。随后又出现的罗马水泥，都是将含有适量黏土的黏土质石灰石经过煅烧而成。在此基础上，发展到用天然水泥岩（黏土含量在20％～25％的石灰石）煅烧、磨细而制成天然水泥。这个阶段可称为天然水泥时期。

（一）水泥的发明

在19世纪初期（1810—1825年），人们开始组织生产以人工配合的石灰石和黏土为原料，再经过煅烧、磨细的水硬性胶凝材料。1824年，英国人J. Aspdin将石灰石和黏土配合烧制成块，再经磨细成水硬性胶凝材料，加水拌和后能硬化成人工石块，且具有较高强度，因为这种胶凝材料的外观颜色与当时建筑工地上常用的英国波特兰岛上出产的岩石颜色相似，故称之为“波特兰水泥（Portland Cement，中国称为硅酸盐水泥）”。J. Aspdin于1824年10月首先取得了该项产品的专利权。例如，1825—1843年修建的泰晤士河隧道工程就大量使用波特兰水泥。这个阶段可称为硅酸盐水泥时期，也可称为水泥的发明期。

随着现代工业的发展，到20世纪初，仅仅有硅酸盐水泥、石灰、石膏等几种胶凝材料已经远远不能满足重要工程建设的需要。生产和发展多品种多用途的水泥是市场的客观需求，如铝酸盐水泥、快硬水泥、抗硫酸盐水泥、低热水泥以及油井水泥等。后来，又陆续出现了硫铝酸盐水泥、氟铝酸盐水泥、铁铝酸盐水泥等特种水泥品种，从而使水硬性胶凝材料发展成更多类别。多品种、多用途水泥的大规模生产，形成了现代水泥工业。这个阶段可称为多品种水泥阶段。

由此可见，胶凝材料的发展经历了天然黏土、石膏-石灰、石灰-火山灰、天然水泥、多品种水泥等各个阶段。随着科学技术的进步和社会生产力的提高，胶凝材料将有更快的发展，以满足日益增长的各种工程建设和人们物质生活的需要。

（二）水泥的定义和分类

1. 水泥的定义

水泥是指磨细成粉状、加入一定量的水后成为塑性浆体，既能在水中硬化，又能在空气中硬化，能把砂、石等颗粒或纤维材料牢固地胶结在一起，具有一定强度的水硬性无机胶凝材料。

2. 水泥的分类

（1）水泥按用途及性能分为：

① 通用水泥：一般土木建筑工程通常采用的水泥。通用水泥主要是指：《通用硅酸

盐水泥》（GB 175—2007）规定的六大类水泥，即硅酸盐水泥、普通硅酸盐水泥、矿渣硅酸盐水泥、火山灰质硅酸盐水泥、粉煤灰硅酸盐水泥和复合硅酸盐水泥。

② 专用水泥：专门用途的水泥。如：G级油井水泥、道路硅酸盐水泥。

③ 特性水泥：某种性能比较突出的水泥。如：快硬硅酸盐水泥、低热矿渣硅酸盐水泥、膨胀硫铝酸盐水泥、磷铝酸盐水泥和磷酸盐水泥。

（2）水泥按其主要水硬性物质名称分为：

① 硅酸盐水泥，即国外通称的波特兰水泥，又分为：

Ⅰ型硅酸盐水泥：不掺加任何掺合料的纯熟料水泥，代号为P·Ⅰ。

Ⅱ型硅酸盐水泥：由纯熟料掺入5%的石灰石或粒化高炉矿渣的水泥，代号为P·Ⅱ。

普通硅酸盐水泥：由纯熟料、6%～15%的掺合料、适量石膏磨制的水泥，代号为P·O。

② 铝酸盐水泥；

③ 硫铝酸盐水泥；

④ 铁铝酸盐水泥；

⑤ 氟铝酸盐水泥；

⑥ 磷酸盐水泥；

⑦ 以火山灰或潜在水硬性材料及其他活性材料为主要组分的水泥。例如：

矿渣水泥：由水泥熟料、20%～70%粒化高炉矿渣、适量石膏磨制的水泥，代号为P·S。允许用石灰石或其他活性掺合料代替一部分矿渣，替代后水泥中的粒化高炉矿渣不得少于20%。

火山灰质水泥：由水泥熟料、20%～50%火山灰质掺合料、适量石膏磨制的水泥，代号为P·P。

粉煤灰水泥：由水泥熟料、20%～40%的粉煤灰、适量石膏磨制的水泥，代号为P·F。

（3）水泥按主要技术特性分为：

① 快硬性（水硬性）：分为快硬和特快硬两类；

② 水化热：分为中热和低热两类；

③ 抗硫酸盐性：分中抗硫酸盐腐蚀和高抗硫酸盐腐蚀两类；

④ 膨胀性：分为膨胀和自应力两类；

⑤ 耐高温性：铝酸盐水泥的耐高温性以水泥中氧化铝含量分级。

（三）水泥的命名

水泥的命名按不同类别分别以水泥的主要水硬性矿物、混合材料、用途和主要特性进行，并力求简明准确，名称过长时，允许有简称。

通用水泥以水泥的主要水硬性矿物名称冠以混合材料名称或其他适当名称命名。

专用水泥以其专门用途命名，并可冠以不同型号。

特性水泥以水泥的主要水硬性矿物名称冠以水泥的主要特性命名，并可冠以不同型号或混合材料名称。

以火山灰性或潜在水硬性材料以及其他活性材料为主要组分的水泥是以主要组成成分的名称冠以活性材料的名称进行命名，也可再冠以特性名称，如石膏矿渣水泥、石灰火山灰水泥等。

几种水泥的命名举例如下：

（1）水泥：加水拌和成塑性浆体，能胶结砂、石等材料，既能在空气中硬化又能在水中硬化的粉末状水硬性胶凝材料。

（2）硅酸盐水泥：由硅酸盐水泥熟料、0%～5%石灰石或粒化高炉矿渣和适量石膏磨细制成的水硬性胶凝材料，分P·Ⅰ和P·Ⅱ，即国外通称的波特兰水泥。

（3）普通硅酸盐水泥：由硅酸盐水泥熟料、6%～15%混合材料和适量石膏磨细制成的水硬性胶凝材料，简称普通水泥，代号：P·O。

（4）矿渣硅酸盐水泥：由硅酸盐水泥熟料、20%～70%粒化高炉矿渣和适量石膏磨细制成的水硬性胶凝材料，代号：P·S。

（5）火山灰质硅酸盐水泥：由硅酸盐水泥熟料、20%～50%火山灰质混合材料和适量石膏磨细制成的水硬性胶凝材料，代号：P·P。

（6）粉煤灰硅酸盐水泥：由硅酸盐水泥熟料、20%～40%粉煤灰和适量石膏磨细制成的水硬性胶凝材料，代号：P·F。

（7）复合硅酸盐水泥：由硅酸盐水泥熟料、20%～50%两种或两种以上规定的混合材料和适量石膏磨细制成的水硬性胶凝材料，简称复合水泥，代号P·C。

（8）中热硅酸盐水泥：以适当成分的硅酸盐水泥熟料、加入适量石膏磨细制成的具有中等水化热的水硬性胶凝材料。

（9）低热矿渣硅酸盐水泥：以适当成分的硅酸盐水泥熟料、加入适量石膏磨细制成的具有低水化热的水硬性胶凝材料。

（10）快硬硅酸盐水泥：由硅酸盐水泥熟料加入适量石膏，磨细制成早强度高的以3d抗压强度表示强度等级的水泥。

（11）抗硫酸盐硅酸盐水泥：由硅酸盐水泥熟料，加入适量石膏磨细制成的抗硫酸盐腐蚀性能良好的水泥。

（12）白色硅酸盐水泥：由氧化铁含量少的硅酸盐水泥熟料加入适量石膏，磨细制成的白色水泥。

（13）道路硅酸盐水泥：由道路硅酸盐水泥熟料，0%～10%活性混合材料和适量石膏磨细制成的水硬性胶凝材料，简称道路水泥。

（14）砌筑水泥：由活性混合材料，加入适量硅酸盐水泥熟料和石膏磨细制成，主要用于砌筑砂浆的低强度等级水泥。

（15）油井水泥：由适当矿物组成的硅酸盐水泥熟料、适量石膏和混合材料等磨细制成的适用于一定井温条件下油、气井固井工程用的水泥。

（16）石膏矿渣水泥：以粒化高炉矿渣为主要组分材料，加入适量石膏、硅酸盐水泥熟料或石灰磨细制成的水泥。

二、水泥工业的发展概况

自从波特兰水泥诞生、形成水泥工业性产品批量生产并实际应用以来，水泥工业的发展历经多次变革，工艺和设备不断改进，品种和产量不断扩大，质量和管理水平不断提高。

（一）世界水泥的发展概况

第一次产业革命催生了硅酸盐水泥的问世。第二次产业革命的兴起，推动了水泥生产设备的更新。世界水泥生产的发展历史节点如下：

（1）1756 年，英国工程师 J. 斯米顿在研究某些石灰在水中硬化的特性时发现：要获得水硬性石灰，必须采用含有黏土的石灰石来烧制；用于水下建筑的砌筑砂浆，最理想的成分是由水硬性石灰和火山灰配成。这个重要的发现为近代水泥的研制和发展奠定了理论基础。

（2）1796 年，英国人 J. 帕克用泥灰岩烧制出了一种水泥，外观呈棕色，很像古罗马时代的石灰和火山灰混合物，命名为罗马水泥。因为它是采用天然泥灰岩作原料，不经配料直接烧制而成的，故又名天然水泥。其具有良好的水硬性和快凝特性，特别适用于与水接触的工程。

（3）1813 年，法国土木技师毕加发现了石灰和黏土按三比一混合制成的水泥性能最好。

（4）1824 年，英国建筑工人约瑟夫·阿斯谱丁（Joseph Aspdin）发明了水泥并取得了波特兰水泥的专利权。他用石灰石和黏土为原料，按一定比例配合后，在类似于烧石灰的立窑内煅烧成熟料，再经磨细制成水泥。因水泥硬化后的颜色与英格兰岛上波特兰地方用于建筑的石头相似，被命名为波特兰水泥。它具有优良的建筑性能，在水泥史上具有划时代的意义。

（5）1825 年，人类用间歇式的土窑烧成水泥熟料。

（6）1871 年，日本开始建造水泥厂。

（7）1877 年，英国的克兰普顿发明了回转窑，取得了回转窑烧制水泥熟料的专利权，并于 1885 年经兰萨姆改革成更好的回转窑。

（8）1893 年，日本远藤秀行和内海三贞二人发明了不怕海水的硅酸盐水泥。

（9）1905 年，发明了湿法回转窑。

（10）1907 年，法国比埃利用铝矿石的铁矾土代替黏土，混合石灰岩烧制成了水泥。由于这种水泥含有大量的氧化铝，所以叫作“矾土水泥”。

（11）1910 年，立窑实现了机械化连续生产，发明了机立窑。

（12）1928 年，德国人发明了立波尔窑，使窑的产量明显提高，热耗降低。

（13）1950年，悬浮预热器的发明，更使熟料热耗大幅度降低，熟料冷却设备也有了较大发展，其他的水泥制造设备也不断更新换代。该年全世界水泥总产量为1.3亿t。

20世纪，人们在不断改进波特兰水泥性能的同时，研制成功了一批适用于特殊建筑工程的水泥，如高铝水泥、特种水泥等。全世界的水泥品种已发展到100多种。

（14）1971年，日本将德国的悬浮预热器技术引进之后，开发了水泥窑外分解技术，从而带来了水泥生产技术的重大突破，解开了现代水泥工业的新篇章。各具特色的预分解窑相继发明，形成了新型干法水泥生产技术。

随着原料预均化、生料均化、高功能破碎与粉磨和X射线荧光分析等在线检测方法的发展，以及计算机及自动控制技术的广泛应用，新型干法水泥生产的质量明显提高，在节能降耗方面取得了突破性的进展，生产规模不断扩大，熟料质量明显提高，体现出新型干法水泥工艺独特的优越性。

20世纪70年代中叶，水泥厂的矿山开采、原料破碎、生料制备、熟料煅烧、水泥制备以及包装等生产环节均实现了自动控制。新型干法水泥窑开始逐步取代湿法、普通干法和机立窑等生产设备和水泥生产工艺。

1980年，全世界水泥产量为8.7亿t；2000年，全世界水泥产量为16亿t；2007年水泥年产量约20亿t。

（二）世界水泥工业现状

2007—2017年全球水泥产量走势见图4-1。

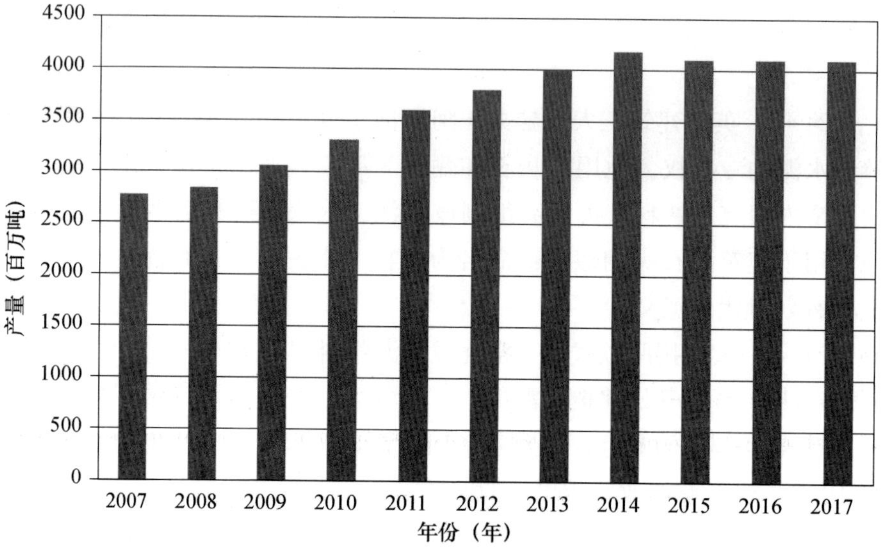

图4-1　世界水泥产量走势

根据相关资料显示，2017年，全球有159个国家和地区生产水泥，或在综合水泥厂或在粉磨站。2017年，全球（除中国）水泥总产能为24.9亿t，这159个国家中有141个国家拥有熟料工厂，有18个国家只有粉磨站，需要进口熟料进行水泥生产。全球（除中国外）总计拥有671家企业在从事水泥生产加工工作，其中：综合水泥工厂有 1523 座，粉磨站有 564 家。全球（除中国外）产量位于前三甲的水泥集团分别是：法国瑞士的拉法基-豪瑞（LH）、德国的海德堡（HC）和墨西哥的西麦克斯（Cemex）。

当前世界上水泥产量最大的 10 个国家见图 4-2。该排名统计截止于 2017 年 11 月，包含了所有已建成的综合水泥厂和粉磨站，那些还在建设或者拟建的工厂产能暂未统计在内。

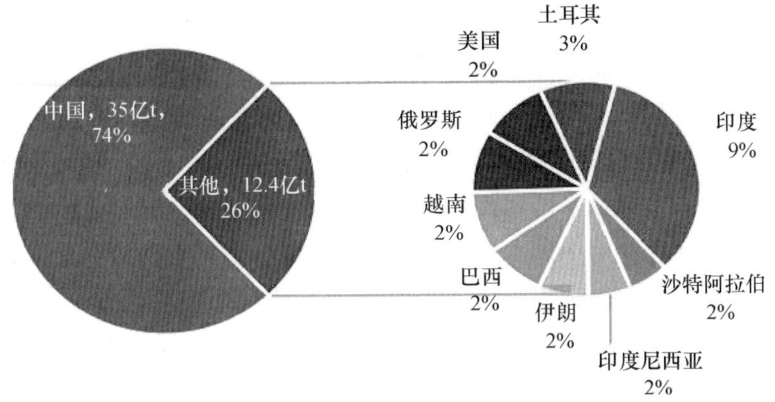

图 4-2　当前世界上水泥产量最大的 10 个国家

（三）中国水泥的发展概况

中国水泥工业自 1889 年开始建立水泥厂，迄今已有 100 多年的历史。水泥工业先后经历了初期创建、早期发展、衰落停滞、快速发展及结构调整等阶段，展现了中国水泥工业漫长、曲折和辉煌的历史。

（1）1889 年，中国第一家水泥厂——河北唐山细绵土厂（后改组为启新洋灰公司，现为启新水泥厂）建立，于 1892 年建成投产。

1889—1937 年的 50 年间，中国水泥工业发展非常缓慢，最高水泥总产量仅为 114 万 t。这一阶段是中国水泥的早期发展阶段。

（2）1937—1945 年，中国先后建设了哈尔滨、本溪、小屯、抚顺、锦西、牡丹江、工源、琉璃河、重庆、辰西、嘉华、昆明、贵阳、泰和等水泥厂。1946—1949 年，又建设了华新、江南等水泥厂。这些水泥厂大多数是由外国人主持设计和建设，生产设备也主要来自国外。因为战乱，水泥厂都不能稳定地生产。1949 年，全国水泥总产量为 66 万 t。这一阶段是中国水泥工业的衰落停滞阶段。

（3）自 1949 年中华人民共和国成立后，水泥工业得到了迅速发展。中国在 1952 年制定了第一个全国统一标准，确定水泥生产以多品种多强度等级为原则，并将波特兰水泥按其所含的主要矿物组成改称为矽酸盐水泥，后又改称为硅酸盐水泥至今。20 世纪 50～60 年代，中国开始研制湿法回转窑和半干法立波尔窑成套设备，并进行预热器窑的试验，使中国水泥生产技术和生产设备取得了较大进步。这期间，先后新建、扩建了 30 多个重点大中型湿法回转窑和半干法立波尔窑生产企业，同期还建设了一批立窑水泥企业。在70～80年代，中国自行研制的日产700t、1000t、1200t、2000t熟料的预分解窑生产线在新疆、江苏、上海、辽宁和江西等地建成投产。到20世纪80年代末，中国新型干法水泥生产能力已占大中型水泥厂生产能力的1/4。改革开放以来，中国水泥生产年产量平均增长12%以上，1985年，中国水泥产量跃居世界第一并保持至今。2000年，中国水泥总产量达5.5亿t。

（四）中国水泥工业现状

多年以来，中国一直是世界上水泥产能最大的国家。2017年，中国的水泥产能仍然是世界排名第一。根据美国地质调查局（USGS）的数据显示，中国目前的水泥产能在25亿t左右，但是其他的一些来源则指出中国目前的水泥产能已经高达35亿t。虽然中国水泥产能巨大，但是中国水泥市场仍然主要由一些大型的本土水泥生产企业所掌控，国外跨国水泥企业对中国水泥市场的影响非常有限。

根据国家发展改革委的数据显示，2017年前8个月中国总计生产水泥15亿t，较2016年同期下降0.5%，而2016年前8个月的水泥产量较2015年则同比增长2.5%。如果根据2016年生产水泥24亿t的产量进行推算，2017年中国全年的水泥产量预计在23.8亿t。

2017年3月，国家发展改革委的报告显示中国考虑削减全国水泥产能10%。中国国家规划机构在2017年3月6日宣布，国家正推进削减包括煤炭、钢铁和水泥在内的一些行业的产能。水泥计划削减10%，但是政府尚未公布实现这一目标的具体方法和时间表。大规模的合并可能是方法之一，此外，大批量的小型生产商可能被迫关闭。目前，中国一些省份已经拆除了大量的水泥厂，以使得其水泥产能恢复到更加适当的水平。

2017年，中国水泥熟料产能前十名见图4-3。

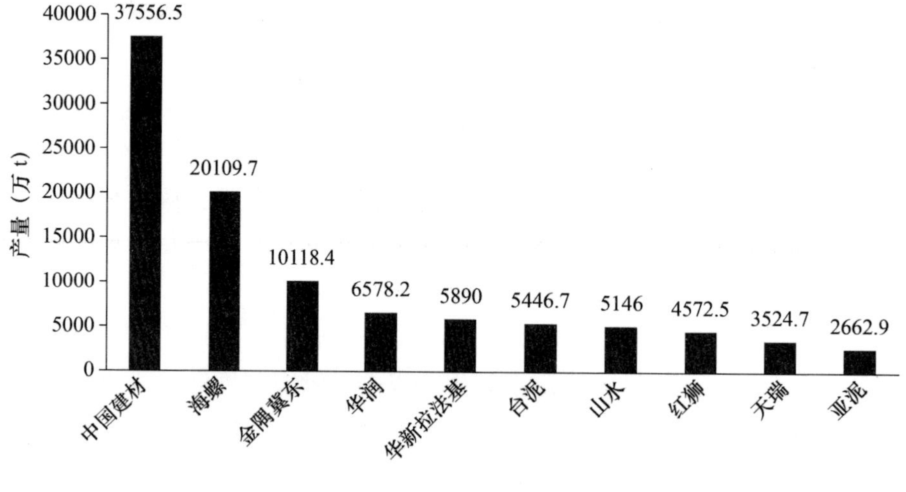

图4-3　2017年中国水泥熟料产能排名

三、水泥工业的发展趋势

现今，世界水泥工业的主体仍是新型干法水泥窑。未来发展的趋势如下：

1. 水泥生产线能力的大型化

20 世纪 70 年代，世界水泥生产线的建设规模为 1000～3000t/d；80 年代发展为 3000～5000t/d；在 90 年代达到 4000～10000t/d。目前，最大生产线为 12000t/d。

2. 矿山数字化

矿山数字化包括：矿山采场实时可视化监控；矿山地测采数字化；在线品位分析仪联网使用；矿山统一通信技术；采矿生产调度自动化；矿山能源管理自动化；矿山水、气、油、电消耗采集自动化；矿山生产、安全软件系统；矿山其他软件系统；矿山管控一体化平台等。

3. 水泥工业的生态化

从 20 世纪 70 年代开始，欧洲一些水泥公司就开始采用废弃物替代水泥生产所用的自然资源的研究。随着科学技术的发展和人们环保意识的增强，可持续发展的问题越来越得到重视。越来越多的水泥厂采用了不可燃废弃物代替混合材、可燃废弃物替代煤炭的技术，而且原材料的替代率也越来越高。例如：瑞士 HOLCIM 水泥公司使用可燃废弃物替代燃料已达 80%以上，法国 LAFARGE 水泥公司的燃料替代率达 50%以上；美国大部分水泥厂利用可燃废物替代煤炭；日本有一半的水泥厂处理各种废弃物；欧洲的水泥公司每年都要焚烧处理 100 多万 t 有害废弃物。

为实现可持续发展，与生态环境和谐共存，世界水泥工业的发展动态如下：

① 最大限度地减少粉尘、SO_2、NO_x、CO_2 等污染物排放；

② 加强余热利用，最大限度地减少水泥热耗及电耗；

③ 不断提高原燃料替代比例；

④ 努力提高窑系统运转率；

⑤ 实现高智能的生产自动控制；

⑥ 不断提高管理水平。

4. 水泥生产的智能化

运用信息化技术，实现水泥生产过程中的自动化和智能化，创新各种工艺过程的专家系统，实现远程控制和无人化操作，保证水泥生产运行稳定，提高熟料品质，实现销售网络逐渐电子化、网络化，是水泥智能化的发展方向。

第二节　新型干法水泥生产工艺

一、新型干法水泥生产工艺概述

20 世纪 50～70 年代出现的悬浮预热和预分解技术（即新型干法水泥技术）大大提

高了水泥窑的热效率和单机生产能力，以其技术先进性、设备可靠性、生产适应性和工艺性能优良等特点，促进水泥工业向大型化进一步发展，也是实现水泥工业现代化的必经之路。

新型干法水泥生产技术是指以悬浮预热和窑外预分解技术为核心，把现代科学技术和工业生产的最新成果广泛地应用于水泥生产的全过程，形成一套具有现代高科技特征和符合优质、高产、节能、环保以及大型化、自动化的现代水泥生产方法。

新型干法水泥生产的工艺过程按主要生产环节分为：矿山采运（自备矿山时，包括矿山开采、破碎、均化）、生料制备（包括物料破碎、原料预均化、原料的配比、生料的粉磨和均化等）、熟料煅烧（包括煤粉制备、熟料煅烧和冷却等）、水泥的粉磨（包括粉磨站）与水泥包装（包括散装）等。其中：生料制备是指石灰质原料、黏土质原料和少量的铁铝校正材料经破碎后，按一定比例配合、磨细并调配成成分合适、质量均匀的生料。生料在水泥窑内煅烧至部分熔融得到以硅酸钙为主要成分的硅酸盐水泥熟料。熟料加适量石膏或适量混合材、外加剂等共同磨细，包装出厂或散装出厂。

由于生料制备的主要工序是生料粉磨，水泥制成及出厂的主要工序是水泥的粉磨，中间有个烧制的过程，因此，也可将水泥的生产过程即生料制备、熟料煅烧、水泥制成及出厂这三个环节概括为“两磨一烧”。

新型干法水泥生产的工艺流程见图 4-4。

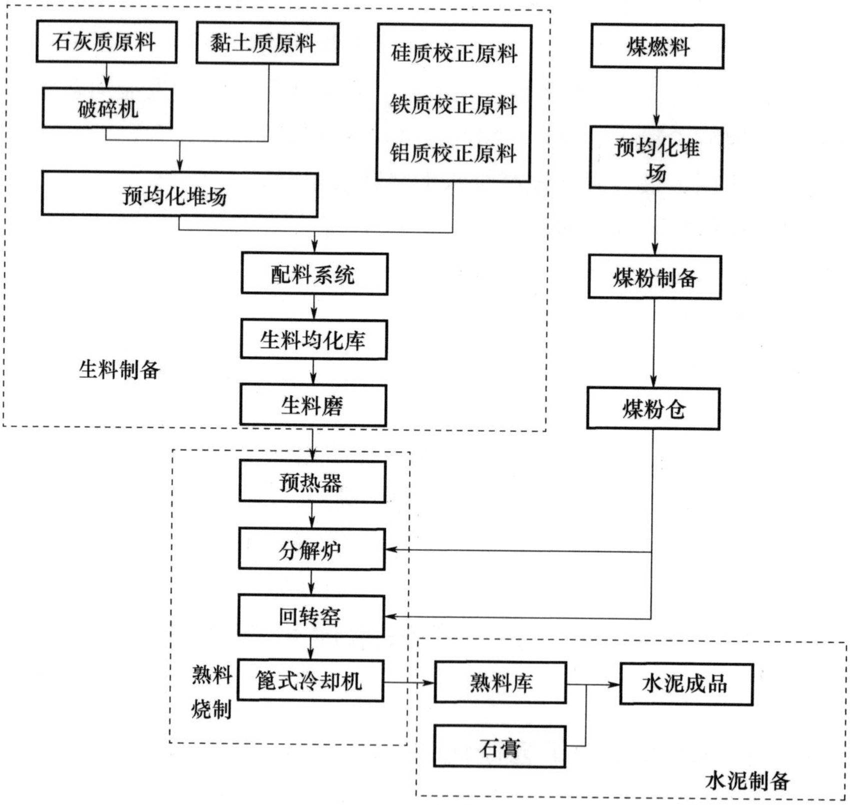

图 4-4　新型干法水泥生产工艺流程图

二、新型干法水泥生产原料

（一）水泥生产原材料种类

生产硅酸盐水泥熟料的原材料分为主要原料和辅助材料。主要原料有石灰质原料（主要提供 CaO）和黏土质原料（主要提供 SiO_2、Al_2O_3、Fe_2O_3）。此外，还需要补足某些成分不足的校正原料，称为辅助材料。辅助材料有校正原料、外加剂、燃料、缓凝剂和混合材料。在实际生产过程中，根据具体生产情况有时还需要加入一些其他材料，例如，加入矿化剂、助熔剂以改善生料的易烧性和液相性质等；加入助磨剂以提高磨机的粉磨效果等。在水泥的制成过程中，还需要在熟料中加入缓凝剂以调节水泥凝结时间，加入混合材共同粉磨以改善水泥性质和增加水泥产量。

通常，生产 1t 硅酸盐水泥熟料约消耗 1.6t 干原料，其中：干石灰质原料占 80%左右，干黏土原料占 10%～15%。

生产水泥的各种原材料种类见表 4-1。

表 4-1　生产硅酸盐水泥的原材料种类

类别		名称	备注
主要原料	石灰质原料	石灰石、白垩、贝壳、泥灰岩、电石渣等	生产水泥熟料
	黏土质原料	黏土、黄土、页岩、千枚岩、河泥、粉煤灰等	
校正原料	铁质校正原料	硫铁矿渣、铁矿石、铜矿渣	生产水泥熟料
	硅质校正原料	河砂、砂岩、粉砂岩、硅藻土等	
	铝质校正原料	炉渣、煤矸石、铝矾土等	
外加剂	矿化剂	萤石、萤石-石膏、硫铁矿、金属尾矿等	生产水泥熟料
	晶种	熟料	生产水泥熟料
	助磨剂	亚硫酸盐纸浆废液、三乙醇胺、醋酸钠	生料、水泥粉磨
燃料	固体燃料	烟煤、无烟煤	为生产水泥熟料提供热源
	液体燃料	重油	
缓凝材料		石膏、硬石膏、磷石膏、工业副产品石膏等	制作水泥
混合材料		粒化高炉矿渣、石灰石等	制作水泥

（二）水泥生料原料

1. 石灰质原料

凡是以碳酸钙为主要成分的原料都属于石灰质原料。石灰质原料可以分为天然石灰质原料和人工石灰质原料两类。常见的天然石灰质原料有：石灰石、泥灰岩、白垩、大理石、海生贝壳等。中国水泥工业生产中常用的是含有碳酸钙的天然石灰石，其次是泥灰岩，个别小水泥厂采用白垩和贝壳作为原料。

中国部分水泥厂所用的石灰石、泥灰岩、白垩等化学成分见表 4-2。

表 4-2　部分水泥厂石灰质原料化学成分（%）

厂名	名称	烧失量	SiO_2	Al_2O_3	Fe_2O_3	CaO	MgO	Na_2O+K_2O	SO_3	Cl^-
冀东	石灰石	38.49	8.04	2.07	0.91	48.04	0.82	0.80	—	0.00057
宁国		41.30	3.99	1.03	0.47	51.91	1.17	0.13	0.27	0.003
江西		41.59	2.50	0.92	0.59	53.17	0.47	0.11	0.02	0.0038
新疆		42.23	3.01	0.28	0.20	52.98	0.50	0.09	0.13	0.006
双阳		42.48	3.03	0.32	0.16	54.20	0.36	0.06	0.02	—
华新		39.83	5.82	1.77	0.82	49.74	1.16	0.23	—	—
贵州	泥灰岩	40.24	4.86	2.08	0.80	50.69	0.91	—	—	—
北京		36.59	10.95	2.64	1.76	45.00	1.20	1.45	0.02	0.001
偃师	白垩	36.37	12.22	3.26	1.40	45.84	0.81	—	—	—
浩良河	大理岩	42.20	2.70	0.53	0.27	51.23	2.44	0.13	0.10	0.004

（1）原料分类

① 石灰石

石灰质原料最广泛使用的就是石灰石。石灰石是由碳酸钙组成的化学与生物沉积岩，其主要矿物由方解石（$CaCO_3$）微粒组成，并常含有白云石（$CaCO_3 \cdot MgCO_3$）、石英（结晶 SiO_2）、燧石（主要成分是 SiO_2）、黏土质及铁质等杂质。由于所含杂质不同，按矿物组成又可将石灰石分为白云质石灰岩、硅质石灰岩、黏土质石灰岩等。它是一种具有微晶或潜晶结构的致密岩石，其矿床的结构多为层状、块状及条带状。

纯净的石灰石在理论上含有 56％的 CaO 和 44％的 CO_2。但实际上，自然界中的石灰石常因杂质的含量不同而呈灰青、灰白、灰黑、淡黄及红褐色等不同的颜色。石灰石一般呈块状，结构致密，性脆，含水率一般不大于 1.0％，但夹杂着较多黏土杂质的石灰石，其水分含量一般较高。

石灰质原料在水泥生产中的主要作用是提供 CaO，其次还提供 SiO_2、Al_2O_3、Fe_2O_3，并同时带入少许杂质，如 MgO、R_2O（Na_2O+K_2O）、SO_3 等。

石灰石的主要有害成分为 MgO、R_2O（Na_2O+K_2O）和游离 SiO_2，尤其对 MgO 含量应给以足够的注意。

② 泥灰岩

泥灰岩是由碳酸钙和黏土物质同时沉积所形成的均匀混合的沉积岩，属于石灰岩向黏土过渡的中间类型岩石。其主要矿物也是方解石，常见的为粗晶粒状结构、块状结构。

泥灰岩因含有黏土量不同，其化学成分和性质也随着变化。如果泥灰岩中的 CaO 含量超过 45％，称为高钙泥灰岩；若其 CaO 含量小于 43.5％，称为低钙泥灰岩。

③ 白垩

白垩是海生生物外壳与贝壳堆积而成，富含生物遗骸，主要是由隐晶或无定形细粒疏松组成的石灰岩，其主要成分是碳酸钙，含量为80%～90%，有的碳酸钙含量可达90%以上。

白垩一般呈黄白或乳白色，有的因风化或含有不同的杂质而呈淡灰、浅黄、浅褐色等。白垩质地松而软，便于采掘。

白垩多藏于石灰石地带，一般在黄土层下，土层较薄，有些产地离石灰岩很近。中国河南省生产白垩。

（2）石灰质原料质量要求

石灰质原料的一般质量指标要求见表4-3。

表4-3　石灰质原料的质量要求（%）

成分	CaO	MgO	f-SiO_2	SO_3	Na_2O+K_2O
含量	≥48	≤3	≤4	≤1	≤0.6

（3）石灰质原料性能测试方法

石灰质原料的性能测试方法见表4-4。

表4-4　石灰质原料测试方法

测试指标	分析方法	参考标准
元素含量	化学分析方法	《水泥化学分析方法》（GB/T 176—2017）
分解温度	差热分析法	
矿物组成	X射线衍射	
晶粒特性	透射电子显微镜	
杂质特性	电子探针	

2. 黏土质原料

黏土质原料的主要化学成分为SiO_2，其次是Al_2O_3、Fe_2O_3和CaO。在水泥生产中，它主要提供生产水泥熟料所需要的酸性氧化物（SiO_2、Al_2O_3、Fe_2O_3）。

中国水泥工业采用的天然黏土质原料有黏土、黄土、页岩、泥岩、粉砂岩及河泥等。其中使用最多的是黏土和黄土。随着国民经济的发展以及水泥厂大型化的趋势，为保护耕地，不占农田，近年来多采用页岩、粉砂岩等作为黏土质原料。

（1）原料分类

① 黏土

黏土是多种细微的呈疏松状或胶状密实的含水铝硅酸盐矿物的混合体。黏土一般是由富含长石等铝硅酸盐矿物的岩石经漫长地质年代风化而形成的。它包括华北及西北地区的红土、东北地区的黑土与棕壤、南方地区的红壤与黄壤等。

纯黏土的组成近似于高岭石（$Al_2O_3\cdot 2SiO_2\cdot 2H_2O$），但由于形成和产地的差别，水泥生产采用的黏土常含有各种不同的矿物，不能用一个固定的化学式来表示。根据主导矿物的不同，可将黏土分为高岭石类、蒙脱石类、水云母类。不同类别的黏土矿物，其工艺性能的比较见表 4-5。

表 4-5　不同黏土矿物的工艺性能

黏土类型	主导矿物	黏粒含量	可塑性	热稳定性	结构水脱水温度（℃）	分解至最高活性温度（℃）
高岭石类	$Al_2O_3\cdot 2SiO_2\cdot 2H_2O$	很高	好	良好	480～600	600～800
蒙脱石类	$Al_2O_3\cdot 4SiO_2\cdot nH_2O$	高	很好	优良	550～750	500～700
水云母类	水云母、伊利石等	低	差	差	550～650	400～700

黏土广泛分布于中国的华北、西北、东北及南方地区。黏土中常常含有石英砂、方解石、黄铁矿、碳酸镁、碱及有机物等杂质，且因所含杂质不同而颜色不同，多呈现黄色、棕色、红色、褐色等，其化学成分也相差较大，但主要含 SiO_2、Al_2O_3 以及少量的 Fe_2O_3、CaO、MgO、R_2O（Na_2O+K_2O）、SO_3 等。

② 黄土

黄土是没有层理的黏土与微粒矿物的天然混合物。其成因以风积为主，也有成因于冲积、坡积、洪积和淤积的。

黄土的化学成分以 SiO_2 和 Al_2O_3 为主，其次含有 Fe_2O_3、CaO、MgO 以及 R_2O（Na_2O+K_2O）、SO_3 等。其中 R_2O 含量高达 3.5%～4.5%。黄土以黄褐色为主，其矿物组成较复杂，黏土矿物以伊利石为主，蒙脱石次之，非黏土矿物有石英、长石以及少量的白云母、方解石、石膏等矿物。由于黄土中含有细粒状、斑点状、薄膜状和结核状的碳酸钙，因此，一般黄土中的 CaO 含量达 5%～10%，碱含量主要由白云母、长石等带入。

③ 页岩

页岩是黏土经过长期胶结而成的黏土岩。一般形成于海相或陆相沉积，或形成于海相和陆相交互沉积。

页岩的主要成分是 SiO_2 和 Al_2O_3，还有少量的 Fe_2O_3 以及 R_2O 等，化学成分类似于黏土，可作为黏土使用，但其硅酸率较低，配料时通常需要掺加其他硅质校正原料。页岩的主要矿物是石英、长石、云母、方解石以及其他岩石碎屑。

页岩颜色不定，一般为灰黄色、灰绿色、黑色及紫色，结构致密坚实，层理发育通常呈页状或薄片状，含碱量 2%～4%。

④ 粉砂岩

粉砂岩是由直径为 0.01～0.1mm 的粉砂经长期胶结变硬后的碎屑沉积岩。粉砂岩的主要矿物是石英、长石、黏土等，胶结物质有黏土质、硅质、铁质及碳酸盐质。颜色呈淡黄色、淡红色、淡棕色和紫红色等。硬度取决于胶结程度，一般疏松，但也有较坚硬的。粉砂岩的含碱量为 2%～4%。

⑤ 河泥类

河泥是由于江、河、湖、泊的水流流速分布不同，挟带的泥沙分级沉降产生的。

其成分取决于河岸崩塌物和流域内地表流失土的成分。如果在固定的江河地段采掘，则其化学成分相对稳定，颗粒级配均匀。使用河泥类材料不仅不占用农田，而且有利于江河的疏通。

（2）黏土质原料品质要求

黏土质原料的一般质量要求见表 4-6。

表 4-6　黏土质原料的质量要求

品位	硅率（*n*）	铝率（*p*）	MgO（%）	R_2O（%）	SO_3（%）
一等品	2.7～3.5	1.5～3.5	＜3.0	＜4.0	＜2.0
二等品	2.0～2.7 或 3.5～4.0	不限	＜3.0	＜4.0	＜2.0

为了便于配料又不掺硅质校正材料，要求黏土质原料硅率最好为 2.7～3.1，铝率为 1.5～3.0，此时黏土质原料中的氧化硅含量应为 55%～72%。如果黏土硅率过高（＞3.5），则可能是含粗砂粒（＞0.1mm）过多的砂质土；如果硅率过小（＜2.3～2.5），则是以高岭石为主导矿物的黏土，此时要求石灰质原料含有较高的 SiO_2，否则就要添加难磨难烧的硅质校正原料。

所选黏土质原料尽量不含碎石、卵石，粗砂含量应＜5.0%，这是因为粗砂为结晶状态的游离 SiO_2，对粉磨不利，未磨细的结晶 SiO_2 会严重恶化生料的易烧性。若每增加 1%的结晶 SiO_2，在 1400℃煅烧时熟料中的游离 CaO 将提高近 0.5%。

当黏土质原料 n=2.0～2.7 时，一般需掺加硅质原料来提高含硅量；当 n=3.5～4.0 时，一般需要一等品或含硅量低的二等品黏土质原料搭配使用，或掺加铝质校正原料。

（3）黏土质原料性能测试方法

黏土质原料的性能测试方法见表 4-7。

表 4-7　黏土质原料测试方法

测试指标	分析方法	行业标准
元素含量	化学分析方法	《水泥用硅质原料化学分析方法》（JC/T 874—2009）
分解温度	差热分析法	
矿物组成	X 射线衍射	
晶粒特性	透射电子显微镜	
杂质特性	电子探针	

另外，对黏土质原料中的粗粒石英含量、晶粒大小和形态要予以足够的重视，因为当石英含量为 70.5%、粒径超过 0.5mm 时，就会显著影响生料的易烧性。

3. 校正原料

当石灰质原料和黏土质原料配合所得的生料成分不能符合配料方案要求时，必须根据所缺少的组分掺加相应的原料，这些以补充某些成分不足为主要目的的原料称为校正原料。

校正原料分为铁质校正原料、硅质校正原料和铝质校正原料三种。

（1）校正原料类别

① 铁质校正原料

当氧化铁含量不足时，应掺加氧化铁含量大于40%的铁质校正原料。常用的铁质校正原料有低品位的铁矿石、炼铁厂尾矿及硫酸厂工业废渣-硫铁渣等。硫铁矿渣的主要成分为 Fe_2O_3，其含量大于50%，棕褐色粉末，含水率较高。

有的水泥厂采用铅矿渣、铜矿渣代替铁粉，不仅可以用作校正原料，而且其中所含的 FeO 还能降低烧成温度和液相黏度，起到矿化剂作用。

几种铁质校正原料的化学成分分析见表4-8。

表4-8 几种铁质校正原料的化学成分分析（%）

种类	烧失量	SiO_2	Al_2O_3	Fe_2O_3	CaO	MgO	FeO	CuO
低品位铁矿石	3.25	46.09	10.37	42.70	0.73	0.14	—	—
硫铁矿渣	3.18	26.45	4.45	60.30	2.34	2.22	—	—
铜矿渣	4.09	38.40	4.69	10.29	8.45	5.27	30.90	—
铅矿渣	3.10	30.56	6.94	12.93	24.20	0.60	27.30	0.13

② 硅质校正原料

当生料中 SiO_2 含量不足时，需要掺加硅质校正原料。常用的硅质校正原料有硅藻土、硅藻石、富含 SiO_2 的河砂、砂岩、粉砂岩等。但是，砂岩中的矿物主要是石英，其次是长石，结晶 SiO_2 对粉磨和煅烧都有不利影响，所以要尽可能少采用。河砂的石英结晶更为粗大，只有在无砂岩等矿源时才采用。最好采用风化砂岩或粉砂岩，其 SiO_2 含量不太低，但易于粉磨，对煅烧影响小。

几种硅质校正原料的化学成分分析见表4-9。

表4-9 几种硅质校正原料的化学成分分析（%）

种类	烧失量	SiO_2	Al_2O_3	Fe_2O_3	CaO	MgO	总计	SM
砂岩	8.46	62.92	12.74	5.22	4.34	1.35	95.03	3.50
砂岩	3.79	78.75	9.67	4.34	0.47	0.44	97.46	5.62
河砂	0.53	89.68	6.22	1.34	1.18	0.75	99.70	11.85
粉砂岩	5.63	67.28	12.33	5.14	2.80	2.33	95.51	3.85

③ 铝质校正原料

当生料中的 Al_2O_3 含量不足时，需要掺加铝质校正原料。常用的铝质校正原料有炉渣、煤矸石、铝矾土等。

几种铝质校正原料的化学成分分析见表4-10。

表 4-10 几种铝质校正原料的化学成分分析（%）

种类	烧失量	SiO_2	Al_2O_3	Fe_2O_3	CaO	MgO	总计
铝矾土	22.11	39.78	35.36	0.93	1.60	—	99.78
煤渣灰	9.54	52.40	27.64	5.08	2.34	1.56	98.56
煤渣	12.98	55.68	29.32	7.54	5.02	0.93	98.49

（2）校正原料质量要求

校正原料的一般质量要求见表 4-11。

表 4-11 校正原料的质量要求

校正原料	硅率	SiO_2（%）	R_2O（%）
硅质	＞4.0	70～90	＜4.0
铝质	Al_2O_3＞30（%）		
铁质	Fe_2O_3＞40（%）		

（3）校正原料测试方法

校正原料的性能测试方法见表 4-12。

表 4-12 校正原料测试方法

测试指标	行业标准
硅质	《水泥用硅质原料化学分析方法》（JC/T 874—2009）
铝质	—
铁质	《水泥用铁质原料化学分析方法》（JC/T 850—2009）

三、水泥生产燃料

水泥工业是消耗大量燃料的企业。燃料按其物理形态可分为固体燃料、液体燃料和气体燃料三种。中国水泥工业生产一般采用固体燃料，以煤为主。

1. 煤的分类

煤可分为无烟煤、烟煤和褐煤。

（1）无烟煤

无烟煤又叫硬煤、白煤，是一种碳化程度高、干燥无灰基挥发分含量小于 10%的煤。其收缩基低位热值一般为 5000～7000kcal/kg。

无烟煤结构致密坚硬，有金属光泽，密度较大，含碳量高，着火温度为 600～700℃，燃烧火焰短，是立窑煅烧熟料的主要燃料。

（2）烟煤

烟煤是一种碳化程度较高、干燥灰分基挥发分含量为 15%～40%的煤。其收缩基低位热值一般为 5000～7500kcal/kg。

烟煤结构致密，较为坚硬，密度较大，着火温度为400～500℃，燃烧火焰短，是回转窑煅烧熟料的主要燃料。

（3）褐煤

褐煤是一种碳化程度较浅的煤，有时可清楚地看出原来的木质痕迹。其挥发分含量较高，可燃基挥发分可达40%～60%，灰分20%～40%，热值为450～2000kcal/kg。褐煤中自然水分含量大，性质不稳定，易风化或粉碎。

2. 煤的质量要求

水泥工业用煤的一般质量要求见表4-13。

表4-13　水泥工业用煤的质量要求

窑型	灰分（%）	挥发分（%）	硫（%）	低位发热量（kcal/kg）
湿法窑	≤28	18～30	—	≥5200
立波尔窑	≤25	18～80	—	≥5500
机立窑	≤35	≤15	—	≥4500
预分解窑	≤28	22～32	≤3	≥5200

3. 煤的测试方法

煤的性能测试方法见表4-14。

表4-14　煤的测试方法

测试指标	国家标准
水分	《煤的工业分析方法》（GB/T 212—2008）
灰分	
挥发分	
固定碳	

四、水泥生料制备工艺

生料制备是水泥原料加工处理的过程，它又包括了原料的破碎及预均化和生料的粉磨及预均化等步骤。从矿山开采得到的原料都是块度很大的石料，这种原料的硬度大，难以直接进行粉磨、烧制。破碎过程就是将大块原料尽可能地破碎成粒度小且均匀的物料，以减轻粉磨设备的负荷，提高磨机产量。原料经过破碎处理后，可以尽可能地减少因运输和贮存引起的不同粒度原料分离的现象，有利于下一步对原料的均化。原料预均化是提高水泥生料成分稳定性、提高生产质量的工艺。均化堆料的方法有很多种，主要的几种方式有："人"字形堆料法、水平层堆料法、波浪形堆料法、横向倾斜层堆料法。然后根据不同的堆料方法采取端面取料、侧面取料或者底部取料。这样可以尽可能降低因开采、运输等因素导致的原料成分波动。原料经过破碎和均化后按比例进行混合，然后送入生料磨中进行粉磨。粉磨过程可以进一步降低物料粒度，当提供相同热量时，物料粒度越小的生料其反应速度越快，熟料烧结越容易。生料制备的最后一个步骤是预均化处理，这也是熟料制备工艺前能有效提高生料成分稳定性的操作。生料均化一般在生料均化库中进行，采用空气搅拌，在重力的作用下产生“漏斗效应”，促使生料在下落的过程中充分混合。

水泥生产用的原材料大多需要经过一定的预处理之后才能配料、计量及粉磨。预处理工艺包括：破碎、烘干、原料预均化、输送及储存等。

1. 破碎

利用机械方法将大块物料变成小块物料的过程称为破碎。物料每经过一次破碎，则成为一个破碎段，每个破碎段破碎前后的粒度之比称为破碎比。

一般石灰石需要经过 2 次破碎之后才能达到入磨的粒度要求。黏土原料通常只需 1 次破碎。

担任破碎过程的设备是破碎机。水泥工业中常用的破碎机有颚式破碎机、锤式破碎机、反击式破碎机、圆锥式破碎机、反击-锤式破碎机、立轴锤式破碎机等。

水泥厂常用的破碎设备的工艺特性见表 4-15。

表 4-15　水泥厂常用破碎设备的工艺特性

破碎机类型	破碎原理	破碎比	允许物料含水量（%）	适合破碎的物料
颚式、旋回式、颚旋式破碎机	挤压	3～6	<10	石灰石、熟料、石膏
细碎颚式破碎机	挤压	8～10	<10	石灰石、熟料、石膏
锤式破碎机	冲击	10～15	<10	石灰石、熟料、石膏、煤
反击式破碎机	冲击	10～40	<12	石灰石、熟料、石膏
立轴锤式破碎机	冲击	10～20	<12	石灰石、熟料、石膏、煤
冲击式破碎机	冲击	10～30	<10	石灰石、熟料、石膏
风选锤式破碎机	冲击、磨剥	50～200	<8	煤
高速粉煤机	冲击	50～180	8～13	煤
齿辊式破碎机	挤压、磨剥	3～15	<20	黏土
刀式黏土破碎机	挤压、冲击	8～12	<18	黏土

2. 烘干

烘干是指利用热能将物料中的水分汽化并排出的过程。

在水泥生产中，所用的原料、燃料、混合材料等所含的水分大多比生产工艺要求的水分要高。当采用干法粉磨时，物料水分过高会降低磨机的粉磨效率甚至影响磨机生产，同时不利于粉状物料的输送、储存和均化。在原料的准备过程中，烘干的主要对象是原料和燃料。

（1）被烘干物料的水分要求

石灰石、黏土、铁粉以及煤的水分要求见表 4-16。

表 4-16　水泥原料的水分要求（%）

	石灰石	黏土	铁粉	煤
含水率	0.5～1.0	<1.5	<5.0	<3.0

（2）烘干工艺

烘干系统有两种：一种是单独烘干系统，即利用单独的烘干设备对物料进行烘干。其主要设备是回转式烘干机、流态烘干机、振动式烘干机、立式烘干窑等。其中以回转式烘干机应用最广。

在新建的水泥厂中，一般都采用另一种烘干系统，即烘干兼粉磨的烘干磨。这样可以简化工艺流程，节省设备和投资，还可以减少管理人员，抑制扬尘产生，并可以充分利用干法窑和冷却机的废气余热。

3. 原料预均化

通过采用一定的工艺措施达到降低物料的化学波动振幅，使物料的化学成分均匀一致的过程叫均化。

水泥厂物料的均化包括原、燃料（煤）的预均化和生料、水泥的均化。

由于水泥生料是以天然矿物作原料配制而成，随着矿山开采层位及开采地段的不同，原料成分波动在所难免；此外，为了充分利用矿山资源，延长矿山服务期，需要采用高低品位矿石搭配或由数个矿山的矿石搭配的方法。水泥生料化学成分的均齐性，不仅直接影响熟料质量，而且对水泥窑的产量、热耗、运转周期及窑的耐火材料消耗等均有较大影响，因此对入窑生料的均匀性有严格的要求；以煤为燃料的水泥厂，煤灰将大部分或全部掺入熟料中，并且煤热值的波动直接影响熟料的煅烧，因此煤质的波动对窑的热工制度和熟料的产、质量都有影响，生产中有必要考虑煤的均化措施；出厂水泥质量的稳定与否，直接关系到用户土建工程质量和生命财产的安全，为确保出厂水泥质量的稳定，生产工艺中必须考虑水泥的均化措施。

实际上，水泥生产的整个过程就是一个不断均化的过程，每经过一个过程都会使原料或半成品进一步得到均化。就生料制备而言，原料矿山的搭配开采与搭配使用、原料的预均化、原料配合及粉磨过程的均化、生料的均化这四个环节相互组成一条与生料制备系统并存的生料均化系统——生料均化链。四个环节的均化效果见表 4-17。

表 4-17　生料均化链中各环节的均化效果（%）

	原料矿山的搭配开采与搭配使用	原料的预均化	原料配合及粉磨过程的均化	生料的均化
均化工作量	10～20	30～40	0～10	40

从表 4-17 中可以看出：在生料制备的均化链中，最重要的环节，也就是均化效果最好的环节，是第二和第四两个环节，这两个环节担负着生料均化链全部工作量的80%左右。因此，原料的预均化和生料的均化尤其重要。

原料经过破碎后，有一个储存、再存取的过程。如果在这个过程采用不同的储取方式，使储入时成分波动较大的原料，至取出时成为比较均匀的原料，这个过程称为预均化。

粉磨后的生料在储存过程中利用多库搭配、机械倒库和气力搅拌等方法，使生料成分趋于一致，这就是生料的均化。

原料预均化的基本原理就是在物料堆放时，由堆料机把进来的原料连续地按一定的方式堆成尽可能多的相互平行、上下重叠和相同厚度的料层。取料时，在垂直于料层的方向，尽可能同时切取所有料层，依次切取，直到取完，即“平铺直取”。

4. 储存

（1）物料的储存期

某物料的储存量能满足工厂生产需要的天数，称为该物料的储存期。合理的物料储存期应综合考虑外部运输条件、物料成分波动及质量要求、气候影响、设备检修等因素后确定。原燃料的最低可用储存期及一般储存期可按照表 4-18 选用。

表 4-18　物料最低可用储存期及一般储存期

物料名称	最低可用储存期（d）	一般储存期（d）
石灰质原料	5～10	9～18
黏土质原料	10	13～20
校正原料	20	20～30
煤	10	22～30

（2）物料的储存设施

原燃料的储存设施一般为各种储库，也有预均化设施兼储存，还有露天堆场或堆棚等。

5. 水泥生料制备

（1）配料

① 配料原则

根据水泥品种、原燃料品质、工厂具体生产条件等选择合理的熟料矿物组成或率值，并由此计算所用原料及燃料的配合比，称为生料配料，简称配料。

配料计算是为了确定各种原燃料的消耗比例，改善物料易磨性和生料的易烧性，为窑磨创造良好的操作条件，达到优质、高产、低消耗的生产目的。合理的配料方案既是工厂设计的依据，又是正常生产的保证。

设计水泥厂时，根据原料资源情况，进行合理的配料，从而尽可能地充分利用矿山资源确定各原料的配比。计算全厂的物料平衡，作为全厂工艺设计主机选型的依据。

水泥生产过程中，配料是为了确定原料消耗比例，改善物料易磨性和生料的易烧性，为窑磨创造良好的操作条件，达到优质、高产、低消耗的生产目的。

配料的基本原则是：配制的生料易于粉磨和煅烧；烧出的熟料具有较高的强度和良好的物理化学性能；生产过程易于控制，便于生产操作管理，尽量简化工艺流程，并结合工厂生产条件，经济、合理地使用矿山资源。

② 配料计算

配料计算中的常用基准有三个：

A. 干燥基准：用干燥状态物料（不含物理水）作计算基准，简称干基。

如不考虑生产损失，有：各种干原料之和＝干生料（白生料）。

B. 灼烧基准：生料经灼烧以后去掉烧失量之后，处于灼烧状态，以灼烧状态作计算基准称为灼烧基准。如不考虑生产损失，有：灼烧生料＋煤灰（掺入熟料中的）＝熟料

C. 湿基准：用含水物料作计算基准时称为湿基准，简称湿基。

③ 配料方案

决定配料方案的是熟料矿物组成或熟料的三率值。配料方案实际上就是选择对熟料三率值 KH（石灰饱和系数）、SM 或 n（硅率）、IM 或 p（铝率）。三率值的表达式及取值范围见表 4-19。

表 4-19　熟料三率值

名称	石灰饱和系数（KH）	硅率（SM 或 n）	铝率（IM 或 p）
表达式	$KH=\frac{CaO-1.65Al_2O_3-0.35Fe_2O_3}{2.8SiO_2}$	$SM=\frac{SiO_2}{Al_2O_3+Fe_2O_3}$	$IM=\frac{Al_2O_3}{Fe_2O_3}$
取值范围	0.87～0.96	1.7～2.7	0.9～1.9

④ 配料计算

生料配料的计算方法很多，有代数法、图解法、尝试误差法、矿物组成法等。随着计算机技术的发展，计算机配料已经取代了人工计算，使计算过程变得更简单，结果更准确。

生料配料计算中，应用较多的是尝试误差法中的递减试凑法，即从熟料化学成分中依次递减配合比的原料成分，试凑至符合要求为止。下面介绍该方法：

计算基准：100kg 熟料

计算依据：原料的化学成分；煤灰的化学成分；煤的工业分析及发热量；热耗等。

计算步骤：

A. 列出原料、煤灰的化学成分，并处理成总量Σ为 100%。若Σ＞100%，则按比例缩减使综合等于 100%；若Σ＜100%，是由于某些物质没有被测定出来，此时可把小于 100%的差值注明为“其他”项。

B. 列出煤的工业分析资料（收到基）及煤的发热量（收到基，低位）；

C. 列出各种原料入磨时的水分；

D. 确定熟料热耗，计算煤灰掺入量；

E. 选择熟料率值；

F. 根据熟料率值计算熟料化学成分；

G. 递减试凑求各原料配合比；

H. 计算熟料化学成分并校验熟料率值；

I. 将干燥原料配合比换算成湿原料配合比。

⑤ 自动配料控制

大多水泥厂采用生料成分配料控制系统自动调整原料配比。系统框图如图 4-5 所示。

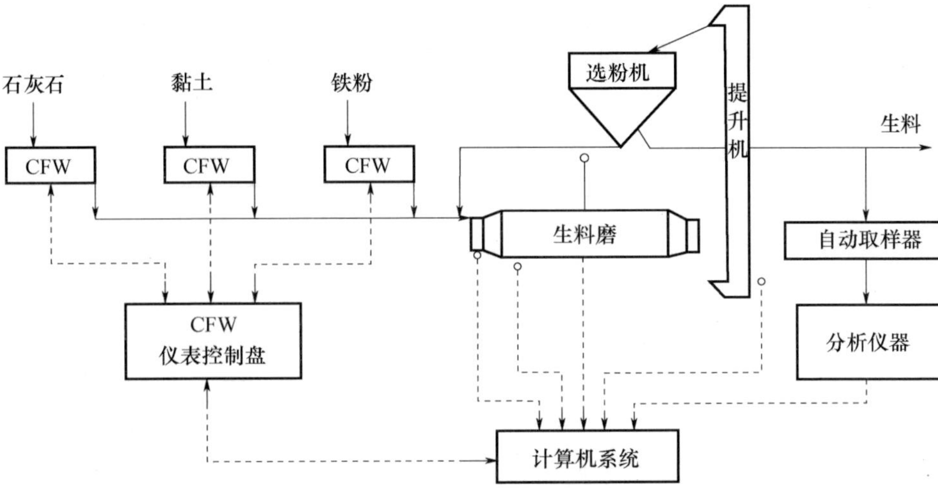

图 4-5　生料配料控制系统

（2）粉磨

生料粉磨是在外力作用下，通过冲击、挤压、研磨等克服物体变形时的应力与质点之间的内聚力，使块状物料变成细粉（$<100\mu m$）的过程。

水泥生产过程中，每生产 1t 硅酸盐水泥至少要粉磨 3t 物料（包括各种原料、燃料、熟料、混合料、石膏），据统计，干法水泥生产线粉磨作业需要消耗的动力约占全厂动力的 60%以上，其中生料粉磨占 30%以上，煤磨占约 3%，水泥粉磨约占 40%。因此，合理选择粉磨设备和工艺流程，优化工艺参数，正确操作，控制作业制度，对保证产品质量、降低能耗具有重大意义。

大多水泥厂都采用生料的烘干兼粉磨系统，即在粉磨的过程中同时进行烘干。烘干兼粉磨系统中，应用较多的是球磨、立磨、辊压机等。烘干热源多采用悬浮预热器、预分解窑或篦式冷却机的废气，以节约能源。烘干兼粉磨的工艺流程见图 4-6。

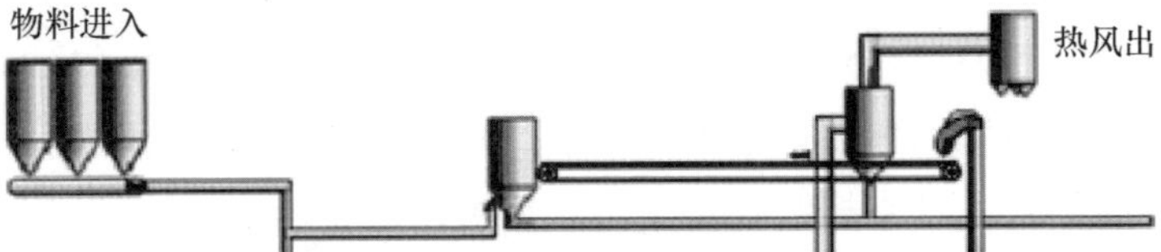

图 4-6　生料烘干兼粉磨流程

（3）生料均化

粉磨好的生料进入生料均化库暂存。

新型干法水泥生产过程中，稳定入窑生料成分是稳定熟料烧成热工制度的前提，生料均化系统起着稳定入窑生料成分的最后一道把关作用。

均化原理：采用空气搅拌、重力作用，产生“漏斗效应”，使生料粉在向下卸落时，尽量切割多层料面，充分混合。利用不同的流化空气，使库内平行料面发生大小不同的流化膨胀作用，有的区域卸料，有的区域流化，从而使库内料面产生倾斜，进行径向混合均化。

生料均化技术是新型干法生产水泥的重要环节，是保证熟料质量的关键。近年来，国内外各种生料均化库不断改进，以求用最少的电耗获得尽可能大的均化效果。自 20 世纪 50 年代出现空气搅拌库以来，以扇形库为代表的间歇式空气搅拌库获得了普遍推广。为简化流程，避免二次提升，60 年代初开始采用双层均化库。双层均化库上层为搅拌库，下层为储存库。双层库虽然均化效果高，但土建费用高，电耗大，且间歇均化对入窑生料可能产生不连续的阶梯偏差，不利于窑的操作。60 年代末 70 年代初国外开始研究开发多种连续式均化库，投产后效果很好，且操作简单，电耗大幅降低。加上采用原料预均化堆场和磨头自动配料系统，连续式均化库得到广泛应用。

（4）生料易烧性

配合形成生料的各种原料品位越高，成分波动越小，其中晶体含量越少，结晶越不完全，以及生料越均匀，则生料的易烧性必然会大大提高。生料易烧性好，烧成熟料所需的热量越少，熟料越易于烧成，其产量也越高，质量越好。因而，在选择原料时，应尽可能选择质量好、成分波动小、含结晶氧化物越少的原料。同时加强原料的预均化与生料的均化，降低生料的波动，提高其均匀性，就能有效提高煅烧效率，提高窑的生产质量。

生料易烧性是指生料在窑内煅烧成熟料的相对难易程度。生产实践证明，生料易烧性不仅直接影响熟料质量和窑的运转率，还关系到燃料的消耗量。

影响易烧性的因素较多，目前定量评价主要有试验法和经验公式法。试验法按《水泥生料易烧性试验方法》（GB/T 26566—2011）进行。生料分别在不同温度（1350℃、1400℃、1450℃）下，经 30min 煅烧，检测灼烧后物料 f-CaO 含量，f-CaO 越多，易烧性越差；f-CaO 越低，易烧性越好。试验法优点是结果准确、科学；缺点是过程繁杂，检测时间长，日常控制很难实施，但可以用于定期检测，以掌握情况。

在日常控制中，常用经验公式，简单实用。其公式为：$K=[(3KH-2)n(P+1)]/(2P+10)$。其中 K 表示烧成指数，值越大，易烧性越差；KH、n、p 依次为饱和比、硅酸率、铝氧率。分别用生料率值和熟料率值代入计算得到生料的烧成难度指数和熟料的烧成指数。两者结合考虑，通过控制生料成分来实现熟料烧成指数的控制目标。

五、熟料煅烧

（一）熟料煅烧流程

传统的湿法、干法回转窑生产水泥熟料，生料的预热、分解和烧成过程均在窑内完成，回转窑作为烧成设备，能够满足煅烧温度和停留时间，但传热、传质效果不佳，不能适应需热量较大的预热和分解过程。新型干法水泥窑的悬浮预热和窑外分解技术从根本上改变了物料的预热和分解状态，使得物料不再堆积，而是悬浮在气流中，与气流的接触面积大幅度增加，因此传热速度快、效率高，大幅度提高了生产效率和热效率。

熟料烧制可分为四个过程：悬浮预热、窑外分解、窑内烧结和熟料冷却。常见的预热器是多级旋风预热器，在其中含热废气与生料发生热交换。生料从最上面的第一级旋风筒连接风管喂入，在高速上升气流的带动下，生料折转向上随气流运动，然后被送入旋风筒内。在气流和重力的作用下，物料贴着筒壁分散下落，最后进入下一级旋风筒的喂料管中，重复以上运动过程。经过五级旋风筒的预热，生料就可以被加热到 800℃左右，而含热废气则由约 1100℃降低到约 300℃。由于物料在旋风筒内处于悬浮分散状态，热交换过程可以很快发生。预热器的使用充分利用了窑尾产生废气，降低了熟料烧成的热耗。预热器最底部一级旋风筒和分解炉相连，物料通过管道进入分解炉，并在其中进行分解。生料与喷入分解炉的煤粉在炉内充分分散、混合和均布，炉内高温使得煤粉燃烧，迅速向物料传递热量。物料中的碳酸盐在高温的作用下，迅速吸热、分解，释放出二氧化碳。入窑前，物料的分解率可以达到 90%以上，进一步减轻了窑内水泥煅烧的热负荷，提高了煤粉的利用率。物料进入回转窑后进一步分解，并随着窑的转动向前移动，窑内煤粉燃烧产生的热量使得物料发生一系列的化学反应，最后生成水泥熟料的主要成分硅酸三钙。随后熟料被送到篦式冷却机中，冷却机采用风冷的方式，冷却风从底部吹入对熟料进行冷却。同时，熟料在篦板的往复作用下逐渐向前移动。篦式冷却机可以对炽热的熟料起到骤冷作用，提高了熟料的强度，同时还有出料温度低、冷却能力大等优点。

预分解技术的出现是水泥煅烧工艺的一次技术飞跃。它是在预热器和回转窑之间增设分解炉和利用窑尾上升烟道，设燃料喷入装置，使燃料燃烧的放热过程与生料的碳酸盐分解的吸热过程，在分解炉内以悬浮态或流化态下迅速进行，使入窑生料的分解率提高到 90%以上。将原来在回转窑内进行的碳酸盐分解任务，移到分解炉内进行；燃料大部分从分解炉内加入，少部分由窑头加入，减轻了窑内煅烧带的热负荷，延长了衬料寿命，有利于生产大型化；由于燃料与生料混合均匀，燃料燃烧热及时传递给物料，使燃烧、换热及碳酸盐分解过程得到优化。因而具有优质、高效、低耗等一系列优良性能及特点。

预分解窑的关键装备有旋风筒、换热管道、分解炉、回转窑、冷却机，简称筒-管-炉-窑-机。这五组关键装备五位一体，彼此关联，互相制约，形成了一个完整的熟料煅烧热工体系，承担着水泥熟料煅烧过程的预热、分解、烧成、冷却任务。

预分解窑系统的示意图见图 4-7。

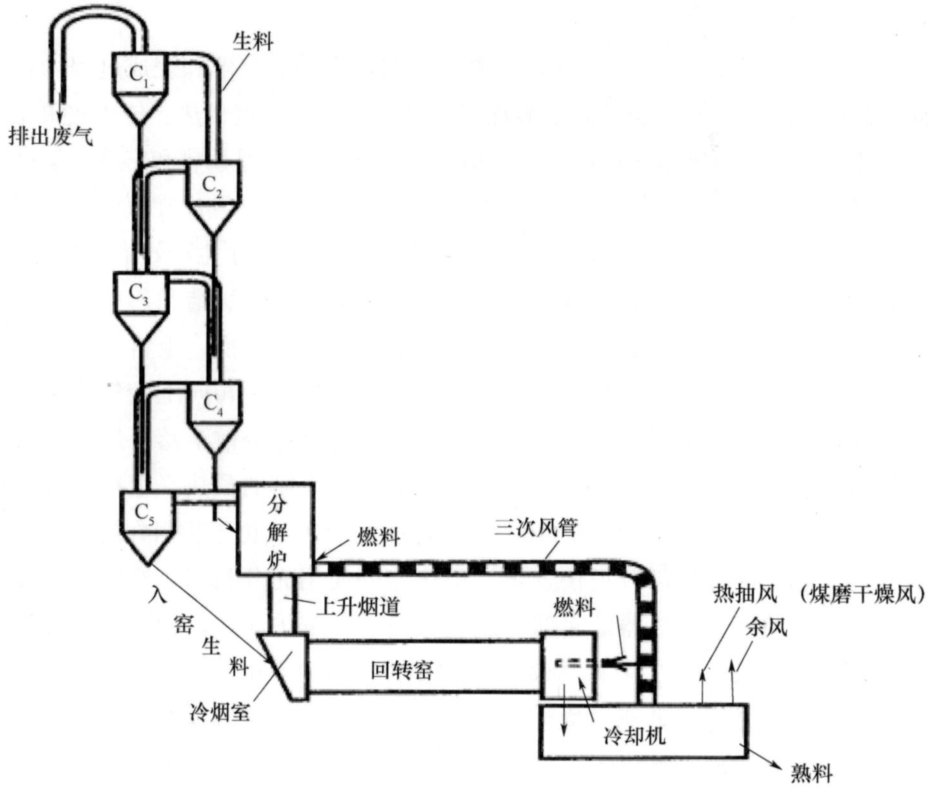

图 4-7　新型干法水泥窑煅烧系统示意图

（二）悬浮预热技术

悬浮预热技术，从根本上改变了物料预热过程的传热状态，将窑内堆积状态的物料预热和分解过程，分别移到悬浮预热器和分解炉内，在悬浮状态下进行。由于物料悬浮在热气流中，与气流的接触面积大幅度增加，因此，传热快，传热效率高。同时，生料粉与燃料在悬浮状态下均匀混合，燃料燃烧产生的热及时传给物料，使之迅速分解。所以，这种快速高效的传热传质工艺，大幅度提高了生产效率和热效率。

生料在预热器内要反复经过分散—悬浮—换热—气固分离四个过程。生料中的碳酸钙在入窑前，分解率得到较大幅度的提高（达到 40％左右），大大减轻了窑的热负荷，从而提高了窑的生产效率。

1. 结构

预热器的主要功能是充分利用回转窑和分解炉排出的废气余热加热生料，使生料预热及部分碳酸盐分解。为了最大限度提高气固间的换热效率，实现整个煅烧系统的优质、高产、低消耗，必需具备气固分散均匀、换热迅速和高效分离三个功能。

旋风预热器是由旋风筒和连接管道组成的热交换器，是主要的预热设备。换热管道是旋风预热器系统中的核心装备，它不但承担着上下两级旋风筒间的连接和气固流输送任务，同时还承担着物料分散、均匀分布、密闭锁风和换热任务，所以，换热管道上还配有下料管、撒料器、锁风阀等装备，它们同旋风筒一起组合成一个换热单元。常用的悬浮预热器有旋风预热器，其上部为钢板卷制焊接而成的圆筒，下部为圆锥，故又简称旋风筒。

预热器主要由旋风筒、风管、下料溜管、锁风阀、撒料板、内筒挂片等部分组成。旋风筒的主要作用是气固分离，传热只占 6%～12.5%。旋风筒分离效率的高低，对系统的转热速率和传热效率有重要影响。根据理论计算，使用五到六级旋风筒，其传热效果最佳，因此，常用的是五级旋风筒。

旋风筒和连接管道组成预热器的换热单元结构，如图 4-8 所示。

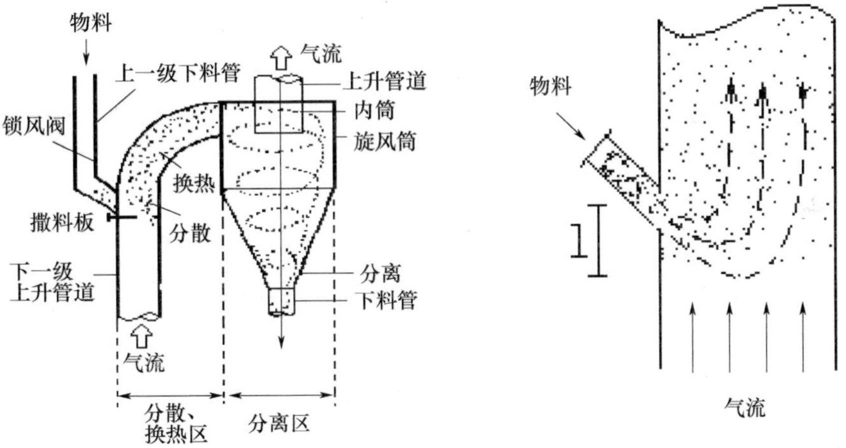

图 4-8　预热器换热单元结构

2. 作用

（1）物料分散

换热 80%是在入口管道内进行的。喂入预热器管道中的生料，在与高速上升气流的冲击下，物料折转向上随气流运动，同时被分散。物料下落点到转向处的距离（悬浮距离）及物料被分散的程度取决于气流速度、物料性质、气固比、设备结构等。因此，为使物料在上升管道内均匀迅速地分散、悬浮，应注意下列问题：

选择合理的喂料位置，合理控制生料细度：为了充分利用上升管道的长度，延长物料与气体的热交换时间，喂料点应选择靠近进风管的起始端，即下一级旋风筒出风内筒的起始端。但加入的物料必须能够充分悬浮、不直接落入下一级预热器，即产生短路。

选择适当的管道风速：要保证物料能够悬浮于气流中，就必须要有足够的风速，一般要求料粉悬浮区的风速为 16～22m/s。为加强气流的冲击悬浮能力，可在悬浮区局部缩小管径或加插板（扬料板），使气体局部加速，增大气体动能。

保证喂料均匀：要保证喂料的均匀性，要求来料管的翻板阀（一般采用重锤阀）灵活、严密；来料多时，它能起到一定的阻滞缓冲作用；来料少时，它能起到密封作用，防止系统内部漏风。

旋风筒的结构：旋风筒的结构对物料的分散程度也有很大影响，如旋风筒的锥体角度、布置高度等对来料落差及来料均匀性有很大影响。

在喂料口加装撒料装置：早期设计的预热器下料管无撒料装置，物料分散差，热效率低，经常发生物料短路，热损失增加，热耗高。

(2) 撒料板

为了提高物料分散效果，在预热器下料管口下部的适当位置设置撒料板，当物料喂入上升管道下冲时，首先撞击在撒料板上被冲散并折向，再由气流进一步冲散悬浮。

(3) 锁风阀

锁风阀（又称翻板阀）既保持下料均匀畅通，又起密封作用。它装在上级旋风筒下料管与下级旋风筒出口的换热管道入料口之间的适当部位。锁风阀必须结构合理，轻便灵活。

对锁风阀的结构要求如下：阀体及内部零件坚固、耐热，避免过热引起变形损坏；阀板摆动轻巧灵活，重锤易于调整，既要避免阀板开、闭动作过大，又要防止料流发生脉冲，做到下料均匀；阀体具有良好的气密性，阀板形状规整，与管内壁接触严密，同时要杜绝任何连接法兰或轴承间隙的漏风；支撑阀板转轴的轴承（包括滚动、滑动轴承等）要密封良好，防止灰尘渗入；阀体便于检查、拆装，零件要易于更换。

(4) 气固分离

当气流携带料粉进入旋风筒后，被迫在旋风筒筒体与内筒（排气管）之间的环状空间内做旋转流动，并且一边旋转一边向下运动，由筒体到锥体，一直可以延伸到锥体的端部，然后转而向上旋转上升，由排气管排出。

旋风筒的主要作用是气固分离。提高旋风筒的分离效率是减少生料粉内、外循环，降低热损失和加强气固热交换的重要条件。影响旋风筒分离效率的主要因素有：

旋风筒的直径：在其他条件相同时，筒体直径小，分离效率高。

旋风筒进风口的型式及尺寸：气流应以切向进入旋风筒，减少涡流干扰；进风口宜采用矩形，进风口尺寸应使进口风速在16～22m/s之间，最好在18～20m/s之间。

内筒尺寸及插入深度：内筒直径小、插入深，分离效率高。

筒体高度：增加筒体高度，分离效率提高。

锁风阀密封性：旋风筒下料管锁风阀漏风，将引起分离出的物料二次飞扬，漏风越大，扬尘越严重，分离效率越低。

物料特性：物料颗粒大小、气固比（含尘浓度）及操作的稳定性等，都会影响分离效率。

（三）预分解技术

预分解技术的出现是水泥煅烧工艺的一次技术飞跃。它是在预热器和回转窑之间增设分解炉和利用窑尾上升烟道，设燃料喷入装置，使燃料燃烧的放热过程与生料的碳酸盐分解的吸热过程，在分解炉内以悬浮态或流化态下迅速进行，使入窑生料的分解率提高到90%以上。将原来在回转窑内进行的碳酸盐分解任务，移到分解炉内进行；燃料大部分从分解炉内加入，少部分由窑头加入，减轻了窑内煅烧带的热负荷，延长了衬料寿命，有利于生产大型化；由于燃料与生料混合均匀，燃料燃烧热及时传递给物料，使燃烧、换热及碳酸盐分解过程得到优化。因而其具有优质、高效、低耗等一系列优良性能及特点。

1. 特点

预分解技术的特点是：

（1）碳酸盐分解任务外移；

（2）燃料少部分由窑头加入，大部分从分解炉内加入，减轻了窑内煅烧带的热负荷，延长衬料寿命，缩小窑的规格并使生产大型化；

（3）燃料燃烧放热、悬浮态传热和物料的吸热分解三个过程紧密结合进行。

2. 分类

（1）按分解炉内气流的主要运动形式可分为：旋流式（SF型）、喷腾式（FLS型）、悬浮式（prepol型、pyroclon型）及流化床式（MFC、N-MFC型）。

在这四种型式的分解炉内，生料及燃料分别依靠“涡旋效应”“喷腾效应”“悬浮效应”和“流态化效应”分散于气流之中。由于物料之间在炉内流场中产生相对运动，从而达到高度分散、均匀混合和分布、迅速换热、延长物料在炉内的滞留时间，达到提高燃烧效率、换热效率和入窑物料碳酸盐分解率的目的。

（2）按分解炉与窑的连接方式大致分为三种类型：

① 同线型分解炉

这种类型的分解炉直接坐落在窑尾烟室之上。这种炉型实际是上升烟道的改良和扩展。它具有布置简单的优点，窑气经窑尾烟室直接进入分解炉，由于炉内气流量大，氧气含量低，要求分解炉具有较大的炉容或较长的气、固滞留时间。这种炉型布置简单、整齐、紧凑，出炉气体直接进入最下级旋风筒，因此它们可布置在同一平台，有利于降低建筑物高度。同时，采用鹅颈管结构增大炉区容，亦有利于布置，不增加建筑物高度。

同线型分解炉如图4-9所示。

② 离线型分解炉

这种类型的分解炉自成体系。采用这种方式时，窑尾设有两列预热器，一列通过窑气，另一列通过炉气，窑列物料流至窑列最下级旋风筒后再进入分解炉，同炉列物料一起在炉内加热分解后，经炉列最下级旋风筒分离后进入窑内。同时，离线型窑一般设有两台主排风机，一台专门抽吸窑气，另一台抽吸炉气，生产中两列工况可以单独调节。在特大型窑，则设置三列预热器、两个分解炉。

离线型分解炉如图4-10所示。

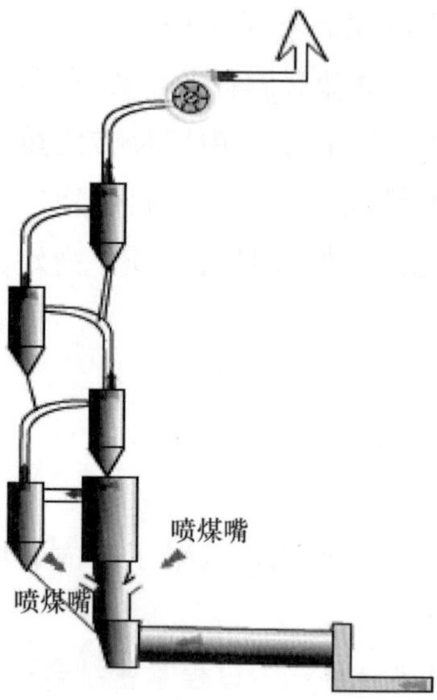

图 4-9　同线型分解炉示意图

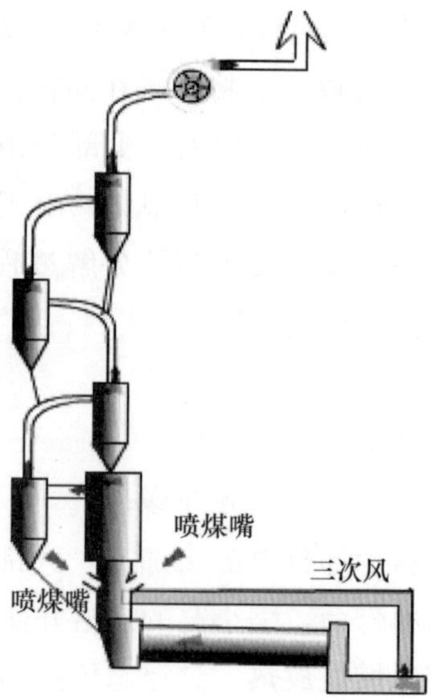

图 4-10　离线型分解炉示意图

③ 半离线型分解炉

这种类型的分解炉设于窑的一侧。这种布置方式中，分解炉内燃料在纯三次风中燃烧，炉气出炉后可以在窑尾上升烟道下部与窑气会合，亦可在上升烟道上部与窑气会合，然后进入最下级旋风筒。这种方式工艺布置比较复杂，厂房较大，生产管理及操作亦较为复杂。其优点在于燃料燃烧环境较好，在采用“两步到位”模式时，有利于利用窑气热焓，防止黏结堵塞。中国新研制的新型分解炉亦有采用这种模式的。

半离线型分解炉如图 4-11 所示。

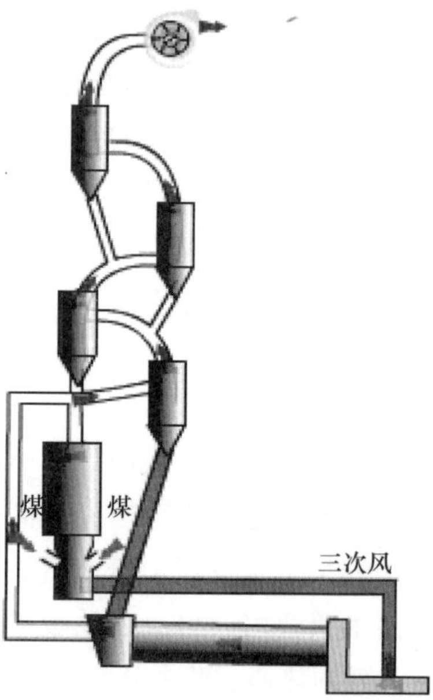

图 4-11　半离线型分解炉示意图

3. 分解炉的发展方向

分解炉未来的发展方向：

① 适当扩大炉容，延长气流在炉内的滞留时间，以空间换取保证低质燃料完全燃烧所需的时间；

② 改进炉的结构，使炉内具有合理的三维流场，力求提高炉内固、气滞留时间比，延长物料在炉内滞留时间；

③ 保证物料向炉内均匀喂料，并做到物料入炉后，尽快分散、均布；

④ 改进燃烧器的形式、结构与布置，使燃料入炉后尽快点燃，注重改善中低质及低挥发分燃料在炉内的迅速点火起燃的环境；

⑤ 下料、下煤点及三次风之间布局的合理匹配，以有利于燃料起火、燃烧和碳酸盐分解，提高燃料燃尽率；

⑥ 降低窑炉内 NO_x 生成量，并在出窑、入炉前制造还原气氛，促使 NO_x 还原，满足环保要求；

⑦ 优化分解炉在预分解窑系统中的部位、布置和流程，有利于分解炉功能的充分发挥，提高全系统功效；

⑧ 采取措施，促进替代燃料和可燃废弃物的利用。

（四）回转窑技术

生料在旋风预热器中完成预热和预分解后，下一道工序是进入回转窑中进行熟料的烧成。在回转窑中碳酸盐进一步迅速分解并发生一系列的固相反应，生成水泥熟料。

水泥熟料的煅烧过程，是水泥生产中最重要的过程。该过程是在回转窑中进行的，回转窑具有台时产量高、所生产水泥熟料质量好、机械化和自动化程度高等优点，被多数水泥厂所采用。一般情况下，回转窑筒体具有一定的倾斜角度，物料在其中会随着筒体转动而不断翻滚向前。回转窑为燃料燃烧、物料之间的化学反应提供了足够的空间和热反应环境。

1. 结构

回转窑结构示意图见图 4-12。

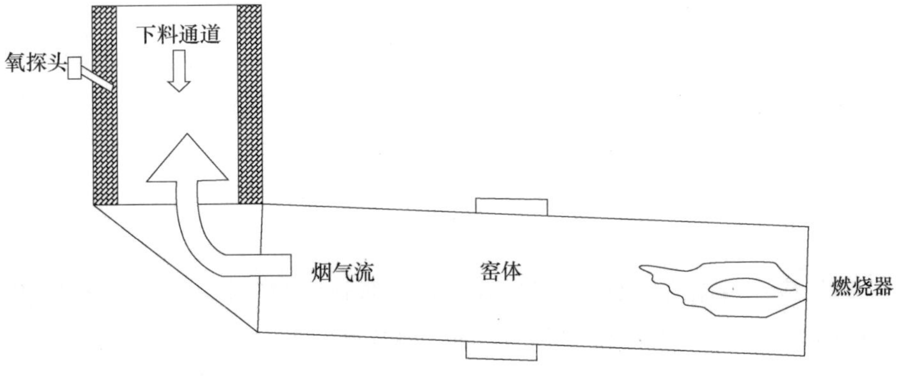

图 4-12　水泥回转窑示意图

2. 作用

在预分解窑系统中，回转窑具有五大功能：

① 燃料燃烧功能：作为燃料燃烧装置，回转窑具有广阔的空间和热力场，可以供应足够的空气，装设优良的燃烧装置，保证燃料充分燃烧，为熟料煅烧提供必要的热量。

② 热交换功能：作为热交换装备，回转窑具有比较均匀的温度场，可以满足水泥窑熟料形成过程各个阶段的换热要求，特别是熟料矿物生成的要求。

③ 化学反应功能：作为化学反应器，随着水泥矿物熟料形成不同阶段的需求，既可以分阶段地满足不同矿物形成时对热量和温度的要求，又可以满足它们对时间的要求，是目前用于水泥熟料矿物最终形成的最佳装备。

④ 物料输送功能：作为输送装备，它具有更大的潜力，因为物料在回转窑断面内的填充率、窑斜度和转速都很低。

⑤ 降解利用废弃物功能：20 世纪以来，回转窑的优越环保功能迅速被挖掘，它所具有的高温、稳定热力场、碱性环境等已经成为降解各种有毒有害危险废弃物的最好装置。

3. 工艺带划分

硅酸盐水泥的主要成分包括 CaO、SiO_2、$A1_2O_3$ 和 Fe_2O_3，在高温的条件下进行一系列的反应生成硅酸三钙（C_3S）、硅酸二钙（C_2S）、铝酸三钙（C_3A）、铁铝酸四钙（C_4AF）等矿物。回转窑内部空间按温度可以大致分为四个区域：分解带、过渡带、烧成带和冷却带。物料在进入时分解率达到 90%左右，剩余没有分解的物料将在进入回转窑后逐渐分解。过渡带部分温度高达 900～1150℃，使得生料中的 SiO_2、Fe_2O_3 和 Al_2O_3 等氧化物发生固相反应。

4. 物料在窑内的工艺反应

物料在回转窑内分别发生分解反应、固相反应、烧结反应，叙述如下：

① 分解反应：分解反应主要是在分解炉内完成。一般从 4 级预热器排出的物料，是分解率为 85%～95%、温度为 820～850℃的细颗粒粉料，当它刚进入回转窑时，还能继续分解，但由于重力作用，物料沉积在窑的底部，形成堆积层，料层内部的分解反应停止，只有表层的料粉继续分解。

② 固相反应：当粉料分解完成以后，料温进一步升高，开始发生固相反应。固相反应主要在回转窑内进行，最后生成硅酸三钙（C_3S）、硅酸二钙（C_2S）、铝酸三钙（C_3A）、铁铝酸四钙（C_4AF）等矿物。

固相反应是放热反应，放出的热量用来提高物料温度，使料温较快地升高到烧结温度。

③ 烧结反应：料温升高到 1300℃以上时，部分铝酸三钙（C_3A）和铁铝酸四钙（C_4AF）熔融为液相，此时硅酸二钙（C_2S）和游离 CaO 开始溶解于液相，并相互扩散，C_2S 吸收 CaO 生成硅酸三钙（C_3S），再结晶析出。随着温度的连续升高，液相量

增多，液相黏度降低，C_2S 吸收 CaO 也加速进行。

5. 熟料矿物组成

① 熟料的化学组成

熟料中的主要氧化物有：CaO、SiO_2、Al_2O_3、Fe_2O_3。其总和通常占熟料总量的95%以上。此外，还有其他氧化物，如 MgO、SO_3、Na_2O、K_2O、TiO_2、P_2O_5 等，其总量通常占熟料的 5%以下。

国内部分新型干法水泥生产企业的硅酸盐水泥熟料化学成分见表 4-20。

表 4-20　国内部分新型干法水泥生产企业的硅酸盐水泥熟料化学成分（%）

厂家	CaO	SiO_2	Al_2O_3	Fe_2O_3	MgO	K_2O+Na_2O	SO_3	Cl^-
冀东	65.08	22.36	5.53	3.46	1.27	1.23	0.57	0.010
宁国	65.89	22.50	5.34	3.47	1.66	0.69	0.20	0.015
江西	65.90	22.27	5.59	3.47	0.81	0.08	0.07	0.005
双阳	65.88	22.57	5.29	4.41	0.97	1.89	0.82	0.104
铜陵	65.54	22.10	5.62	3.40	1.41	1.19	0.40	0.018
柳州	65.90	21.22	5.89	3.70	1.00	0.76	0.30	0.007
鲁南	63.74	21.47	5.55	3.52	3.19	1.22	0.25	0.026
云浮	65.89	21.61	5.78	2.98	1.70	1.07	0.56	0.005

实际生产中，硅酸盐水泥中个主要氧化物含量的波动范围一般为：CaO，62%～67%；SiO_2，20%～24%；Al_2O_3，4%～7%；Fe_2O_3，2.5%～6%。

② 熟料的矿物组成

在硅酸盐水泥熟料中，各氧化物不是单独存在的，而是以两种或两种以上的氧化物反应组合成各种不同的氧化物集合体，即以熟料矿物的形态存在。这些熟料矿物结晶细小，通常为 $\phi30\sim\phi60\mu m$，因此，可以说硅酸盐水泥熟料是一种多矿物组成的、结晶细小的人造岩石。

熟料中的主要矿物及其含量见表 4-21。

表 4-21　熟料中的主要矿物组成

序号	矿物名称	分子式	简写	含量（%）
1	硅酸二钙	$2CaO \cdot SiO_2$	C_2S	15～35
2	硅酸三钙	$3CaO \cdot SiO_2$	C_3S	50～65
3	铝酸三钙	$3CaO \cdot Al_2O_3$	C_3A	6～12
4	铁铝酸四钙	$4CaO \cdot Al_2O_3 \cdot Fe_2O_3$	C_4AF	8～12

硅酸三钙和硅酸二钙合称硅酸盐矿物，一般约占 75%；铝酸三钙和铁铝酸四钙合称熔剂矿物，一般约占 22%。硅酸盐矿物和熔剂矿物总和约占 95%。

此外，熟料里还含有游离氧化钙（f-CaO）、方镁石（MgO）及玻璃体等。

③ 熟料矿物的特性

硅酸三钙：加水调和后，凝结时间正常，水化较快，粒径为 40～45μm 的硅酸三钙颗粒加水后28d，可以水化70%左右。强度发展比较快，早期强度高，强度增进率较大，28d强度可以达到一年强度的70%～80%，四种熟料矿物中强度最高。水化热较高，抗水性较差。

硅酸二钙：C_2S与水作用时，水化速度较慢，至28d龄期仅水化20%左右，凝结硬化缓慢，早期强度较低，28d以后强度仍能较快增长，一年后可接近C_3S。它的水化热低，体积干缩性小，抗水性和抗硫酸盐侵蚀能力较强。

中间相：填充在阿利特、贝利特之间的物质通称为中间相，它包括铝酸盐、铁酸盐、组成不定的玻璃体、含碱化合物、游离氧化钙及方镁石等。

铝酸三钙：铝酸三钙水化迅速，放热多，凝结硬化很快，如不加石膏等缓凝剂，易使水泥急凝。铝酸三钙硬化也很快，水化3d内就大部分发挥出来，早期强度较高，但绝对值不高，以后几乎不再增长，甚至倒缩。干缩变形大，抗硫酸盐侵蚀性能差。

铁相固溶体：C_4AF水化硬化速度较快，因而早期强度较高，仅次于C_3A。与C_3A不同的是它的后期强度也较高，类似C_2S。抗冲击、抗硫酸盐侵蚀能力强，水化热较铝酸三钙低。

游离氧化钙性能：过烧的游离氧化钙结构比较致密，水化很慢，通常在加水3d以后反应比较明显。随着游离氧化钙含量的增加，试体抗拉、抗折强度降低，3d以后强度倒缩，严重时甚至引起安定性不良。游离氧化钙水化生成氢氧化钙时，体积膨胀97.9%，影响水泥产品的安定性。

方镁石：方镁石的水化比游离氧化钙更为缓慢，要几个月甚至几年才明显起来。方镁石水化生成氢氧化镁时，体积膨胀148%，导致体积安定性不良。方镁石膨胀的严重程度与其含量、晶体尺寸等都有关系。方镁石晶体小于1μm，含量5%时，只引起轻微膨胀；方镁石晶体半径5～7μm，含量3%时，就会严重膨胀。

（五）熟料冷却技术

水泥工业的回转窑诞生之初，并没有任何熟料冷却设备，热的熟料倾卸于露天堆场自然冷却。19世纪末期出现了单筒冷却机；1930年德国伯力休斯公司在发明了立波尔窑的基础上研制成功回转篦式冷却机；1937年美国富勒公司开始生产第一台推动篦式冷却机。100多年来，在国际水泥工业科技进步的大潮中，不断改进，更新换代，长足发展；有的已经淘汰。目前，熟料冷却机在水泥工业生产过程中，已不再是当初仅仅为了冷却熟料的设备，而在当代预分解窑系统中与旋风筒、换热管道、分解炉、回转窑等密切结合，组成了一个完整的新型水泥熟料煅烧装置体系，成为一个不可缺少的具有多重功能的重要装备。

1. 作用

熟料冷却机的功能及其在预分解窑系统中的作用如下：

(1) 作为一个工艺装备，它承担着对高温熟料的骤冷任务。骤冷可阻止熟料矿物晶体长大，特别是阻止C_3S晶体长大，有利于熟料强度及易磨性能的改善；同时，骤冷可使液相凝固成玻璃体，使 MgO 及 C_3A 大部分固定在玻璃体内，有利于熟料的安定性的改善。

（2）作为热工装备，在对熟料骤冷的同时，承担着对入窑二次风及入炉三次风的加热升温任务。在预分解窑系统中，尽可能地使二、三次风加热到较高温度，不仅可有效地回收熟料中的热量，并且对燃料（特别是中低质燃料）起火预热、提高燃料燃尽率和保持全窑系统有一个优化的热力分布都有着重要作用。

（3）作为热回收装备，它承担着对出窑熟料携出的大量热焓的回收任务。一般来说，其回收的热量为 1250～1650kJ/kg. cl。这些热量以高温热随二、三次风进入窑、炉之内，有利于降低系统燃烧煤耗。否则，这些热量回收率差，必然增大系统燃料用量，同时亦增大系统气流通过量，对于设备优化选型、生产效率和节能降耗都是不利的。

（4）作为熟料输送装备，它承担着对高温熟料的输送任务。对高温熟料进行冷却有利于熟料输送和贮存。

2. 原理

熟料冷却机原理示意图见图 4-13。

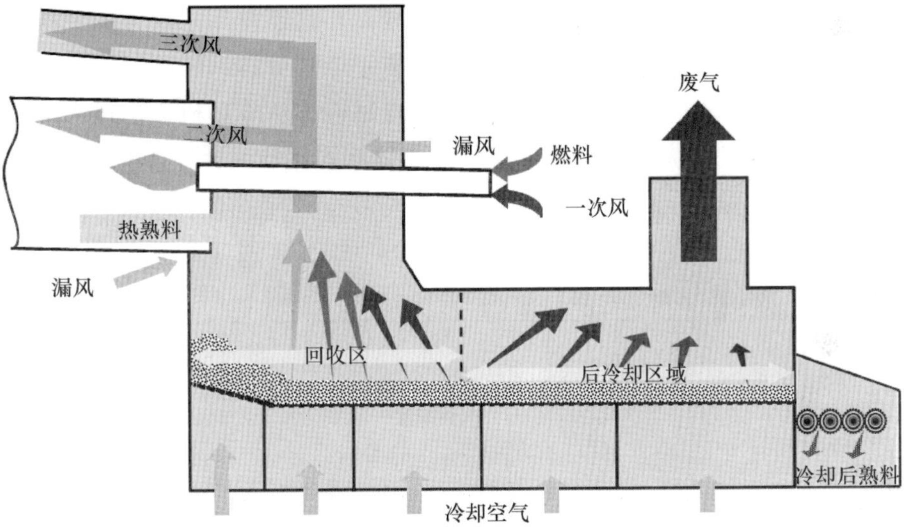

图 4-13　熟料冷却机原理示意图

熟料冷却机作业原理在于高效、快速地实现熟料与冷却空气之间的气固换热。熟料冷却机由单筒、多筒到篦式，以及篦式冷却机由回转式到推动式和推动式的第一、二、三、四代技术的发展，无论是气固之间的逆流、同流、错流换热，都是围绕提高气固换热系数，增大气固接触面积，增加气固换热温差等提高气固换热速率和效率方向进展的。同时，熟料冷却机设备结构及材质的改进，又不断提高设备运转率和节省能耗。

过去使用的多筒或单筒冷却机，由于冷却空气系由窑尾排风机经过回转窑及冷却机吸入，物料虽由扬板扬起，以增大气固换热面积，但是由于气固相对流动速度小，接触面积亦小，同时逆流换热 Δt 值亦小，因此换热效率低。

第三代篦冷机由于采用“阻力篦板”，相对减小了熟料料层阻力变化对熟料冷却的影响；采用“空气梁”，热端篦床实现了每块或每个小区篦板，根据篦上阻力变化，调整冷却风量；同时，采用高压风机鼓风，减少冷却空气量，增大气固相对速率及接触面积，从而使换热效率大为提高。此外，由于阻力篦板在结构、材质上的优化设计，提高了使用寿命和运转率。鉴于“阻力篦板”虽然解决了由于熟料料层分布不匀造成的诸多问题，但是由于其阻力大，动力消耗高，因此新一代篦冷机又向“控制流”方向发展。采用空气梁分块或分小区鼓风，根据篦上料层阻力自动调节冷却风压和风量，实现气固之间的高效、快速换热。同时，鉴于使用活动篦板推动熟料运动，造成篦板间及有关部位之间的磨损，新一代篦冷机也正在向棒式和悬摆式等固定床方向发展。

各种类型新型篦冷机技术的不断创新，不但使换热效率大幅度提高，减少了冷却风量，降低了出篦冷机熟料温度，实现了熟料的骤冷，并且使入窑二次风及入炉三次风温进一步得到提高，优化了预分解窑全系统的生产。

（六）预分解窑温度分布

预分解水泥窑的专用燃烧室内，燃料的燃烧率高达 65%，主要是由于热生料停留时间较长、窑尾废气处于旋风预热器的底部区域，并且还使用了额外的三次风。能源主要用来分解生料。当生料被送入水泥窑，几乎完全被分解，因此可以达到远高于约 90%的分解程度。分解炉内燃烧用的热空气是通过管道从冷却机输送过来的。物料约在 870℃离开分解炉。在旋风预热器窑系统中气体和固体的温度分布情况见图 4-14。

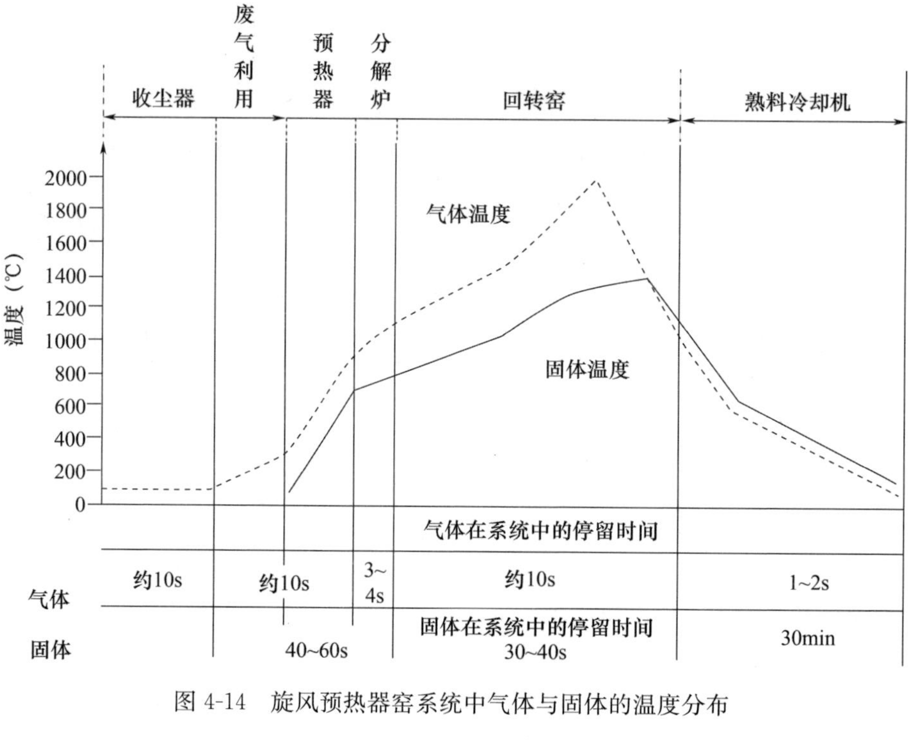

图 4-14　旋风预热器窑系统中气体与固体的温度分布

（七）生料在煅烧过程中的理化变化

水泥生料经过连续升温，达到相应的高温时，其煅烧会发生一系列物理化学变化，最后形成熟料。硅酸盐水泥熟料主要由硅酸三钙（C_3S）、硅酸二钙（C_2S）、铝酸三钙（C_3A）、铁铝酸四钙（C_4AF）等矿物所组成。

水泥生料在加热煅烧过程中所发生的主要变化有：

（1）自由水的蒸发：无论是干法生产还是湿法生产，入窑生料都带有一定量的自由水分，由于加热，物料温度逐渐升高，物料中的水分首先蒸发，物料逐渐被烘干，其温度逐渐上升，温度升到100～150℃时，生料自由水分全部被排除，这一过程也称为干燥过程。

（2）黏土脱水与分解：当生料烘干后，被继续加热，温度上升较快，当温度升到450℃时，黏土中的主要组成高岭土（$Al_2O_3 \cdot 2SiO_2 \cdot 2H_2O$）失去结构水，变为偏高岭石（$2SiO_2 \cdot Al_2O_3$）。

$$Al_2O_3 \cdot 2SiO_2 \cdot 2H_2O \longrightarrow Al_2O_3 + 2SiO_2 + 2H_2O$$

高岭土进行脱水分解反应时，在失去化学结合水的同时，本身结构也受到破坏，变成游离的无定形的三氧化二铝和二氧化硅。其具有较高的化学活性，为下一步与氧化钙反应创造了有利条件。在900～950℃，由无定形物质转变为晶体，同时放出热量。

（3）石灰石的分解：脱水后的物料，温度继续升至600℃以上时，生料中的碳酸盐开始分解，主要是石灰石中的碳酸钙和原料中夹杂的碳酸镁进行分解，并放出二氧化碳，其反应式如下：

$$600℃：MgCO_3 \longrightarrow MgO + CO_2$$

$$900℃：CaCO_3 \longrightarrow CaO + CO_2$$

实验表明：碳酸钙和碳酸镁的分解速度随着温度升高而加快，在600～700℃时碳酸镁已开始分解，加热到750℃分解剧烈进行。碳酸钙分解温度较高，在900℃时才快速分解。

$CaCO_3$ 是生料中主要成分，分解时需要吸收大量的热量，使熟料形成过程中消耗热量约占干法窑热耗的一半以上，分解时间和分解率都将影响熟料的烧成，因此 $CaCO_3$ 的分解是水泥熟料生产中重要的一环。

$CaCO_3$ 的分解还与颗粒粒径、气体中 CO_2 的含量等因素有关。石灰石的分解虽与温度相关，但石灰石颗粒粒径越小，则表面积总和越大，使传热面积增大，分解速度加快。因此适当提高生料的粉磨细度有利于碳酸盐的分解。

碳酸钙的分解具有可逆的性质，如果让反应在密闭容器中在一定温度下进行，则随着 $CaCO_3$ 的分解产生气体 CO_2 的总量的增加，其分解速度就要逐渐减慢甚至为零，因此在煅烧窑内或分解炉内加强通风，及时将 CO_2 气体排出则有利于 $CaCO_3$ 的分解。窑系统内 CO_2 来自碳酸盐的分解和燃料的燃烧，废气中 CO_2 含量每减少2%，约可使分解时间缩短10%。当窑系统内通风不畅时，CO_2 不能及时被排出，废气中 CO_2 含量的增加，会影响燃料燃烧，使窑温降低，废气中 CO_2 含量的增加和温度降低都将延长 $CaCO_3$ 的分解时间。由此窑内通风对 $CaCO_3$ 的分解起着重要的作用。

（4）固相反应：黏土和石灰石分解以后分别形成了 CaO、MgO、SiO_2、Al_2O_3 等氧化物，这时物料中便出现了性质活泼的游离氧化钙，它与生料中的 SiO_2、Fe_2O_3 和 Al_2O_3 等氧化物进行固相反应，其反应速度随温度升高而加快。

水泥熟料中各种矿物并不是经过一级固相反应就形成的，而是经过多级固相反应的结果，反应过程比较复杂，其形成过程大致如下：

800～900℃：$CaO+Al_2O_3 \longrightarrow CaO \cdot Al_2O_3$　（CA）

$CaO+Fe_2O_3 \longrightarrow CaO \cdot Fe_2O_3$　（CF）

800～1100℃：$2CaO+SiO_2 \longrightarrow 2CaO \cdot SiO_2$　（C_2S）

$CaO \cdot Fe_2O_3+CaO \longrightarrow 2CaO \cdot Fe_2O_3$　（C_2F）

$7(CaO \cdot Al_2O_3)+5CaO \longrightarrow 12CaO \cdot 7Al_2O_3$　（$C_{12}A_7$）

1100～1300℃：$12CaO \cdot 7Al_2O_3+9CaO \longrightarrow 7(3CaO \cdot Al_2O_3)$　（C_3A）

$7(2CaO \cdot Fe_2O_3)+2CaO+12CaO \cdot 7Al_2O_3 \longrightarrow$

$7(4CaO \cdot Al_2O_3 \cdot Fe_2O_3)$　（C_4AF）

应该指出，影响上述化学反应的因素很多，它与原料的性质，粉磨的细度及加热条件等因素有关。如生料磨得越细，混合得均匀，就增加了各组分之间的接触面积，有利于固相反应的进行，又如从原料的物理化学性质来看，黏土中的二氧化硅若是以结晶状态的石英砂存在，就很难与氧化钙反应；若是由高岭土脱水分解而来的无定形二氧化硅，没有一定晶格或晶格有缺陷，故易与氧化钙进行反应。

从以上化学反应温度不难发现，这些反应温度都小于反应物和生成物的熔点（如 CaO、SiO_2 与 $2CaO \cdot SiO_2$ 的熔点分别为 2570℃、1713℃与 2130℃），就是说物料在以上这些反应过程中都没有熔融状态物出现，反应是在固体状态下进行的，但是以上反应（固相反应）在进行时放出一定的热量。因此，这些反应统称为“放热反应”。

（5）熟料的烧成：

由于固相反应生成了水泥熟料中 C_4AF、C_3A、C_2S 等矿物，但是水泥熟料的主要矿物 C_3S 要在液相中才能大量形成。当物料温度升高到近 1300℃时，会出现液相，形成液相的主要矿物为 C_3A、C_4AF、R_2O 等熔剂矿物，但此时，大部分 C_2S 和 CaO 仍为固相，但它们很容易被高温的熔融液相所溶解，这种溶解于液相中的 C_2S 和 CaO 很容易起反应，而生成硅酸三钙：$2CaO \cdot SiO_2+CaO \longrightarrow 3CaO \cdot SiO_2$（$C_3S$）。这个过程也称石灰吸收过程。

大量 C_3S 的生成是在液相出现之后，普通硅酸盐水泥组成一般在 1300℃左右时就开始出现液相，而 C_3S 形成最快速度约在 1350℃，在 1450℃下 C_3S 绝大部分生成，所以熟料烧成温度可写成 1350～1450℃。它是决定熟料质量好坏的关键，若此温度有保证则生成的 C_3S 较多，熟料质量较好；反之，生成 C_3S 较少，熟料质量较差，不仅如此，此温度还影响着 C_3S 的生成速度，随着温度的升高，C_3S 生成的速度也就加快，在 1450℃时，反应进行非常迅速，此温度称为熟料烧成的最高温度，所以水泥熟料的煅烧设备必须能够使物料达到如此高的温度。否则，烧成的熟料质量受影响。

任何反应过程都需要有一定的时间，C_3S 的形成也一样，它的形成不仅需要有温度的保证，而且需在该温度下停留的时间，使之能反应充分，在煅烧较均匀的回转窑内时间可短些。时间过长易使 C_3S 生成粗而圆的晶体，使其强度发挥慢而低，一般需要在高温下煅烧 20～30min。

（6）熟料的冷却：

当熟料烧成后，温度开始下降，同时 C_3S 的生成速度也不断减慢，温度降到 1300℃以下时，液相开始凝固，C_3S 的生成反应完结，这时凝固体中含有少量的未化合的 CaO，则称为游离氧化钙。温度继续下降便进入熟料的冷却阶段。

熟料烧成后，就要进行冷却，其目的在于：改进熟料质量，提高熟料的易磨性；回收熟料余热，降低热耗，提高热的效率；降低熟料温度，便于熟料的运输、储存和粉磨。

熟料冷却的好坏及冷却速度，对熟料质量影响较大。因为部分熔融的熟料，其中的液相在冷却时，往往还和固相进行反应。

在熟料的冷却过程中，将有一部分熔剂矿物（C_3A 和 C_4AF）形成结晶体析出，另一部分熔剂矿物则因冷却速度较快来不及析晶而呈玻璃态存在。C_3S 在高温下是一种不稳定的化合物，在 1250℃时，容易分解，所以要求熟料自 1300℃以下要进行快冷，使 C_3S 来不及分解，越过 1250℃以后 C_3S 就比较稳定了。

对于 1000℃以下的冷却，也是以快速冷却为好，这是因为熟料中的 C_2S 有 α'、α、β、γ 四种结晶形态，温度及冷却速度对 C_2S 的晶型转化有很大影响，在高温熟料中，只存在 α-C_2S；若冷却速度缓慢，则发生一系列的晶型转化，最后变为 γ-C_2S，在这一转化过程中由于密度的减小，使体积增大 10%左右，从而导致熟料块的体积膨胀，变成粉末状，在生产中叫作“粉化”现象。γ-C_2S 与水不起水化作用，几乎没有硬性，因而会使水泥熟料的质量大为降低。为了防止这种有害的晶型转化，要求熟料快速冷却。

熟料快速冷却还有下列许多好处：

① 可防止 C_2S 晶体长大或熟料完全变成晶体。有关资料表明：晶体粗大的 C_2S 会使熟料强度降低，若熟料中的矿物完全变成晶体，就难以粉磨。

② 快冷时，MgO 凝结于玻璃体中，或以细小的晶体析出，可以减轻水泥凝结硬化后由于方镁石晶体不易水化而后缓慢水化出现体积膨胀，使安定性不良。

③ 快冷时，熟料中的 C_3A 的晶体较少，水泥不会出现快凝现象，并有利于抗硫酸盐性能的提高。

④ 快冷可使水泥熟料中产生应力，从而增大了熟料的易磨性。

此外熟料的冷却，还可以部分地回收熟料出窑带走的热量，即可降低熟料的总热耗，从而提高热的利用率。

由此，熟料的冷却对熟料质量和节约能源都有着重要的意义，因而回转窑要选用高效率的冷却，并减少冷却机各处的漏风，以提高其冷却效率的同时回收熟料的显热，提高了窑的热效，特别是预分解窑，其意义是很重要的。

六、水泥制备

硅酸盐水泥的制成是将合适组成的硅酸盐水泥熟料与石膏、混合材料经粉磨、贮存、均化达到质量要求的过程，是水泥生产过程中的最后一个环节。

1. 熟料储存

经煅烧出窑后的熟料，需要储存处理。熟料储存处理的作用如下：

（1）保证窑、磨的生产平衡。生产中备有一定储量的熟料，在窑出现短时间（3～5d）内的停产情况下，可满足磨机生产需要的熟料量，保证磨机连续工作。

（2）降低熟料温度，保证磨机的正常工作：从冷却机出来的熟料温度一般在100～300℃之间。过热的熟料加入磨中不仅会降低磨机产量，而且会使磨机筒体因热膨胀而伸长，对轴承产生压力，过热还会影响磨机的润滑，对磨机的安全运转不利；另外，磨内温度过高，使石膏脱水过多，将引起水泥凝结时间不正常。

（3）改善熟料质量，提高易磨性：出窑熟料中含有一定数量的f-CaO，储存时能吸收空气中部分水汽，使部分f-CaO消解为$Ca(OH)_2$，在熟料内部产生膨胀应力，因而提高了熟料的易磨性，改善水泥安定性。

（4）有利于质量控制：根据出窑熟料质量等次不同，分别存放，以便搭配使用，保持水泥质量的稳定。

2. 添加混合材料

磨制水泥时，掺加数量不超过国家标准规定的混合材料，一方面可以增加水泥产量，降低成本，改善和调节水泥的某些性质，另一方面综合利用了工业废渣，减少了环境污染。

要根据生产水泥的品种，确定选用混合材料的种类。尽量选用运距近，进厂价格低的混合材料。根据进厂混合材料的干湿状况，要对混合材料进行干燥处理。另外，需要调配混合材料，使其质量均匀。

常用的混合材包括石膏、矿渣等。石膏在水泥中，主要是起延缓水泥凝结时间的作用，同时有利于促进水泥早期强度的提高。磨制水泥时加入的石膏，要求来源定点，种类分清，质量均匀。通常是石膏经破碎设备破碎后在储库中备用。

3. 水泥产品检测方法

（1）测试指标

① 物理指标：凝结时间、安定性、强度、细度等；

② 化学指标：烧失量，不溶物，SO_3，SiO_2，Fe_2O_3，Al_2O_3，CaO，MgO，TiO_2，K_2O，Na_2O，Cl^-，硫化物，MnO，P_2O_5，CO_2，f-CaO，六价铬等。

（2）国家标准

《通用硅酸盐水泥》（GB/T 175—2008）

《水泥化学分析方法》（GB/T 176—2017）

《水泥中水溶性铬（Ⅵ）的限量及测定方法》（GB 31893—2015）

七、新型干法窑耐火材料选择

1. 预热带和分化带

这两处的温度相对较低，要求砖衬的导热系数小、耐磨性好，在这个区域来自质料、燃料的硫酸碱和氯化碱开端蒸发，在窑内凝集和富集，并进入砖的内部。通常黏土砖与碱反应形成钾霞石和白榴石，使砖面发酥，砖体内产生胀大而导致开裂脱落。而含 $Al_2O_3$25%～28%和 $SiO_2$65%～70%的耐碱砖或耐碱隔热砖在一定温度下与碱反应时，砖的外表当即形成一层高黏度的釉面层，避免了脱落，但这种砖不能反抗1200℃以上的运用温度。因而预热带通常选用磷酸盐结合高铝砖、抗脱落高铝砖或选用耐碱砖。

2. 分解带

分解带一般采用抗剥落性好的高铝砖，硅莫砖在性能上优于抗剥落性好的高铝砖，寿命比抗剥落的高铝砖约高出一倍，但价格较高，窑尾进料口宜采用抗结皮的碳化硅浇注料。

3. 过渡带和烧成带

过渡带窑皮不稳定，要求窑衬抵抗气氛变化能力好、抗热震性好、导热系数小、耐磨。国外推荐采用镁铝尖晶石砖，但该砖的导热系数大，筒体温度高，相对热耗要大，不利于降低能耗。国内硅莫砖的导热系数小、耐磨，其性能在一定程度上可与进口材料相媲美。

烧成带温度高，化学反应激烈，要求砖衬抗熟料侵蚀性，抗 SO_3、CO_2 能力强。国外一般采用镁铝尖晶石砖，但该砖挂窑皮比较困难，而白云石砖抗热震性不好，易水化；国外的镁铁尖晶石砖在挂窑皮上效果较好，但造价太高。国内新采用的低铬方镁石复合尖晶石砖使用情况较好。

4. 冷却带和窑口

冷却带和窑口处气温高达1400℃左右，温度波动较大，熟料的研磨和气流的冲刷都很严重。要求砖衬的导热系数小，耐磨性、抗热震性好；抗热震性优良的碱性砖，如尖晶石砖或高铝砖适用于冷却带内。国外一般推荐使用尖晶石砖，但尖晶石砖的导热系数大，且耐磨性不好。国内近年来大多采用硅磨砖和抗剥落性好的耐磨砖。

窑口部位多采用抗热震性好的浇注料。如：耐磨抗热震的高铝砖或钢纤维增韧的浇注料和低水泥高铝质浇注料，但在窑口温度极高的大型窑上则采用普通的，或钢纤维增韧的刚玉质浇注料。

八、常见的异常窑况分析

（一）预分解窑系统结皮、堵塞

预分解窑在生产过程中，入窑物料的碳酸盐分解率基本达90%以上，才能满足窑内烧成的要求。物料的分解烧成过程实际上是一个复杂的物理、化学反应过程，其中一些成分黏结在预热器、分解炉的管壁上，形成结皮而造成堵塞。

1. 结皮

结皮是物料在预分解窑的预热器、分解炉等管道内壁上，逐步分层黏挂，形成疏松多孔的尾状覆盖物，多发部位是窑尾下料斜坡，缩口上、下部，以及旋风预热器的锥体部位。一般认为结皮的发生与所用的原料、燃料及预分解窑各处温度变化有关，下面就此相关的几个原因进行分析。

（1）原燃材料中的有害成分的影响

在预分解窑生产中，原燃材料中的有害成分主要指硫、氯、碱，生料和熟料中的碱主要源于黏土质原料及泥灰质的石灰岩和燃料，硫和氯化物主要由黏土质原料和燃料带入。

由生料及燃料带入系统中碱、氯、硫的化合物，在窑内高温下逐步挥发，挥发出来的碱、氯、硫以气相的形式与窑气混合在一起，通过缩口后，被带到预热器内，当它们与生料在一定的温度范围内相遇时，这些挥发物可被冷凝在生料表面上。冷凝的碱、氯、硫随生料又重新回到窑内，造成系统内这些有害成分的往复循环，逐渐积聚。这些碱、氯、硫组成的化合物熔点较低，当它在系统内循环时，凝聚于生料颗粒表面上，使生料表面的化学成分改变，当这些物料处于较高温度下，其表面首先开始熔化，产生液相，生成部分低熔化合物。这些化合物与温度较低的设备或管道壁接触时，便可能黏结在上面，如果碱、氯、硫含量较多而温度又较高，生成的液相多而黏，则使料粉层层黏挂，越结越厚，形成结皮。

（2）燃料煤的机械不完全燃烧的影响

煤的机械不完全燃烧为预分解窑系统内结皮范围的扩大提供了条件，造成煤的不完全燃烧。主要原因是煤粉太粗、燃烧速度慢，空气量不足及操作不当等，在该燃烧区域内燃料燃烧不完全，而在其他区域继续燃烧，从而使系统内煤燃烧区域发生变化，导致了系统内温度布局的不稳定。随着温度区域的变化，结皮部位也就随之改变，特别是预热器系统里的旋风筒收缩部位，由于物料在碱、氯、硫的作用下表面熔化，其黏性增加，在与筒壁接触时形成结皮。所以在预分窑生产时，煤流的稳定、煤质的稳定是非常关键的，它是关系到系统稳定的首要前提。

（3）漏风的影响

预分解窑的预热器系统处在高负压状态下工作，密封工作的好坏直接影响到煤的燃烧、温度的稳定，而结皮与煤、燃烧、温度等因素相关。漏风能在瞬间使物料在碱、氯、硫的作用下表面的熔化部分凝固，在漏风的周围形成结皮，该处结皮厚且强度高。

2. 堵塞

当物料被加热到一定温度时，物料本身将发生变化，特别是分解炉中加入的燃料占燃料总量的55%～60%，煤粉在燃烧过程中放出大量热量，物料在高温状态中的性能发生变化。如产生黏性，黏结在旋风筒壁面上，或者物料结团、结块等，它们在通过旋风筒下锥体和管道时最容易出现结皮、滞留和堵塞。

当高温物料表面与其他低熔点成分物质（钠、钾、氯、硫）在高速气流中相遇时，其物料的表面就会产生液相，使物料的表面具有黏性，而黏结其他物料，越黏越多，就出现结团。当这种表面具有黏性的物料与壁面接触时，可使物料表面液相降温，而附着在壁面上，形成锥体结皮或下料管道结皮现象，这样就减小了物料通过面积，物料通过能力降低或受阻。

通过以上分析，说明物料中碱、氯、硫这些低熔点的物质，在生产过程中不易控制，是造成堵塞的原因。局部高温或者系统内温度的升高，则与煤量的控制分不开，是加速物料表面形成液相的原因之一。所以说，物料中的有害物质的含量、温度的高低是造成预热器工况波动的主要原因，也是堵塞的主要原因。

在预分解窑生产中，生料、燃料中带进系统的氯、碱、硫在窑内高温区挥发，在预热器内随气流向上运动，温度也随之下降，并冷凝下来，随生料重新回到窑内，这样形成一个循环富集的过程。在硫酸钾、硫酸钙和氯化钾多组分系统中，最低熔点为650～700℃，硫酸盐与氯化物会以熔态形式沉降下来，并与入窑物料和窑内粉尘一起构成黏聚物质，这种在生料颗粒上形成的液相物质薄膜层，会阻碍生料颗粒流动，而造成黏结。

煤粉在燃烧过程中，产生大量的CO_2，碳酸盐分解也会释放出大量的CO_2，在系统通风受阻或用风不合理时，CO_2浓度将会增大，会使已分解的碳酸盐进行逆向反应，二氧化碳与氧化钙再化合成碳酸钙。由于碳酸盐在高温下分解生成的氧化钙为多孔、松散结构，活性较强，而碳酸钙结构较致密，活性差，所以导致粉状物料的板结。

还原气氛对硫、氯、碱的挥发影响也很大，随着未燃烧碳的增加，SO_3的挥发量也增加。此外，生料波动、喂料量不均、用煤不当、局部高温过热、系统漏风、预热器衬料剥落、翻板阀灵活性差、内筒烧坏脱落、翻板阀烧坏不锁风等均会导致结皮堵塞。

（二）回转窑内结球、结圈

1. 窑内结球

窑内结球是预分解窑出现的一种不正常窑况，结球严重的时候，其粒径的大小不等、接二连三，给生产带来直接的影响。如结球影响回转窑的正常安全运转；大球出窑后，掉到篦冷机上，还容易把篦冷机的设备砸坏；处理大球又需要人工进行，造成停窑。既费时耗力，又影响了水泥的产量和质量，影响了企业的经济效益。

（1）原因分析

窑内结球的危害很多，造成窑内结球的原因也很多，不同的厂家、不同的炉型、不同的原燃材料、不同的管理，造成窑内结球的原因各不相同。

① 有害成分

根据国内外一些窑外分解窑出现的结球现象，对其成分进行分析得知，有害成分（主要是 K_2O、Na_2O、SO_3）是造成结球的重要原因，结球料有害成分的含量明显高于相应生料中有害成分的含量。有害成分能促进中间特征矿物的形成，而中间相是形成结皮、结球的特征矿物［如钙明矾石（$2CaSO_4 \cdot K_4SO_4$）、硅方解石（$2C_2S \cdot CaSO_4$）等］，原燃料中的有害成分在烧成带高温下挥发，并随窑内气流向窑尾移动，造成窑后结球特征矿物的形成。同时，物料在向窑头方向运动的过程中，随着窑内温度与气氛的变化，特征矿物分解转变，其中的有害成分进入高温带后绝大部分挥发出来，形成内循环，使有害成分在窑系统中不断富集。有害成分含量越高，挥发率越高，富集程度越高，内循环量波动的上极值越大，则特征矿物的生成机会越多，窑内出现结球的可能性越大。

② 配料方案

某厂从原燃料带进生料中的有害成分来看，R_2O 为 0.73%，灼烧基硫碱比为 0.256%，燃料中 SO_3 为 1.51%，未超过控制界限，而 Cl^- 为 0.019%，超过了控制界限，超量不大。但在试生产期间，出现过熟料结球现象，最大直径达 1.9m。通过对配料方案的分析：硅酸率值低是造成窑外分解窑内结球的原因：该厂生产的熟料中，Al_2O_3 和 Fe_2O_3 的总含量为 9.5%左右，有的超过 10%，其中，Al_2O_3 含量高是主要原因。

③ 窑内通风

由于窑内通风发生变化，窑尾温度高，促使窑尾部分产生物料黏结，向窑头方向运动时，黏结加强，黏结成大料球。由于有长厚窑皮，结球的机会进一步增大。

④ 其他原因

燃烧器的选用和调节操作不当，煤灰的不均匀掺入，煤粉的细度、灰分和煤灰熔点等都会影响正常燃烧而产生结球。

另外，开停机、投止料频繁；窑的运转率低，窑内热工制度波动大，窑内物料分解率波动；冷却机系统故障；二、三次风供给对煤粉的燃烧影响都是结球的原因之一。

（2）控制措施

① 限制原燃材料中的有害物质的含量，一般要求：$R_2O<1\%$，$Cl^-<0.015\%$，燃料中 $S<3.5\%$，灼烧基硫碱比$\leqslant 1.0$。

② 熟料烧成时的液相量不宜过大，液相量控制在 25%左右。

③ 保证窑的快转率，控制好窑内物料的填充率。

④ 合理用风，保证煤粉燃烧充分，减少煤粉不完全燃烧现象的发生。

⑤ 稳定入窑生料成分。入窑生料成分不均匀，喂料量不稳定，煤粉制备不合格

（太粗）等原因，易引起窑内结球。

⑥ 回灰均匀掺入，防止回灰集中入窑，造成有害成分富集，而引起结球。

⑦ 加强操作控制，稳定入窑分解率，对防止结球有积极作用。

2. 窑内结圈

结圈是指窑内在正常生产中因物料过度黏结，在窑内特定的区域形成一道阻碍物料运动的环形、坚硬的圈。这种现象在回转窑内是一种不正常的窑况，它破坏正常的热工制度，影响窑内通风，造成窑内来料波动很大，直接影响着回转窑的产量、质量、消耗和长期安全运转。处理窑内结圈费时费力，严重时停窑停产，其危害是严重的。

预分解窑窑内结圈，可分为前结圈、后结圈两种，两种结圈的机理是各不相同的，后结圈统称为熟料圈，前结圈为煤粉圈，处理方法也不相同。

（1）结后圈（熟料圈）原因分析

熟料圈实际上是在烧成带末端与放热反应带交界处挂上一层厚“窑皮”。从挂“窑皮”的原理可知，要想在窑衬上挂“窑皮”就必须具备挂“窑皮”的条件，否则就挂不上“窑皮”。当“窑皮”结到一定厚度时，为防止“窑皮”过厚，就必须改变操作条件，使不断黏挂上去的“窑皮”和被磨蚀下来的“窑皮”量相等，这是合理的操作方法，而窑内的条件随时都在变化，随着料、煤、风、窑速的变化而改变。若控制不好就易结成厚“窑皮”而成圈，烧成带“窑皮”拉得过长，这是熟料圈形成的根本原因。造成窑内熟料圈的具体原因很多，也很复杂，以下对熟料圈的成因进行分析。

① 生料化学成分

从生产实践经验得知，熟料圈往往结在物料刚出现液相的地方，物料温度在1200～1300℃范围内，由于物料表面形成液相，表面张力小、黏度大，在离心力作用下，易与耐火砖表面或者已形成“窑皮”表面黏结。因此，在保证熟料质量和物料易烧性好的前提下，为防止结圈，配料时应考虑液相量不宜过多，液相黏度不宜过大。影响液相量和液相黏度的化学成分主要是 Al_2O_3 和 Fe_2O_3，因此要控制好它们的适当含量。

② 原燃材料中有害成分

原燃材料中碱、氯、硫含量的多少，对物料在窑内产生液相的时间、位置影响较大。物料所含有害物质过多，其熔点将降低，结圈的可能性增大。正常情况下，此类结圈大多发生在放热反应带以后的地方，其危害大，处理困难。

③ 煤的影响

由于煤灰中一般含 Al_2O_3 较高，因此当煤灰掺入物料中时，使物料液相量增加，往往易结圈。煤灰的降落量主要与煤中灰分含量和煤粒粗细有关，灰分含量高、煤粒粗，煤灰降落量就多。另一方面当煤粉粗、灰分高、水分大、燃烧速度慢，会使火焰拉长，高温带后移，“窑皮”拉长易结圈。

④ 操作和热工制度的影响

A. 用煤过多，产生化学不完全燃烧，使火焰成还原性，促使物料中的铁还原为亚铁，亚铁易形成低熔点的矿物，使液相过早出现，容易结圈。

B. 二、三次风配合不当，火焰过长，使物料预烧好，液相出现早，黏结窑衬能力增强，特别是在预热器温度高、分解率高的情况下，火焰过长，结后圈的可能很大。

C. 喂料量与总风量使用不合理，导致窑内热工制度不稳定，窑速波动异常，也易结后圈。

实践证明，热工制度严重不稳定，必定要产生结圈，而影响热工制度稳定的因素又是多方面的，同时结圈又导致热工制度的不稳定。

（2）结前圈原因分析

前圈结在烧成带和冷却带交界处，由于风煤配合不好，或者煤粉粒度粗，煤灰和水分大，影响煤粉的燃烧，使黑火头长，烧成带向窑尾方向移动，熔融的物料凝结在窑口处使“窑皮”增厚，发展成前圈，或者由于煤粉落在熟料上，在熟料中形成还原性燃烧，铁还原成为亚铁，形成熔点低的矿物或者由于煤灰分中 Al_2O_3 含量高而使熟料液相量增加，黏度增大，当遇到入窑二次风被降温、冷却，就会逐渐凝结在窑口处形成圈。当圈的厚度适当时，对窑内煅烧有利，能延长物料在烧成带停留时间，使物料反应更完全，并降低 f-CaO 的含量。如圈的厚度过高，则影响入窑二次风量，则影响物料的烧成。

① 结前圈的原因

A. 煤质本身的质量及煤粉的制备质量。

B. 熟料中熔剂矿物含量过高或 Al_2O_3 含量高。

C. 燃烧器在窑口断面的位置不合理，影响煤粉燃烧，使结圈速度加快，火焰发散也可导致结前圈。

D. 窑前负压力时间过大，二次风温低，冷却机料层控制不当。

导致结前圈的原因较少，分析容易，控制起来也容易。前结圈形成减少窑内的通风面积，影响入窑的二次风量；影响正常的火焰形状，使煤粉燃烧不完全，造成结圈恶性加剧；影响到窑内物料运动、停留时间；易结大块，容易磨损与砸伤窑皮，影响窑衬使用寿命，严重时操作困难，造成停窑。

② 操作中对前圈的控制、处理及注意事项

A. 把握好煤粉制备和煤粉的质量两个环节对前结圈的控制是有益的，在煤粉粗、煤的灰分高时，密切注意燃烧器喷嘴在窑内的位置，利用火焰控制结圈的发展。

B. 熔剂矿物含量高，特别是 Al_2O_3 含量高时，喷嘴位置一定要靠后，不能伸进窑内，使结前圈的部位处于高温状态，使结前圈得到控制。

C. 如果已结前圈，应迅速调整燃烧器喷嘴在窑口断面的位置，避免前圈加剧，保证生产的正常。

D. 结前圈若处理不当，还可加剧结圈，使圈后“窑皮”受损，严重时导致衬料受损而红窑。这是因为圈后温度高，滞留物料多，窑内通风受影响，圈口风速增大，使火焰不完整、刷窑皮，而导致红窑发生。因此，在结前圈处理时要考虑到保证火焰顺畅，保护窑皮。

（三）冷却机堆雪人

由于入窑二次空气量不足，燃料燃烧速度较慢，导致煤粉不完全燃烧，熟料在窑内翻滚过程中表面黏上细煤粉，落入篦冷机后，在熟料表面继续进行无焰燃烧，释放出热量，越是加风冷却红料越是不断，使本来应该受到骤冷的液相不但不消失反而维持相当一段时间。另一方面由于煤灰包裹在熟料表面，导致熟料表面铝率偏高，液相黏度加大，更为重要的是，不完全燃烧极易导致还原气氛。在还原气氛下，熟料中的 Fe_2O_3 被还原为低熔点的 FeO，生成低熔点矿物，极易黏附在墙壁上。如果这种还原气氛持续的时间过长或篦床操作不当，如停床、慢床致使物料在篦床一室形成堆积状态，熟料与墙壁有足够的接触时间，再加上盲板的阻风作用，使靠近墙壁的熟料冷却效果差，一部分液相就会在墙壁上黏挂，逐渐形成“雪人”。

简单来说，篦冷机形成“雪人”的原因有：

（1）出窑熟料温度过高，发黏。出窑熟料温度过高的原因很多，比如煤落在熟料上燃烧，煤嘴过于偏向物料，窑前温度控制得过高等，落入冷却机后堆积而成“雪人”。

（2）熟料结粒过细且大小不均。当窑满负荷高速运转时，大小不均的熟料落入冷却机时产生离析，细粒熟料过多地集中使冷却风不易通过，失去高压风骤冷而长时间在灼热状态，这样不断堆积而成“雪人”。

（3）由于熟料的铝率过高而造成。铝率过高，熔剂矿物的熔点变高，延迟了液相的出现，易使出窑熟料发黏，入冷却机后堆积而成“雪人”。

第五章　水泥窑协同处置污染土壤

第一节　水泥窑协同处置发展

水泥窑焚烧处理固体废物在发达国家中已经得到了广泛的认可和应用。随着固体废物焚烧理论与实践的发展与各国相关环保法规的健全，该项技术在经济和环保方面显示出了巨大优势，形成产业规模，在各类废物处理中发挥着重要作用。

中国是水泥生产和消费大国，受资源、能源与环境因素的制约，水泥工业必须走可持续发展之路；同时中国各类废物产生量巨大，无害化处置率低，水泥窑协同处置固体废弃物在中国有着广泛的发展前景。

水泥窑协同处置是一种新的废弃物处置手段，它是指将满足或经过预处理后满足入窑要求的固体废物投入水泥窑，在进行水泥熟料生产的同时实现对固体废物的无害化处置过程。

在固废处置方式中，水泥窑协同处置近期得到行业内人士广泛关注，它是一种新的废弃物处置手段，适用范围广，可处理危险废物、生活垃圾、工业固废、污泥、污染土壤等。水泥窑协同处置发展趋势不可避免，可以作为一般城市固体废弃物处置、一般工业固体废弃物处置和危险固体废弃物处置的重要补充。

一、水泥窑协同处置废物的优势

水泥窑协同处置废物的优势集中表现在：

（1）焚烧温度高：水泥窑内物料温度一般高于1450℃，气体温度则高于1750℃左右，甚至可达更高温度1500℃和2200℃。在此高温下，废物中有机物被彻底分解，一般焚毁去除率达到99.99%以上，废物中有毒有害成分被彻底“摧毁”和“解毒”。

（2）停留时间长：水泥回转窑筒体长，废物在水泥窑高温状态下持续时间长。根据一般统计数据，物料从窑头到窑尾总停留时间在40min左右，气体在温度高于950℃的区域停留时间在8s以上，在高于1300℃的区域停留时间大于3s，可以使废物长时间处于高温之下，更有利于废物的燃烧和彻底分解。

（3）焚烧状态稳定：水泥工业回转窑有一个热惯性很强、十分稳定的燃烧系统。它是由回转窑金属筒体、窑内砌筑的耐火砖以及在烧成带形成的结皮和待煅烧的物料组成，不仅质量巨大，而且由于耐火材料具有隔热性能，更使得系统热惯性增强，不会因为废物投入量和性质的变化而造成大的温度波动。

（4）良好的湍流：水泥窑内高温气体与物料流动方向相反，湍流强烈，有利于气固相的混合、传热、传质、分解、化合、扩散。

（5）碱性的环境气氛：生产水泥采用的原料成分决定了在回转窑内是碱性气氛，水泥窑内的碱性物质可以和废物中的酸性物质中和为稳定的盐类，有效地抑制酸性物质的排放，便于其尾气的净化，而且可以与水泥工艺过程一并进行。

（6）没有废渣排出：在水泥生产的工艺过程中，只有生料和经过煅烧工艺所产生的熟料，没有一般焚烧炉焚烧产生炉渣的问题。

（7）固化重金属离子：利用水泥工业回转窑煅烧工艺处理危险废物，可以将废物成分中的绝大部分重金属离子固化在熟料中，最终进入水泥成品中，避免了再度扩散。

（8）全负压系统：新型干法回转窑系统是负压状态运转，烟气和粉尘不会外逸，从根本上防止了处理过程中的再污染。

（9）废气处理效果好：水泥工业烧成系统和废气处理系统，使燃烧之后的废气经过较长的路径和良好的冷却和收尘设备，有着较高的吸附、沉降和收尘作用，收集的粉尘经过输送系统返回原料制备系统可以重新利用。

（10）焚烧处置点多，适应性强：水泥工业不同工艺过程的烧成系统，无论是湿法窑、半干法立波尔窑，还是预热窑和带分解炉的旋风预热窑，整个系统都有不同高温投料点，可适应各种不同性质和形态的废料。

（11）减少社会总体废气排放量：由于可燃性废物对矿物质燃料的替代，减少了水泥工业对矿物质燃料（煤、天然气、重油等）的需要量。总体而言，比单独的水泥生产和焚烧废物产生的废气排放量大为减少。

（12）建设投资较小，运行成本较低：利用水泥回转窑处置废物，虽然需要在工艺设备和给料设施方面进行必要的改造，并需新建废物贮存和预处理设施，但与新建专用焚烧厂比较，还是可大大节省投资。在运行成本上，尽管由于设备的折旧、电力和原材料的消耗、人工费用等使得费用增加，但是燃烧可燃性废物可以节省燃料，降低燃料成本，燃料替代比率越高，经济效益越明显。

利用新型干法水泥熟料生产线在焚烧处理可燃性工业废物的同时产生水泥熟料，属于符合可持续发展战略的新型环保技术。在继承传统焚烧炉的优点时，有机地将自身高温、循环等优势发挥出来。既能充分利用废物中的有机成分的热值实现节能，又能完全利用废物中的无机成分作为原料生产水泥熟料；既能使废弃物中的有机物在新型回转式焚烧炉的高温环境中完全焚毁，又能使废物中的重金属固化到熟料中。

二、水泥窑处置危险废物的发展历程

（一）水泥窑协同处置发展历程

国外水泥窑协同处置废弃物经历了起步、发展、广泛应用三个阶段。在《巴塞尔公约》中，水泥窑生产过程中协同处置危险废物的方法已经被认为是对环境无害的处理方法，即最佳可行性技术。

（1）起步阶段

水泥窑协同处置技术起源于20世纪70年代。1974年，加拿大Lawrence水泥厂首先将聚氯苯基等化工废料投入回转窑中进行最终处置并获得成功，开启了水泥窑协同处置废物的序幕。

（2）发展阶段

由于水泥窑协同处置不仅可以实现废物处理的减量化、无害化和稳定化，而且可以将废物作为燃料利用，实现废物处理的资源化，所以此项技术逐渐在发达国家得到推广应用。到20世纪80年代，水泥窑协同处置危险废物技术在欧洲的德国、法国、比利时、瑞士，美洲的美国和加拿大，亚洲的日本等国家得到有效推广。例如：1994年，美国共37家水泥厂用危险废物作为水泥窑的替代燃料，处理了近300万t危废。20世纪80～90年代，日本水泥工业已从其他产业接受大量废弃物和副产品。

（3）广泛应用阶段

2000年后，Holcim、Lafarge、CE. MEX、Heidelberg等著名国际水泥企业大规模开展废弃物处置利用工作。美国水泥厂一年焚烧的工业危废是焚烧炉处理的4倍之多，全美国液态危废的90%在水泥窑进行焚烧处理；2000年后，挪威协同处置危废的水泥厂覆盖率为100%；2001年，日本水泥厂的废物利用量已达到355kg/t水泥；2003年，欧洲共250多个水泥厂参与协同处置固体废物业务。

（二）发达国家水泥窑协同处置现状

经过40多年发展，水泥窑协同处置技术相对比较成熟，早已成为发达国家普遍采用的处置技术，对水泥工业可持续发展和固废处置提供了广阔市场空间。

（1）欧洲

瑞士、法国、英国、意大利、挪威、瑞典等国家利用水泥窑焚烧废物都约有20年的历史。瑞士赫尔辛姆（HOLCIM）公司是强大的水泥生产跨国公司，HOLCIM公司从20世纪80年代起开始利用废物作为水泥生产的替代燃料，近几年该公司在世界各大洲水泥厂的燃料替代率都在迅速增长，设在欧洲的水泥厂燃料替代率最高，1999年已经达到28%；设在亚洲和大洋洲的水泥厂燃料替代率最低，1999年仅为2%。1999年该公司设在比利时的某个世界上最大的湿法水泥厂中，燃料替代率已达到80%，其余约20%的燃料为回收的石油焦，目前该厂的燃料成本已降为－2%左右。2000年，HOLCIM公司设在欧洲的35个水泥厂处理和利用的废物总量就达150万吨。法国Lafarge公司从20世纪70年代开始研究推进废物代替自然资源的工作。经过近30年的研究和发展，危险废物处置量稳步增长。Lafarge公司在法国处置的废物类型主要有水相、溶剂、固体、油、乳化剂和原材料等。目前该公司设在法国的水泥厂焚烧处置的危险废物量占全法国焚烧处置的危险废物量的50%，燃料替代率达到50%左右。2001

年，Lafarge 公司由于处置废物而实现了以下目标：节约 200 万 t 矿物质燃料；降低燃料成本达 33%左右；收回了约 400 万 t 的废料；减少了 500 万 t CO_2 气体的排放。

2016 年，欧洲各国水泥厂燃料替代比率见图 5-1。

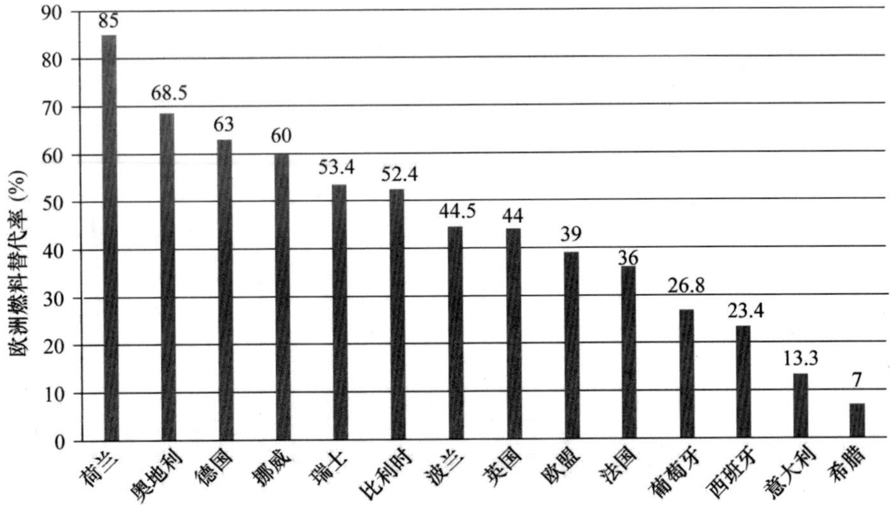

图 5-1　欧洲水泥燃料替代率

2016 年，欧盟不同替代燃料所占的比率见图 5-2。

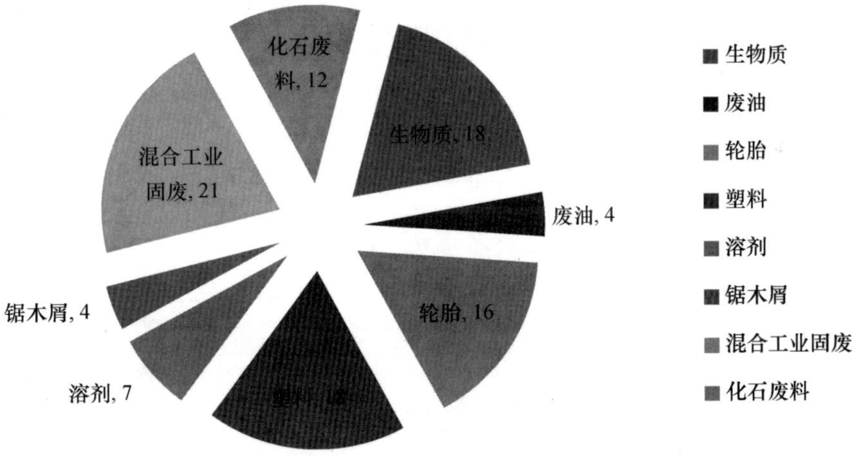

图 5-2　欧盟不同类别燃料所占比率（%）

① 德国

德国水泥生产始于 1877 年，20 世纪的前 50 年受“二战”及战后重建的影响，水泥产量快速增长。德国水泥行业有 34 个综合水泥厂，综合水泥产能总计 3200 万 t/a。

在德国水泥工业历史的前 100 年，煤炭是水泥厂的首选燃料。20 世纪 70 年代的石油危机对德国水泥工业产生重大影响，导致了行业的两次重大转变。第一个是生产线转变为更大、更高热效率的干法生产线，水泥产量从 350t/d 提高至 2400t/d；第二个是水泥生产替代燃料的初步研究，现在研究成果显著。

德国拥有全世界现代化程度最高、高效及环保意识最高的水泥工业，也是世界上较早进行水泥厂废物处理和利用的国家。自 20 世纪 70 年代煤炭逐渐被石油焦和替代燃料所取代，90 年代替代燃料的应用得到蓬勃发展。由于相对较早地应用替代燃料，德国成为全球替代燃料替代率最高的国家。

1987—2015 年德国水泥窑燃料替代率变化见图 5-3。

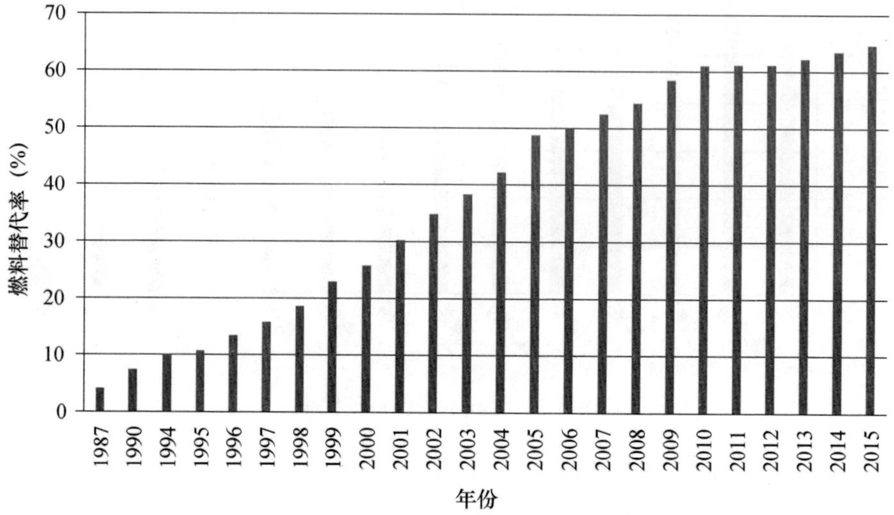

图 5-3　德国水泥窑燃料替代率

1998—2015 年德国不同种类替代燃料的热值变化见图 5-4。

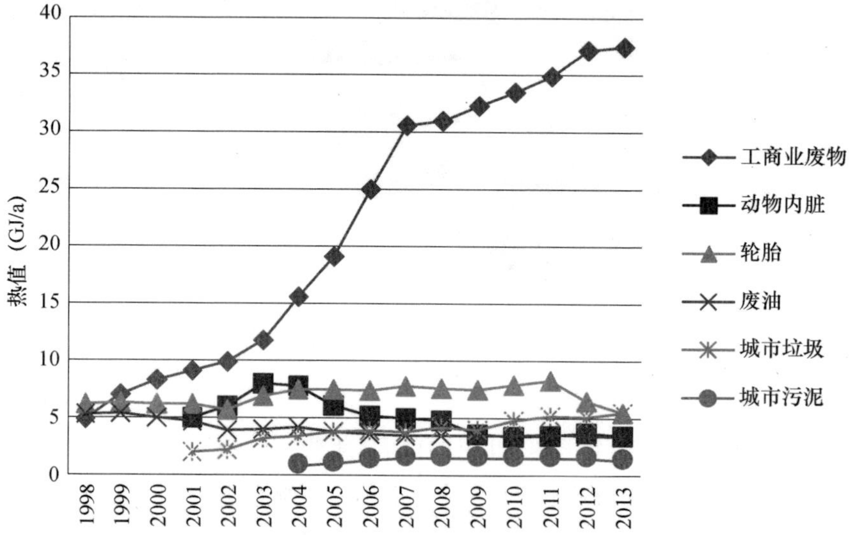

图 5-4　德国水泥窑燃料替代热值

② 意大利

意大利水泥厂燃料替代率逐年增加。2011—2013 年，燃料替代率分别为 7.2%、10.2%和 11.4%。2011—2013 年，意大利水泥厂不同替代燃料种类用量见图 5-5。

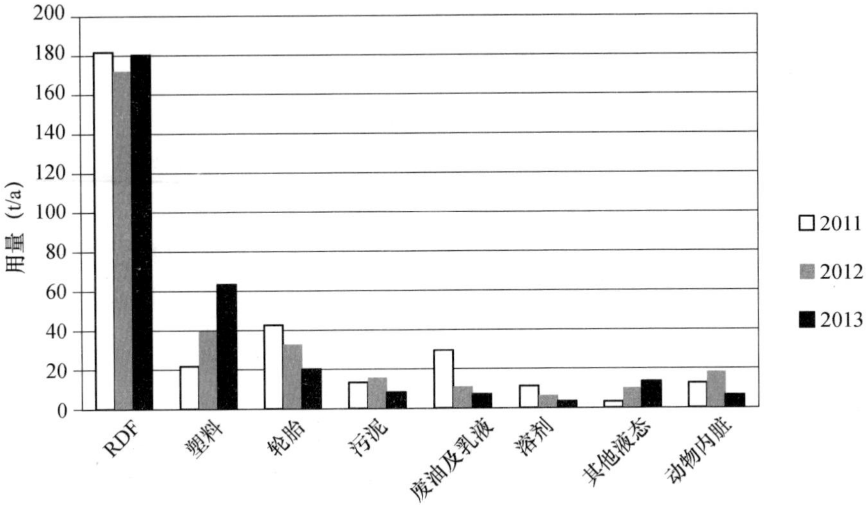

图 5-5　意大利水泥替代燃料用量

（2）日本

日本拥有水泥生产企业 20 家，计 36 家工厂，拥有 64 台窑体，全部为新型干法预热回转窑，年熟料生产能力为 8030 万 t。

由于日本资源匮乏，而水泥生产技术先进，日本水泥企业在废物利用和处理方面处于世界前列，水泥企业的废物利用量持续增长。替代原料中高炉矿渣最多，占全日本高炉矿渣总量的 50%；其次是粉煤灰，占全日本粉煤灰总量的 60%；副产石膏利用量相当于全日本水泥企业所需石膏用量的 90%。替代燃料中，废旧轮胎最多，相当于日本废旧轮胎总量的 35%。总体而言，日本水泥企业原料替代率较高，燃料替代率仅为 5%，尚有较大的上升空间。

日本一般对危险废物采用先焚烧处理，然后通过生料配比计算，将其焚烧灰按比率加到水泥原料中，在水泥回转窑中烧制。

（3）美国

美国拥有庞大且非常完善的水泥产业，2016 年其水泥产量为 1.205 亿 t。美国地质调查局公布的数据显示，美国 2016 年的熟料产能为 1.09 亿 t，2016 年全美生产熟料 8290 万 t。该国庞大的水泥产能来自 97 座综合水泥厂，较之前减少 2 座。

美国水泥市场上有着众多的跨国水泥生产商，例如拉法基豪瑞、西麦斯、CRH 和 Buzzi 水泥，部分公司通过美国品牌来运行当地的水泥公司，例如海德堡水泥的 Essroc，但是美国自身掌控的水泥企业已经逐渐减少，很可能很快就会全部消失。

美国环保署也大力提倡水泥窑焚烧处理废物。20 世纪 80 年代中期以来，随着美国联邦法规对废物管理，尤其危险废物处理要求的加强，废物焚烧处理量迅速增加，由于上述诸多优点，水泥窑处理危险废物发展迅速。1994 年美国共有 37 家水泥厂或轻骨料厂得到授权用危险废物作为替代燃料烧制水泥，处理了近 300 万 t 危险废物，占全美国 500 万 t 危险废物的 60%。全美国液态危险废物的 90%在水泥窑进行焚烧处理。

（三）我国水泥窑协同处置发展现状

（1）我国水泥窑协同处置发展历程

中国水泥厂对废物的利用主要局限于原料替代方面。目前国内绝大部分的粉煤灰、矿渣、硫铁渣等都在水泥厂得到了利用和处理。全国水泥原料的 20%来源于冶金、电力、化工、石化等行业产生的各种工业废物，减少了天然矿物资源的使用量。根据中国水泥行业的生产技术水平，一般生产 1t 水泥需原料 1.6t，按中国水泥产量 25 亿 t/a 计，每年利用的各种工业废物即达 8 亿 t，既节省了宝贵的资源，又解决了工业废物环境污染问题，同时也为水泥工业带来了一定的经济效益。

20 世纪 90 年代中期以来，随着中国经济的快速增长和可持续发展战略在中国的贯彻实施，北京、上海、广州等特大型中心城市的政府和水泥企业，开始了关于“水泥工业处置和利用可燃性工业废物”问题的研究和工业实践，引起了国家有关部委和水泥行业的重视。1995 年 5 月，北京金隅集团旗下的北京水泥厂开始用水泥回转窑试烧废油墨、废树脂、废油漆、有机废液等，研发了全国第一条协同处置工业废物环保示范线。2000 年 1 月，北京水泥厂取得了北京市环保局颁发的“北京市危险废物经营许可证”。可处理的废弃物的种类涵盖了《国家危险废物名录》中列出的 47 类危险废弃物中的 37 类，如：废酸碱、废化学试剂、废有机溶剂、废矿物油、乳化液、医药废物、涂料染料废物、含重金属废物（不含汞）、有机树脂类废物、精（蒸）馏残渣、焚烧处理残渣等。为保证各类废弃物的稳定处置，北京水泥厂自主研发了八套废弃物处置系统：浆渣制备系统、废液处置系统、化学试剂处置系统、废酸处置系统、飞灰处置系统、垃圾筛上物处置系统、玻璃钢处置系统、污泥处置系统。经过多年发展，公司已逐步成为危险废弃物无害化处置、固废利用等领域实践循环经济的典范，处置的废弃物类别涵盖了危险废物、生活垃圾、市政污泥、污染土壤等。

上海万安企业总公司（原上海金山水泥厂）于 1996 年开始处置上海先灵葆制药有限公司生产氟洛芬产品过程中产生的废液。上海万安也是我国 20 世纪少有的几家已取得危险废物处置经营许可证的水泥企业之一，该公司在 1996 年就取得了上海市环保局颁发的 9 种危险废物的处置经营许可证。

宁波科环新型建材有限公司（原宁波舜江水泥有限公司）2004 年开展了电镀污泥的水泥窑协同处置业务，年处置电镀污泥 2 万～3 万 t。2011 年，烟台山水水泥有限公司、太原狮头集团废物处置有限公司、太原广厦水泥有限公司、陕西秦能资源科技开发有限公司、柳州市金太阳工业废物处置有限公司等 5 家企业获得了危险废物经营许可证。

华新水泥（武穴）有限公司是目前我国另一家较为成功开展水泥窑协同处置危险废物工程的水泥企业，2007 年建成了协同处置工业废物的水泥生产线，取得了湖北省颁发的 15 类危险废物的处置经营许可证，2011 年处置危险废物 2762.79t。

近几年，我国水泥窑协同处置危险废物发展很快。截至 2020 年 2 月底，全国获得危险废物经营许可证的水泥企业共计 96 家，占全国危险废物处理资质企业总数的不足 4%；涉及的新型干法水泥生产线 120 余条；核准经营规模 613 万 t，占全国危险废物核准处置规模的 6.3%。

随着国内水泥窑协同处置危险废物项目的陆续实施，其在经济性、适应性、安全性等方面已显现出比现有的高温焚烧和安全填埋等传统方式更为明显的优势。目前我国 4000t/d 及以上的新型干法水泥窑已实现全国布局，在国家大力推进生态文明建设大背景下，环保和生态环境治理成为当前供给侧结构性改革“补短板”的重要内容，水泥窑协同处置危险废物作为一种新兴的危险废物无害化处置方式，今后将得到国家进一步的政策鼓励和支持，一批相对落后的传统处置方式或将逐步被这一新兴处置方式替代。

（2）水泥窑燃料替代率比较

2015 年，我国水泥窑燃料替代率和国外比较见图 5-6。

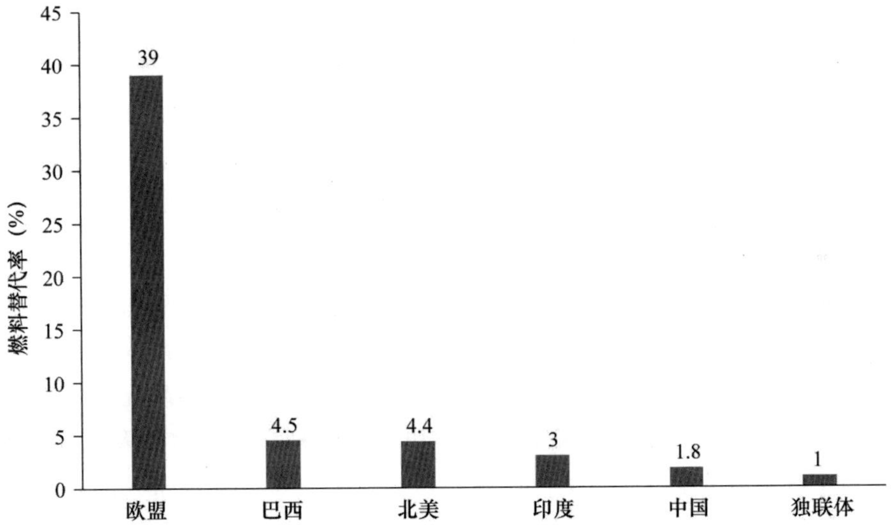

图 5-6　燃料替代率比较

三、水泥窑协同处置危险废物的途径

（1）水泥窑协同处置危险废物的途径

根据固体废物的成分与性质，不同的废物在水泥生产过程中的处置途径不同，主要包括以下四个方面：

替代燃料：主要为高热值有机废物；

替代原料：主要为无机矿物材料废物；

混合材料：适宜在水泥粉磨阶段添加的成分单一的废物；

工艺材料：可作为水泥生产某些环节，如火焰冷却、尾气处理的工艺材料的废物。

（2）替代燃料

① 替代燃料定义

替代燃料，也称作二次燃料、辅助燃料，是使用可燃废物生产水泥窑熟料，替代天然化石燃料。可燃废物在水泥工业中的应用不仅可以节约一次能源，同时有助于环境保护，具有显著的社会、环境和经济效益。发达国家自 20 世纪 70 年代使用替代燃料以来，替代燃料的数量和种类不断扩大，而水泥工业成为这些国家利用废物的首选行业。根据欧盟的统计，欧洲 18%的可燃废物被工业领域利用，其中有一半是水泥行业，水泥行业的利用量是电力、钢铁、制砖、玻璃等行业的总和。发达国家政府已经认识到替代燃料对节能、减排和环保的重要作用，都在积极推动。

② 替代燃料使用原则

a. 最低热值要求。用废弃物作替代燃料时应有最低热值要求。因为水泥窑是一个敏感的热工系统，不论是热流、气流还是物料流稍有变化都会破坏原有的系统平衡，使用替代燃料时系统应免受过大的干扰。一些欧洲国家从能量替换比上考虑将 11MJ/kg 的热值作为替代燃料的最低允许热值。同时需要考虑使用替代燃料时，达到部分取代常规燃料后所节省的燃料费用足以支付废料的收集、分类、加工、储运的成本。

b. 必须适应水泥窑的工艺流程需要。可燃废料的形态、水分含量、燃点等都会决定使用过程的工艺流程设计，而这个设计必须与原有水泥窑的工艺流程很好地配合。另外，新型干法窑需严格控制钾、钠、氯这类有害成分的含量，应以不影响工艺技术要求为准。

c. 符合环保的原则。废弃物中含有的有害物质通常比常规原燃料高，水泥回转窑在利用和焚烧废弃物（包括危险废弃物）时，除应控制有害物质排放量不会有明显提高外，更主要的是应注意所生产水泥的生态质量。因为水泥是用来配制混凝土的胶凝材料，而混凝土建筑物，如：公路、房屋建筑、水处理设施、水坝及饮用水管道等，必须确保对土壤、地下水以及人的健康不会产生危害，对废弃物带入的有害物质必须根据混凝土所能接受的最大量加以限定。

③ 常规替代燃料种类

含有一定热量的危险废物可用作水泥熟料生产过程中的燃料。水泥窑替代燃料种类繁多，数量及适用情况各异，大概可分为以下几种：

a. 废轮胎；

b. 使用过的各种润滑油、矿物油、液压油、机油、洗涤用柴油或汽油、各种含油残渣等废油；

c. 木炭渣、化纤、棉织物、医疗废物等。这类废物比较特殊，可能含各种病菌较多，往往都须在喂入水泥窑之前由废料回收公司进行预处理，例如：消毒、杀菌、封装、打包等；

d. 纸板、塑料、木屑、稻壳、玉米秸秆等。这些废料热值较低，密度低，体积大，须采用专门的称量喂料装置将其喂入水泥窑内燃烧；

e. 废油漆、涂料、石蜡、树脂等；

f. 石油渣、煤矸石、油页岩、城市地下水污泥等。

④ 危险废物替代燃料种类

a. 液态危险废物：醇类、酯类、废化学试剂、废溶剂类、废油、油墨、废油漆等；

b. 半固态危险废物：使用过的各种废润滑油、各种含油残渣、油泥、漆渣等；

c. 固态危险废物：活性炭、石蜡、树脂、石油焦等。

（3）替代原料

从理论上说，含有 CaO、SiO_2、Al_2O_3、Fe_2O_3 的水泥原料成分的废弃物都可作为水泥原料。根据固体废弃物自身的化学成分，一般用于代替以下水泥的原料组分。

① 常见的替代原料种类

a. 代替黏土作组分配料：用以提供二氧化硅、氧化铝、三氧化二铁的原料，主要有粉煤灰、炉渣、煤矸石、金属尾矿、赤泥、污泥焚烧灰、垃圾焚烧灰渣等。根据实际情况可部分替代或全部替代。煤矸石、炉渣不仅带入化学组分，而且还可以带入部分热量。

b. 代替石灰质原料：用以提供氧化钙的原料，主要有：电石渣、氯碱法碱渣、石灰石屑、碳酸法糖滤泥、造纸厂白泥、高炉矿渣、钢渣、磷渣、镁渣、建筑垃圾等。

c. 代替石膏作矿化剂：磷石膏、氟石膏、盐田石膏、环保石膏、柠檬酸渣等，因其含有三氧化硫、磷、氟等都是天然的矿化成分，且 SO_3 含量高达 40%以上，可全部代替石膏。

d. 代替熟料作晶种：炉渣、矿渣、钢渣等，可全部代替。

e. 校正原料：用以替代铁质、硅质等的校正原料。替代铁质的校正原料主要有：低品位铁矿石、炼铜矿渣、铁厂尾矿、硫铁矿渣、铅矿渣、钢渣；替代硅质的校正原料主要有：碎砖瓦、铸模砂、谷壳焚烧灰等。

② 常见的危险废物替代原料种类

一般为不含有机物的危险废物，如：电镀污泥、氟化钙、重金属浸出浓度超过国家危险废物鉴别标准限值的重金属污染土壤等。

四、水泥窑协同处置固体废物的类别

水泥窑之所以能够成为废物的处理装置，主要是因为废物能够为水泥生产所用，可以以二次原料和二次燃料的形式参与水泥熟料的煅烧过程，二次燃料通过燃烧放热把热量供给水泥煅烧过程，而燃烧残渣则作为原料通过煅烧时的固、液相反应进入熟料主要矿物，燃烧产生的废气和粉尘通过高效收尘设备净化后排入大气，收集到的粉尘则循环利用，达到既生产了水泥熟料又处理了废弃物，同时减少环境负荷的良好效果。

水泥窑可以处理的废物包括：

（1）生活垃圾（包括废塑料、废橡胶、废纸、废轮胎等）；

（2）各种污泥（下水道污泥、造纸厂污泥、河道污泥、污水处理厂污泥等）；

（3）工业固体废物（粉煤灰、高炉矿渣、煤矸石、硅藻土、废石膏等）；

（4）危险废物；

（5）农业废物（秸秆、粪便）；

（6）动植物加工废物；

（7）受污染土壤；

（8）应急事件废物等固体废物。

第二节　水泥窑协同处置污染土壤工艺

一、水泥窑煅烧工艺参数

（一）水泥煅烧主要工艺参数

水泥煅烧环节的主要工艺参数见图 5-7。

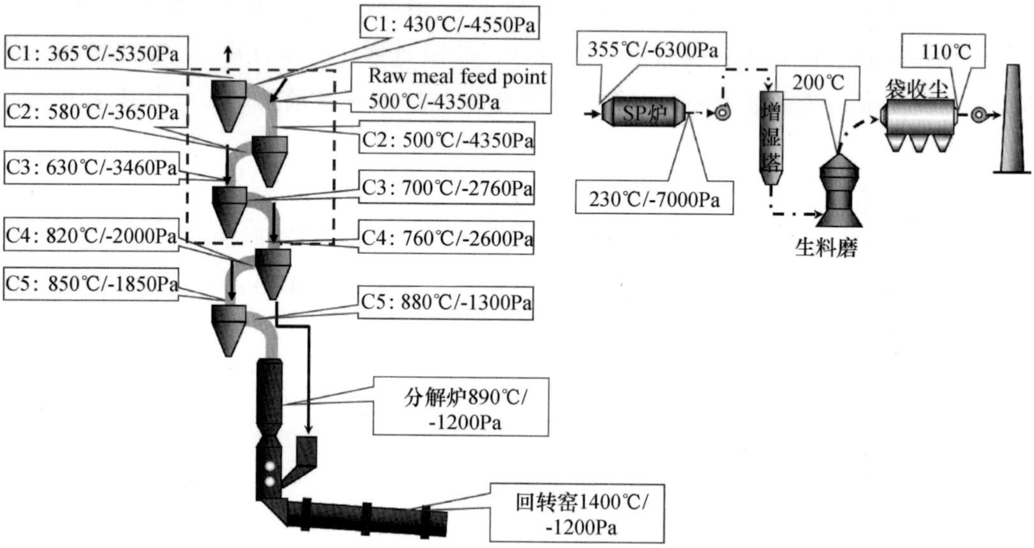

图 5-7　水泥煅烧环节的主要工艺参数

水泥窑各部分的温度范围见图 5-7。可以看出：水泥生产原料在水泥窑中经过室温～1450℃的动态烧结，物料中的化学成分经历了吸热→分解→化学合成→放热→冷却等复杂过程，最后分成固态和气态形态排放，固态为水泥熟料和水泥，气态为窑尾烟气。因此，在固体废物协同处置过程中，应该关注各类污染物在室温～1450℃的挥发特性、水泥生料对污染物的吸附特性等；实际生产中，需要关注水泥熟料和胶砂块中的污染物尤其是重金属的浸出特性以及烟气排放特性。

（二）水泥原料和气体运动轨迹

水泥原料在水泥生产工艺流程中的运动历程是：原料配料→生料磨→均化库→C1→C2→C3→C4→分解炉→C5→回转窑→篦冷机→熟料；

气体的运动历程是：篦冷机→C5→分解炉→C4→C3→C2→C1→生料磨→窑尾烟气。

（三）水泥生产中窑内气氛

（1）水泥窑生产中窑内气氛分析

水泥窑中，为了实现物料与热量的充分交换，采用了物料与气体逆流的流程。气体的运动历程是：10%的一次风从窑头燃烧器进入窑体，与90%的来自篦冷机的二次风及煤粉，对窑头40%的煤粉助燃；产生的热量穿过熟料，随着窑尾风机进入分解炉，与来自篦冷机的三次风混合，对分解炉60%的煤粉助燃，产生的热量和热风依次穿过C4→C3→C2→C1→生料磨，进过袋收尘后从窑尾烟道排放。

水泥窑的物料与气体运动方向示意见图5-8。

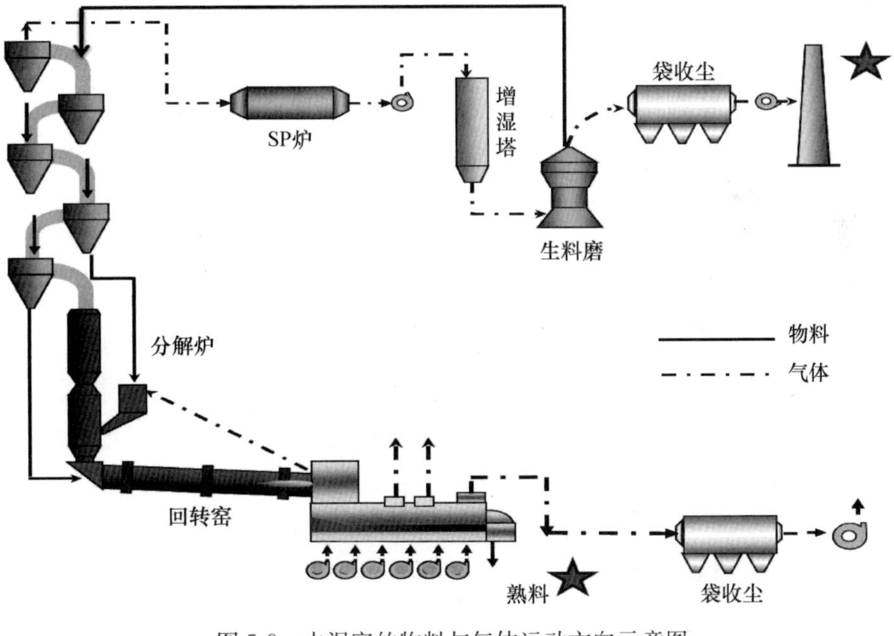

图5-8　水泥窑的物料与气体运动方向示意图

水泥窑预分解系统中，由于风并不是全部来源于空气，而是经过了一次风、二次风、三次风、煤粉燃烧以及物料交换分解的影响，气氛变为混合了空气、煤粉燃烧后的尾气及熟料冷却后的三次风后的介质。因此，不易挥发的污染土壤从生料配料系统入窑。物料在水泥窑的烧制过程中，经过的介质与实验室不同。为准确模拟实际情况，需要对水泥厂进行标定，测定其各部分的气氛，并配制标准气体进行模拟实验。

（2）水泥窑生产中窑内气氛标定

经过对 5 个水泥厂的标定并取其平均值，水泥窑各部分的气氛见表 5-1。

表 5-1　5 个水泥厂气氛标定均值

位置	温度（℃）	O_2（%）	CO_2（%）	H_2O（%）	N_2（%）	其他（%）
生料磨	220	6.8	25.0	6.2	61.8	0.2
C1	340	3.2	24.6	7.3	64.7	0.2
C2	500	2.8	25.0	8.2	63.8	0.2
C3	620	2.5	25.0	8.2	64.1	0.2
C4	800	2.0	25.9	8.5	63.4	0.2
分解炉	920	3.1	29.9	9.0	57.8	0.2
C5	860	2.2	27.4	9.0	61.2	0.2

从表 5-1 可以看出：水泥窑预分解系统中，由于三次风、煤粉燃烧以及物料交换分解的影响，气氛与空气气氛差异较大。因此，在实验室中，要考虑水泥窑气氛对污染土壤中污染物挥发的影响。

二、水泥窑协同处置污染土壤工艺

（一）水泥窑协同处置污染土壤可行性

水泥的生产过程是利用含碳酸钙、二氧化硅以及氧化铁、氧化铝等物质的原料（主要为石灰石和黏土壤）经破碎后，按一定比例配合、磨细并调配为成分合适、质量均匀的生料，在 1450℃以上的水泥窑内煅烧至部分熔融，生成具有水硬特性的以硅酸钙为主要成分的硅酸盐水泥熟料，再加入适量石膏、混合材料、添加剂共同磨细成为水泥产品。从水泥生产的过程看，水泥生产的原料以钙、硅化合物为主，同时需要少量的铁、铝元素，允许少量的其他杂质（非活性物质）存在。污染土壤除了含少量的污染物之外，其主要成分与水泥原料相似，因此可成为水泥生产的部分替代原料。

采用 X 射线荧光分析方法，对北京某地的有机污染土壤、甘肃某地的重金属污染土壤及八达岭普通黏土壤的化学成分进行分析与比较，结果见表 5-2。

表 5-2　污染土壤与普通黏土壤化学组成比较　　单位：%

名称	SiO_2	Al_2O_3	Fe_2O_3	CaO	MgO	Na_2O	其他
重金属土壤	62.09	15.00	2.43	5.18	6.79	3.97	4.54
有机土壤	59.20	15.19	7.14	4.18	3.70	2.39	8.20
普通黏土壤	60.25	14.72	5.48	7.41	4.92	2.69	4.53

从表 5-2 可以看出：北京某地的有机污染土壤、甘肃某地的重金属污染土壤的化学组成与八达岭普通黏土壤类似，进行过预处理后，可以代替水泥原料。

（二）固体废物入窑点

固体废物可在不同的喂料点进入水泥生产过程，投加位置应根据固体废物特性进行选择，最常见的是：窑头高温段（包括窑头主燃烧器投加点和窑门罩投加点）、窑尾高温段（分解炉、窑尾烟室和上升烟道投加点）、生料配料系统（生料磨投加点），见图 5-9。前二者主要针对易挥发的有机污染物，生料磨只能投加不含有机物和挥发/半挥发性重金属的固态废物。

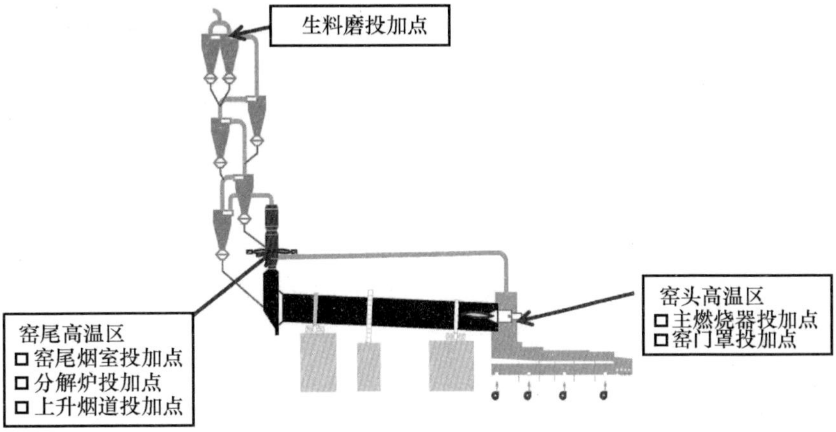

图 5-9 固体废物入窑点

（三）污染土壤入窑点

常见的水泥窑协同处置污染土壤喂料点有两种：窑尾高温段（分解炉、窑尾烟室和上升烟道投加点）和生料配料系统（生料磨投加点）。根据污染土壤的性质和污染土壤的污染物特点，前者主要是针对有机污染土壤和有机物-重金属复合污染土壤，后者主要用来处理不含汞的重金属污染土壤以及高沸点有机物土壤。

水泥窑协同处置污染土壤入窑点见图 5-10。

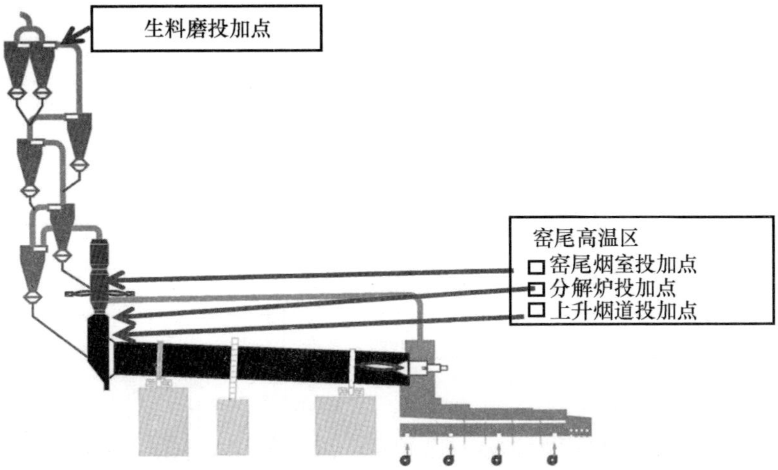

图 5-10 水泥窑协同处置污染土壤入窑点

（四）重金属污染土壤运动轨迹

（1）入窑点

不含汞的重金属污染土壤一般采用从生料配料系统进入水泥窑协同处置。

（2）物料轨迹

重金属污染土壤从生料配料系统入窑，物料的运动历程是：污染土壤计量→生料磨→均化库→C1→C2→C3→C4→分解炉→C5→回转窑→篦冷机→熟料。

含有重金属的污染土壤在水泥窑中经过100～1400℃的动态烧结，重金属经历了挥发→生料吸附→再挥发→循环富集等复杂过程，最后分成固态和气态形态排放，固态为水泥熟料，气态为窑尾烟气。因此，在实验室中应该关注重金属在100～1400℃的挥发特性、水泥生料对重金属的吸附特性等；实际生产中，需要关注水泥熟料和胶砂块的重金属浸出特性以及烟气排放特性。

（3）气体轨迹

重金属污染土壤从生料配料系统入窑，气体的运动历程是：篦冷机→C5→分解炉→C4→C3→C2→C1→生料磨→窑尾烟气。

由于水泥窑气氛的特殊性，重金属污染土壤从生料配料系统入窑，需要配制标准气体进行模拟实验，探索重金属污染土壤在水泥窑的烧制过程中，重金属的挥发及固化特性。

第三节 重金属挥发特性模拟实验

一、重金属静态挥发特性

（一）试验设计及试验装置研发

（1）试验设计

选择难挥发的重金属氧化物 PbO、ZnO、CdO 及 As_2S_3 作为试验材料。将重金属试剂 PbO、ZnO、CdO、As_2S_3 以不同比率分别添加到石英砂、石粉及水泥生料中。几种试剂的熔点和沸点见表5-3。

表5-3 几种试剂的熔点和沸点（℃）

化学特性	PbO	ZnO	CdO	As_2S_3
熔点	886	1975	900	300
沸点	1470	2360	1385	700

（2）试验设计

设定静态试验装置的温度为100～1400℃，以空气和配制的标准气体作为不同气氛介质，分别测定固体特性以及气体中的重金属浓度。

从表 5-3 可知：4 种试剂的挥发温度均在 700℃以上。因此，将试验温度设定为 100～1400℃，完全可以涵盖总金属的挥发和熔融范围。在此温度下持续加热 30min，然后测定固体中的重金属含量。以绝对值计算重金属的挥发率。

（3）试验装置研发

研发的静态试验装置及气体收集装置见图 5-11。

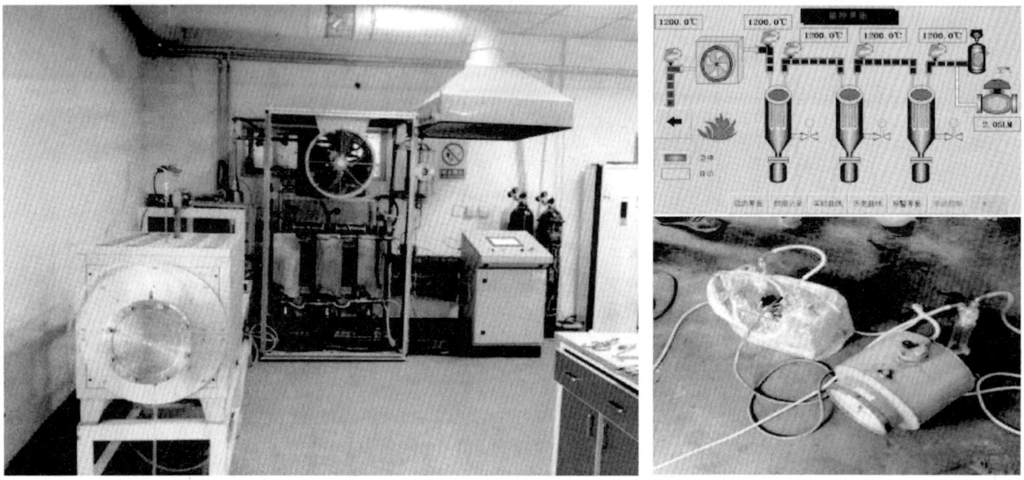

图 5-11　静态试验装置及气体收集装置

静态试验装置为横向放置。净容积大于 $10dm^3$，即可以容纳 $0.5kg/m^3$ 的试验物料 5kg 以上。初定内腔尺寸为 ϕ300mm×350mm。最高加热温度为 1500℃。气体通过减压、质量流量控制进入气体预热器，然后进入主料仓，以保证冷空气的进入不致使得料仓温度降低。两端采用两端法兰加密封结构，开闭方便，以便装填物料和清理废物。所有管路采用快换接口，易拆易换。管路设计尽量减少弯头，以防堵塞。管路和各加热器、冷却器的适当位置配置温度控制器，以保证试验温度可准确控制。管路、阀门和加热器使用不锈钢为主要材料。保证耐高温、耐腐蚀。排出的气体，采用 5%HNO_3＋10%H_2O_2 吸收液吸收，测定液体中的重金属浓度。焚烧后的固体，打开高温裂解器两端的法兰进行收集和称量计量。

（二）硅质原料对重金属挥发的影响

（1）重金属在不同温度下的挥发特性

将重金属试剂 PbO、ZnO、CdO、As_2S_3 分别以 5%的比率添加到石英砂中，100～1400℃下，重金属的挥发率情况见图 5-12。

从图 5-12 可以看出：随着温度的升高，四种重金属的挥发率也逐渐升高，尤其以砷的挥发性最强。因此，在含砷物质进入热环境时，首先要关注其挥发特性。

（2）不同温度下的微观特性分析

① 不同温度下 Pb 的微观分析

不同温度下，添加了重金属 Pb 的硅质原料微观分析见图 5-13。

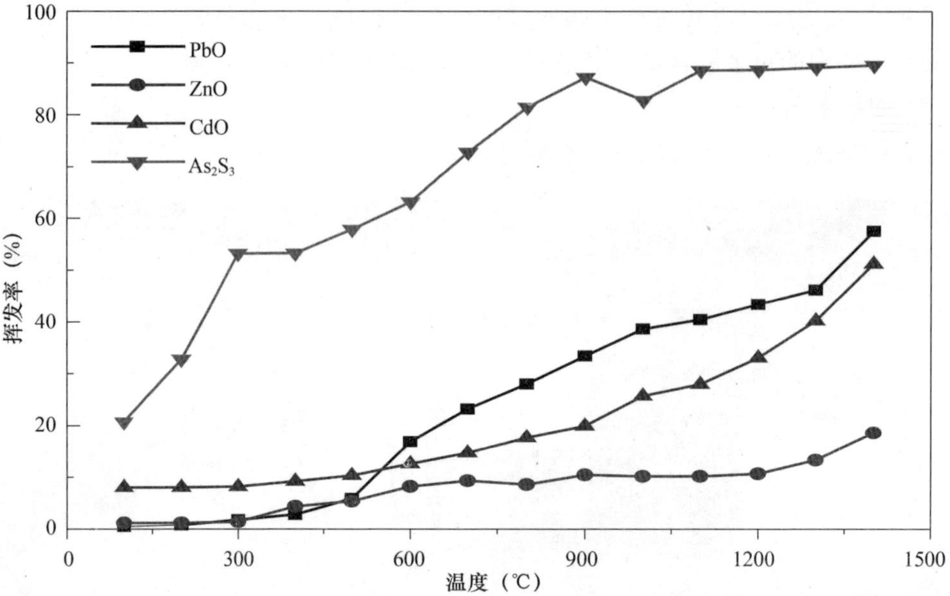

图 5-12　硅基材料中不同温度下重金属的挥发率

100℃ SiO_2+Pb

200℃ SiO_2+Pb

300℃ SiO_2+Pb

400℃ SiO_2+Pb

500℃ SiO_2+Pb

600℃ SiO_2+Pb

700℃ SiO_2+Pb

800℃ SiO_2+Pb

900℃ SiO_2+Pb

1000℃ SiO_2+Pb

1100℃ SiO_2+Pb

1200℃ SiO_2+Pb

1300℃ SiO_2+Pb

1400℃ SiO_2+Pb

图 5-13　不同温度下添加了重金属 Pb 的硅质原料微观分析

重金属试剂 PbO 添加到石英砂中，100～1400℃下，微观下的形态变化差异不大，说明硅质材料的熔融温度较高，没有液相呈现。

② 不同温度下 Zn 的微观分析

不同温度下，添加了重金属 Zn 的硅质原料微观分析见图 5-14。

100℃ SiO_2+Zn

200℃ SiO_2+Zn

300℃ SiO_2+Zn

400℃ SiO_2+Zn

500℃ SiO_2+Zn

600℃ SiO_2+Zn

700℃ SiO_2+Zn

800℃ SiO_2+Zn

900℃ SiO_2+Zn

1000℃ SiO_2+Zn

1100℃ SiO_2+Zn

1200℃ SiO_2+Zn

1300℃ SiO_2+Zn

1400℃ SiO_2+Zn

图 5-14　不同温度下添加了重金属 Zn 的硅质原料微观分析

重金属试剂 ZnO 添加到石英砂中，100～1400℃下，微观下的形态变化差异不大，说明硅质材料的熔融温度较高，没有液相呈现。

③ 不同温度下 Cd 的微观分析

不同温度下，添加了重金属 Cd 的硅质原料微观分析见图 5-15。

100℃ SiO_2+Cd

200℃ SiO_2+Cd

300℃ SiO_2+Cd

400℃ SiO_2+Cd

500℃ SiO_2+Cd

600℃ SiO_2+Cd

700℃ SiO_2+Cd

800℃ SiO_2+Cd

900℃ SiO_2+Cd

1000℃ SiO_2+Cd

1100℃ SiO_2+Cd

1200℃ SiO_2+Cd

1300℃ SiO_2+Cd

1400℃ SiO_2+Cd

图 5-15　不同温度下添加了重金属 Cd 的硅质原料微观分析

重金属试剂 CdO 添加到石英砂中，100～1400℃下，微观下的形态变化差异不大，说明硅质材料的熔融温度较高，没有液相呈现。

④ 不同温度下 As 的微观分析

不同温度下，添加了重金属 As 的硅质原料微观分析见图 5-16。

100℃ SiO_2+As

200℃ SiO_2+As

300℃ SiO_2+As

400℃ SiO_2+As

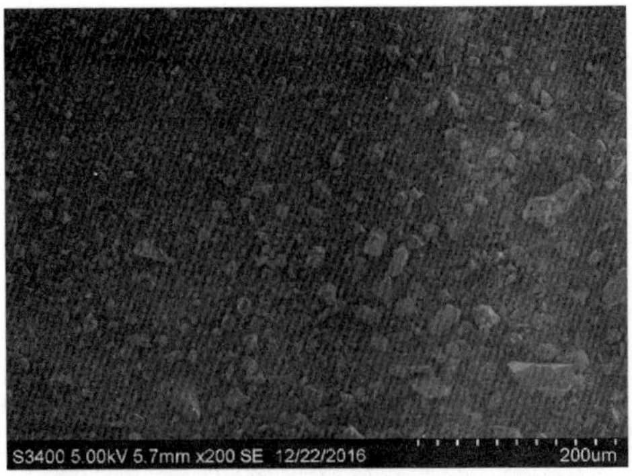

500℃ SiO_2+As

600℃ SiO_2+As

700℃ SiO_2+As

800℃ SiO_2+As

900℃ SiO_2+As

1000℃ SiO_2+As

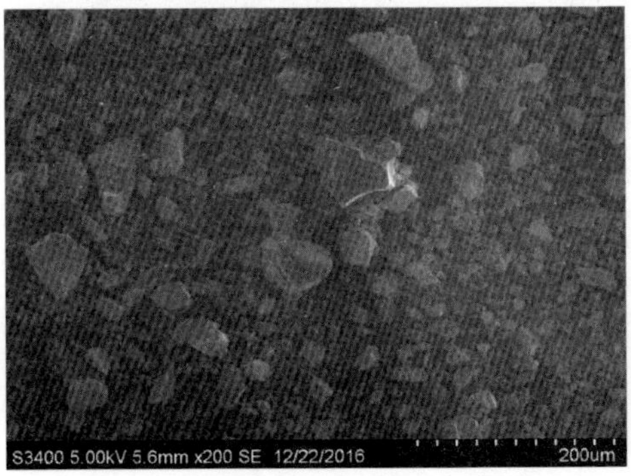

1100℃ SiO_2+As

1200℃ SiO_2+As

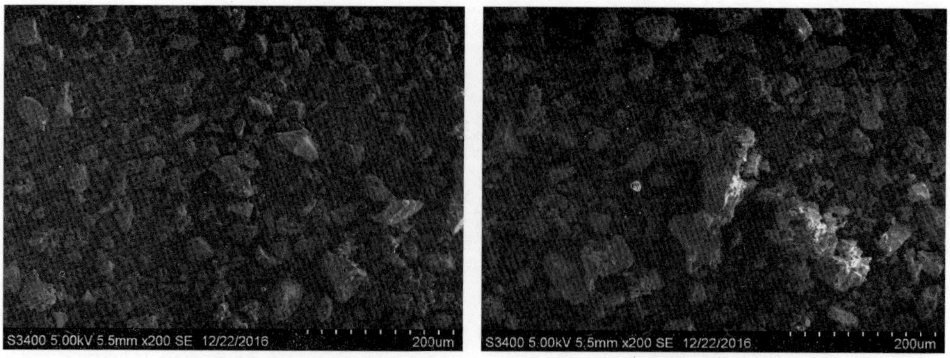

1300℃ SiO_2+As　　1400℃ SiO_2+As

图 5-16　不同温度下添加了重金属 As 的硅质原料微观分析

重金属试剂 As_2S_3 添加到石英砂中，100～1400℃下，微观下的形态变化差异不大，说明硅质材料的熔融温度较高，没有液相呈现。

（3）不同温度下的 X 射线衍射分析

不同温度下，硅质原料与重金属的 XRD 谱图见图 5-17。

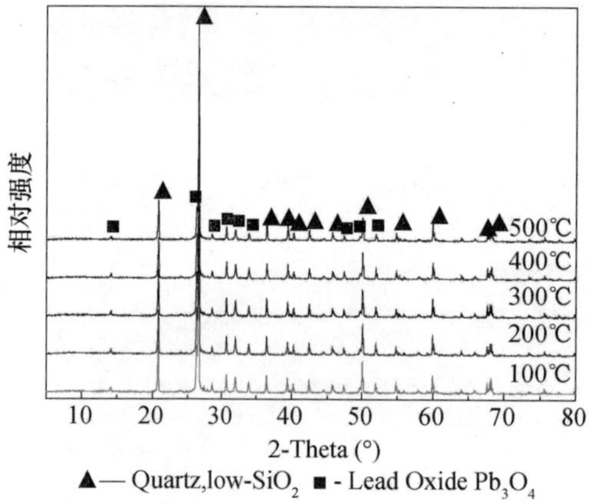

添加Pb后100～500℃XRD

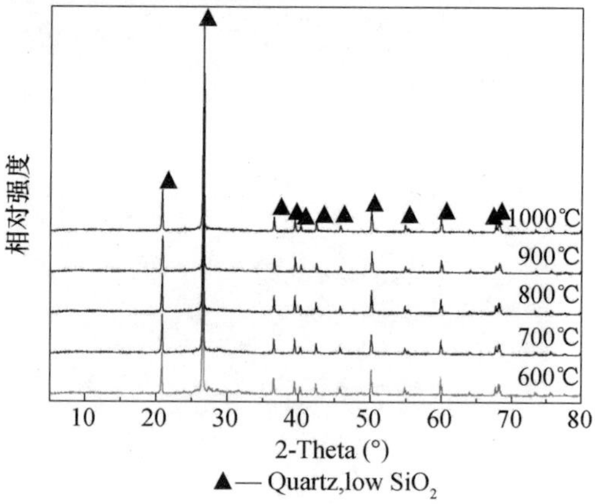

添加Pb后600～1000℃XRD

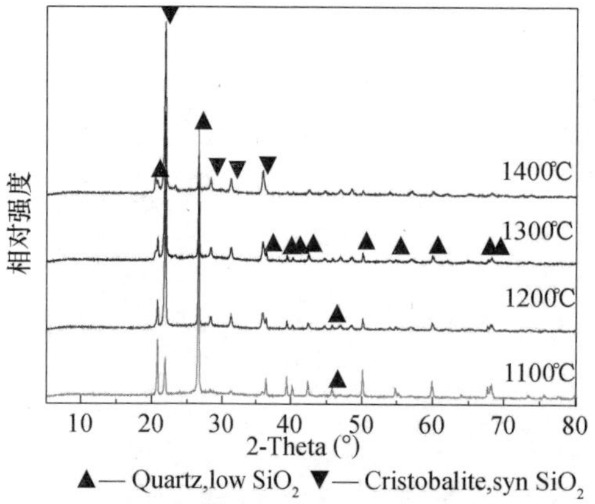

添加Pb后1100～1400℃XRD

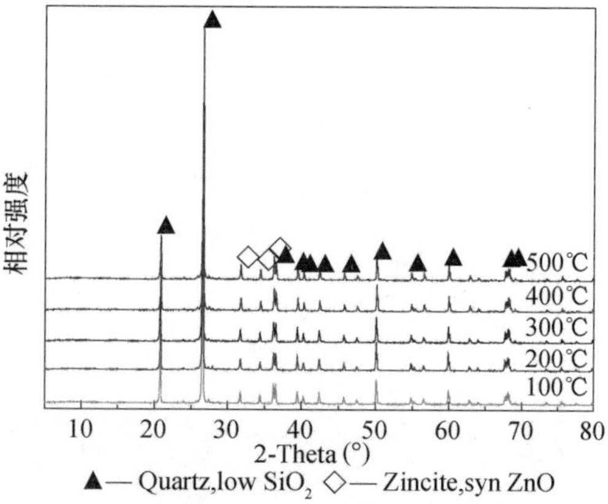

添加Zn后100～500℃XRD

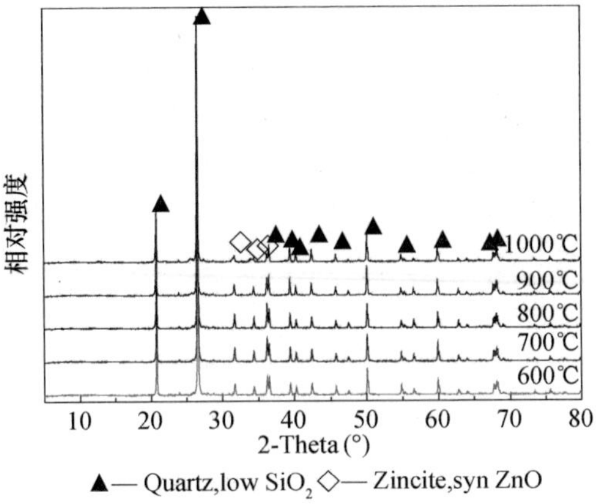

添加Zn后600～1000℃XRD

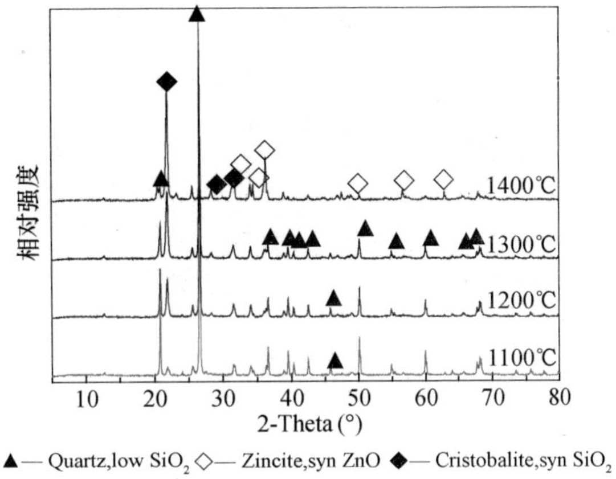

添加Zn后1100～1400℃XRD

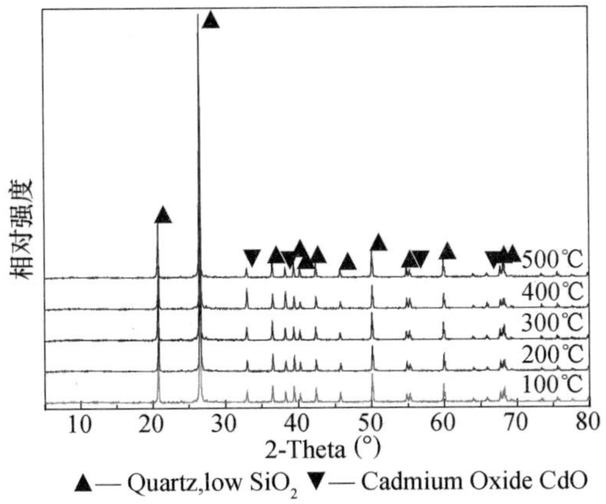

添加Cd后100～500℃XRD

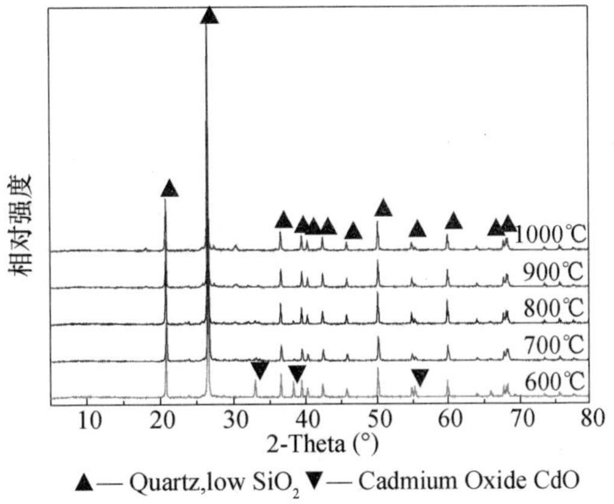

添加Cd后600～1000℃XRD

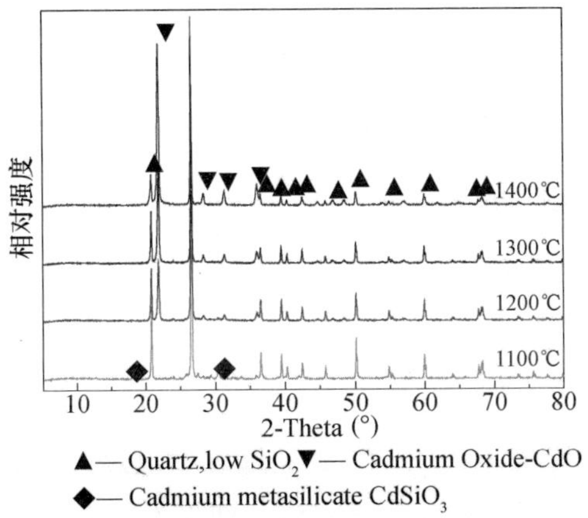

添加Cd后1100～1400℃XRD

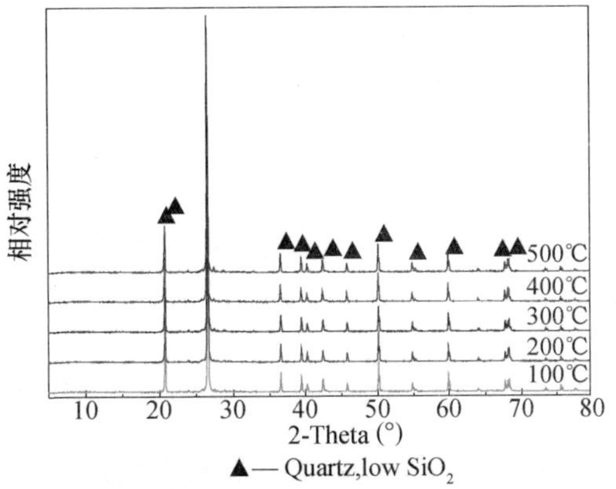

添加As后100～500℃XRD

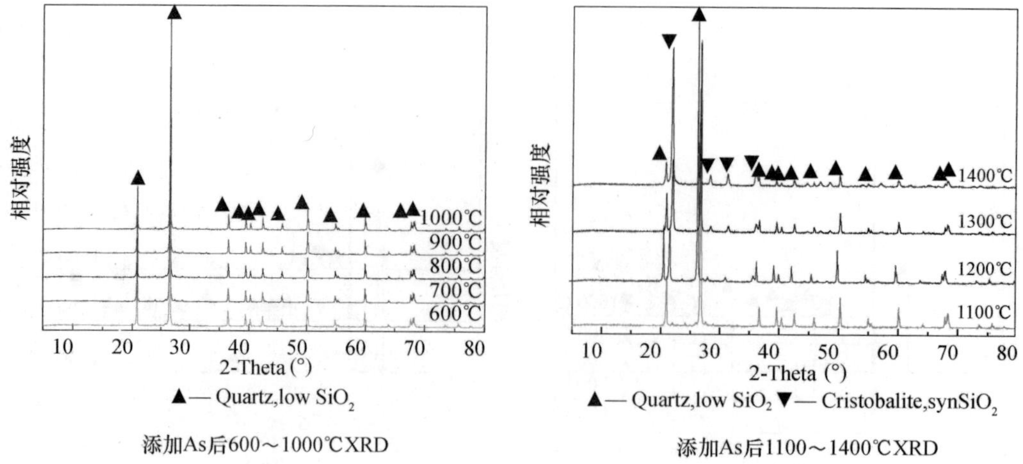

图 5-17　不同温度下硅质原料与重金属的 XRD 谱图

从 XRD 的谱图可以看出：在以硅基材料为载体的情况下，各种重金属与 SiO_2 均未生成新的化合物，XRD 衍射峰以 SiO_2 和金属试剂态为主。

（三）钙质原料对重金属挥发的影响

（1）重金属在不同温度下的挥发特性

将重金属试剂 PbO、ZnO、CdO、As_2S_3 分别以 5％的比率添加到碳酸钙中，100～1400℃下，重金属的挥发率情况见图 5-18。

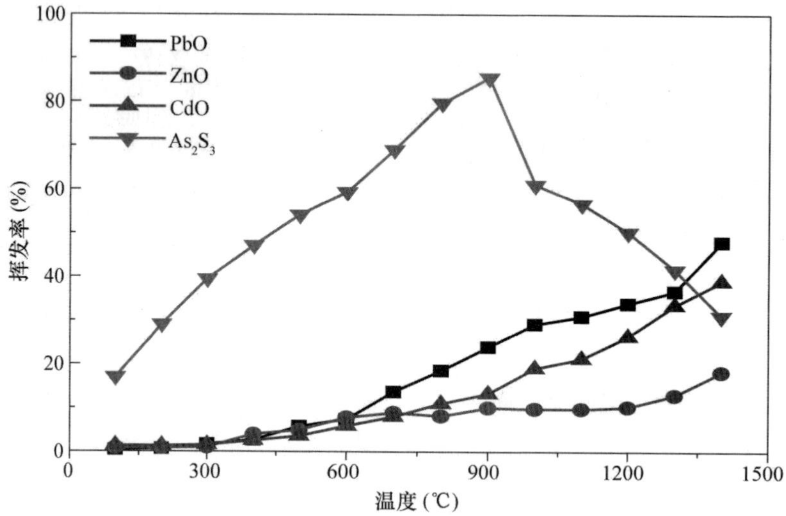

图 5-18　钙质材料中不同温度下重金属的挥发率

从图 5-18 可以看出：随着温度的升高，重金属 Pb、Zn、Cd 的挥发率也逐渐升高，但重金属 As 却随着温度升高到 900℃以上时，其挥发率逐渐减小，即在有钙存在时，高温条件反而有利于砷的固定。水泥窑中含有大量的钙基物质，因此，当含砷物质进入水泥窑时，在高温环境中，更有利于砷的固定。

（2）重金属在不同温度下的微观特性

① 不同温度下 Pb 的微观分析

不同温度下，添加了重金属 Pb 的钙质原料微观分析见图 5-19。

100℃ $CaCO_3$+Pb

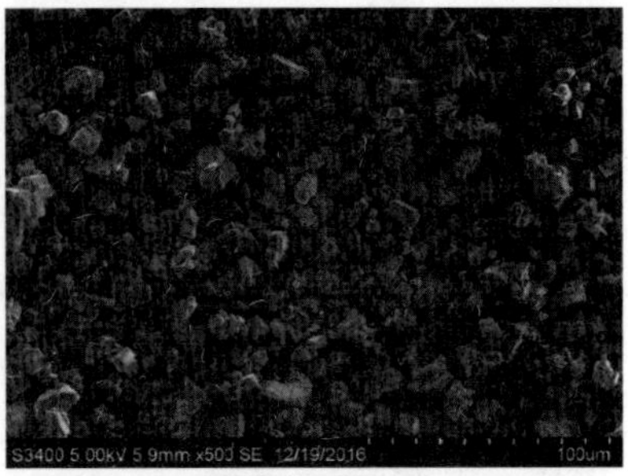

200℃ $CaCO_3$+Pb

300℃ $CaCO_3$+Pb

400℃ $CaCO_3$+Pb

500℃ $CaCO_3$+Pb

600℃ $CaCO_3$+Pb

700℃ $CaCO_3$+Pb

800℃ $CaCO_3$+Pb

900℃ $CaCO_3$+Pb

1000℃ $CaCO_3$+Pb

1100℃ $CaCO_3$+Pb

1200℃ $CaCO_3$+Pb

1300℃ $CaCO_3$+Pb

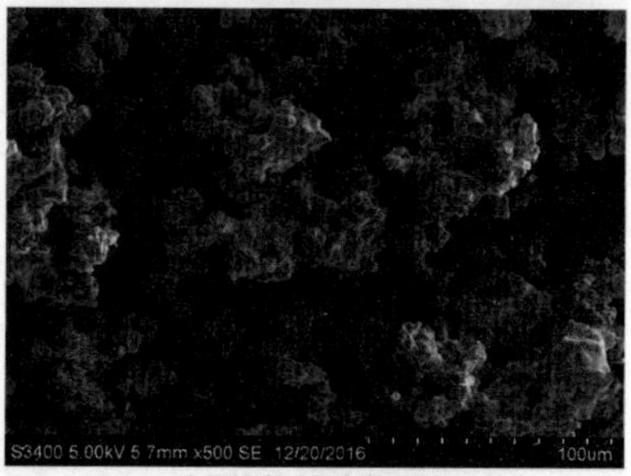

1400℃ $CaCO_3$+Pb

图 5-19　不同温度下添加了重金属 Pb 的钙质原料微观分析

从图 5-19 可以看出：重金属试剂 PbO 添加到碳酸钙中，100～500℃下，微观下的形态变化差异不大；600～1400℃下，随着温度的升高，微观下的形态变化差异较大，致密性增加，出现了熔融态，说明碳酸钙在 600℃以上开始分解。

② 不同温度下 Zn 的微观分析

不同温度下，添加了重金属 Zn 的钙质原料微观分析见图 5-20。

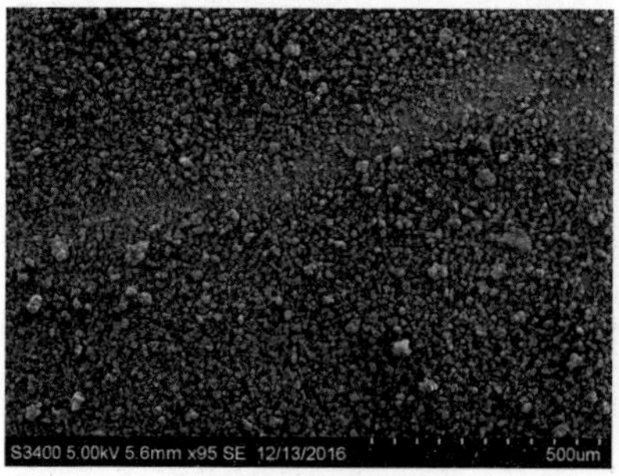

100℃ $CaCO_3$+Zn

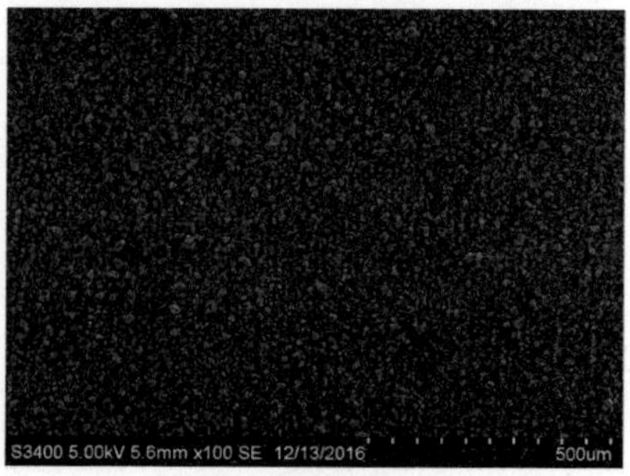

200℃ $CaCO_3$+Zn

300℃ $CaCO_3$+Zn

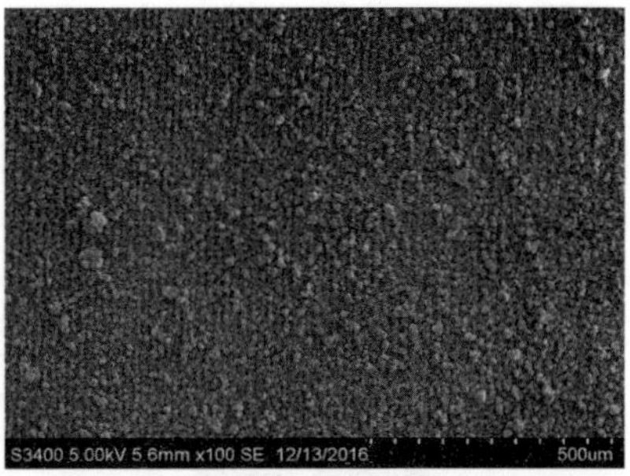

400℃ $CaCO_3$+Zn

500℃ $CaCO_3$+Zn

600℃ $CaCO_3$+Zn

700℃ $CaCO_3$+Zn

800℃ $CaCO_3$+Zn

900℃ $CaCO_3$+Zn

1000℃ $CaCO_3$+Zn

1100℃ $CaCO_3$+Zn

1200℃ $CaCO_3$+Zn

1300℃ $CaCO_3$+Zn

1400℃ $CaCO_3$+Zn

图 5-20 不同温度下添加了重金属 Zn 的钙质原料微观分析

从图 5-20 可以看出：重金属试剂 ZnO 添加到碳酸钙中，100～500℃下，微观下的形态变化差异不大；600～1400℃下，随着温度的升高，微观下的形态变化差异较大，致密性增加，出现了熔融态，说明碳酸钙在 600℃以上开始分解。

③ 不同温度下 Cd 的微观分析

不同温度下，添加了重金属 Cd 的钙质原料微观分析见图 5-21。

100℃ $CaCO_3$+Cd

200℃ $CaCO_3$+ Cd

300℃ $CaCO_3$+ Cd

400℃ $CaCO_3$+ Cd

500℃ $CaCO_3$+ Cd

600℃ $CaCO_3$+ Cd

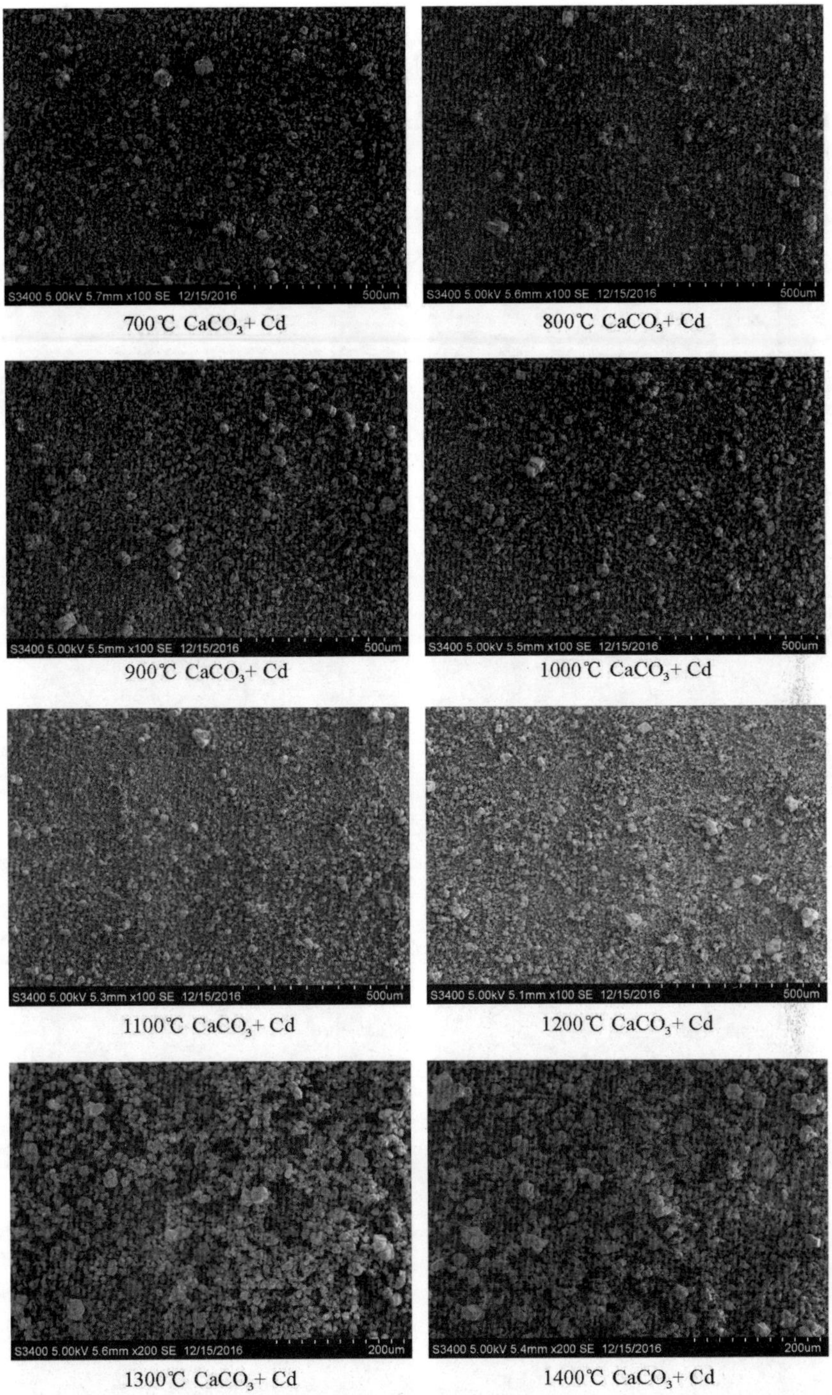

图 5-21　不同温度下添加了重金属 Cd 的钙质原料微观分析

从图 5-21 可以看出：重金属试剂 CdO 添加到碳酸钙中，100～500℃下，微观下的形态变化差异不大；600～1400℃下，随着温度的升高，微观下的形态变化差异较大，致密性增加，出现了熔融态，说明碳酸钙在 600℃以上开始分解。

④ 不同温度下 As 的微观分析

不同温度下，添加了重金属 As 的钙质原料微观分析见图 5-22。

100℃ $CaCO_3$+As

200℃ $CaCO_3$+ As

300℃ $CaCO_3$+ As

400℃ $CaCO_3$+ As

500℃ $CaCO_3$+ As

600℃ $CaCO_3$+ As

700℃ $CaCO_3$+ As

800℃ $CaCO_3$+ As

900℃ $CaCO_3$+ As

1000℃ $CaCO_3$+ As

1100℃ $CaCO_3$+ As

1200℃ $CaCO_3$+ As

1300℃ $CaCO_3$+ As

1400℃ $CaCO_3$+ As

图 5-22　不同温度下添加了重金属 As 的钙质原料微观分析

从图 5-22 可以看出：重金属试剂 As_2S_3 添加到碳酸钙中，100～500℃下，微观下的形态变化差异不大；600～1400℃下，随着温度的升高，微观下的形态变化差异较大，致密性增加，出现了熔融态，说明碳酸钙在 600℃以上开始分解。

（3）不同温度下的 X 射线衍射分析

不同温度下，钙质原料与重金属的 XRD 谱图见图 5-23。

从 XRD 谱图中可以看出：$CaCO_3$ 在 500℃以下以原物质形态存在，从 600℃开始，$CaCO_3$ 发生分解，生成了部分 CaO。查阅文献可知，$CaCO_3$ 的分解温度在 800℃以上，而本试验中，$CaCO_3$ 在 600℃就开始分解，因此，添加重金属可以降低熔点，这与很多文献中的结论相符。从 600～1400℃，钙基物质与重金属反应生成了 $CaPbO_4$、$Ca_2As_2O_7$ 等化合物。

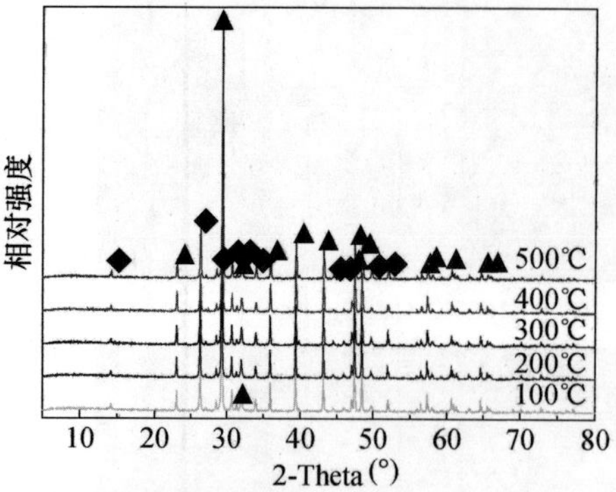

▲— Calcite,syn $CaCO_3$ ◆— Lead Oxide Pb_3O_4

添加 Pb后100～500℃XRD

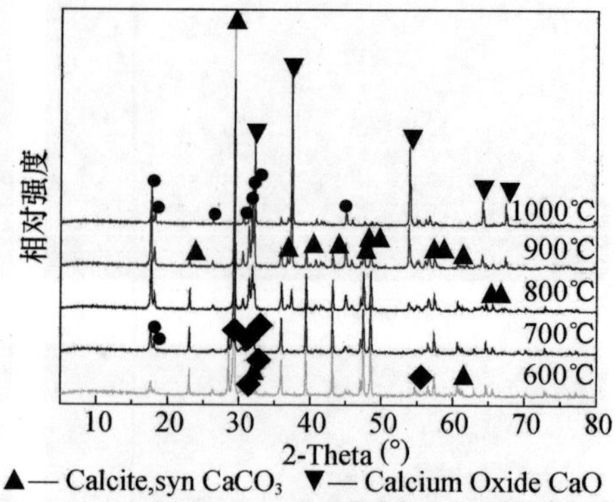

▲— Calcite,syn $CaCO_3$ ▼— Calcium Oxide CaO

◆— Lead Oxide Pb_3O_4 ●— Calcium Lead Oxide Ca_2PbO_4

添加 Pb后600～1000℃XRD

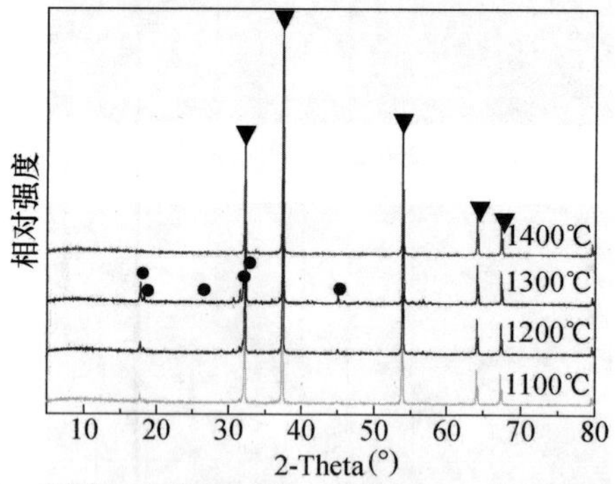

▼— Calcium Oxide CaO ●— Calcium Lead Oxide Ca_2PbO_4

添加 Pb后1100～1400℃XRD

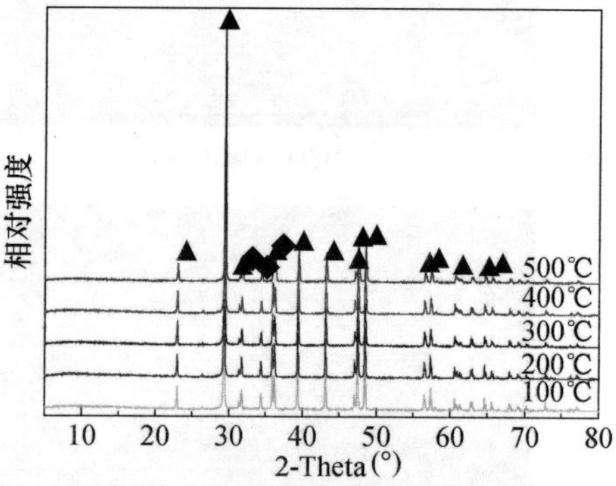

▲— Calcite,syn $CaCO_3$ ◆— Zincite,syn ZnO

添加 Zn后100～500℃XRD

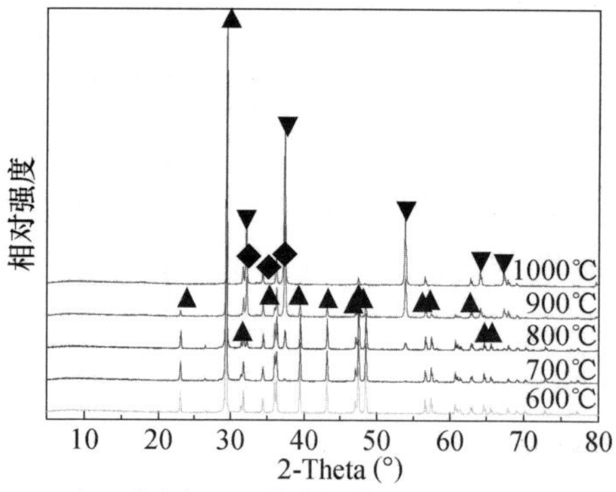

▲— Calcite,syn $CaCO_3$ ▼— Calcium Oxide CaO

◆— Zincite,syn ZnO

添加 Zn后600～1000℃XRD

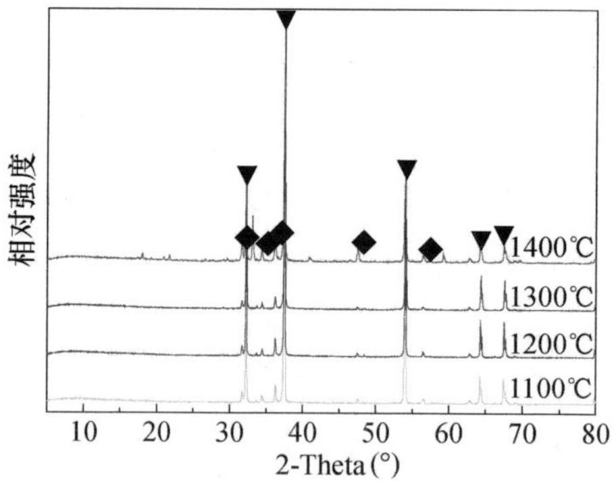

▼— Calcium Oxide CaO ◆— Zincite,syn ZnO

添加 Zn后1100～1400℃XRD

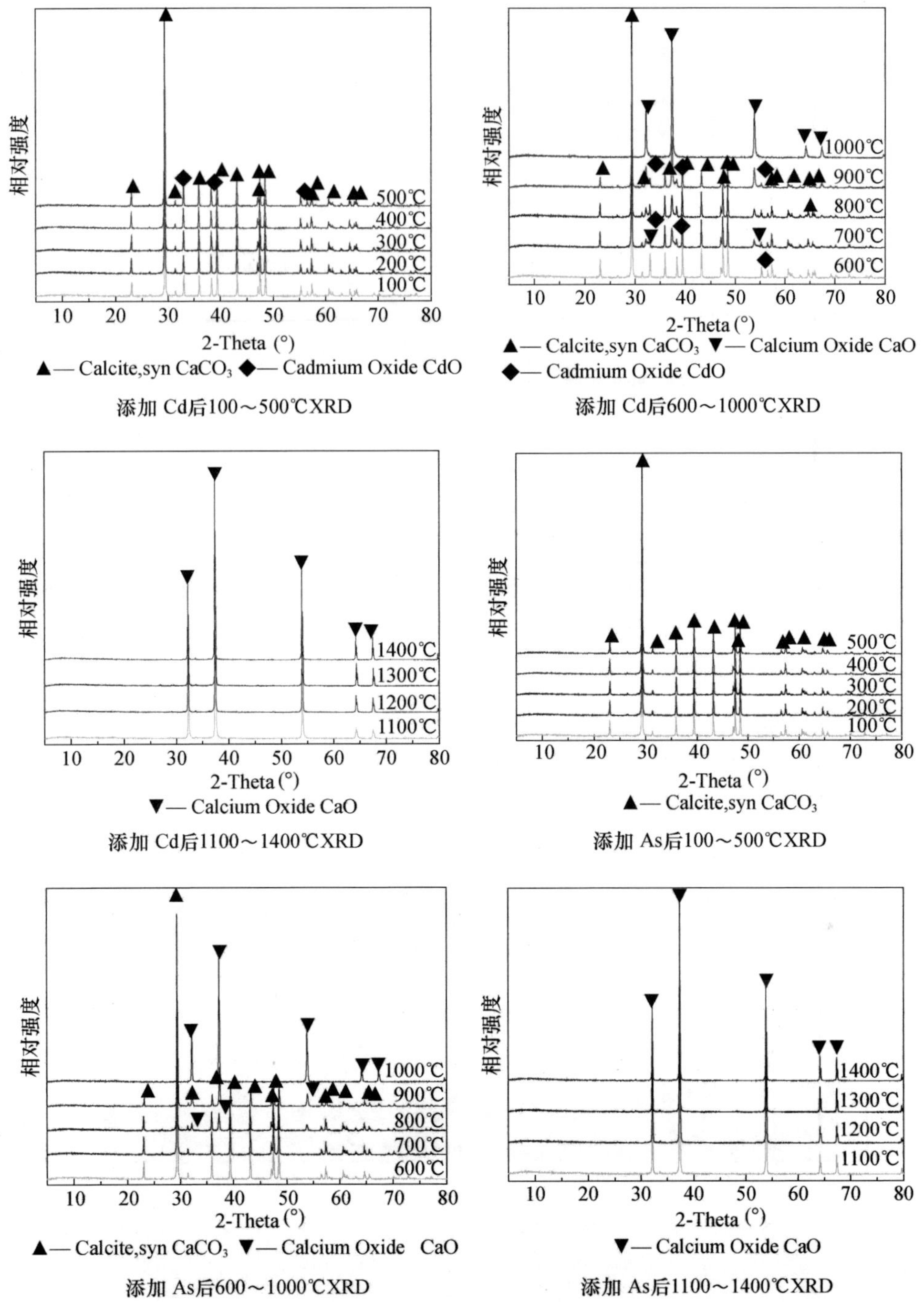

添加 Cd后100～500℃XRD　　添加 Cd后600～1000℃XRD

添加 Cd后1100～1400℃XRD　　添加 As后100～500℃XRD

添加 As后600～1000℃XRD　　添加 As后1100～1400℃XRD

图 5-23　不同温度下钙质原料与重金属的 XRD 谱图

（四）生料粉对重金属挥发的影响

（1）重金属在不同温度下的挥发特性

将重金属试剂 PbO、ZnO、CdO、As_2S_3 分别以 5%的比率添加到生料粉中，100～1400℃下，重金属的挥发率情况见图 5-24。

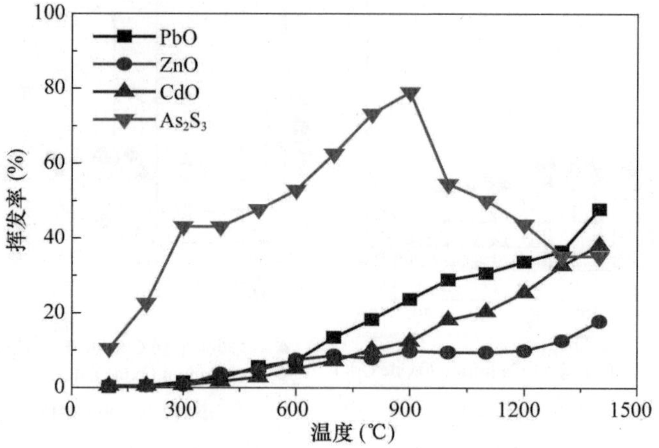

图 5-24　生料粉中不同温度下重金属的挥发率

随着温度的升高，重金属 Pb、Zn、Cd 的挥发率也逐渐升高，但重金属 As 却随着温度升高到 800℃以上时，其挥发率逐渐减小，即高温条件反而有利于砷与生料反应，使得砷被固定下来。与单纯的碳酸钙粉相比，生料粉对砷的固定效果更好。因此，水泥窑协同处置含砷危险废弃物时，在大量含钙物料条件下，挥发到烟气中的砷含量比其他条件显著降低。

（2）不同温度下的微观特性分析

① 不同温度下 Pb 的微观分析

不同温度下，添加了重金属 Pb 的生料原料微观分析见图 5-25。

图 5-25　不同温度下添加了重金属 Pb 的生料原料微观分析

从图 5-25 中可以看出：重金属试剂 PbO 添加到水泥生料中，100～600℃下，微观下的形态变化差异不大；700～1400℃下，随着温度的升高，微观下的形态变化差异较大，致密性增加，当温度升高到 1200℃时，有部分晶型出现，说明重金属促进了液相的提前出现。

② 不同温度下 Zn 的微观分析

不同温度下，添加了重金属 Zn 的生料原料微观分析见图 5-26。

100℃生料粉+Zn

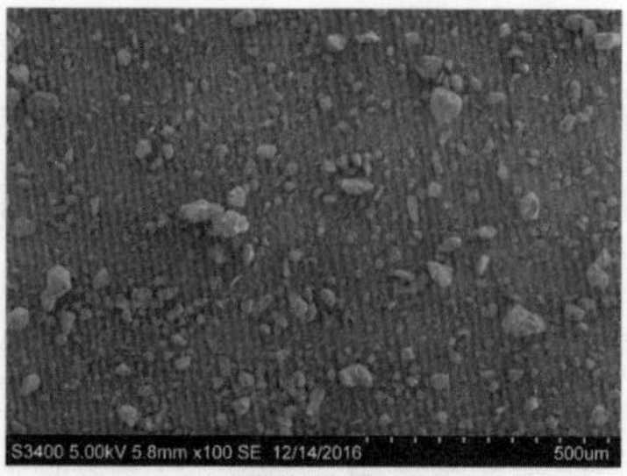

200℃生料粉+ Zn

300℃生料粉+ Zn

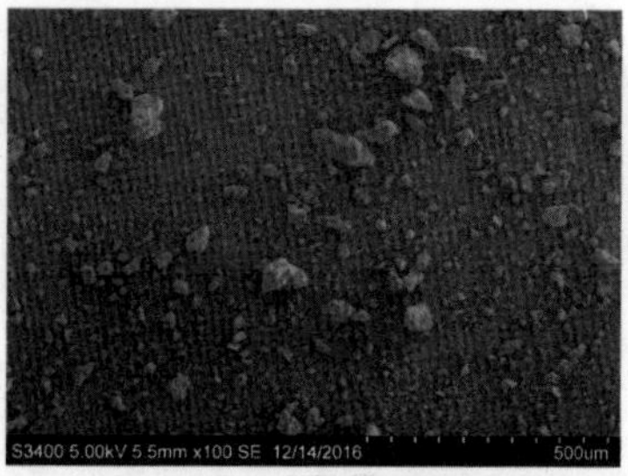

400℃生料粉+ Zn

500℃生料粉+ Zn

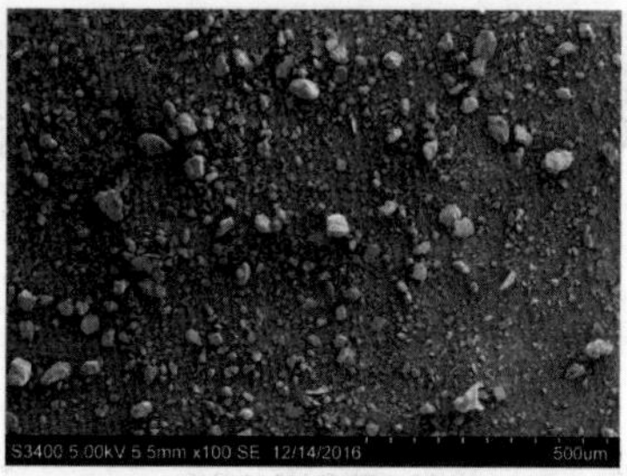

600℃生料粉+ Zn

700℃生料粉+ Zn

800℃生料粉+ Zn

900℃生料粉+ Zn

1000℃生料粉+ Zn

1100℃生料粉+ Zn

1200℃生料粉+ Zn

1300℃生料粉+ Zn

1400℃生料粉+ Zn

图 5-26　不同温度下添加了重金属 Zn 的生料原料微观分析

从图 5-26 中可以看出：重金属试剂 ZnO 添加到水泥生料中，100～600℃下，微观下的形态变化差异不大；700～1400℃下，随着温度的升高，微观下的形态变化差异较大，致密性增加，当温度升高到 1200℃时，有部分晶型出现，说明重金属促进了液相的提前出现。

③ 不同温度下 Cd 的微观分析

不同温度下，添加了重金属 Cd 的生料原料微观分析见图 5-27。

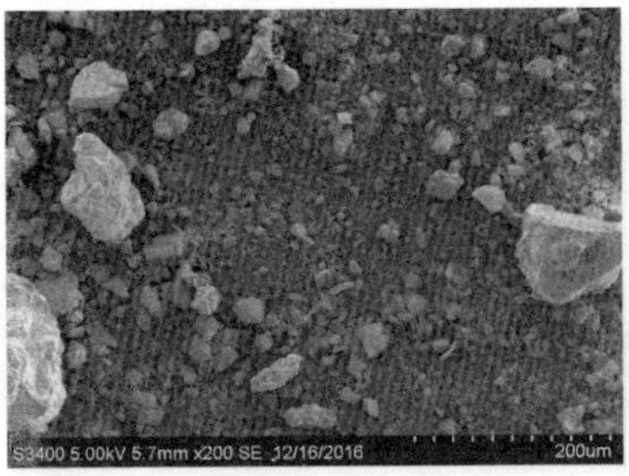

100℃生料粉+ Cd

200℃生料粉+ Cd

300℃生料粉+ Cd

400℃生料粉+ Cd

500℃生料粉+ Cd

600℃生料粉+ Cd

700℃生料粉+ Cd

800℃生料粉+ Cd

900℃生料粉+ Cd

1000℃生料粉+ Cd

1100℃生料粉+ Cd

1200℃生料粉+ Cd

1300℃生料粉+ Cd

1400℃生料粉+ Cd

图 5-27　不同温度下添加了重金属 Pb 的生料原料微观分析

从图 5-27 中可以看出：重金属试剂 CdO 添加到水泥生料中，100～700℃下，微观下的形态变化差异不大；800～1400℃下，随着温度的升高，微观下的形态变化差异较大，致密性增加，当温度升高到 1200℃时，有部分晶型出现，说明重金属促进了液相的提前出现。

④ 不同温度下 As 的微观分析

不同温度下，添加了重金属 As 的生料原料微观分析见图 5-28。

100℃生料粉+As

200℃生料粉+ As

300℃生料粉+ As

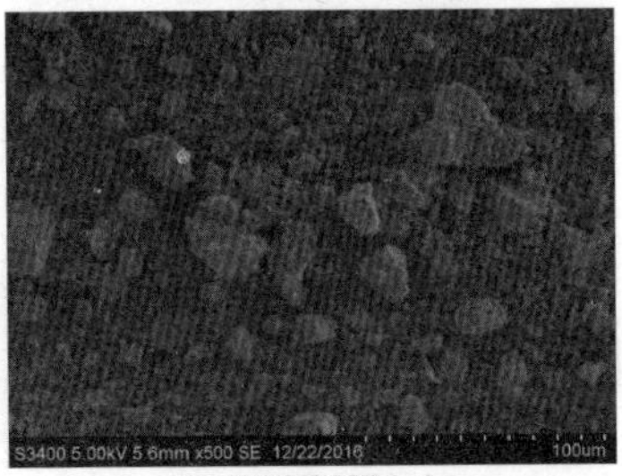

400℃生料粉+ As

500℃生料粉+ As

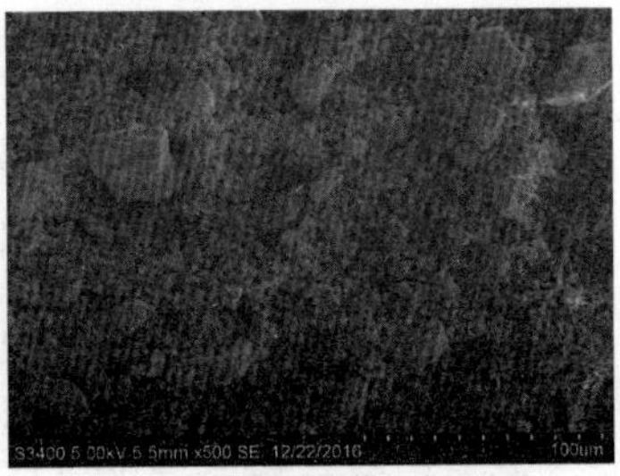

600℃生料粉+ As

700℃生料粉+As　800℃生料粉+As

900℃生料粉+As　1000℃生料粉+As

1100℃生料粉+As　1200℃生料粉+As

1300℃生料粉+As　1400℃生料粉+As

图 5-28　不同温度下添加了重金属 As 的生料原料微观分析

从图 5-28 中可以看出：重金属试剂 As_2S_3 添加到水泥生料中，100～600℃下，微观下的形态变化差异不大；700～1400℃下，随着温度的升高，微观下的形态变化差异较大，致密性增加，当温度升高到 1200℃时，有部分晶型出现，说明重金属促进了液相的提前出现。

（3）不同温度下的 X 射线衍射分析

不同温度下，水泥生料与重金属的 XRD 谱图见图 5-29。

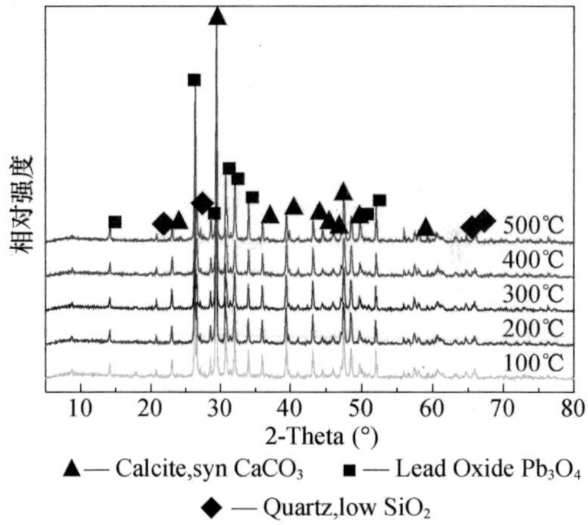

添加 Pb后100～500℃XRD

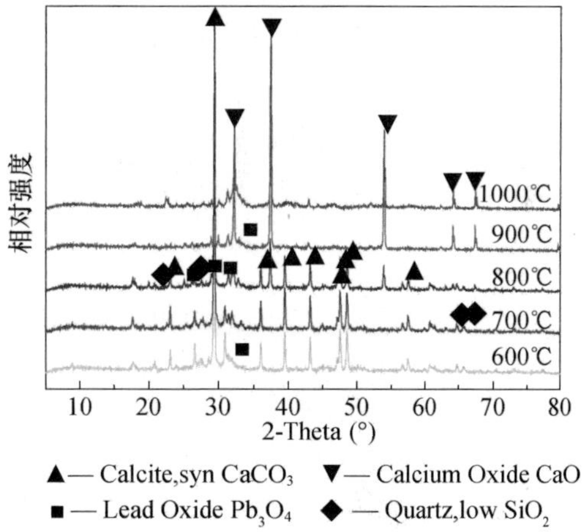

添加 Pb后600～1000℃XRD

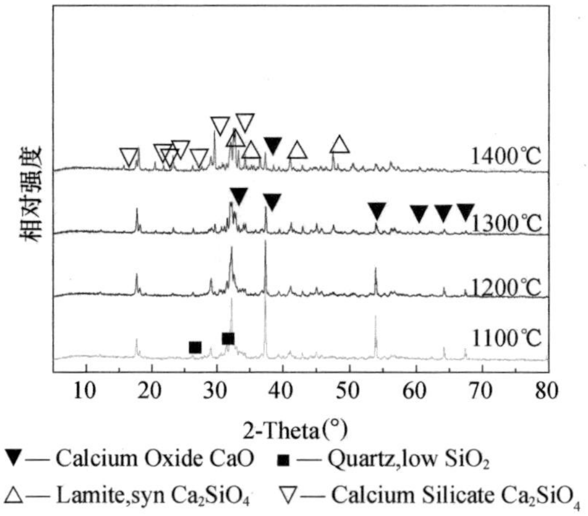

添加 Pb后1100～1400℃XRD

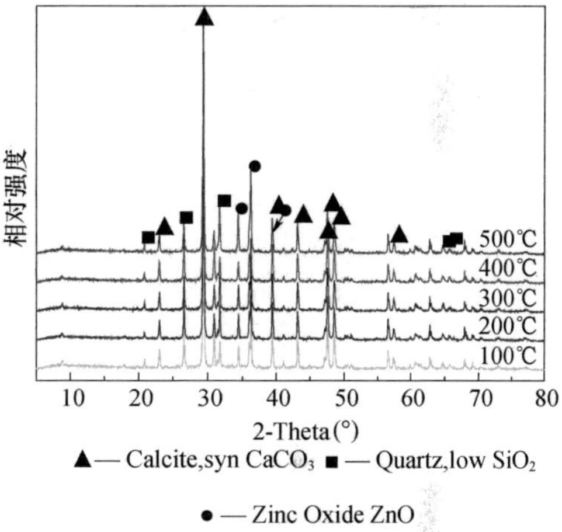

添加 Zn后100～500℃XRD

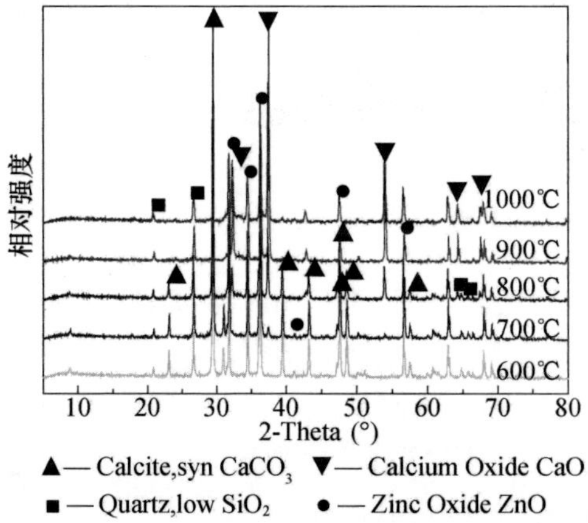

添加 Zn后600～1000℃XRD

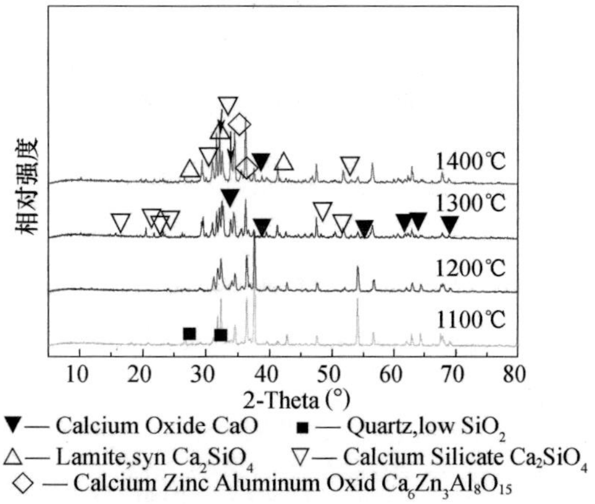

添加 Zn后1100～1400℃XRD

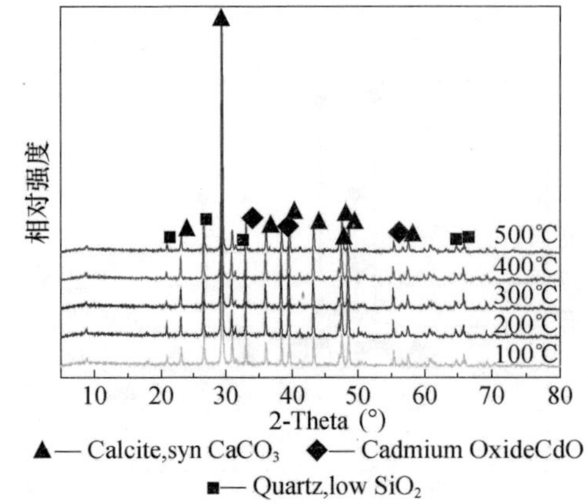

添加 Cd后100～500℃XRD

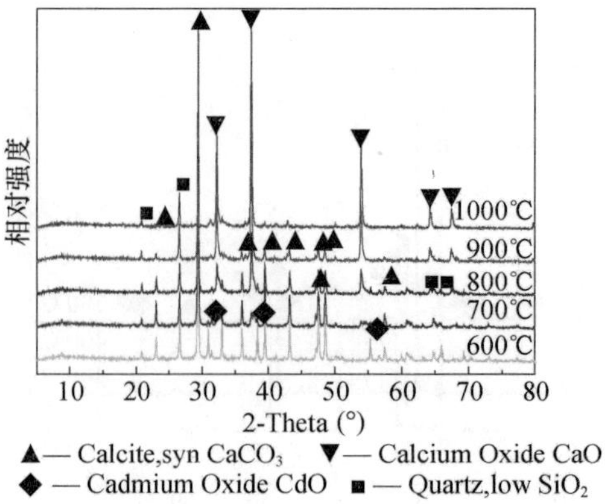

添加 Cd后600～1000℃XRD

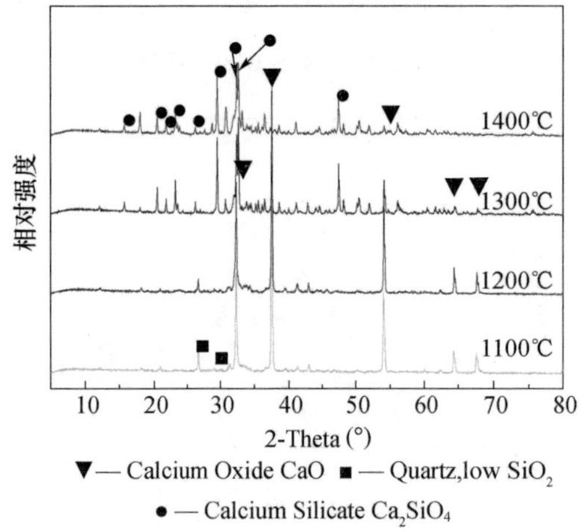

添加 Cd后1100～1400℃XRD

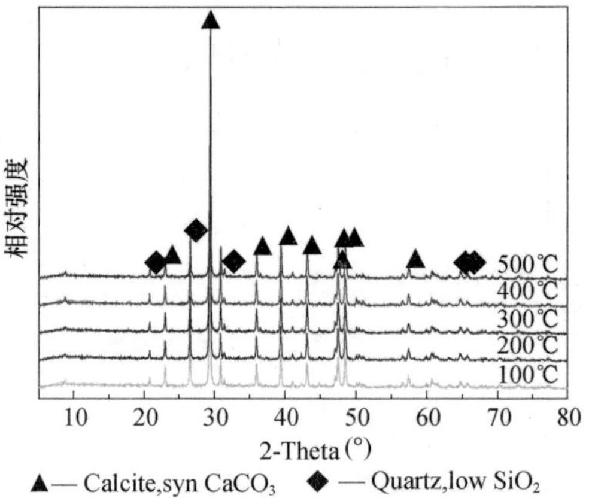

添加 As后100～500℃XRD

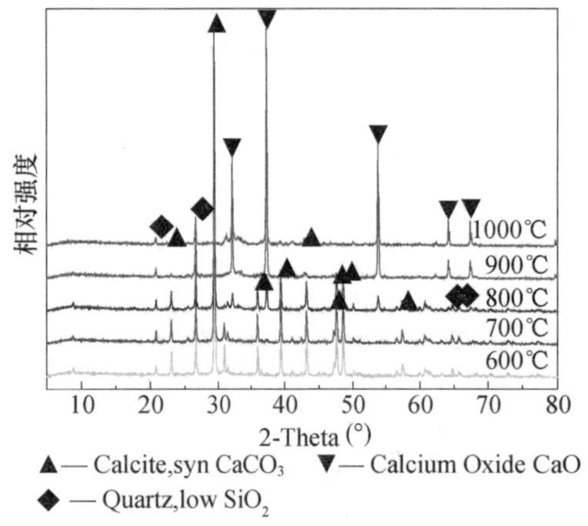

添加 As后600～1000℃XRD

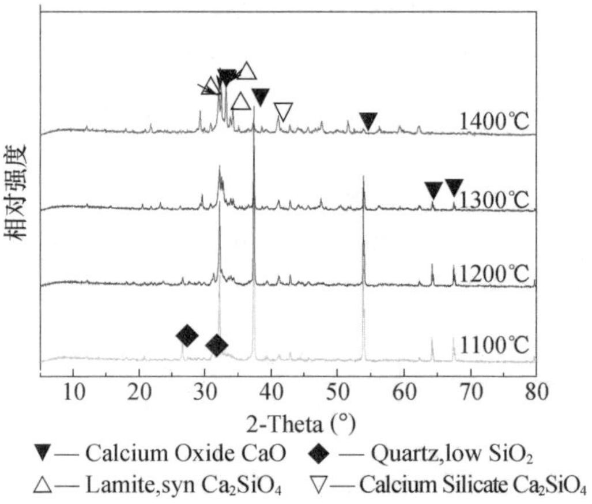

添加 As后1100～1400℃XRD

图 5-29 不同温度下水泥生料与重金属的 XRD 谱图

从 XRD 的谱图可以看出：生料粉在 500℃以下主要以 $CaCO_3$、SiO_2 及重金属试剂的形态存在，从600℃开始，$CaCO_3$发生分解，生成了部分CaO。查阅文献可知，$CaCO_3$的分解温度在800℃以上，而本试验中，$CaCO_3$在600℃就开始分解，因此，添加重金属可以降低熔点，这与很多文献中的结论相符。从600～1400℃，生料粉与重金属生成了较为复杂的化合物，如：Ca_2SiO_4、$CaPbO_4$、$Ca_2As_2O_7$以及$Ca_6Zn_3Al_8O_{15}$等。

（五）环境条件对重金属挥发的影响

（1）时间对重金属挥发的影响

将重金属试剂PbO、ZnO、CdO、As_2S_3分别以5%、5%、5%和2%的比率添加到生料粉中，1200℃下分别在静态装置中焚烧10～60min，重金属的挥发率见图5-30。

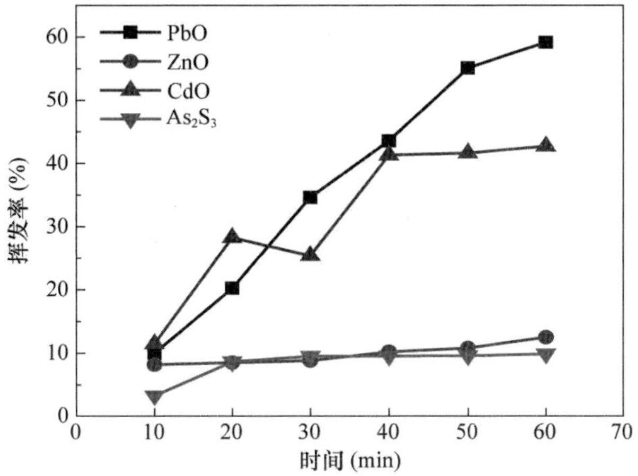

图5-30　时间对重金属挥发的影响

从图5-30可以看出：随着焚烧时间的增加，重金属溶剂PbO的挥发率也逐渐增加；CdO的总体趋势是增加的，但40min后到达平衡；ZnO、As_2S_3在30min后，基本达到平衡状态，增加趋势不明显。水泥的生产时间一般为30min，因此，大多重金属的挥发可达到平衡状态。

（2）气氛对重金属挥发的影响

按照水泥窑标定的平均值配制标准气体，将重金属试剂PbO、ZnO、CdO、As_2S_3分别以5%、5%、5%和2%的比率添加到生料粉中，1200℃下分别在静态装置中焚烧30min，重金属的挥发率见图5-31。

改变了焚烧气氛后，随着温度的升高，不同重金属的挥发率均低于在空气气氛中的挥发率。因此，在协同处置重金属污染土壤时，由于水泥窑特殊的气体气氛，重金属的实际挥发率低于实验室的模拟试验。

（六）重金属不同化合物挥发差异

（1）化合物选择及特性分析

为考察重金属不同化合物的挥发特性，选择重金属试剂PbO、$PbCl_2$、PbS、ZnO、$ZnCl_2$、ZnS、CdO、$CdCl_2$、CdS作为添加材料。几种试剂的熔点和沸点见表5-4。

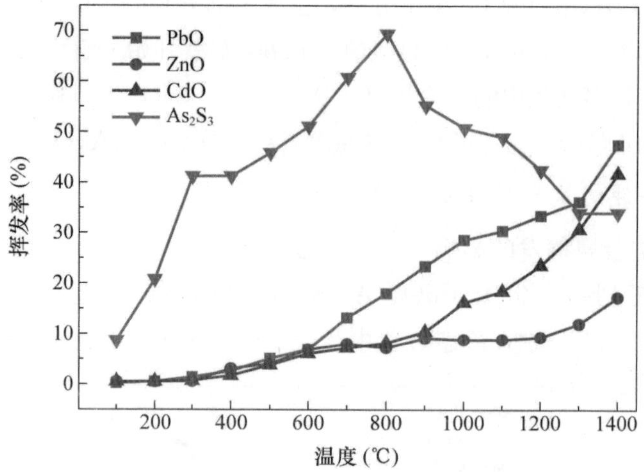

图 5-31　气氛对重金属挥发的影响

表 5-4　试验所用试剂的熔点和沸点（℃）

	PbO	$PbCl_2$	PbS	ZnO	$ZnCl_2$	ZnS	CdO	$CdCl_2$	CdS
熔点	886	501	1114	1975	170	1700	900	568	1750
沸点	1470	950	1281	2360	220	1185	1385	960	980

（2）重金属不同化合物挥发差异

将不同重金属试剂分别以 5%的比率添加到生料粉中，100～1400℃下，重金属不同化合物的挥发率差异比较见图 5-32。

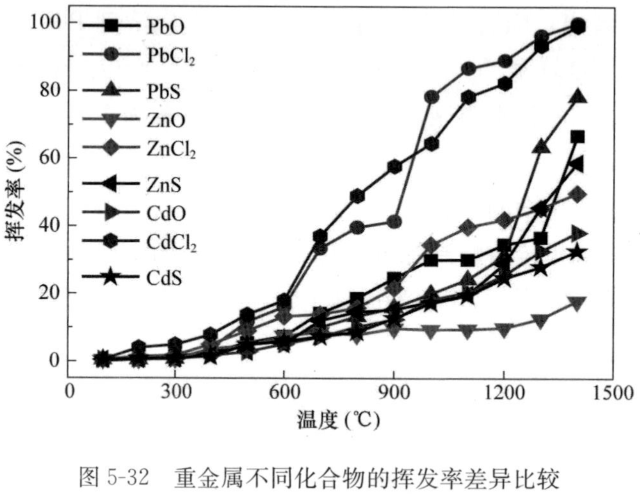

图 5-32　重金属不同化合物的挥发率差异比较

从图 5-32 可以看出：随着温度的升高，不同重金属的挥发特性差异较大，重金属的氯化物挥发率较高。氯元素也是水泥窑的有害元素，因此，在协同处置高含量氯的废弃物时，应密切关注重金属的挥发情况，必要时，可增加旁路放风设备。

（七）烧结对重金属的固化作用

将重金属试剂 PbO、ZnO、CdO、As_2S_3 分别以 5%、5%、5%和 2%的比率添加到生料粉中，100～1000℃下分别在静态装置中焚烧 30min，用改进的 BCR 法测定重金属的形态，结果见图 5-33。

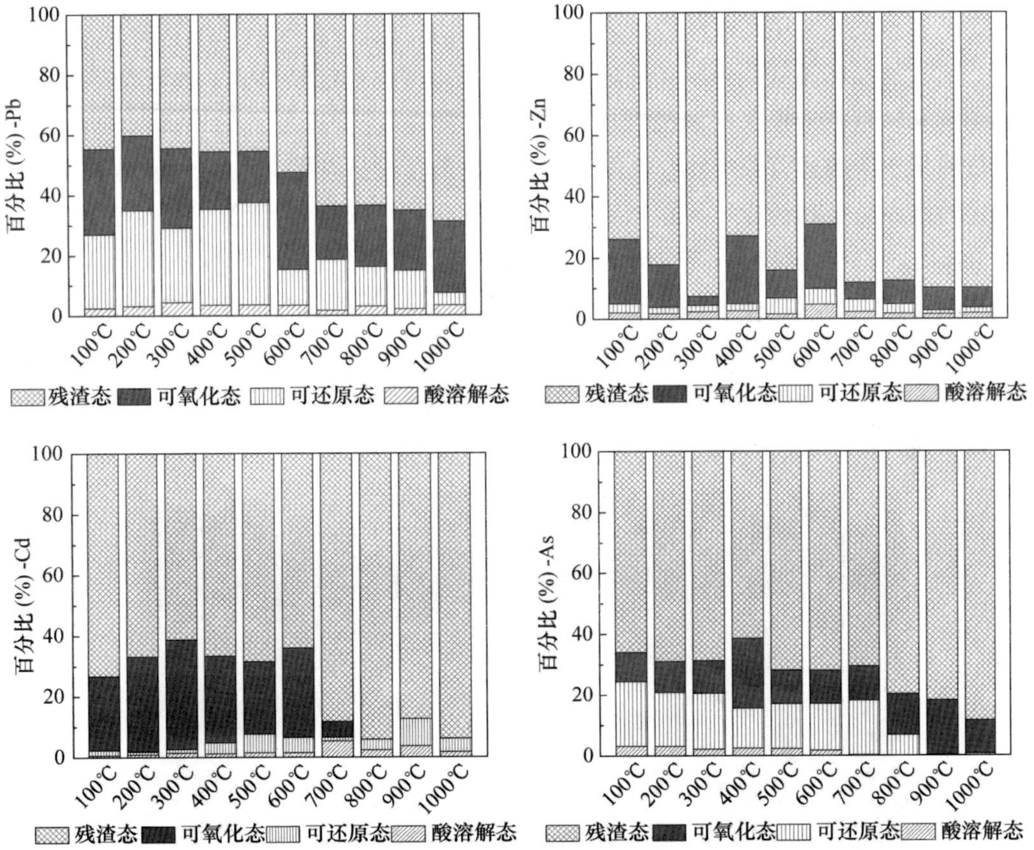

图 5-33　不同温度烧结后重金属的形态

可以看出：随着温度的升高，重金属在残渣态中的含量也逐渐增加，说明烧结对重金属有极显著的固化作用。

二、重金属动态挥发特性

（一）试验装置研发

在静态试验的基础上，自主研发了小型水泥回转窑模拟装置（图 5-34），用于模拟水泥生产过程中污染土壤重金属挥发对烟气的影响。动态温度可设定为 900～1400℃。

本试验装置，包括连续进料系统、分段高温热解析系统、燃烧器及火焰控制系统、烟气收集及净化系统、载气系统、外保温系统及在线监测系统等。本装置采用螺旋＋犁刀进料，进料口采用 1800 氧化铝多晶纤维材料深入到燃烧器下端，为保证物料在回转窑旋转过程中不流出炉外，在进料口与回转窑之间设置了直角三角形挡料板，挡料板占进料口的长度为2/3，保证了污染土壤随着窑体的转动顺利分布在窑内，从而实现了热脱附均匀性；在进料口与窑头燃烧器之间，采用316S不锈钢设置了缓冲室，避免了污染物在高温口挥发及有害尾气的逸散；热处理主体采用双层壳体结构和50段程序控温系统，炉膛采用1800氧化铝多晶纤维材料，炉管采用刚玉管、两端采用316S不锈钢，炉管与法兰采用高温硅橡胶密封，法兰两端配置针型阀，并配备流量计，可调节进、出气的气体流量。分段高温热解析系统采用倾斜的回转窑式，回转窑的长径比、倾斜角度和转速范围根据热解析温度、进料土壤的密度及运行时间计算，与单位时间内单位质量土壤的运行轨迹吻合，保证了连续作业情况下热脱附均匀性和热处理效率。回转窑的倾斜角度和转速均可根据实际的污染土壤含水率、密度等进行手工调整。燃烧器设置在出料端，物料从进料端向出料端倾斜运动的过程中，物料经过高温、中温、低温三个阶段，分段将污染物脱附出来，保证了连续分析的准确性。燃烧室后部设置烟室，收集从燃烧通道泄漏的少量含有颗粒的烟气，收集的烟气通过布袋除尘后收集颗粒物和气体，供分析。高温裂解器两端、烟气冷却装置和各加热器的适当位置配置温度控制器，以保证试验温度可准确控制。

图5-34　水泥回转窑模拟装置

（二）动态试验下重金属的挥发特性

（1）生料中的重金属含量

选取北京水泥厂提供的石灰石、砂岩、铁矿石、黏土壤等水泥原料，按一定比例掺入分析纯重金属并充分混均，分别按设计率值（$KH=0.94$，$n=2.48$，$p=1.2$）制备成水泥生料样品，加水压制成片，经干燥后加热到950℃，保温30min，然后在1450℃下煅烧30min，取出急冷，制成熟料样品。

对生料进行了全量消解试验，参照瑞士的熟料中重金属含量限值表，并在考虑了从生料到熟料的烧失率等因素的前提下确定了生料中的重金属添加限值，扣除本底值后，将重金属试剂PbO、ZnO、CdO、As_2S_3加入到生料中，共配制五种样品。五种样品的区别在于入炉生料中各种重金属的添加量不同，构成了一个含量梯度（从低到高依次为 0、1、2、3、4）。添加后的重金属含量测定结果见图 5-35。

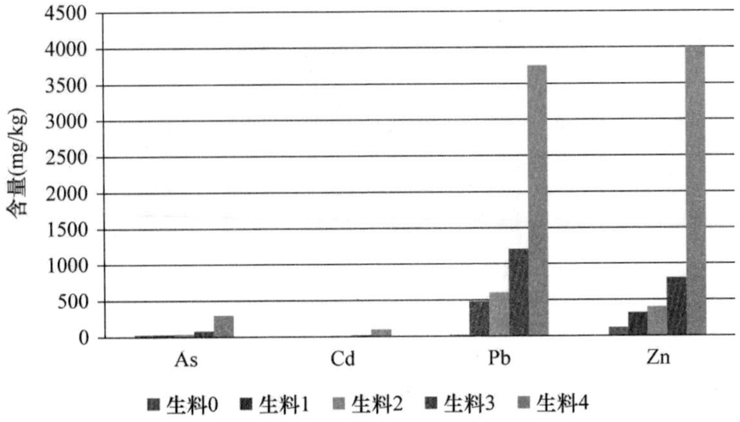

图 5-35　生料中的重金属含量

（2）熟料中的重金属含量

将添加了重金属的生料粉放入动态试验装置中烧制水泥，将烧制的温度设定为 1450℃。烧制成熟料后，测定熟料中的重金属含量，测定结果见图 5-36。

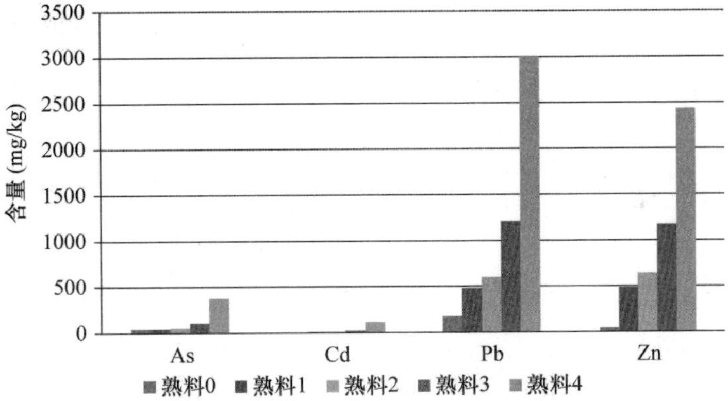

图 5-36　熟料中的重金属含量

（3）重金属固化率

各批生料的烧失率均取 0.365。按照下式计算各种重金属元素在熟料中的固化率 G：

$$G=K\ (1-Loss)\ /S \tag{5-1}$$

式中　K——熟料中各重金属元素含量（mg/kg）；

S——入窑原料中各重金属元素总含量（mg/kg）；

$Loss$——生料烧失量，取 0.365。

按照式（5-1），计算出各样品中重金属在熟料中的固化率，见图 5-37。

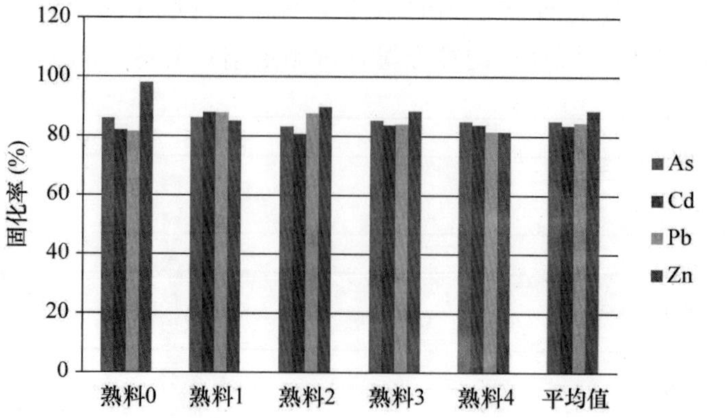

图 5-37　重金属固化率

各批熟料中各种重金属的固化率均较高，取平均值：As 为 85.09%，Cd 为 83.61%，Pb 为 84.49%，Zn 为 88.52%。最高的固化率达到 97%以上，最低的也在 81%以上。与静态试验相比，固化率显著提高，因此，在动态试验装置的烧制条件下，可以认为大部分重金属元素在煅烧结束后都是固化在熟料当中的。

（三）重金属流向分布

将动态试验装置的温度设定为 900～1400℃，将重金属试剂 PbO、ZnO、CdO、As_2S_3 加入到生料中，水泥熟料、袋除尘收集的颗粒物及烟气中的重金属含量分布见图 5-38。

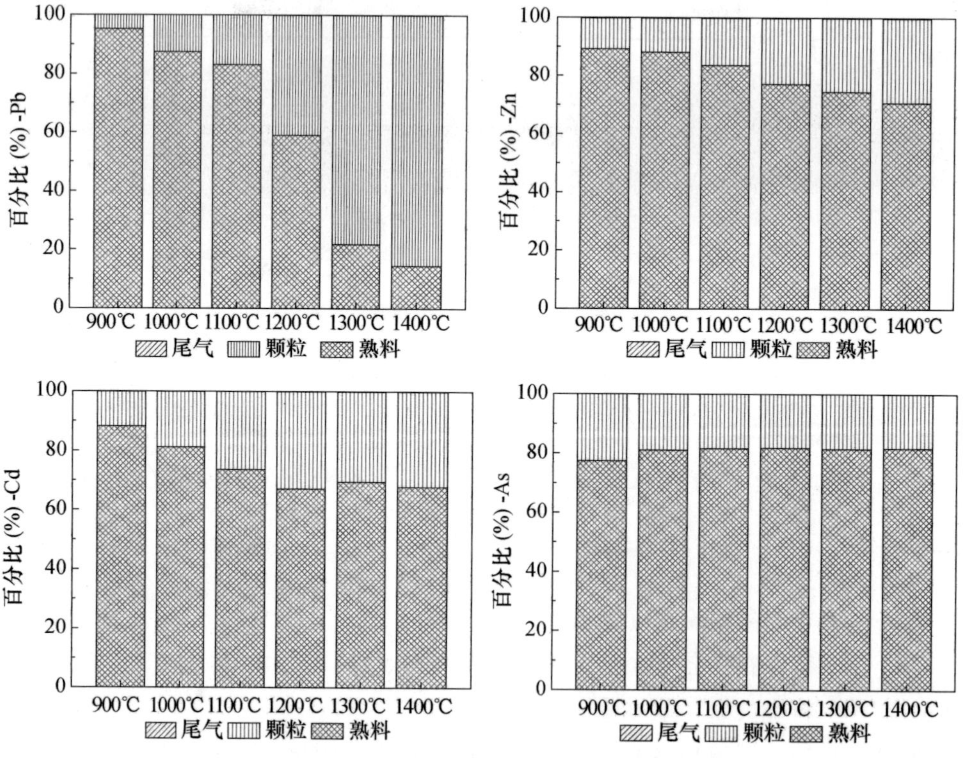

图 5-38　重金属流向分布

从图 5-38 可以看出：重金属在水泥窑中，除了固化在水泥熟料中外，其他均在收尘布袋的窑灰中，进入烟气的重金属含量均在万分之一以下。因此，水泥窑协同处置含有重金属的污染土壤，烟气中排放的重金属含量占比极低。

（四）添加重金属后水泥熟料特性

（1）生料化学分析

试验用原材料化学成分见表 5-5。

表 5-5　水泥生料化学分析（%）

	烧失量	SiO_2	Al_2O_3	Fe_2O_3	CaO	MgO	K_2O	Na_2O	P_2O_5	∑
石灰石	42.05	2.79	0.75	0.49	51.19	1.82	0.20	0.04	0	99.33
页岩	2.45	82.62	6.53	5.09	1.22	0.54	0.83	0.05	0	99.33
黏土壤	6.96	54.12	29.13	4.98	1.08	0.31	1.47	0.33	0	98.38
铁矿渣	2.99	49.33	3.07	36.85	4.25	2.41	0.18	0.07	0	99.15

（2）熟料特性

烧成的水泥熟料岩相及电镜分析结果分别见图 5-39、图 5-40。

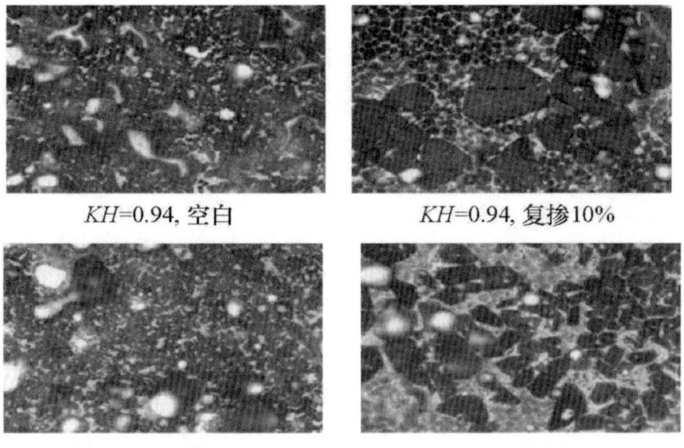

图 5-39　水泥熟料岩相

图 5-40　水泥熟料电镜

添加多种重金属离子有利于液相反应和熟料烧结的进行，促进 C_3S 大量形成，即：重金属离子在熟料形成过程中具有矿化助熔作用。

第四节　水泥生料对有机物挥发的抑制

一、水泥生料特性分析

（一）水泥生料配制

采用石灰石、砂岩、钢渣、污染土作为配制水泥生料的原料，三率值控制为 $KH=1.01$，$SM=2.55$，$IM=1.36$。配制的水泥生料占比见表 5-6。

表 5-6　水泥生料成分占比（%）

成分	石灰石	砂岩	钢渣	污染土	煤灰分
占比	76.5966	1.9476	9.0541	9.5007	2.9011

（二）水泥生料中有机物的挥发情况

（1）生料热重和红外分析

对配制的水泥生料进行热重和红外分析，所得的热重图和三维红外谱图见图 5-41。

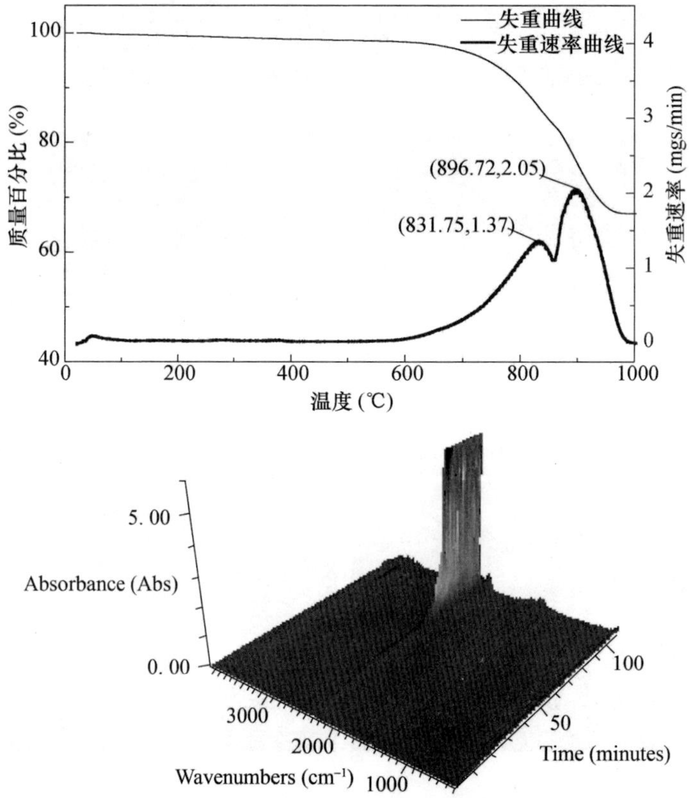

图 5-41　配制生料的热重图和三维红外谱图

从图5-41可以看出：随着温度的升高，配料的质量逐渐减少，在1000℃的失重量为32.94%，600℃之前生料的失重量约为1.38%。在600℃之后有两个明显的失重速率峰，这主要是由于碳酸盐的分解所致。根据前期研究，有机污染物的挥发主要在600℃之前，由于其含量很少，在这一温度范围失重速率曲线平直，观察不到失重现象，也无失重速率峰。

在50℃左右检测到有H_2O，在50～660℃的升温过程中，始终只检测到有少量的H_2O和CO_2存在，推测是原料中的水分蒸发以及试验反应气空气中含有的H_2O和CO_2；随温度继续增高，在800℃以后的两个失重速率峰附近，检测到大量的CO_2，是原料中碳酸盐分解产生的。

（2）燃烧对有机物去除分析

由于红外测试结果只能作为判断，为详细了解有机物焚毁情况，将配制的生料分别煅烧到300℃和600℃，采用GC-MS检测其中的有机污染物含量，检测结果见表5-7。

表5-7　不同燃烧温度下的有机物含量检测结果（mg/kg）

名称	萘	二氢苊	苊	芴	菲	蒽	荧蒽	芘
原土	—	1.00	—	—	2.68	0.92	2.56	2.08
300℃	—	—	—	1.40	2.37	—	1.03	0.51
600℃	—	—	—	—	0.37	—	—	—
名称	苯并[a]蒽	屈	苯并[k]荧蒽	苯并[b]荧蒽	苯并[a]芘	苯并[g，h，i]苝	二苯并[a，h]蒽	茚并[1，2，3-cd]芘
原土	1.93	1.51	—	—	—	—	—	—
300℃	0.68	0.91	—	—	—	—	—	—
600℃	—	—	—	—	—	—	—	—

从表5-7可以看出：经600℃处理后，生料中除少量菲残留外，其余有机物基本没有残留。因此，水泥窑协同处置有机污染土壤，采用600℃的温度就可将有机物全部焚毁。

因污染物含量太低，难以观察到有机物在不同温度下的挥发。需要通过人为添加污染物的方式，来研究生料对有机物挥发的作用。

（三）人为添加有机污染物

分别选择甲苯、菲和多菌灵作为低沸点、中沸点和高沸点有机污染物的代表物质，添加到用污染土配制的水泥生料中，添加量为污染土的10%。观察这三种有机物在水泥生料中的挥发情况。

二、低沸点有机物在水泥生料中的挥发情况

（一）添加甲苯后的热重曲线

添加甲苯后水泥生料的热重曲线见图5-42。

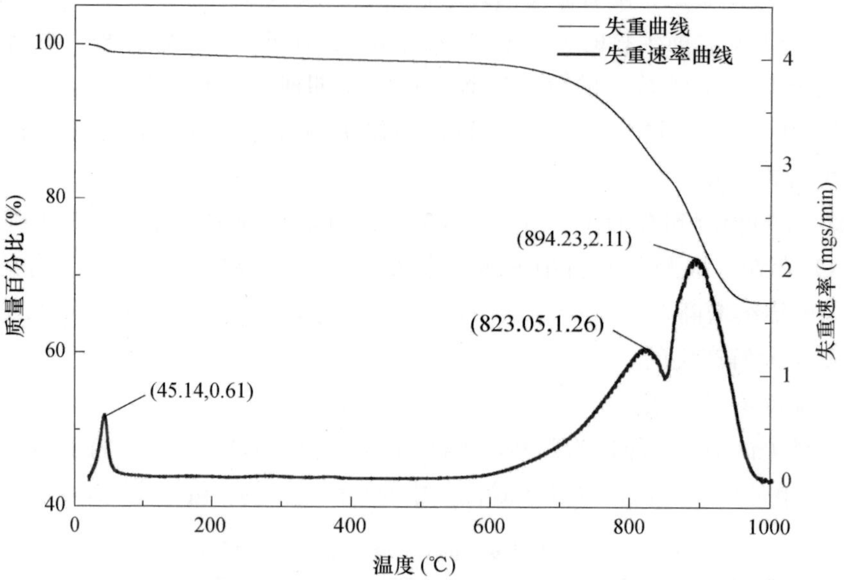

图 5-42　添加甲苯后水泥生料的热重曲线

从图 5-42 可以看出：添加甲苯后，水泥生料 1000℃的失重率为 33.37%，600℃之前质量损失非常少，约为 2.29%。

（二）添加甲苯后的红外谱图

（1）添加甲苯后的三维红外谱图

添加甲苯后的三维红外谱图见图 5-43。

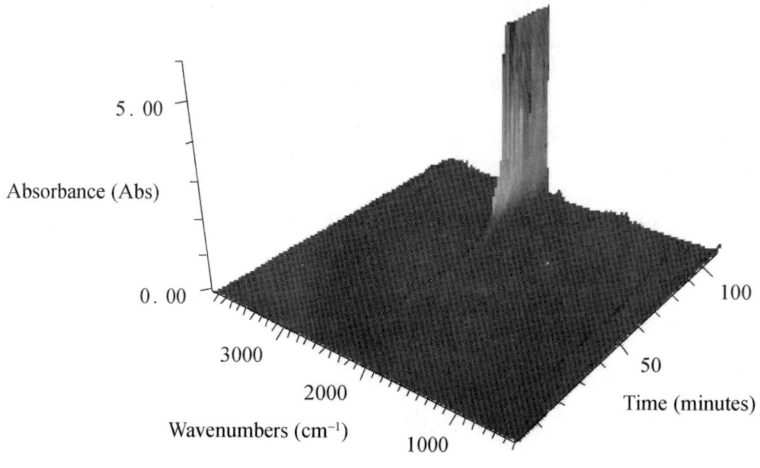

图 5-43　添加甲苯后的三维红外谱图

（2）添加甲苯后不同温度下的红外谱图

添加甲苯后，不同温度下的红外谱图见图 5-44。

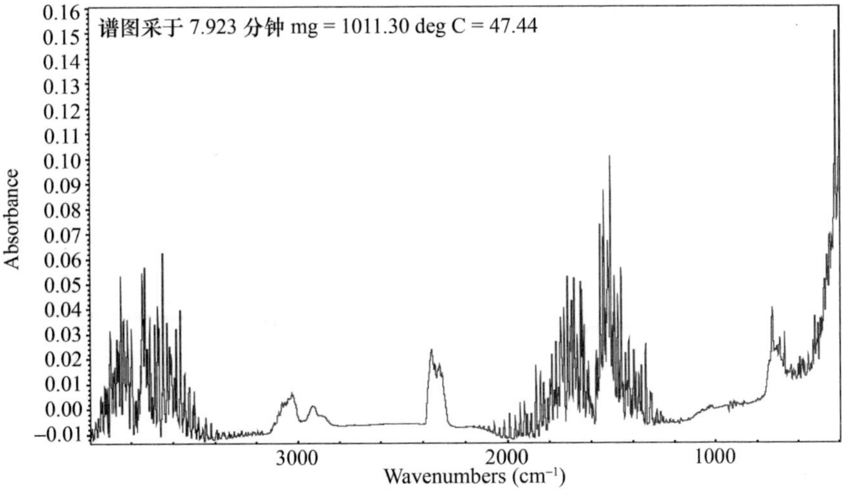
谱图采于 7.923 分钟 mg = 1011.30 deg C = 47.44
Absorbance
0.16
0.15
0.14
0.13
0.12
0.11
0.10
0.09
0.08
0.07
0.06
0.05
0.04
0.03
0.02
0.01
0.00
−0.01
3000
2000
1000
Wavenumbers (cm⁻¹)
45℃

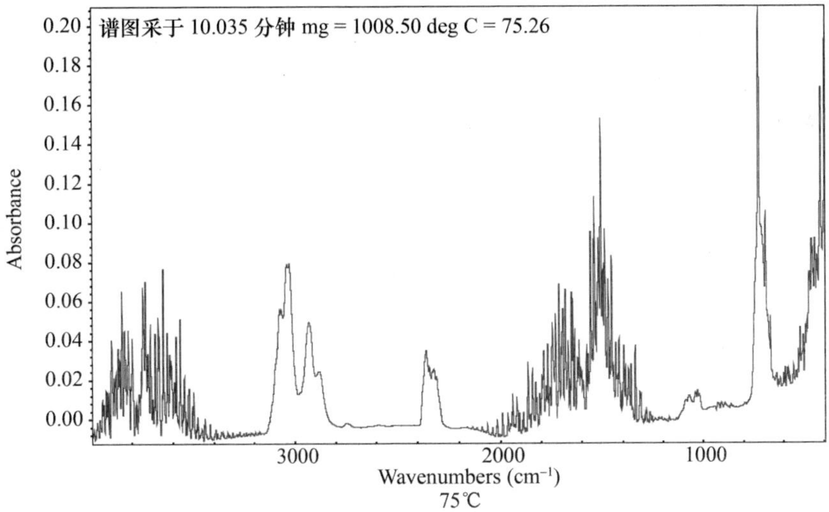
谱图采于 10.035 分钟 mg = 1008.50 deg C = 75.26
Absorbance
0.20
0.18
0.16
0.14
0.12
0.10
0.08
0.06
0.04
0.02
0.00
3000
2000
1000
Wavenumbers (cm⁻¹)
75℃

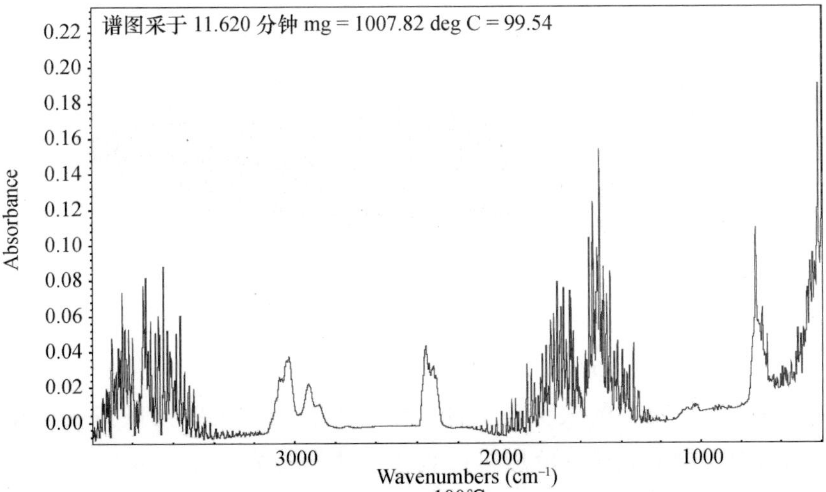
谱图采于 11.620 分钟 mg = 1007.82 deg C = 99.54
Absorbance
0.22
0.20
0.18
0.16
0.14
0.12
0.10
0.08
0.06
0.04
0.02
0.00
3000
2000
1000
Wavenumbers (cm⁻¹)
100℃

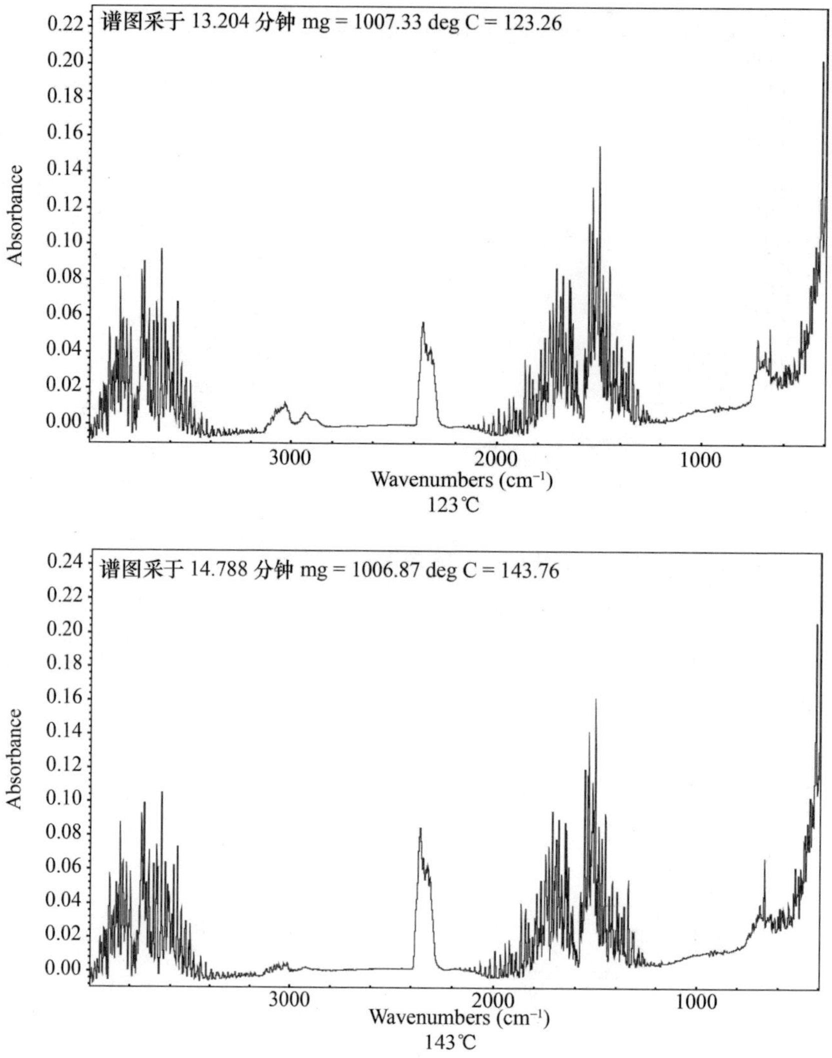

图 5-44　添加甲苯的生料在不同温度下的红外谱图

在 123℃左右可明显观察到甲苯的特征峰（3150～2800cm^{-1}和 770～650cm^{-1}），此温度段甲苯有较大的挥发量；在 143℃之后甲苯的吸收峰减弱到不易被观察。

三、中沸点有机物在水泥生料中的挥发情况

（一）添加菲后的热重曲线

添加菲后水泥生料的热重曲线见图 5-45。

在 146℃左右有个很小的失重速率峰，由于菲在污染土中大量挥发是在约 308℃，故这个 146℃所对应的失重速率峰应是原料中的水分挥发所致。600℃之前质量损失很少，生料的失重率约为 3.31%。600℃之后明显的失重速率峰是原料中的无机盐分解所致。1000℃的失重率为 34.13%。

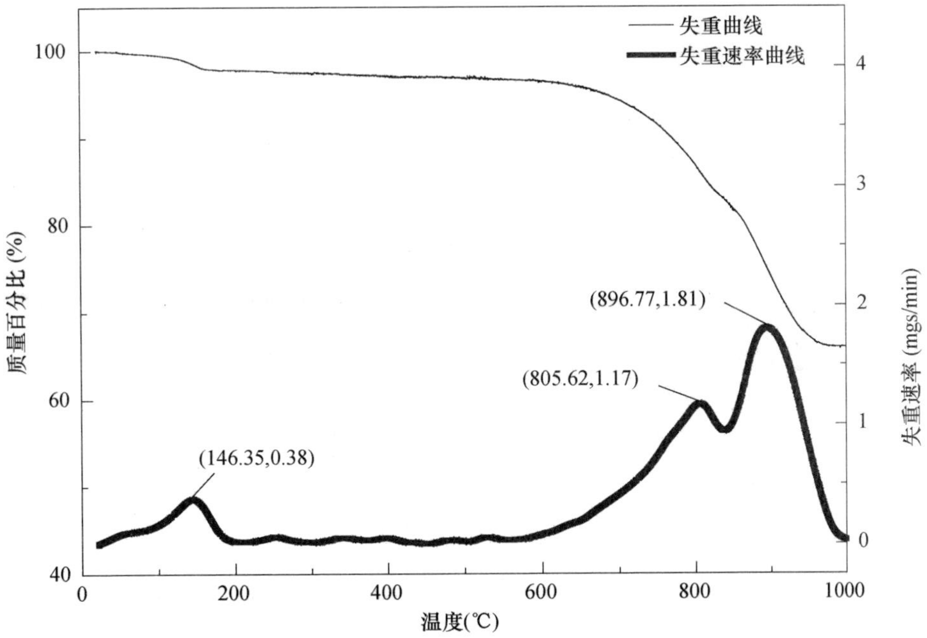

图 5-45　添加菲后污染土配水泥生料的热重图

（二）添加菲后的红外谱图

（1）添加菲后的三维红外谱图

添加菲后的三维红外谱图见图 5-46。

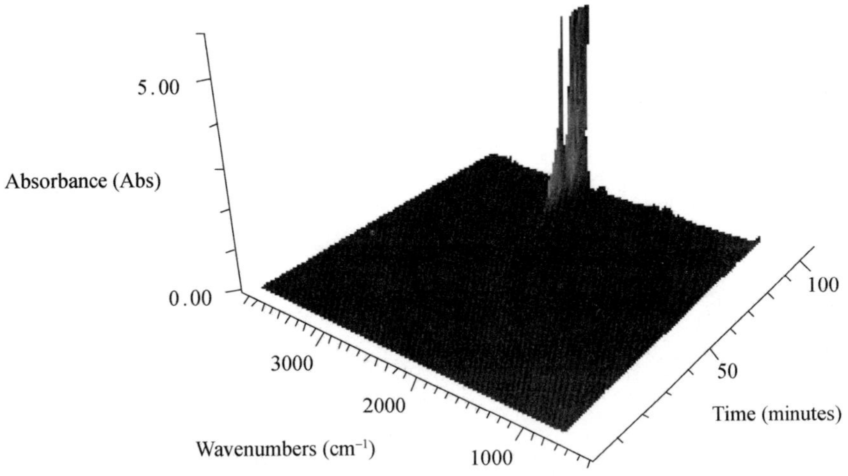

图 5-46　添加菲后的三维红外谱图

（2）添加菲后不同温度下的红外谱图

添加菲后，不同温度下的红外谱图见图 5-47。

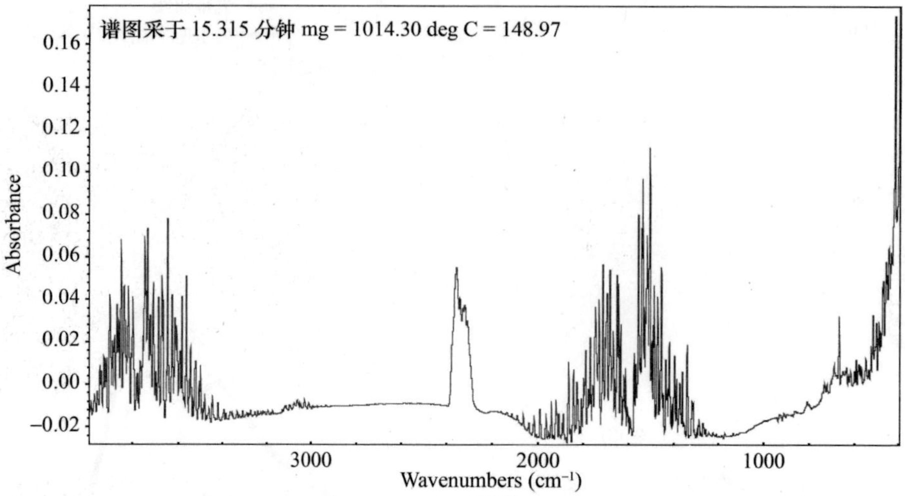
谱图采于 15.315 分钟 mg = 1014.30 deg C = 148.97
Absorbance
0.16
0.14
0.12
0.10
0.08
0.06
0.04
0.02
0.00
−0.02
3000
2000
1000
Wavenumbers (cm⁻¹)

146℃

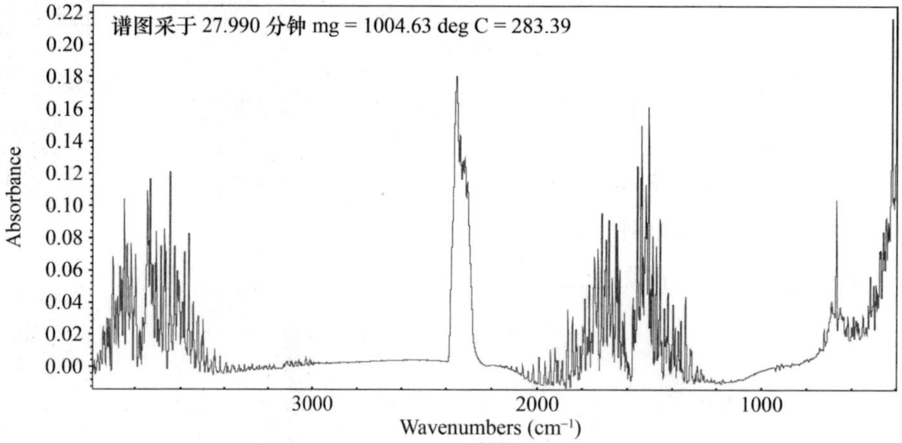
谱图采于 27.990 分钟 mg = 1004.63 deg C = 283.39
Absorbance
0.22
0.20
0.18
0.16
0.14
0.12
0.10
0.08
0.06
0.04
0.02
0.00
3000
2000
1000
Wavenumbers (cm⁻¹)

283℃

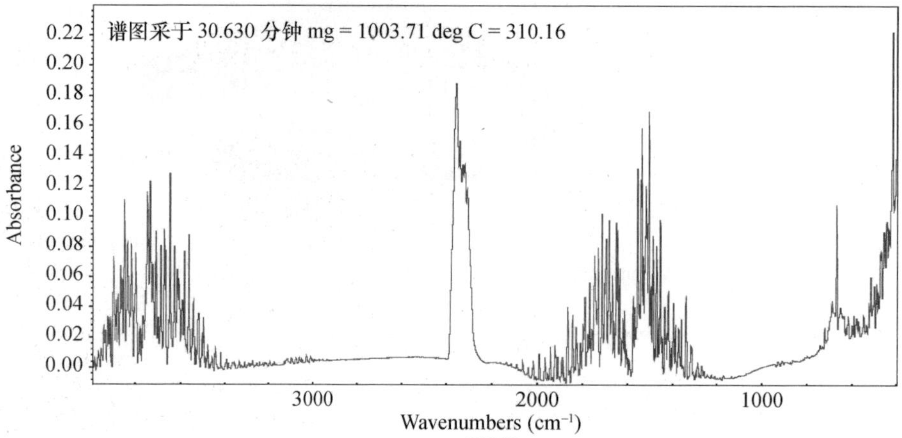
谱图采于 30.630 分钟 mg = 1003.71 deg C = 310.16
Absorbance
0.22
0.20
0.18
0.16
0.14
0.12
0.10
0.08
0.06
0.04
0.02
0.00
3000
2000
1000
Wavenumbers (cm⁻¹)

308℃

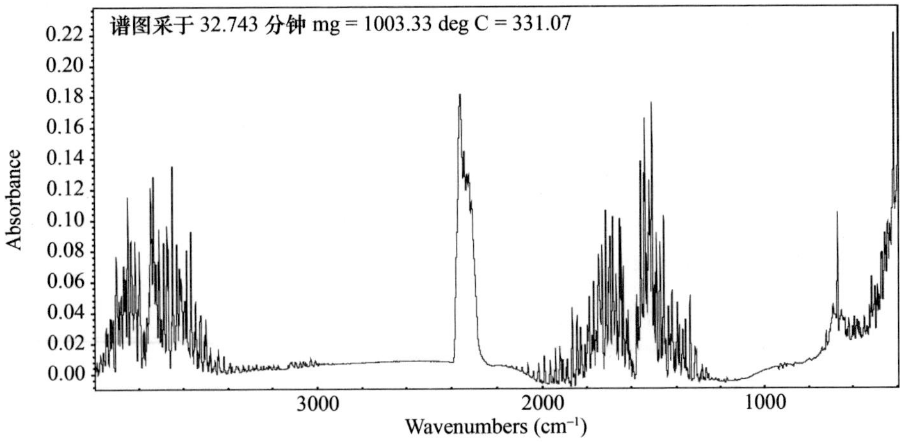

330℃

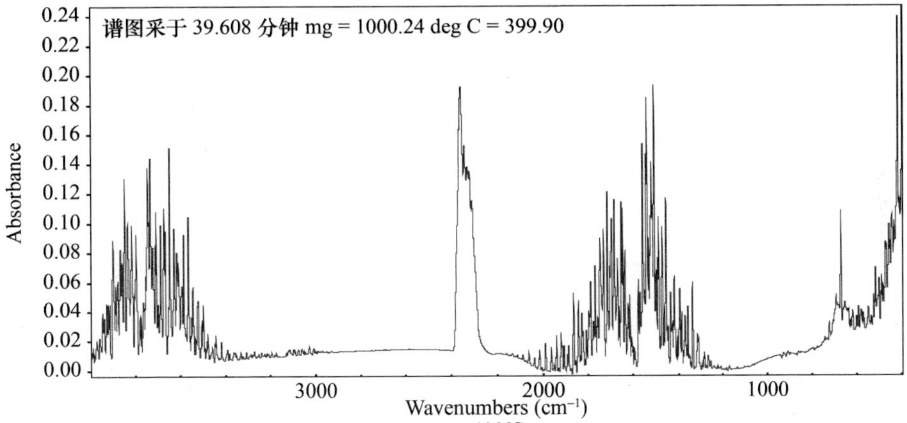

400℃

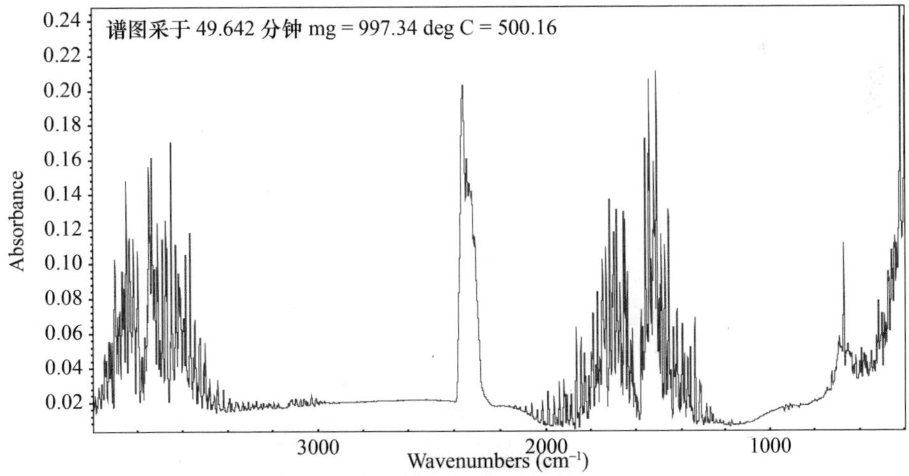

500℃

图 5-47　添加菲的生料在不同温度下的红外谱图

与菲的标准谱图对比，在 146℃时观察不到菲的特征峰，有 H_2O 和 CO_2 的吸收峰。前面研究表明，菲在污染土中大量挥发是在约 308℃，图 5-47 显示，在 308℃左右有微弱的菲的吸收峰（3150～3000cm^{-1}和 750～700cm^{-1}），同时随着温度的升高，H_2O 和 CO_2 的特征峰强度明显增高，推测此温度段菲发生了氧化分解，其挥发量少；600℃之后出现 CO_2 峰急剧增强的现象，是原料中的无机盐分解所致。

四、高沸点有机物在水泥生料中的挥发情况

（一）添加多菌灵后的热重曲线

添加多菌灵后水泥生料的热重曲线见图 5-48。

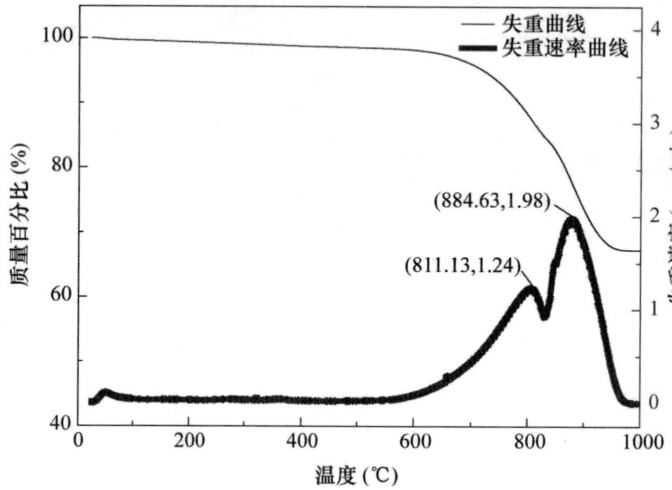

图 5-48　添加多菌灵后水泥生料的热重曲线

从图 5-48 热重曲线看，样品在 1000℃的失重量为 32.67%，600℃之前质量损失非常少，失重量约为 1.50%。污染物质多菌灵的升华和分解从曲线上基本反映不出来。

（二）添加多菌灵后的红外谱图

（1）添加多菌灵后的三维红外谱图

添加多菌灵后的三维红外谱图见图 5-49。

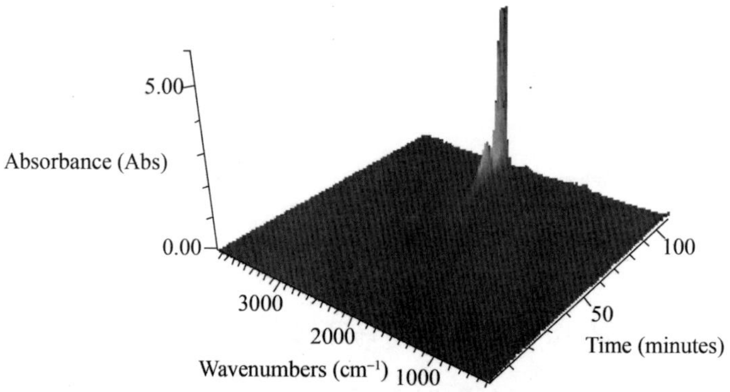

图 5-49　添加多菌灵后的三维红外谱图

（2）添加多菌灵后不同温度下的红外谱图

添加多菌灵后，不同温度下的红外谱图见图 5-50。

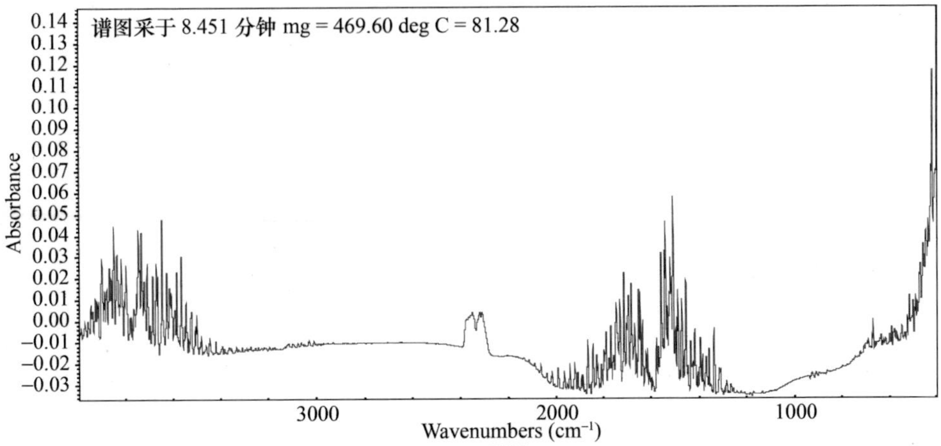

79℃

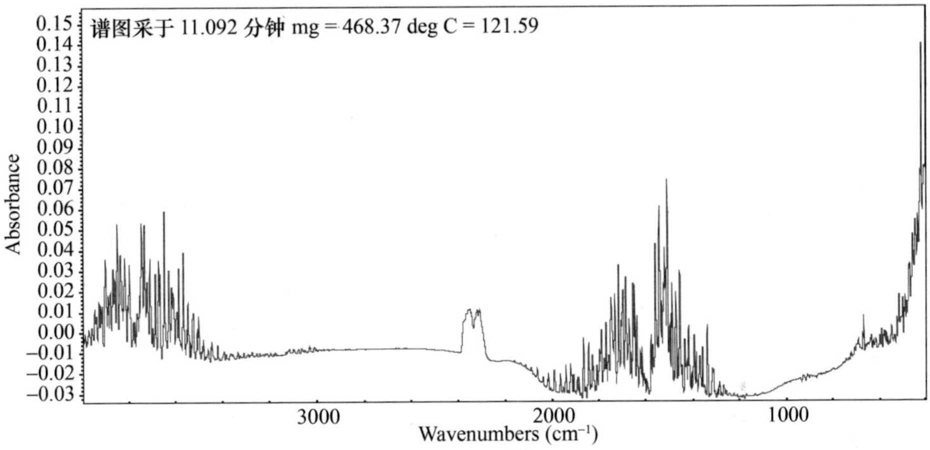

120℃

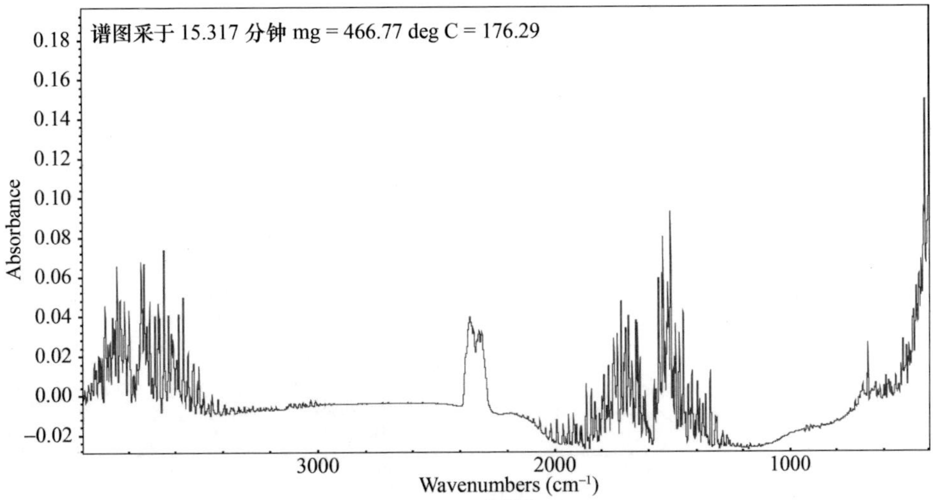

177℃

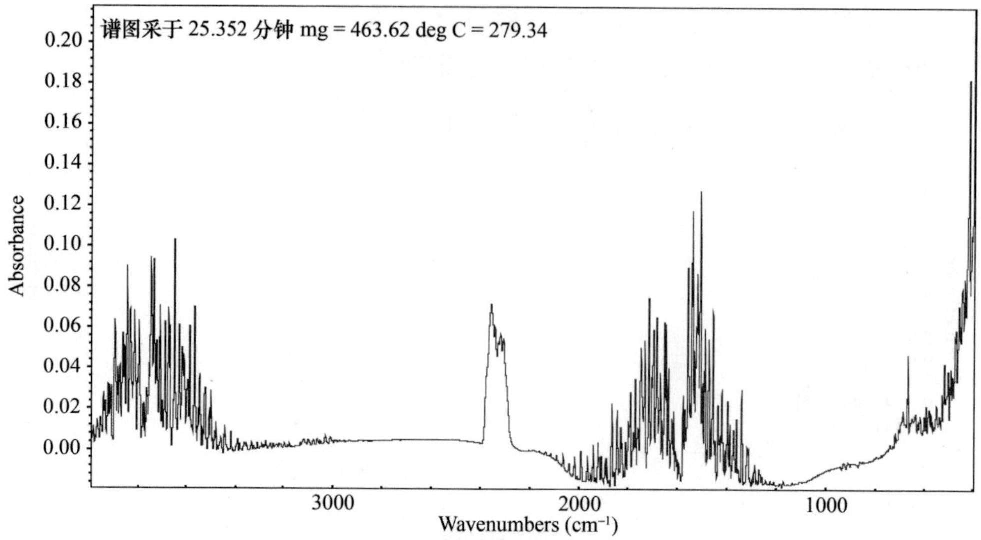
谱图采于 25.352 分钟 mg = 463.62 deg C = 279.34
Absorbance
0.20
0.18
0.16
0.14
0.12
0.10
0.08
0.06
0.04
0.02
0.00
3000
2000
1000
Wavenumbers (cm⁻¹)

277℃

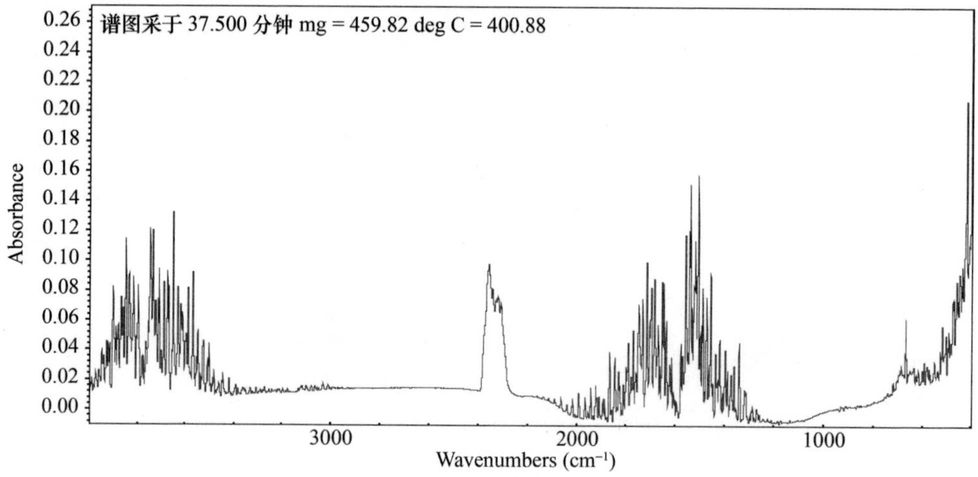
谱图采于 37.500 分钟 mg = 459.82 deg C = 400.88
Absorbance
0.26
0.24
0.22
0.20
0.18
0.16
0.14
0.12
0.10
0.08
0.06
0.04
0.02
0.00
3000
2000
1000
Wavenumbers (cm⁻¹)

400℃

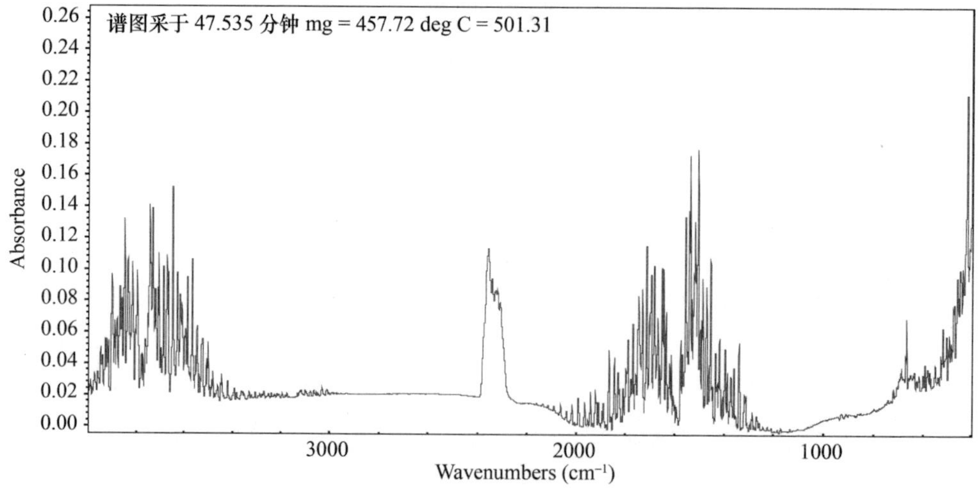
谱图采于 47.535 分钟 mg = 457.72 deg C = 501.31
Absorbance
0.26
0.24
0.22
0.20
0.18
0.16
0.14
0.12
0.10
0.08
0.06
0.04
0.02
0.00
3000
2000
1000
Wavenumbers (cm⁻¹)

500℃

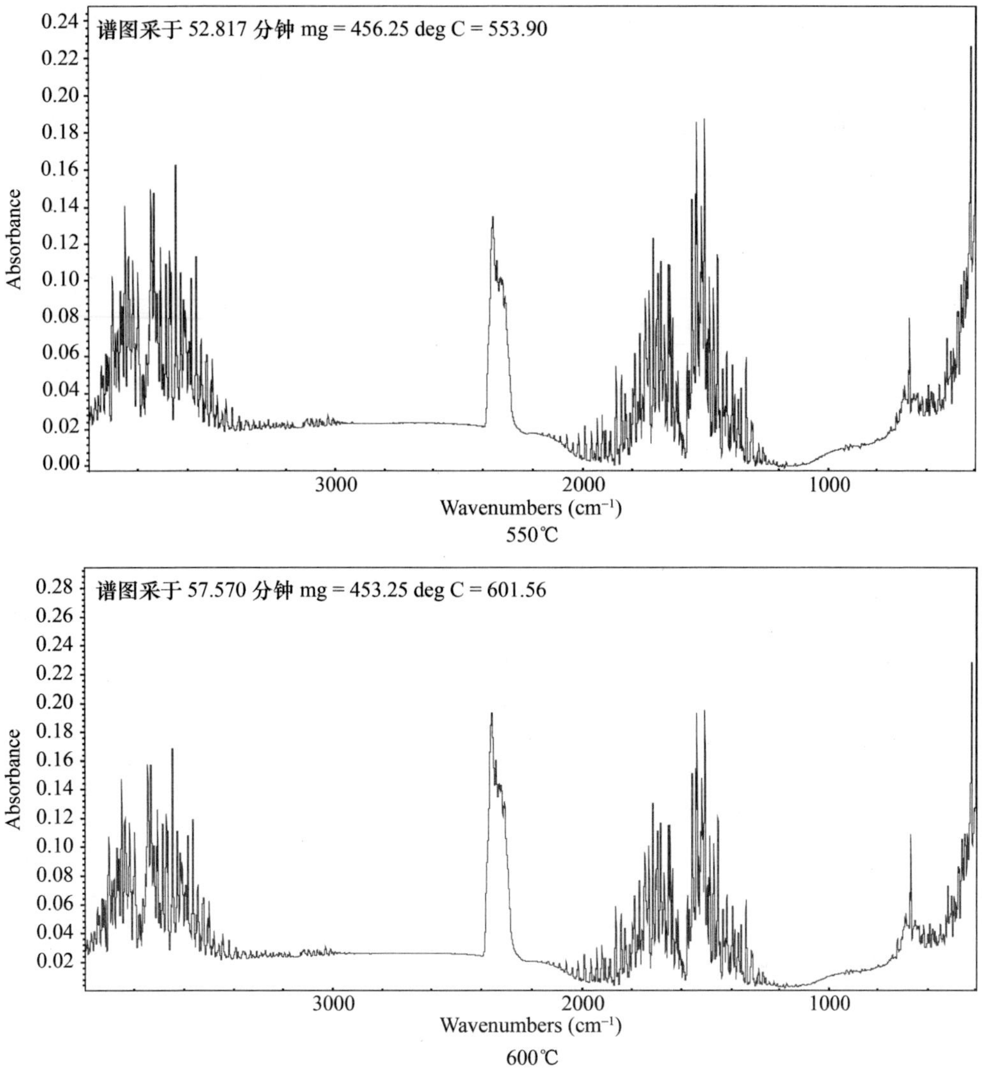

图 5-50　添加多菌灵的生料在不同温度下的红外谱图

与多菌灵在各温度的红外谱图比较，79℃和 177℃附近有 H_2O 和 CO_2 的特征峰，并且随着温度的升高，二者的峰强都有所增加，此时主要是原料中水分的挥发造成；此后随着温度的升高，H_2O 和 CO_2 的特征峰强度明显增强，此温度段多菌灵出现氧化分解。

五、水泥生料外加污染物煅烧后有机物残留量分析

（一）有机物添加

为了排除样品中微量污染物的波动及不均匀性，在水泥生料中人为添加了芘、芴、菲、甲苯四种物质，浓度各为生料质量的 0.37%。

（二）灼烧后有机物残留检测

将添加了有机物的生料分别在300℃和600℃煅烧，采用GC-MS测定四种物质的残留量，测试结果见表5-8。

表5-8 灼烧后有机物残留测定结果（mg/kg）

名称	甲苯	多环芳烃		
		芘	芴	菲
300℃	220	—	59.3	630
600℃	—	—	—	20.2

300℃煅烧后，芘基本没有残留。600℃煅烧后，除菲还有一些残留外，其余三种污染物残留量均在检出限以下。在前面的红外光谱的实时监测中，没有观察到芘、芴、菲明显的特征峰，但出现H_2O和CO_2的特征峰，说明多环芳烃类半挥发性有机物在低温段煅烧可能会发生氧化分解反应；而甲苯、环己烷等能检测到红外的特征峰，表明甲苯这类低沸点、易挥发的有机物在低温段挥发的物质仍是其本身分子。

（三）灼烧烟气残留检测

（1）物料成分

配制100g水泥生料，人为添加芴、菲、芘三种有机物，分别为污染土质量的100×10^{-6}。配制的生料组成成分见表5-9。

表5-9 配制的生料组成成分（g）

成分	石灰石	砂岩	钢渣	煤灰分	污染土	菲	芴	芘
质量	76.598	1.948	9.054	2.902	9.5001	0.0011	0.0010	0.0010

（2）试验条件

将用污染土配制的水泥生料放置在静态试验装置中，升温到330℃后，挥发的烟气有两种收集方式，一种是采用化学纯试剂配制生料粉作为吸附剂，另一种是直接收集。采用气相色谱-质谱联用仪检测产生的废气及残余固体中的有机物的含量，比较生料对烟气中有机物的吸附作用。

采用化学纯试剂配制的生料粉吸附剂配比见表5-10。

表5-10 生料粉吸附剂配比

主要成分	实际水泥生料比率（%）	各组分比率（%）	各组分质量（g）
SiO_2	20.44	21.59	21.5946
Al_2O_3	4.63	4.89	4.8864
CaO	66.81	70.58	70.5826
MgO	2.78	2.94	2.9420

实际水泥生产中，生料粉磨阶段的温度一般为200℃左右，最高约为330℃，因

此，测定生料在330℃煅烧时的燃烧废气及残余固体含量，评价有机物在生料粉磨段的挥发特性和生料吸附剂的作用，测定结果见表5-11。

表5-11　生料吸附对有机物挥发的影响

名称	水泥生料（mg/kg）	残余固体（mg/kg）	吸附剂（mg/kg）	吸附烟气（mg/m³）		未吸附烟气（mg/m³）	
				样品1	样品2	样品1	样品2
萘	0.013	0.017	0.372			2.09	—
苊烯	0.489	—	—			—	—
苊	7.55	0.102	0.411			—	—
芴	3.39	0.061	0.125			—	—
菲	5.66	0.018	0.066			—	—
蒽	0.639	—	—			—	—
荧蒽	2.86	—	—			—	—
芘	1.55	—	—			—	—
苯并（a）蒽	1.37	—	—			1.03	1.62
屈	0.625	—	—			—	1.58
苯并（k）荧蒽	0.419	—	—			3.40	4.07
苯并（b）荧蒽	0.766	—	—			2.76	3.36
苯并（a）芘	0.657	—	—			3.07	4.05
苯并（g，h，i）芘	0.586	—	—			2.19	3.08
二苯并（a，h）蒽	0.078	—	—			1.56	—
茚并（1，2，3-cd）芘	0.057	—	—			1.18	—

经过330℃煅烧后，残余固体中除还含有添加的少量的萘、苊、芴和菲外，其余均未检出。未经生料粉吸附的尾气中，除未检测到苊烯、苊、芴、菲、蒽、荧蒽、芘7项，其余几项均有不同程度的存在。但经生料粉吸附的尾气中，气体在出口经过吸附剂后，排出的气体中基本检测不到有机污染物。

综合以上两种气体取样条件下的检测结果，可以认为：含有有机污染物的土壤，在协同处置过程中，生料磨的出口气体如果经过生料、粉尘等的吸附后，有机物的含量将降低到检测值以下，而且有机挥发物之间的化学反应也将被大大抑制。据此推测，在工厂生产中，排放气体中含有的有机物经过出口集气袋及粉尘的吸附后，浓度将会极大降低，即：生料粉对有机物有显著的吸附作用。

第六章　水泥窑处置污染土壤案例分析

第一节　重金属污染土壤处置

一、背景简介

处置地点位于云南省昆明市的东骏水泥厂。东骏水泥厂属于世界500强之一的法国拉法基集团拉法基瑞安水泥有限公司。拉法基集团于1833年成立，其水泥、骨料与混凝土生产均居世界领先地位，截止到2010年年底，年销售额达162亿欧元，在78个国家拥有76000名员工。2010年，拉法基在“碳披露项目”（碳信息披露领袖企业指数）中名列第六，并因其在可持续发展方面的多项举措入选全球“道-琼斯可持续性指数”。拉法基拥有世界领先的建材研究机构，将创新作为重中之重，致力于对可持续建筑和建筑创新的研究。

拉法基瑞安水泥有限公司（下称“拉法基瑞安水泥”）成立于2005年11月，由世界建筑行业的领军企业拉法基集团与香港瑞安建业有限公司共同组建。总部位于北京，下设重庆、四川、贵州和云南四个分公司，云南昆明的东骏水泥厂就是其中之一。

昆明东骏水泥厂坐落在距昆明市以东25千米的官渡区大板桥镇康朗村，占地440亩，紧临贵昆铁路、金浑公路、昆明东三环、昆曲高速、320国道。现有一条日产4000t熟料的新型干法水泥生产线，是目前西南地区单条线生产能力最大的水泥生产线，现共有职工330多人。年产熟料124万t，年产高强度等级水泥148万t，主要产品有“石林”牌硅酸盐水泥、普通硅酸盐水泥（P·O 52.5、P·O 42.5、P·O 32.5）、矿渣硅酸盐水泥（P·S 42.5、P·S 32.5）、道路硅酸盐水泥、中低热硅酸盐水泥、矿渣超细粉等。项目于2003年4月开工建设，2005年6月建成投入试生产，生产线采用了先进的新型干法窑技术和成熟、可靠的装备，从德国、丹麦、瑞士、法国等国家引进了原料磨、篦冷机、水泥磨、矿渣磨、混合搅拌机、X射线荧光分析仪、窑胴体测温仪等关键设备，采用了先进的分布式控制系统在中控室集中操作，从石灰石进厂到水泥包装都实现了自动控制。

二、污染土壤来源及特性

东骏水泥厂接纳的污染土壤主要是经过当地环保局确认的、昆明周边的砷污染土壤。接收的污染土壤放置在矿石堆放场，经筛分、破碎后进入生料配料系统。部分批次的污染土壤测定指标见表 6-1。

表 6-1　部分批次污染土壤的 X 射线荧光分析结果（%）

指标	SiO_2	Al_2O_3	Fe_2O_3	CaO	MgO	K_2O	As_2O_3	其他	烧失量
样品 1	59.52	19.40	5.85	1.87	0.63	2.62	0.007	10.04	6.35
样品 2	55.96	18.75	5.92	1.69	0.51	0.09	0.010	16.99	6.08
样品 3	52.81	19.62	5.74	1.38	0.24	1.51	0.003	18.67	6.01

土壤中的硅含量在 50%～60%之间时，烧失量一般在 6%～7%；硅含量在 60%～70%之间时，烧失量一般在 5%以下。从表 6-1 可以看出：污染土壤的烧失量满足常规数值，推测污染土壤中有机物的含量不高。进场土壤中砷含量较高，波动范围在 1100～9900mg/kg 之间，远远超过了《水泥窑协同处置固体废物技术规范》（GB 30760—2014）中 As 为 28mg/kg 的限值。

三、污染土壤处置工艺选择

由于生料中有害元素仅含有砷，因此直接进入生料配料系统。采用装载机添加的方式，粗放计量，并未增加新的装置。

四、污染土壤处置过程

（一）确认程序

污染土壤挖掘后运至水泥厂，经过接收确认程序。确认程序见图 6-1。

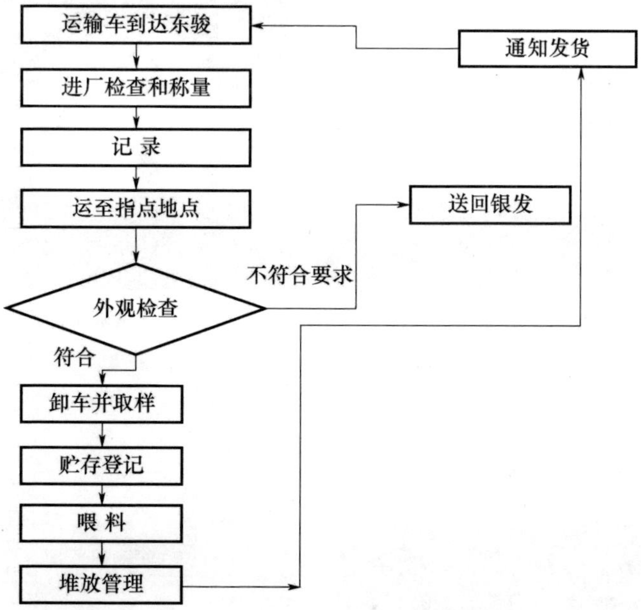

图 6-1　污染土壤确认程序

（二）工艺流程

经过确认的污染土壤进入协同处置生产线。协同处置的工艺流程见图 6-2。

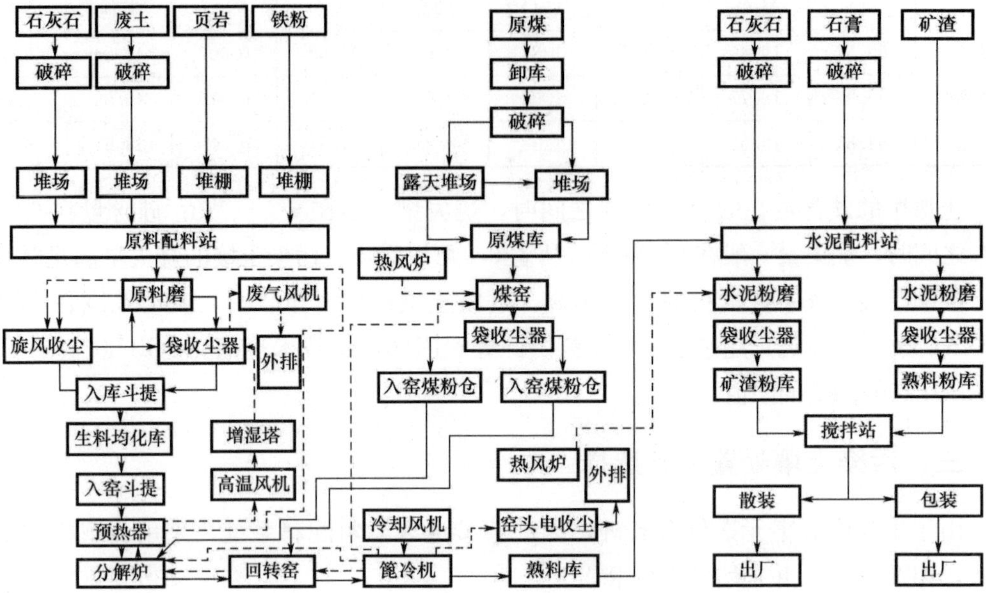

图 6-2　协同处置工艺流程

（三）现场照片

污染土壤处置过程的现场照片见图 6-3。

污染场地现场

土壤采样测试

矿山及石灰石输送

原料堆场

污染土壤堆放

生料均化库

污染土壤布料

水泥厂俯瞰

图 6-3　处置过程现场照片

（四）处置规程

（1）进场登记：装运污染土壤的汽车要全密封，防止泄漏。承运司机首先要对污染废土壤进厂运输车车牌号、质量、进场时间、离场时间等进行记录，包括：进、出厂进行登记：注明时间、车牌号、供货商及物资名称等信息，工厂门卫也要检查运输污染土壤的汽车是否挂有根据全球危废协会规定的安全标识。

（2）厂内运输：驾驶员将废土壤运输到门卫处，通过检查，工厂门卫负责提醒驾驶员进入指定运输路线。

（3）过磅检验：车辆进厂后，地磅工作人员核对所送物资与订货单是否相符、送货单交承运司机。同时工厂的地磅操作员需要在卸车前检查物资外观是否异常，水分是否符合标准，粒度是否符合合同要求，有无异物等；经确认无误后方可卸车。

（4）过磅记录：车辆出厂时，地磅根据原材料验收人员、质量人员、司机等已签字的《收货通知单》进行皮重计量，否则不予放行。二次过磅完成后打印正式《过磅单》并签字。

（5）清洁：工作人员需谨慎运输废土壤，防止废土壤洒落。安全地把废土壤运送到储存区，卸载时也要按照规定执行。

（6）卸车检验：在卸车后经装载车司机协助，检查物资中有无异物；工厂的质量部门负责人要对废土壤进行全面检查，确保银发公司运来的废土壤符合合同规定的要求，方可卸车。如果不符合要求，可以开列不符合项报告给银发公司，东骏工厂有权对不符合要求的废土壤拒绝接收。

（7）取样：运输废土壤的驾驶员要配合工厂质量人员取样，并按规定保留相关样品；取样完成后，由验收人员、质量取样员、运输司机在签收记录上签字确认（取样详见单独的取样程序文件）。

（8）物料贮存记录：完成签收记录后，验收人员在《收货通知单》上签字；负责通知门卫对进厂废土壤车辆进行调度和安排。地磅工作人员要保证更新废土壤的收货报表。工厂的质量和生产工程师负责对已经处置的和已储存的废土壤的库存表定期更新。

（9）交接班制度：除了须满足工厂原有的生产管理程序和交接班管理制度外，还要满足污染废土壤取样人员的交接，即：上下班交接人员应在现场进行实物交接；交接班程序未能顺利完成时，应及时向生产管理负责人报告，交接班人员应对废土壤及接收记录核实确定后签字确认，库房储存操作管理员负责废旧土壤储存区域的整洁整理。工厂质量和生产部门要根据工厂的生产情况负责协调银发公司对废土壤的运输制定详细时间安排。

（10）汇报：如果发现废土壤处置中有泄漏现象，必须马上制止不安全行为，并且汇报给工厂的相关部门。

（五）安全管理

（1）在工厂的实验室和污染土壤的堆放场地张贴安全警示牌，以及含砷物质的物质安全资料表。

（2）PPE 穿戴要求：操作人员须戴护目镜、防毒口罩或面具、防酸碱手套、穿长筒靴、穿全身式工作服、3M 面罩（每立方米的渗透极限值为 0.01mg/m^3）、安全帽、安全鞋、卡车司机反光背心。废土壤工作人员佩戴的 3M 面罩滤芯需要经常更换。

（3）工作完毕，需淋浴洗净身体，换掉工作服。工作中不得饮水、进食和吸烟。皮肤破伤者或哺乳期妇女不得操作。一旦废土壤不小心接触到皮肤或者眼睛，立即用水冲洗干净。

五、污染土壤处置工况

（一）水泥窑工况分析

含砷污染土壤作为替代原料进入水泥窑焚烧，对熟料煅烧系统的影响主要是由于污染土壤的加入导致该系统物料平衡和热平衡的变化以及由污染土壤带入的有害成分对水泥煅烧的影响。含砷污染土壤进入生料配料后，水泥窑工况见图 6-4。

从图 6-4 可以看出：窑电流及分解炉出口温度等主要工艺参数均正常，无较大幅度波动，说明污染土壤作为配料，对预分解系统的影响较小，窑电流、分解炉出口温度以及 C1 出口温度均能保持稳定。

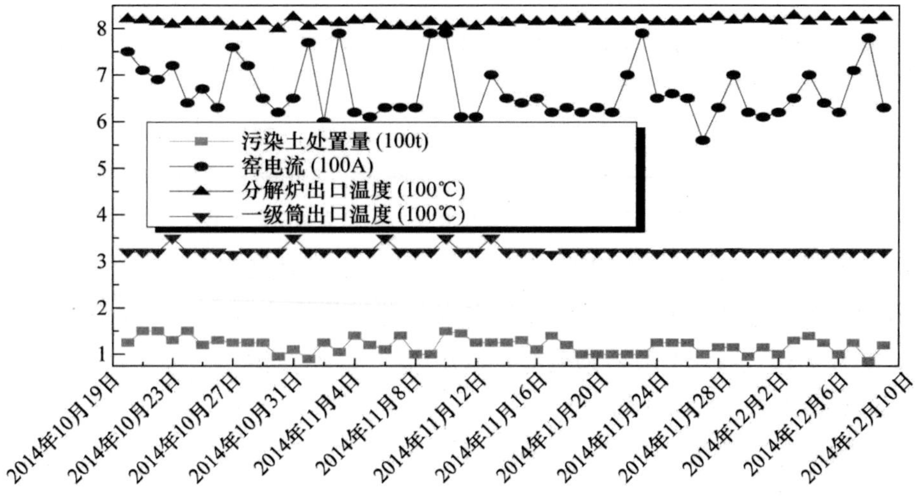

图 6-4　水泥窑工况分析

（二）水泥窑烟气分析

水泥窑排放的废气中主要含有 N_2、CO_2、O_2、H_2O、NO_x、SO_x、CO 以及少量有机化合物。目前 CO_2、NO_x 和气相有机化合物是受环保部门关注的重点。添加污染土壤后，除以上污染物之外，因为处置含砷污染土壤，因此还应关注烟气中重金属 As 的挥发情况。

添加污染土壤后，水泥窑烟气中的污染物实测浓度和排放速率见表 6-2。

表 6-2　水泥窑烟气中的污染物实测浓度和排放速率

项目		TSPs	HCl	HF	SO_2	NO_x	As
实测浓度（mg/m^3）	CK	29	0.20	0.10	16	750	0.01
	污染土壤	30	0.25	1.05	16	766	0.18
排放速率（kg/h）	CK	12.8	0.12	0.09	7.05	330	0.02
	污染土壤	12.9	0.19	0.25	7.04	351	0.072

从表 6-2 可以看出：添加污染土壤后，水泥窑烟气中各项污染物实测浓度和排放速率均略有上升，说明污染土壤中含有一定量的硫、氯等有害元素。在没有添加污染土壤的情况下，水泥窑中也有砷排放，添加污染土壤后，砷的排放浓度和排放速率都有显著增加，但仍符合国家大气排放标准。

（三）水泥熟料分析

（1）热生料特性分析

添加污染土壤后，水泥热生料中有害元素含量的变化情况见表 6-3。

表 6-3　水泥热生料中有害元素变化（%）

项目	K_2O	含氯量	SO_3
CK	1.05	0.28	0.88
污染土壤	1.69	0.47	0.89

从表 6-3 可以看出：入窑热生料中的 S 元素含量无明显变化，而 K、Cl 的含量显著升高，热生料中的氯元素含量增加了 68%，但整个数值仍在导致窑严重结皮（Cl>1.8%，SO_3>2.5%）的限值以下。这是由于分解炉里有大量新生态活性较高的 CaO 和过渡性熟料矿物，可能对有害物质的不良作用产生抑制效应。

（2）熟料常规性能分析

水泥熟料性质及熟料中的 f-CaO 测定结果见表 6-4、图 6-5。

表 6-4　水泥熟料特性检测

项目	抗压强度（MPa）		抗折强度（MPa）		标准稠度需水量（%）	细度（%）	初凝（min）	终凝（min）	比表面积（m^2/kg）
	3d	28d	3d	28d					
CK	28.0	48.2	5.7	7.6	24.2	2.5	135	167	3520
污染土壤	27.8	48.3	5.7	7.4	23.8	2.1	121	165	3480

添加污染土壤后烧制的水泥熟料，其抗压强度、抗折强度、标准稠度需水量、比表面积均有所降低，但差异不显著；但初凝时间和终凝时间有所提前。由于污染土壤中的碱含量较多，因此，水泥熟料强度不如常规水泥，其机理还有待于进一步研究。

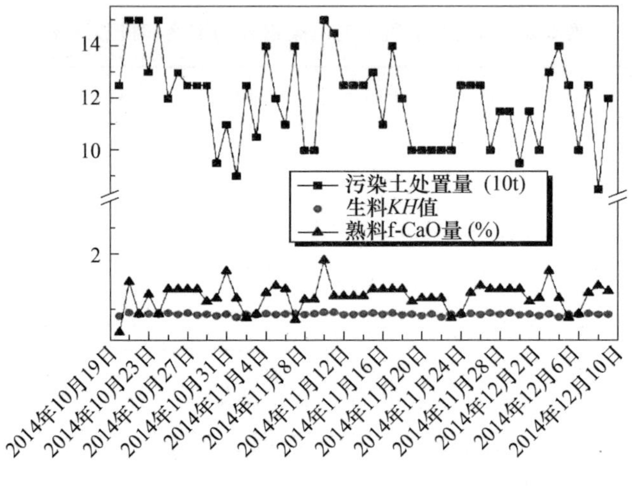

图 6-5　添加污染土壤对水泥熟料中 f-CaO 的影响

添加污染土壤后，水泥熟料中的 f-CaO 含量波动不大，熟料饱和比波动较大。这可能是因为土壤中的 SiO_2 与水泥生料中的硅含量有差异，导致熟料饱和比波动，饱和比波动曲线与污染土壤加入量曲线基本一致。

（3）熟料重金属含量分析

添加污染土壤后，水泥生料、熟料及水泥产品中的重金属总量及浸出浓度见表 6-5。

表 6-5　东骏水泥厂生料、熟料及水泥中重金属测定结果

名称	As 总量（mg/kg）	As 浸出（mg/L）
生料	32.2	0.3
熟料	40.6	—
水泥	39.58	—

进窑 As（32.2mg/kg）的总量超过了《水泥窑协同处置固体废物技术规范》（GB 30760—2014）中 28mg/kg 的限值。经过水泥窑中的煅烧，熟料中各种重金属的含量普遍要高于原生料，这一方面是因为重金属在水泥窑工作条件下，挥发现象均不明显；另一方面还由于工业水泥窑体系中收集的窑灰均进行回用，形成某些重金属的循环，通过尾气排到体系外的重金属占总量的比率很少。这也从一个侧面说明了重金属在煅烧过程中的挥发量确实是很低的。熟料粉磨成水泥的过程中，只不过添加了少量石膏和粉煤灰，因此，水泥中的各种重金属总量与熟料基本一致，相对偏差均不大，结果出现偏差是合理的。

生料中重金属 As 的浸出量为 0.3mg/kg，经过水泥窑中的煅烧，熟料中 As 的浸出量低于检测限。尽管生料和熟料中的重金属总量均较高，超过了《水泥窑协同处置固体废物技术规范》（GB 30760—2014）中的限值，但重金属的浸出均符合要求，重金属实现了固化稳定化。

第二节　多环芳烃-重金属复合污染土壤处置

一、背景简介

处置地点位于北京市昌平区的北京水泥厂。北京水泥厂由北京金隅集团有限责任公司与中国信达资产管理公司共同控股设立，是北京金隅集团新型建材制造业重点企业，成立于 1992 年。拥有 2 条 3000t/d 及 2000t/d 的硅酸盐水泥熟料生产线和配套的水泥粉磨车间，年产普通硅酸盐水泥熟料 180 万 t，年产水泥 200 万 t。为保证工业废弃物的稳定处置，公司已逐步发展成为危险废弃物无害化处置、固废利用等领域实践循环经济的典范。2005 年，北京水泥厂被国家发展改革委等六部委确立为全国第一批循环经济试点单位；2006 年北京水泥厂建成了全国首条处置城市工业废弃物的环保示范线，年可处置和综合利用工业废弃物能力达 10 万 t，被列为国家火炬计划项目之一；2007 年 6 月，北京市发展改革委、北京市环保局通过了公司清洁生产审核阶段性验收；2010 年 6 月被北京市应对气候变化及节能减排工作领导小组、北京市发展改革委等五部门评为“北京市节能减排先进集体”；2010 年 12 月被工业和信息化部、财政部、科技部确定为全国第一批“资源节约型和环境友好型试点企业”；2011年年底通过了清洁生产审核复评。2012年10月通过了“GB/T 23331能源管理体系”认证；2012年10月被国家发展改革委授予“全国循环经济工作先进单位”荣誉称号。现在的北京水泥厂已成为水泥产业与环保产业发展齐头并进的大型企业。该协作单位为本课题工程示范提供强有力的硬件支撑和资金保障。

二、污染土壤来源及特性

北京水泥厂接纳的污染土壤来源包括：首钢焦化车间的污染土壤、顺义某采矿区的污染土壤以及北京某农药厂的污染土壤等3～5种。几种污染土壤均送至污染土壤大棚，经过混合、筛分、破碎后进入烘干热解析系统。因此，北京水泥厂的污染土壤是有机物及重金属混合的污染土壤。部分批次的污染土壤测定指标见表6-6。

表6-6　部分批次污染土壤的X射线荧光分析结果（%）

指标	SiO_2	Al_2O_3	Fe_2O_3	CaO	MgO	Na_2O	其他	烧失量
样品1	55.33	14.78	4.59	6.14	2.60	1.32	15.24	12.69
样品2	53.26	16.54	4.35	6.22	2.41	1.60	15.62	13.57
样品3	54.89	15.43	3.67	5.98	2.08	1.39	16.56	13.15

土壤中的硅含量在50%～60%之间时，烧失量一般在6%～7%；硅含量在60%～70%之间时，烧失量一般在5%以下。从表6-6可以看出：污染土壤的烧失量较高，推测污染土壤中含有较多的有机物。

污染土壤中的有机物成分与重金属总量的测定结果见表6-7。

表6-7　污染土壤中有机物及重金属浸出浓度检测结果（mg/kg）

	萘	苊	二氢苊	芴	菲	蒽	荧蒽	芘	苯并［a］蒽	屈	Pb	Zn
名称	11.12	3.85	23.9	52.3	20.6	11.01	15.5	8.94	7.04	5.12	18.1	6.5

该土壤中含有多环芳烃类的有机污染物。

三、污染土壤处置工艺选择

（一）备选方案

北京水泥厂拟采用的利用水泥窑协同处置污染土壤的可行性工艺路线主要有以下三种方案：

（1）方案一：利用回转热解析器处置污染土壤方案

该方案是利用水泥窑系统的三次风作为热解析的热源，并在回转窑的一侧布置一台热解析器，将三次风通入热解析器作为污染土壤热脱附的热源。方案一工艺图见图6-6。

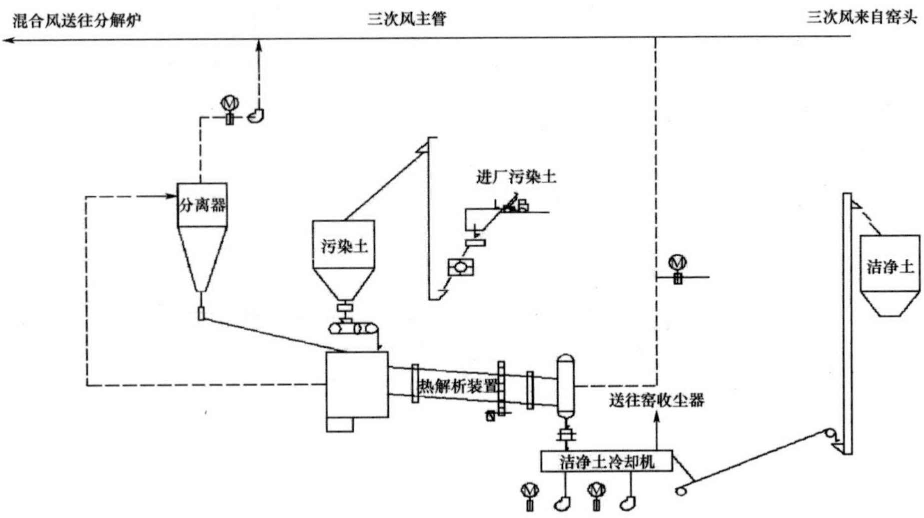

图 6-6 方案一工艺图

污染土壤经破碎后送入缓冲仓，经仓下定量给料机计量后，送入具有一定斜度的回转热解析器内。回转热解析器内部设有扬料板，使污染土壤能不断扬起并向出料端运动。从三次风管引出 10%～30%的三次风，送入回转热解析器的出料端并进入回转热解析器的内部，与污染土壤进行逆流换热。

该方案的优点是利用了回转窑系统的三次风，整个系统工艺流程简单，布置方便，操作控制较为简单，投资较低。虽然提高了一些热耗，但由于是在分解炉内适当补一点燃料，避免了传统热脱附工艺能耗很高的缺点（燃料一般为天然气、液化气等）。

该方案的缺点是处置量受限于窑系统三次风的抽取量。由于处置污染土壤的前提是不能对烧成系统造成较大影响，因此处置量较低。以北京水泥厂 1 条 2500t/d 生产线为例，当污染土壤初始水分含量为 15%，抽取 20%的三次风时，污染土壤处置量约为 5t/h。

（2）方案二：利用立式磨热解析处置污染土壤方案

该方案是利用立式粉磨系统，采用篦冷机余风排出的废气作为脱除水分及热解析的热源，同时还可利用粉磨过程对物理脱附的强化作用促进解析过程的进行。粉磨后的污染土壤成为料粉，粒度显著降低，更有利于水泥窑的协同处置以及提高污染土壤处置量。方案二工艺图见图 6-7。

进厂污染土壤经破碎后送入污染土壤缓冲仓，经仓下定量给料机按一定喂料量准确计量后，送入立式磨机内。从篦冷机余风排出的管道抽取废气送入立式磨机内作为污染土壤烘干机热脱附的热源。污染土壤在立磨磨盘和磨辊的碾压下，粒度逐步变小，小于一定粒径的污染土壤随气体携带、悬浮并经立磨顶部的选粉机进行分选后，合格的粉磨成品随气体进入高效率旋风分离器，收集下来的污染土壤料粉作为成品送入一个缓冲仓内，然后通过气力或机械输送至原料配料工段或水泥窑的分解炉内。出分离器的气体送入篦冷机热端鼓入烧成系统，进一步处置气体中的污染物。

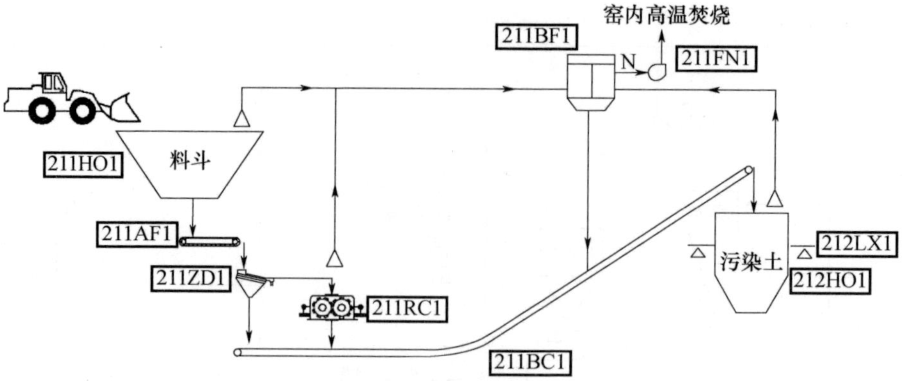

图 6-7　方案二工艺图

该方案的优点是利用水泥行业成熟的立式磨机，针对污染土壤的特性对设备进行优化，可以大量利用篦冷机余风排出的余热，用于污染土壤水分的烘干及污染土壤热解析。由于立式磨机的烘干粉磨能力强，因此可以提高污染土壤的处置量，利于该项技术的产业化。以北京水泥厂 1 条 2500t/d 生产线为例，当污染土壤初始水分含量为 15%，利用篦冷机余风排出热量的 60%～90%时，污染土壤处置量可以达到 20t/h。此外，由于抽取的篦冷机余风是自然空气，因此可以送回篦冷机的热端作为冷却空气送入烧成系统，对污染土壤热解析出的含各种污染物的气体进行安全处置。

该方案的缺点是流程和生产操作相对复杂，出立磨经分离器进行料气分离后的气体中含有少量粉尘，有对篦冷机设备磨损以及污染土壤粉尘影响熟料质量的可能性。根据咨询专家意见以及调研分析，污染土壤粉尘对篦冷机的设备磨损及运行影响很小。此外，在实验室进行了熟料中掺入经过 400℃、600℃、800℃焙烧的比率分别为 2%和 4%的污染土壤后的熟料理化性能测试，结果表明对熟料性能影响较小。

(3) 方案三：利用风扫球磨机热解析处置污染土壤方案

该方案是利用风扫球磨机粉磨系统，同方案二，采用篦冷机余风排出的废气作为脱除水分及热解析的热源，同时还可利用粉磨过程对物理脱附的强化作用促进解析过程的进行。粉磨后的污染土壤成为料粉，细度显著降低，更有利于水泥窑的协同处置以及提高污染土壤处置量。方案三工艺图见图 6-8。

进厂污染土壤经破碎后送入污染土壤缓冲仓，经仓下定量给料机按一定喂料量准确计量后，送入风扫磨机内。从篦冷机余风排出的管道抽取废气送入风扫磨机内作为污染土壤烘干机热脱附的热源。污染土壤在烘干仓扬料勺的带动下，被反复抛起、落下并与入磨热气体反复进行热交换，以尽快烘出污染土壤内的水分，利于粉磨仓的研磨。污染土壤进入粉磨仓后，在研磨体和衬板的反复作用下，粒度逐步变小，小于一定粒径的污染土壤被气体携带、悬浮并经动态选粉机进行分选后，合格的粉磨成品随气体进入高效率旋风分离器，收集下来的污染土壤料粉作为成品送入一个缓冲仓内，然后通过气力或机械输送至原料配料工段或水泥窑的分解炉内。出分离器的气体送入篦冷机热端鼓入烧成系统，进一步处置气体中的污染物。

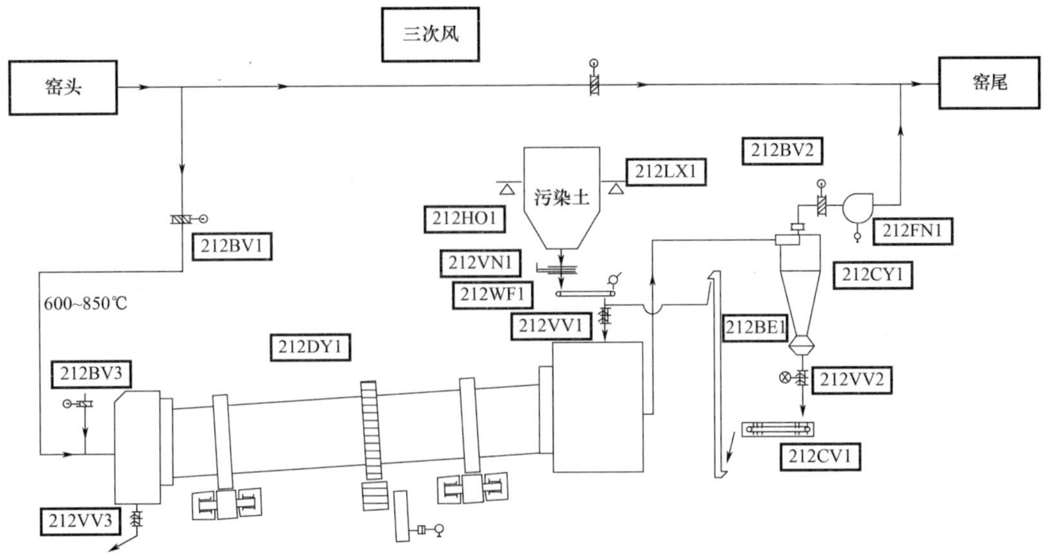

图 6-8　方案三工艺图

该方案的优点是利用水泥行业成熟的风扫球磨机，针对污染土壤的特性对设备进行优化，可以较大量利用篦冷机余风排出的余热，用于污染土壤水分的烘干及污染土壤热解析。风扫磨的烘干粉磨能力高于普通的球磨机，但低于立式磨机的烘干粉磨能力，因此污染土壤的处置量高于方案一而低于方案二。以北京水泥厂 1 条 2500t/d 生产线为例，当污染土壤初始水分含量为 15%，利用篦冷机余风排出热量的 30%～45% 时，污染土壤处置量可以达到 10t/h。此外，由于抽取的篦冷机余风是自然空气，因此可以送回篦冷机的热端作为冷却空气送入烧成系统，对污染土壤热解析出的含各种污染物的气体进行安全处置。

（二）方案比较

三种方案的优缺点比较见表 6-8。

表 6-8　三种工艺方案的优缺点比较

项目	回转器	立式磨	风扫球磨机
投资	中	大	小
污染土壤处置量	5t/h	20t/h	10t/h（可满足需要）
取风温度	900℃	220℃（冷却机出口）	360℃
取风量	20%的三次风	篦冷机余风排出热量的 60%～90%	窑尾余热（余热锅炉进口）热风热量的 30%～45%
对窑系统影响	大	小	小
性价比	中	低	高

根据处置量、工艺布置、工艺流程、投资多少、取风量、对熟料生产影响等多种因素考虑，性价比最高的为方案三。

（三）工艺确定

确定的污染土壤处置工艺见图 6-9。

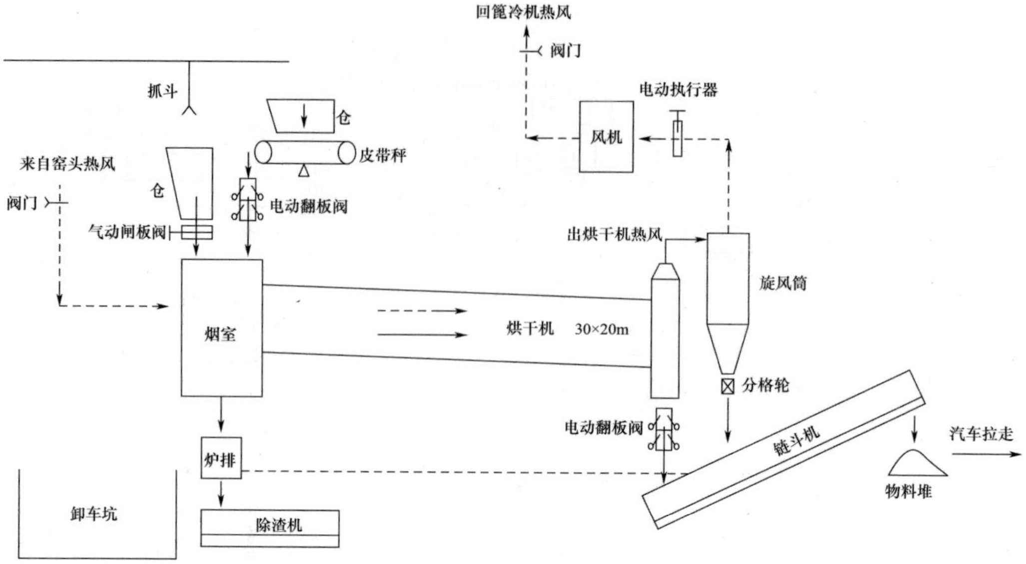

图 6-9 污染土壤处置工艺

采用顺流式回转烘干工艺对土壤中的有机物进行热解析处置，热解析之后的污染土壤再进入配料系统。利用环境空气燃烧废弃物作为烘干机热源，将热解析污染土壤的废气经旋风收尘后通入两线篦冷机，再进入窑内彻底焚烧，经窑尾大布袋除尘器、窑尾烟囱排入大气。经过烘干的污染土壤大颗粒经一条出土壤拉链机输送到指定棚内，经环境冷却后运送至砂岩堆棚用于部分原料替代；随系统废气带出的污染土壤细粉经一个旋风收尘器收集后输送到相同棚内，废气则通入两线篦冷机彻底处理。

四、污染土壤协同处置设施建设

（一）建设内容

主要建设内容分为土壤建施工和设备安装施工两部分。

（1）土壤建施工：利用公司熟料堆棚东侧空地，建设物料储坑、烘干线等建筑，占地约为 300m^2。包括污染土壤储坑、出土壤拉链机地坑及烘干机基础等。土壤建施工自 2014 年 8 月初开始启动，首先对施工现场的位置进行了测量，确定具体开挖位置，之后开始进行两个物料储坑、地坑的挖掘工作及烘干机基础的施工，两个物料储坑同步进行坑底防渗工作。2014 年 11 月初完成所有土壤建工程的施工。

（2）设备安装施工：包括烘干线的电气和设备安装，以及非标设备的现场制作和安装，钢结构的制作和安装等。主机设备于 2014 年 9 月初全部到厂并进行了校验。设备安装工程于 2014 年 10 月正式开始，于 2014 年 12 月结束，具备试运行条件。2015

年年初进行了设备的调试工作和试运行。机电设备均按要求及标准安装就位调试正常，试运行良好。

（3）投资概算

项目投资概算见表 6-9。

表 6-9　项目投资概算结算汇总（元）

项目名称	原概算额	实际结算额	实际结算额与概算差额	±%
项目总投资	4211300	4213652	2352	0.05
机械设备				
电子设备				
土壤建及设备安装	3899900	3954652	54752	1.4
其他费用	311400	259000	—52400	—1.35

（二）现场照片

污染土壤处置过程的现场照片见图 6-10。

污染土壤大棚

大棚内筛分设备

烘干机

输送机

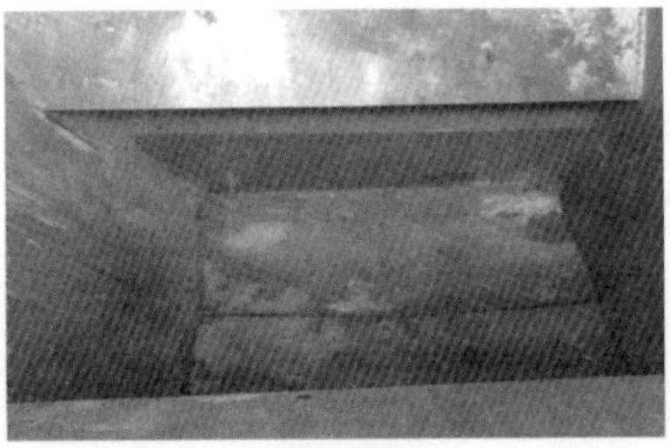

下料翻板

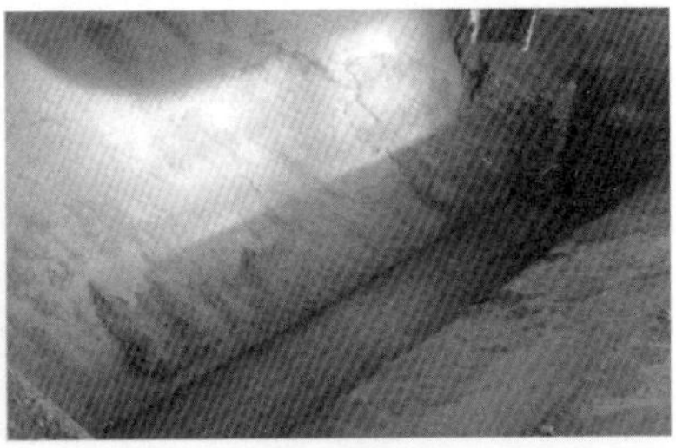

皮带秤

图 6-10　污染土壤处置过程的现场照片

五、污染土壤处置工况

（一）水泥窑工况分析

热解析后的污染土壤作为替代原料进入水泥窑焚烧，对熟料煅烧系统的影响主要是由于污染土壤的加入导致该系统物料平衡和热平衡的变化以及由污染土壤带入的有害成分对水泥煅烧的影响。污染土壤经过热解析进入生料配料后，水泥窑工况见图 6-11。

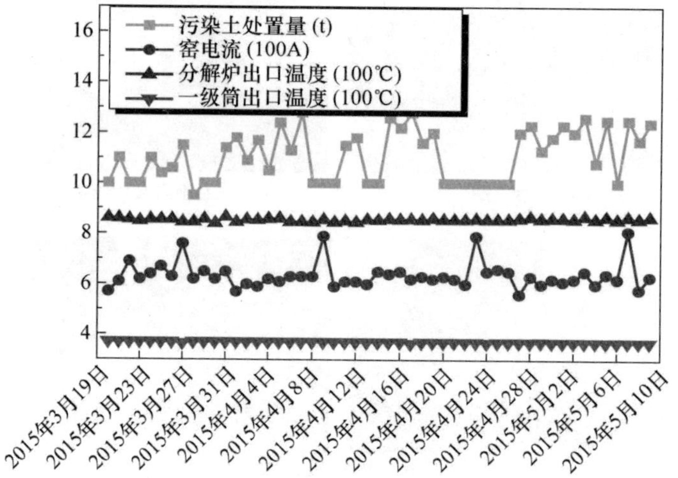

图 6-11　水泥窑工况分析

窑电流及分解炉出口温度等主要工艺参数均正常，无较大幅度的波动，说明污染土壤作为配料，对预分解系统的影响较小，窑电流、分解炉出口温度以及 C1 出口温度均能保持稳定。

（二）水泥窑烟气分析

水泥窑排放的废气中主要有 N_2、CO_2、O_2、H_2O、NO_x、SO_x、CO 以及少量有机化合物。目前 CO_2、NO_x 和气相有机化合物是受环保关注的重点。添加污染土壤后，除以上污染物之外，还应关注 Pb、Zn 等重金属。

添加污染土壤后，水泥窑烟气中的污染物实测浓度和排放速率见表 6-10。

表 6-10　水泥窑烟气中的污染物实测浓度和排放速率

项目		TSPs	HCl	HF	SO_2	NO_x	Pb	Zn
实测浓度（mg/m^3）	CK	4.3	0.25	0.08	—	643	—	—
	污染土壤	4.4	1.1	2.03	3.07	541.7	—	—
排放速率（kg/h）	CK	1.71	0.096	0.03	—	255	—	—
	污染土壤	1.94	0.39	0.73	2.18	194.7	—	—

添加污染土壤后，除 NO_x 实测浓度和排放速率均显著下降外，水泥窑烟气中 TSPs、HCl、HF、SO_2 污染物实测浓度和排放速率均略有上升，说明污染土壤中含有一定量的硫、氯等有害元素。而且，由于热解析的烟气也最终汇集到窑尾烟气中，造成尾气中 TSPs 实测浓度和排放速率略有增加。烟气中没有检测到重金属排放。

（三）水泥熟料分析

（1）热生料特性分析

添加污染土壤后，水泥热生料中有害元素的变化见表 6-11。

表 6-11　水泥热生料中有害元素变化（%）

项目	K_2O	含氯量	SO_3
CK	1.972	0.364	0.95
污染土壤	2.627	0.515	0.943

入窑热生料中的 S 元素含量无明显变化，而 K、Cl 的含量显著升高，热生料中的 Cl 元素含量增加了 0.15%，但整个数值在导致窑严重结皮（Cl>1.8%，SO_3>2.5%）的限值以下。这是由于分解炉里有大量新生态活性较高的 CaO 和过渡性熟料矿物，可能对有害物质的不良作用有抑制效应。

国外多用橡胶或塑料替代燃料，替代率可高达 70%，其 Cl 含量远高于污染土壤，尚能正常生产。可见，水泥协同处置固体废物，对 S、Na、K 和 Cl 的限值应进一步研究。

（2）熟料常规性能分析

水泥熟料性质及熟料中 f-CaO 分别见表 6-12、图 6-12。

表 6-12　水泥熟料特性检测

项目	抗压强度（MPa）		抗折强度（MPa）		标准稠度需水量（%）	细度（%）	初凝（min）	终凝（min）	比表面积（m^2/kg）
	3d	28d	3d	28d					
CK	28.9	54.2	5.8	8.0	25.5	2.5	135	165	3460
污染土壤	28.6	54.0	5.7	8.0	25.4	2.5	112	150	3540

添加污染土壤后烧制的水泥熟料，其抗压强度、抗折强度、标准稠度需水量均有所降低，但差异不显著；但比表面积、初凝时间和终凝时间有所提前。

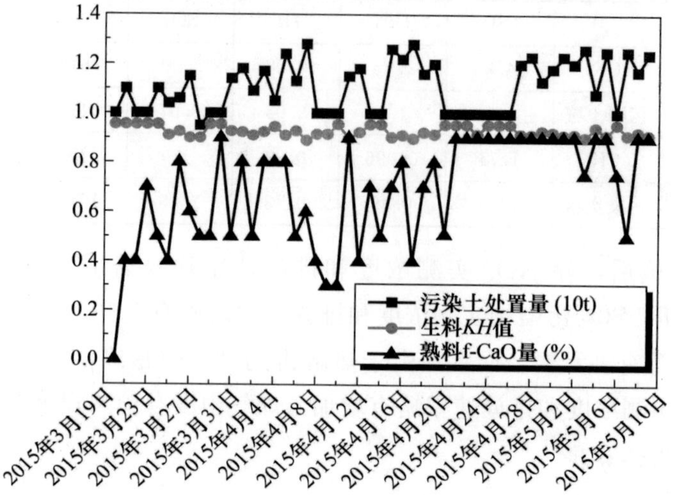

图 6-12　添加污染土壤对水泥熟料中 f-CaO 含量的影响

添加污染土壤后，水泥熟料中的 f-CaO 含量波动不大，熟料饱和比略有下降。这是因为土壤中的 SiO_2 在热解析设备中的湍流效应下混入热生料中，导致熟料饱和比下降。按水泥生产的经验看，每增加 1%的土壤，熟料 KH 会下降 0.01，所以，可通过调节生料配比，提高生料 KH 来消除土壤对熟料煅烧的影响。

（3）熟料重金属含量分析

添加污染土壤后，水泥生料、熟料及水泥产品中的重金属总量及浸出浓度见表 6-13。

表 6-13　生料、熟料及水泥中重金属测定结果

项目	总量（mg/kg）				浸出（mg/L）			
	As	Cd	Pb	Zn	As	Cd	Pb	Zn
生料	29.60	2.14	12.56	88.63	—	—	0.0150	0.0792
熟料	44.90	2.80	14.30	172.55	—	—	0.0139	0.0225
水泥	43.52	2.32	14.62	155.70	—	—	0.0069	0.0209

由于北京水泥厂在生产过程中还处理其他危险废物，导致生料中重金属总量较高，As（29.6mg/kg）和 Cd（2.14mg/kg）的总量均超过了《水泥窑协同处置固体废物技术规范》（GB 30760—2014）中的限值：As 28mg/kg、Cd 1mg/kg。经过水泥窑中的煅烧，熟料中各种重金属的含量普遍高于原生料，这一方面是因为重金属在水泥窑工作条件下，挥发现象均不明显；另一方面还由于工业水泥窑体系中收集的窑灰均进行回用，形成某些重金属的循环，通过尾气排到体系外的重金属占总量的比率很少。这也从一个侧面说明了重金属在煅烧过程中的挥发量确实是很低的。熟料粉磨成水泥的过程中，只不过添加了少量石膏和粉煤灰，因此，水泥中的各种重金属总量与熟料基本

一致，相对偏差均不大，结果出现偏差是合理的。

生料中各种重金属的浸出量要比熟料和水泥中略高；水泥和熟料的浸出结果比较接近，这是因为该水泥是由熟料、石膏及少量粉煤灰混磨均匀所得到的，与熟料的物理化学性质差别不大；粉煤灰中的某些重金属含量要稍微高一些。As、Cd元素在三种样品的浸出液中基本都未检出。

尽管生料和熟料中的重金属总量均较高，超过了《水泥窑协同处置固体废物技术规范》（GB 30760—2014）中的限值，但重金属的浸出量均符合要求，重金属实现了固化稳定化。

六、重金属固化机理

国内外相关研究表明，生料在水泥回转窑内转化为熟料的过程中，由于水泥回转窑内的长时间高温作用，各种化合物在窑内几乎都能被分解，不挥发和低挥发性的元素通过固相反应或经过液相形成熟料矿物相从而进入熟料矿物，少量挥发性元素则随烟气逸向窑后，在低温区冷凝下来，只有极少部分能以蒸汽状态或附着在微细粉尘上随净烟气排出，排出的粉尘和窑灰经收集后还会回窑。水泥回转窑还有一个强氧化条件，有大量$CaCO_3$、CaO存在而形成一个高碱性气氛，有利于吸收窑内环境中的酸性气体，降低某些元素的挥发性，吸收微量元素。在这一过程中，对控制重金属来说最关键的一步就是高温煅烧。国内外相关研究结果表明，在这一阶段，多种重金属元素经过与生料中的固相或熔融液相矿物间的复杂反应而进入到熟料的矿物相中，发生了“矿物晶格取代”，从而被牢牢地固定在水泥熟料中。

对水泥熟料产品的XRD研究表明，熟料矿物结构中的结晶化学特征之一是在其晶格中具有分布各种杂质离子的能力，这些杂质离子以类质同晶的方式取代主要结构元素。正是这些晶体的特殊结构和杂质离子的取代行为为利用水泥熟料固化重金属元素在物质结构上提供了可能。故水泥熟料矿物的晶体结构为重金属离子在其中的“固溶”提供了结构上的先决条件，且不同重金属离子的具体取代情况有很大差别，这主要和这些离子的离子半径、离子价态、离子极性、离子配位数、离子电负性以及所形成的化学键的强度有关。在水泥生料中掺加含重金属废物或垃圾焚烧飞灰经高温煅烧后，所得水泥熟料中各矿物的衍射峰会产生一定的偏移，表明重金属固溶或置换进入到水泥熟料矿物相中。

目前的研究已经可以证实，水泥熟料矿物可以固化绝大部分重金属元素，且熟料矿物对重金属元素的固化具有选择性：就本项目研究的7种重金属而言，Zn集中存在于熟料的中间矿物相中，As、Cr、Cu和Ni大部分存在于熟料的中间矿物相中，但也存在于C_3S和C_2S中。Cd和Pb则不能明显区分出主要存在于熟料的哪个主要矿物中，而是比较均匀地分布在熟料各主要矿物相中。造成这一现象的原因可能是不同重金属离子在熟料矿物晶格中的具体取代情况不同。

重金属被固定在熟料矿物相晶格中之后，存在形态不再是某种简单的化合物形式，而是分布在熟料矿物相晶格的主要金属元素如 Ca、Al 以及 Si 之间，即在晶格中某处取代了这些元素的位置，此时重金属若要从体系中迁移出来，必须在矿物相再次被破坏的情况下才可能发生，即高温、酸碱腐蚀等；而熟料中矿物相的存在形态又是相当稳定的，重金属被“固溶”在内，安全性是有保障的。

正因为重金属在高温煅烧过程中发生了如上所述的复杂的物理化学反应而被固定在熟料矿物相中，所以在各种浸出试验中，熟料中重金属的浸出率大大低于其在生料中的浸出率。

七、重金属最大添加量预测

以《生活饮用水卫生标准》（GB 5749—2006）中的相关标准限值为胶砂块中重金属的浸出浓度，根据浸出率推算出胶砂块中的重金属含量，进而得到熟料中的重金属含量，再根据生料→熟料过程中的固定率推算出生料中允许含有的重金属量，进而在参考国外现有含量限值标准的基础上提出新的含量限值。由于推算时采用的是实验室试烧熟料所得的一次固化率值，而生产中工业熟料对重金属的固化率更高，所以此时得到的重金属含量限值实际上已经包含了较大的安全系数。

As 和 Cd 在胶砂块浸出试验中均未检出，不过考虑到这两种金属在生活饮用水卫生标准中的限值要求甚严，参考重金属的浸出率，分别取 0.5％和 1.75％来进行换算。浸出固液比按照国标浸出毒性方法中的规定取 1∶10，熟料制成胶砂块的前后重量变化为 1∶3.9；生料煅烧为熟料过程中的减重取 0.365。经换算，生料中允许含有的重金属量分别是：As 为 58.90mg/kg，Cd 为 9.12mg/kg，Pb 为 121.53mg/kg，Zn 为 1598.67mg/kg。该含量值为实验室模拟条件下入窑生料中各种重金属的总含量，根据以上分析，在水泥工业生产时则还包括了废物和燃料中所含的重金属。由于 Zn 在生活饮用水标准的限值较高，为 1.0mg/L，所以换算后允许含量值很高，这有可能会造成排放尾气中的重金属含量超标。在实际生产中，各个水泥厂的尾气处理设备或工艺情况各异，由于逸出的重金属大多数是吸附在烟气颗粒物上的，在除尘效率很高的情况下，只有极少的重金属随尾气排放出去，其余随捕集的粉尘作为原料回灰回窑，形成该部分重金属的多次循环固化，始终只有很少量最后会排放出系统。因此对配备较为完善的尾气控制系统的水泥厂，不能简单地以重金属在熟料中的一次固化率作为计算依据，还应考虑到窑灰循环回用的情况，并以烟气中的重金属浓度为限制条件，对限值数据做出调整。

根据北京水泥厂危险废物处置生产线近年内的监测与研究结果，该厂在工业生产中对窑尾烟气中颗粒物的捕集效率很高，挥发入废气中的重金属占入窑总重金属量的比率很低，在除尘设备高捕集效率时和低捕集效率时两种情况下尾气中重金属占入窑物料中重金属总含量的比率见表 6-14（系统通气量为 25 万 Nm^3/h，每小时生料进量约 170t）。

表 6-14　挥发入废气中的重金属占入窑重金属总量比率（%）及换算排放浓度（mg/Nm^3）

项目	As	Cd	Pb	Zn
废气中比率（高）	0.024	0.06	0.03	0.01
折算排放浓度	0.010	0.004	0.025	0.109
废气中比率（低）	8.341	8.923	5.692	1.991
折算排放浓度	3.341	0.553	4.704	21.644

注：括号中“高”、“低”分别代表除尘设备颗粒物捕集效率高、低条件下的情况。

根据北京水泥厂处置危险废物生产线尾气处理系统的实际情况，其对烟气中颗粒物的捕集效率是非常高的，按照表 6-14 中的折算浓度，对 Cd 和 Zn 按照生产中瑞士工业熟料中的限值要求进行了调整，分别是：As 为 58.90mg/kg，Cd 为 4.64mg/kg，Pb 为 121.53mg/kg，Zn 为 776.18mg/kg。

根据上述分析，考虑到表 6-14 中结果是以实验室的重金属固化率来推算的，而实验室熟料所制胶砂块中的重金属浸出率要高于工业熟料所制胶砂块，另外，北京水泥厂生产线尾气除尘系统对烟气中颗粒物的捕集效率在同行业中属较高水平，提出北京水泥厂水泥窑混烧危险废物中的重金属含量限值分别是：As 为 70mg/kg，Cd 为 5mg/kg，Pb 为 150mg/kg，Zn 为 800mg/kg。

第三节　氰化物污染土壤处置

一、背景简介

处置地点位于青海省格尔木市的格尔木宏扬环保科技有限公司。格尔木宏扬环保科技有限公司成立于 2015 年 7 月，主要从事于水泥窑协同处置工业危险废弃物项目。水泥窑协同处置 10 万 t/a 工业废弃物项目于 2017 年 3 月获得危险废物经营许可证。

水泥窑协同处置 10 万 t/a 工业废弃物项目利用现有新型干法熟料生产线，建设年处置 10 万 t 工业固体废弃物。项目采用全封闭、一站式的废弃物处理整体技术，配套建设 3 套废弃物预处理系统、飞灰收集处理系统、废液收集处理系统、一般固废料收集处理系统等。废弃物经过预处理后，分别经不同的输送设备送入通过回转窑内 880～1800℃高温段燃烧，有害成分得到彻底分解。

二、污染土壤来源及特性

（一）污染土壤来源

（1）产生背景

污染土壤来自格尔木的黄金尾渣堆场。该堆场位于金圆宏扬水泥厂对面 20km 左右的昆仑山内。该废弃物来自昊龙矿业黄金提炼工艺。据环保局估算，现在堆存的含有氰化物的黄金尾渣约有 6 万 t，见图 6-13。

图 6-13　黄金尾渣堆场

在 2016 版危险废物名录中，该物料明确属于危险废物，代码 092-003-33（采用氰化物进行黄金选矿过程中产生的氰化尾渣和含氰废水处理污泥）。该矿地处格尔木河上游，在有雪或雨水的时候会有氰化钠溶于水，然后顺着河流进入格尔木河，造成水源污染超标。

（2）黄金提炼工艺简述

氰化钠提取黄金工艺流程为：将金矿石破碎到小于核桃大小的颗粒，在堆淋场地上铺上塑料布（以防漏水），把矿石堆在上面，以千分之五左右浓度的氰化钠溶液在矿石上面喷淋，矿石中的微粒金即可进入氰化钠溶液，然后将带有黄金的氰化钠溶液泵入或流入装有活性炭的吸附塔中，塔中的活性炭即可将细微的金颗粒吸附。溶液从吸附塔中流出来已被稀释，再添加一定量的氰化钠到原有的溶液浓度，反反复复，经相当长时间的不停循环，直到氧化矿中的金基本被携带完为止。

吸附塔中的含金活性炭运到电解装置，投入电解液边加温边电解，到一定温度后，活性炭的吸附能力大大减弱，细微的金颗粒便分离出来。通过电解，被极板（丝）吸附的微粒金即称金泥。再把金泥放入石墨坩埚，进行冶炼。

黄金尾渣提炼过程见图 6-14。

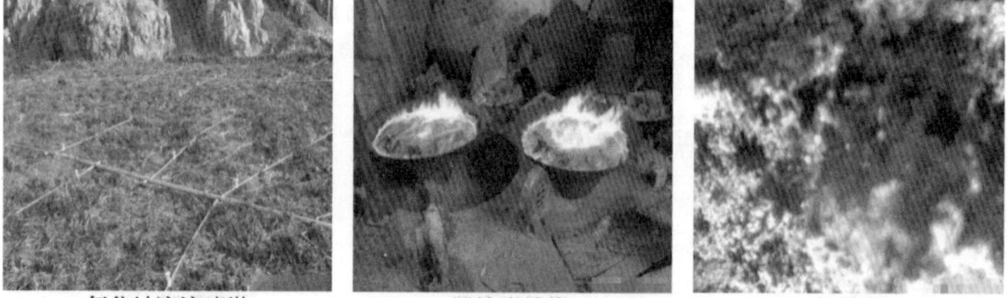

氰化钠溶液喷淋　　活性炭灼烧　　粗黄金

图 6-14　黄金尾渣提炼过程

(3) 危害源分析

从工艺流程可以看出：黄金尾渣的主要危害源为氰化钠和反应后产生的氢氧化钠。

氰化钠（NaCN）为剧毒化学品。立方晶系，白色结晶颗粒或粉末，易潮解，有微弱的苦杏仁气味。能溶于水、氨、乙醇和甲醇中，遇酸性物质发生分解，放出的氰化氢气体易燃、易爆、剧毒。皮肤伤口接触、吸入、吞食微量可中毒死亡，致死剂量为0.10g。熔点563.7℃，沸点1496℃。易溶于水，易水解生成氰化氢，水溶液呈强碱性，是一种重要的基本化工原料。

氢氧化钠，化学式为NaOH，俗称烧碱、火碱、苛性钠，为一种具有很强腐蚀性的强碱，一般为片状或颗粒形态，易溶于水且溶于水时放热，并形成碱性溶液，另有潮解性，易吸收空气中的水蒸气和二氧化碳。较浓的氢氧化钠溶液溅到皮肤上，会腐蚀表皮，造成烧伤。它对蛋白质有溶解作用，有强烈刺激性和腐蚀性（由于其对蛋白质有溶解作用，与酸烧伤相比，碱烧伤更不容易愈合）。用0.02%溶液滴入兔眼，可引起角膜上皮损伤。粉尘刺激眼和呼吸道，腐蚀鼻中隔；溅到皮肤上，尤其是溅到黏膜，可产生软痂，并能渗入深层组织，灼伤后留有瘢痕；溅入眼内，不仅损伤角膜，而且可使眼睛深部组织损伤，严重者可致失明；误服可造成消化道灼伤、绞痛、黏膜糜烂、呕吐血性胃内容物、血性腹泻，有时发生声哑、吞咽困难、休克、消化道穿孔，后期可发生胃肠道狭窄。由于强碱性，对水体可造成污染，对植物和水生生物应予以注意。

（二）污染土壤性质

(1) 污染土壤化学组成特性

经过尾渣堆场取样，昊龙矿业的黄金尾渣样品化学组成分析结果见表6-15。

表6-15 黄金尾渣样品化学组成（%）

	含水	SiO_2	Al_2O_3	Fe_2O_3	CaO	MgO	Cl^-	SO_3	烧失量	合计
样品1	0.90	67.87	11.88	6.44	1.59	1.63	0.930	0.96	5.14	94.55
样品2	7.40	62.01	12.88	6.92	3.94	1.99	0.019	1.08	7.19	94.93
样品3	11.10	61.69	10.73	5.25	2.26	1.69	1.024	7.10	9.28	90.90
样品4	7.80	67.43	14.06	6.56	2.93	1.30	0.022	0.56	5.68	98.54
样品5	10.70	64.35	13.62	6.44	2.59	1.57	0.085	0.43	6.03	95.12
样品6	9.90	63.08	13.11	6.68	3.52	1.32	0.059	0.79	6.28	94.84
样品7	10.10	67.73	12.65	5.84	2.60	1.51	0.019	0.40	5.45	96.20
样品8	7.95	67.65	14.03	6.68	1.76	1.99	0.024	0.67	6.08	98.88

根据成分分析可知，该黄金尾渣中烧失量＜10%，说明该黄金尾渣中以无机物为主；该黄金尾渣中的硅含量较高，因此可以替代部分页岩。但也含有Cl、Na、Mg等有害成分。因此，在协同处置过程中，要适当调整硫碱比，还要注意有害成分对水泥生产的影响。

(2) 污染土壤氰化物特性

氰化物是黄金工业的重要浸金药剂，黄金冶炼行业涉及的各种氰化物多为无机氰化物。无机氰化物为剧毒物质。黄金尾渣中，主要考虑的危害物质为氰化物。

由于格尔木蒸发量大，降水量少，大量盐分聚集于土壤表层，厚度不超过 1.5m，见图 6-15。经第三方检测，堆场的土壤表层中，氰化物含量较高，下部土壤几乎检测不出氰化物。

表层盐碱

内部无盐碱

图 6-15　盐碱分布情况

按照第三方检测数据，将黄金尾渣按照氰化物含量分为两部分：高于 0.01mg/kg 的表层土壤开挖后单独运输、单独暂存、单独处置；低于 0.01mg/kg 的下部土壤单独处置。

三、氰化物氧化试验

(一) 氰化物氧化试验

黄金尾矿中的氰化物主要以氢氰酸，碱金属和铵的氰化物，重金属氰配合物，以及与碱金属、碱土金属、重金属盐离子反应生成的重金属氰配合物或氰配合物复盐等几种形式存在。氰化物及氰化氢均不稳定，易分解，当温度高于 60℃时分解加快。因此，在有氧气、水蒸气的条件下，可以通过加热方式达到降解氰化物的目的。但在加热过程中，尾矿中吸附的某些氰化物会以气体形式进入尾气，如果能保证尾气中氰化物浓度达到相关排放标准要求，则可采用水泥窑资源化共处置的方式处理黄金尾矿，利用水泥窑生产过程中的热能及有效气体成分分解氰化物，可以达到降低水泥生产和尾矿处理成本的效果。因此，采用含氰黄金尾矿替代水泥部分原料成分，需要对水泥窑资源化共处置含氰黄金尾矿过程中氰化物的消解效果开展试验研究，以期为氰化物污染尾矿的水泥窑资源化共处置提供科学依据和技术参考。

采用高温炉进行模拟含氰黄金尾矿替代水泥部分原料成分烧制水泥试验。将高温炉的温度设定为 100～500℃，将含有氰化物的黄金尾渣分别放进高温炉内，保持 10～20min，取出测定物料中的氰化物含量。不同温度下氰化物的去除效果见图 6-16。

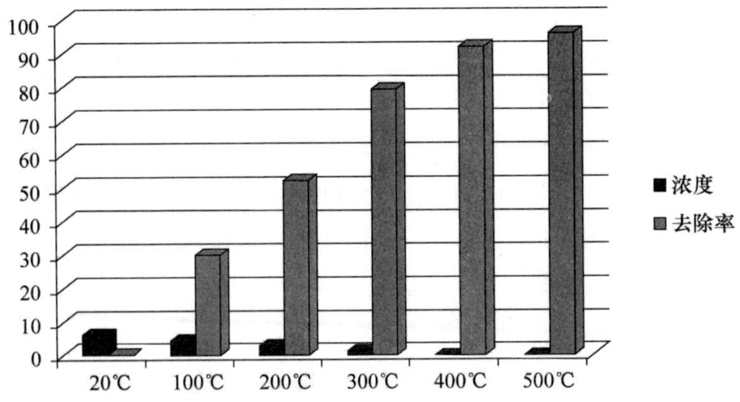

图 6-16　氰化物在不同温度下的降解效果

从图 6-16 可以看出：随着温度的升高，氰化物分解加快，当温度升高到 300℃时，氰化物降解率达到 80%。根据其他人的研究结果和实践经验来看，氰化物在 150℃就开始分解，在 450℃就可实现 90%以上的分解率。

采用含氰黄金尾矿替代水泥部分原料成分，含氰黄金尾矿全部与水泥窑其他生料一起进入生料磨粉磨的情况下，青海宏扬水泥厂生料磨的进口温度为 200℃，在此温度下氰化物的挥发率为 50%左右，近一半的氰化物会挥发到布袋，部分会随着窑尾烟气排放。实际生产中，必须根据氰化物的含量制订合理的处置方案。

（二）氰化物处置方案确定

根据实验室的研究结果，黄金尾渣从生料端配料，氰化物降解率便可达到 80%以上。但参考国家相关规范，为达到彻底降解氰化物的目的，将黄金尾渣按照氰化物的检测结果分为两大类：高于 0.01mg/kg 的，进入分解炉；低于 0.01mg/kg 的，进入生料配料。

采用这两种入窑方式，均要根据进窑量调整生料配比。

这两种入窑方式，均利用现有的无机危险废物生料配料系统和有机危险废物大倾角皮带系统，不因黄金尾渣而额外增加新的装置。

四、污染土壤处置全过程控制

（一）开挖方案

（1）采用平面与立面综合开挖方式。由北向南分 4 层开挖，每层厚度分别为 3.3m、5.0m、5.0m 和 6.1m。先采用平面倒退式开挖方式全部挖除第一层，待第一层开挖后，再开挖其他 3 层；其他 3 层的开挖采用立面分层放坡开挖，开挖坡比不陡于 1∶2，开挖顺序为先采用挖掘机自北向南挖运第二层，当第二层挖出长度 $L \geqslant 20$m 时，同时开始第三层的开挖；当第三层挖出长度 $L \geqslant 20$m 时，同时开始第四层的开挖，使 3 个作业层面同时施工。这种方案的优点是：先一次性挖除第一层，可避开粉质黏土（软土层）作为运输车的路面层；先一次性全部挖除第一层，这样可使软土层得到晾晒时间，降低其含水率，加强固结，降低孔隙比，有利于第二层的挖运；多个作业层面同时开挖，流水作业，可大幅节约挖运时间，提高工作效率。

（2）由于高浓度氰化物分布在上部1.5m范围内，为保证彻底焚毁氰化物，将深度延伸至3m。每个堆场第一层3.3m开挖的土壤单独运输至危险废物储存库，单独进入分解炉焚烧处置。其余深度的黄金尾渣，运输至无机危险废物库房，进入生料配料。

（3）开挖前应安排专人值守山口，禁止无关人员进入山内；开挖过程中要避开废水坑，防止废水流出造成污染。开挖要与装车结合，开挖后的土方尽快装入运输车内，尽量少占或不占旁边的土地；开挖时要注意堆体的含水率，防止废水流出或扬尘。

（二）装车方案

（1）驾驶人员、押运人员必须经过专门培训，培训后方可上岗，严格遵守操作规程；

（2）车辆装车前，应先检查车况，保证车况良好；

（3）装载机装车人员及运输司机均必须穿防护服、劳保鞋等，同时要佩戴口罩、橡胶耐酸碱手套、防护目镜；

（4）挖机装车时要轻装轻卸，防止掉落，防止产生粉尘；

（5）车上严禁与酸类混装，避免黄金尾渣与酸类接触；

（6）严禁超载，严禁混装废液池废液；

（7）装车后，必须对车辆进行苫盖，防止运输过程中受潮；

（8）卸车后，及时清理车上残余的黄金尾渣，避免飞扬；

（9）装车过程中，严禁运输司机下车，若不慎身上沾上黄金尾渣，先清扫，再用大量清水冲洗。

（三）运输方案

（1）运输车辆应使用密封和安全性能良好的厢式货车。每辆车均应配置符合《道路运输危险货物车辆标志》（GB 13392—2005）规定的标志。

（2）运输车辆车厢底板应完好平整、周围栏板应牢固。运输车辆车厢底板应有基本的防渗铺垫和防滑装置，车厢底部应设置具有良好气密性的排水孔，在清洗车厢内部时能够有效收集和排除污水。

（3）车辆应配备相应的捆扎、防水、防渗和防散失等用具及与运输物料相适应的消防器材。

（4）运输车辆应外观整洁、标志齐全，车辆车窗、挡风玻璃无浮尘、无污迹；车辆车牌号应清晰无污迹。车厢应保持清洁干燥。不得任意排弃车上残留物。

（四）运输方案

（1）黄金尾渣运输车辆由运输单位主管部门统筹调配管理，该车辆只能在运输单位主管部门的统一安排保障下进行黄金尾渣的运输工作。

（2）驾驶该类车辆的驾驶员必须符合以下条件：经过危险货物运输驾驶培训并合格，工作态度认真负责，技术熟练，熟悉道路情况。应做到严格遵守交通、消防、治安等相关法规。具备一定的对所运危险货物实施应急处理的知识和能力。

（3）执行黄金尾渣运输任务的车辆必须性能状况良好，车容整洁，车厢内清洁干燥，并严格按要求配备和使用合格的安全、消防等应急防护器材。

（4）黄金尾渣运输车辆驾驶员应严格执行车辆的例行检查、车辆二级维护等管理规定，及时发现和处理车辆存在的机械故障等隐患问题，提高车辆的行驶性能，以确保该类车辆的安全行驶。

（5）黄金尾渣运输车辆在出车前，应根据本次运输废物的危险特性，在技术人员的指导下，领取人员防护装备和随车应急处置物品。

（6）黄金尾渣运输车辆装车前，现场指导人员必须认真检查土壤的干湿程度，检查尾渣在装卸过程中会不会产生扬尘，若还会产生扬尘，则需要继续湿润土壤，确保满足湿法作业的要求；若太湿，则容易发生渗漏，需要经过晾晒处理，达到装载标准后，再装车运走。

（7）严禁黄金尾渣运输车辆进行超载运输。

（8）黄金尾渣运输车辆行驶时，驾驶员要控制好车速，在非特殊的交通运行状况（如突发交通事故、自然灾害等）下不准急加速或急减速，力求平稳驾驶。行驶过程中还应该注意选择并掌握路面平稳度，加大行车安全间距，不得违反交通安全规则超越行进中的机动车辆和行人。

（9）黄金尾渣运输车辆在执行黄金尾渣运输任务时严禁搭载无关人员，也不允许搭载其他货物。

（10）黄金尾渣运输车辆在运输途中需要临时停车时，应远离错车路段、河道和狭窄路段。特别不准驾驶员远离车辆，更不准在发动机工作时向油箱加注油料。

（11）黄金尾渣运输车辆驾驶员在运输途中，因自身车辆驾驶责任或他人责任造成交通安全等意外事故，驾驶员必须及时向公司相关部门汇报，若尾渣发生泄漏，需迅速报告当地交通、环保、安全、消防、保险等相关主管部门请求援助。

（12）黄金尾渣运输车辆驾驶员在车辆装卸时，应根据尾渣的特性，向装卸工人讲解相关的注意事项和安全防范知识，要求其严格遵守装卸操作规程，以防止发生违规操作带来的安全事故以及环境污染事故。

（13）黄金尾渣运输车辆驾驶员在货物装载完成后，应认真检查车箱中危险货物的存放状态，行驶过程中如发生意外事故应立即采取相应的补救措施，以防止危险物质带来的安全隐患及环境污染责任事故。

（14）黄金尾渣运输车辆驾驶员根据所运输的危险货物特性，必须在指定的地点实施车辆的清洗保洁，防止车辆箱体残留的污染物质造成人身伤害及二次污染环境责任。

（15）黄金尾渣运输车辆必须按照公司规定停放在指定的停车库（场）。因特殊情况需要，必须符合安全、不产生环境污染等基本条件，报经主管领导同意后才能在其他停车库（场）暂时停放。

（16）经过河道路段，要提前减速，以<40km/h 的速度慢速通过。

（17）如果在河道发生遗洒，应立即在上下游设置拦水坝，并迅速将污染水排至旁边或用沙土中和污染水体，形成的泥浆装入密封的包装袋。

（18）对散落的尾渣及时进行清理，装入预先准备的备用包装袋中。

在完成局部散落包装袋的更换工作后，采用漂白粉、次氯酸钠、木糠、活性炭等吸附剂仔细对受污染地面实施 3～5 次反复吸附清理工作。将吸附所产生污染物的吸附剂按规范进行袋装。

（19）遭泄漏危险废物污染的地方，必须进行规范清洗。清理过程中所产生的一切废物，应作危险废物处置。

（20）隔离泄漏污染安全区，限制人员出入和车辆的出入，立即在边界设置警戒线。根据事故情况和事故发展趋势，确定事故波及区域。

（21）通知现场最高指挥人员，并发出警报，告知紧急情况反应小组。

（22）将污染区域内的所有水体、泥浆、土壤送至水泥厂处置。

（五）贮存方案

（1）黄金尾渣存放地点除应严格按照国家标准做好防渗、防泄漏、防雨、防盗等安全措施外，还需要防止鸟类进入、栖息。

（2）黄金尾渣存放点由专人管理，其他人未经允许不得进入库内。

（3）黄金尾渣必须有识别标志，必须与厂内其他危险废物分类储存，禁止与厂内其他危险废物混放。

（4）当日运输的黄金尾渣情况由专人于每天 17：00 前进行统计，并做好记录。

（5）危险废物车间主管每天要不定时进行检查危险废物储存情况，坚决杜绝混装、淋溶、盗窃事件发生。

（6）黄金尾渣废液必须按规定装入密闭容器内存放。容器内需留足够的空间，一般容器顶部与废液留有 100mm 的空间。容器上必须粘贴标签注明废物的名称和识别标志。

（7）禁止露天存放黄金尾渣。

（8）黄金尾渣储存库规定开放时间，每天上午 11：00～11：30 和下午 4：30～5：00 开放，其他时间封闭，以防止危险废物流失。

（9）在指定时间内由专人将黄金尾渣送入库房，不得将黄金尾渣在库房外存放。

（10）库房管理人员定期检查黄金尾渣废液储存库盛装容器是否有渗漏，如发现应及时采取措施更换。

（11）黄金尾渣储存库每天要进行库存量更新，并做好记录。

（六）其他安全要求

（1）所有开挖、运输、监理及处置人员均应按照规定佩戴口罩、护目镜、防护服、手套、劳保鞋等防护用品。

(2) 处理氰化物时要严禁进食和吸烟。

(3) 吃饭前应清洗双手。

(4) 氰化物中毒后，严禁人工呼吸，立即脱离现场到空气新鲜处或给予吸氧，同时注意抢救人员的自身防护。

(5) 急性中毒应立即就地应用解毒剂。如：立即吸入亚硝酸异戊酯（1～2支压碎于纱布中），随后用30g/L亚硝酸钠10mL静脉注射，再以同一针头注入250～500g/L硫代硫酸钠25～50mL；必要时1h后重复注射半量或全量。

(6) 皮肤接触液体者立即脱去污染的衣着，用流动清水或50g/L硫代硫酸钠溶液冲洗皮肤至少20min。

(7) 眼接触者用生理盐水、冷开水或清水冲洗5～10min。

(8) 不慎口服扬尘或尾渣者，属于经消化道污染摄入，立即用2g/L高锰酸钾或50g/L硫代硫酸钠溶液洗胃。在医院采用静脉输入高渗葡萄糖和维生素C，应用糖皮质激素和其他对症治疗方案等。

五、污染土壤处置工艺

(一) 高含量处置工艺

(1) 处置工艺

高氰化物含量的黄金尾渣协同处置工艺见图6-17。

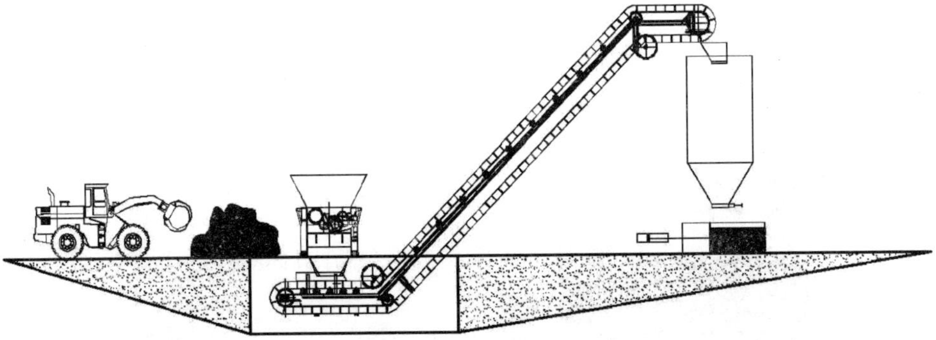

图6-17 高氰化物含量黄金尾渣协同处置工艺

黄金尾渣运输至厂后，进入接收仓，按照氰化物含量，经过破碎机破碎至60mm以下，然后分别进入生料磨或者大倾角上料系统。

整个输送过程均采用密闭输送，车间内采用“补气+抽气”的除臭系统，整个车间为微负压控制，实现除臭无盲点死区、气味不外溢的控制目标。

(2) 现场照片

高氰化物含量的黄金尾渣协同处置现场见图6-18。

储仓　　　　大倾角上料系统

图 6-18　高氰化物含量的黄金尾渣协同处置现场

（二）低含量处置工艺

（1）处置工艺

低含量黄金尾渣与生料一起配料。根据青海宏扬水泥厂的 KH、SM 和 IM，将石灰石、黄金尾渣、页岩、硫酸渣、粉煤灰及黄金尾矿的化学成分、灼烧率等信息输入计算机配料程序，得出：黄金尾渣的掺量最大为 4%～5%，折合成黄金尾渣和页岩的比例为 3∶1，则每天的处置量为 250～380t。旁路放风运行后，黄金尾渣的掺量可增加到 6%～8%，则每天的处置量为 360～500t，6 万 t 黄金尾渣至少需要约 4 个月才能处理完。另外，在处置过程中，需要每天对每批次生料及黄金尾渣进行检验。

低含量黄金尾渣与生料一起配料，由于没有经过预热器预热，黄金尾渣有一定的含水量且为冷料进入分解炉，因此会增加水泥窑的煤耗。另外，因为氰化物分解需要氧气，因此，会挤占分解炉的一部分三次风。

（2）现场照片

低氰化物含量的黄金尾渣协同处置现场见图 6-19。

图 6-19　低氰化物含量的黄金尾渣协同处置现场

六、污染土壤处置过程中的环境监测

环境监测的烟气重点是窑尾烟气。物料的监测重点是含氰黄金尾矿原料、入库生料、袋收尘窑灰及熟料。

含氰黄金尾矿原料、入库生料和窑尾烟气均测试氰化物浓度、重金属总量及硫含量；袋收尘窑灰、熟料、水泥均测试重金属总量、碱金属含量。

参考文献

[1] 文兴，童莉，海热提．土壤污染物来源及前沿问题［J］．生态环境，2005，14（1）：1-5.

[2] 杜玉成，叶力佳，刘燕琴．硅藻土吸附重金属离子 Cd^{2+} 的动力学研究［J］．中国非金属矿工业导刊，2004，38（1）：38-40.

[3] 袁笛，王莹，李国宏，等．硅藻土吸附工业废水中汞离子的研究［J］．环境保护科学，2005，30（2）：27-29.

[4] 冯秀娟，王海宁，普红平．改性海泡石在环境污染治理中的应用［J］．环境污染治理技术与设备，2004，5（4）：80-83.

[5] 孙胜龙，龙振永，蔡保丰．非金属矿物修复环境机理研究现状［J］．地球科学进展，1999，13（5）：475-477.

[6] 鲁安怀．环境矿物材料在土壤、水体、大气污染治理中的利用［J］．岩石矿物杂志，1999，17（4）：295-299.

[7] 梁媛，王晓春，曹心德．基于磷酸盐、碳酸盐和硅酸盐材料化学钝化修复重金属污染土壤的研究进展［J］．环境化学，2012（2）：16-25.

[8] BERTOCCHI A F. Red mud and fly ash for remediation of mine sites contaminated with As，Cd，Cu，Pb and Zn［J］．Journal of Hazardous Materials，2006，134：112-119.

[9] CAO X R ， MA L Q ， CHEN M ， et al . Phosphate induced metal immobilization in a contaminated site［J］．Environ Poll ，2003，122 ：19-28.

[10] CAO X R，RHUE D R，CHEN S B，et a1．Mechanisms of lead，copper，and zinc retention by phosphate rock［J］．Environ Pollut，2004，131：435-444.

[11] CHENG T W. The heavy metal adsorption characteristics on metakaolin-based geopolymer［J］．Applied Clay Science，2012，56：90-96.

[12] DING Z，DONG B，XING F，et al. Cementing mechanism of potassium phosphate based magnesium phosphate cement［J］．Ceramics International，2012，38：6281-6288.

[13] EPA，A citizen's guide to solidification/stabilization，United States Environmental Protection. Agency,2001，12.

[14] GRAY，C W，DUNHAM，S J，DENNIS，P G，et al. Field evaluation of in situ remediation of a heavy metal contaminated soil using lime and red-mud［J］．Environmental Pollution，2006，142：530-539.

[15] HE J. The strength and microstructure of two geopolymers derived from metakaolin and red mud-fly ash admixture：A comparative study［J］．Construction and Building Materials，2012，30：80-91.

[16] HETTIARACHCHI G M，PIERZYNSKI G M，RANSOM M D. In situ stabilization of soil lead

using phosphorus [J]. J. Environ. Qual, 30 (2001): 1214-1221.

[17] MA L Q, RAN G N. Aqueous Pb reduction in Pb-contaminated soil by Florida phosphate rocks [J]. Water Air Soil Pollut, 1999, 110: 1-16.

[18] BASTA N T, GRADWOHL R, SNETHEN K L, et al. Chemical immobilization of lead, zinc, and cadmium in smelter-contaminated soils using biosolids and rock phosphate [J]. J. Environ. Qual, 30 (2001): 1222-1230.

[19] PANDEY, B, KINRADE S D, CATALAN L J J. Effects of carbonatin on the leachability and compressive strength of cement-solidified and geopolymer-solidified sythetic metal wastes [J]. Journal of Environmental Management, 2012, 101: 59-67.

[20] PAOLA C, LAURA S, PIETRO M. Heavy metal immobilization by chemical amendments in a polluted soil and influence on white lupin growth [J]. Chemosphere, 2005, 60: 365-371.

[21] QUEROL X, ALASTUEY A, MORENO N, et al. Immobilization of heavy metals in polluted soils by the addition of zeolite material synthesized from coal fly ash [J]. Chemosphere, 2006, 62: 171-180.

[22] RAO A J, PAGILLA K R, WAGH A S. Stabilization and solidification of metal-Laden wastes by compaction and magnesium phosphate [J]. Journal of the Air & Waste Management Association, 2000, 50: 1623-1631.

[23] SOMNA K. NaOH-activated ground fly ash geopolymer cured at ambient temperature [J]. Fuel, 2011, 90: 2118-2124.

[24] TERZANO, R. Copper stabilization by zeolite synthesis in polluted soils treated with coal fly ash [J]. Environ. Sci. Technol., 2005, 39: 6280-6287.